JN040458

＼ 初めてだけど、いっぱいやりたい！ ／

DaVinci Resolve よくばり入門

18対応

Windows & Mac

Cross Effects
金泉太一 著

インプレス

本書について

ご利用の前に必ずお読みください

▶ 本書は、2023年1月現在の情報をもとに「DaVinci Resolve 18」の操作方法について解説しています。本書の発行後に「DaVinci Resolve 18」や各ソフトウェアの機能や操作方法、画面などが変更された場合、本書の掲載内容通りに操作できなくなる可能性があります。本書発行後の情報については、弊社のWebページ（https://book.impress.co.jp/）などで可能な限りお知らせいたしますが、すべての情報の即時掲載および確実な解決をお約束することはできかねます。また本書の運用により生じる、直接的、または間接的な損害について、著者および弊社では一切の責任を負いかねます。あらかじめご理解、ご了承ください。

▶ 本書の内容に関するご質問については、該当するページや質問の内容をインプレスブックスのお問い合わせフォームより入力してください。電話やFAXなどのご質問には対応しておりません。なお、インプレスブックス（https://book.impress.co.jp/）では、本書を含めインプレスの出版物に関するサポート情報などを提供しております。そちらもご覧ください。

▶ 本書発行後に仕様が変更されたハードウェア、ソフトウェア、サービスの内容などに関するご質問にはお答えできない場合があります。該当書籍の奥付に記載されている初版発行日から3年が経過した場合、もしくは該当書籍で紹介している製品やサービスについて提供会社によるサポートが終了した場合は、ご質問にお答えしかねる場合があります。また、以下のご質問にはお答えできませんのでご了承ください。

- 書籍に掲載している手順以外のご質問
- ハードウェア、ソフトウェア、サービス自体の不具合に関するご質問

● 用語の使い方

本文中で使用している用語は、基本的に実際の画面に表示される名称に則しています。

● 本書の前提

本書では、「Windows 11」に「DaVinci Resolve 18」がインストールされているパソコンで、インターネットに常時接続されている環境を前提に画面を再現しています。そのほかの環境の場合、一部画面や操作が異なることがあります。

「できる」「できるシリーズ」は、株式会社インプレスの登録商標です。
Microsoft、Windows 11は、米国Microsoft Corporationの米国およびそのほかの国における登録商標または商標です。
その他、本書に記載されている会社名、製品名、サービス名は、一般に各開発メーカーおよびサービス提供元の登録商標または商標です。
なお、本文中には™および®マークは明記していません。

本書の内容はすべて、著作権法によって保護されています。著者および発行者の許可を得ず、転載、複写、複製等の利用はできません。

はじめに

本書はDaVinci Resolve 18無償版をベースにしており、映像編集の初学者向けに一般的によく使われる機能にフォーカスして解説しております。

そのため、本書では解説できていないツールやページがありますが、本書の内容をしっかりと理解いただければ、これからの学びに必要な「自走力」を養うことは十分に可能だと考えます。私は現在も映像制作者のプレイヤーでもありますが、学校機関での教育現場にも携わっています。これまで数えきれないほどの勉強中の方々とお話をしてきましたが、私が教育面で特に大事にしていることは、いかにこの「自走力」をつけることができるかです。

現在は、検索をかければ得られない答えはないほどに情報が多く存在しています。しかしクリエイティブの世界においては、1 + 1 = 2といった正解があるかといえばそうではありません。その名のとおり、クリエイトしていく世界なわけですから。この作り上げていく世界において、答えだけを学んでいてはいざ作品を作ろうと思っても、何をしたらいいのかわからないという状況にぶつかってしまいます。ここで自走力という言葉がとても大事になってくると思います。

DaVinci Resolveはプロフェッショナルも使うほどに、できることが多い強力な編集ソフトです。それゆえに難しい単語や機能も多く存在します。そこで本書ではページ数にも限りがありますので、なるべく初学者の方の目線に立って、まずはとりあえずこの使い方をマスターしましょう、という解説内容を選びました。

最低限がわかればあとはさまざまな方法で「質問をする」ことができるようになります。これこそが自走力で、クリエイティブ（クリエイターライフ）の第一歩だと思います。

DaVinci Resolve認定トレーナー
Cross Effects 金泉太一

CONTENTS

Chapter 3

CHAPTER 4

エディットページBasic編

CHAPTER 5
エディットページ Advance編 ······ 155

CHAPTER 6
カラーページ Basic編（カラーコレクション） ······ 189

CHAPTER 7

CHAPTER 8

CHAPTER 9

本書の読み方

ハッシュタグ
このレッスンで学ぶ内容やキーワードです。

レッスンタイトル
このレッスンでやることをひと言で表しています。

二次元バーコード
このレッスンで使う練習用ファイルのダウンロードURLと二次元バーコードです。解説動画も見ることができます。

練習用ファイル
このレッスンで使用するプロジェクトファイルの名前です。各レッスンはこのファイルを開いてから始めましょう。

操作解説
実際の画面でどのように操作するか、ステップごとに解説しています。各手順ごとに操作目的がひと目でわかる見出しをつけています。

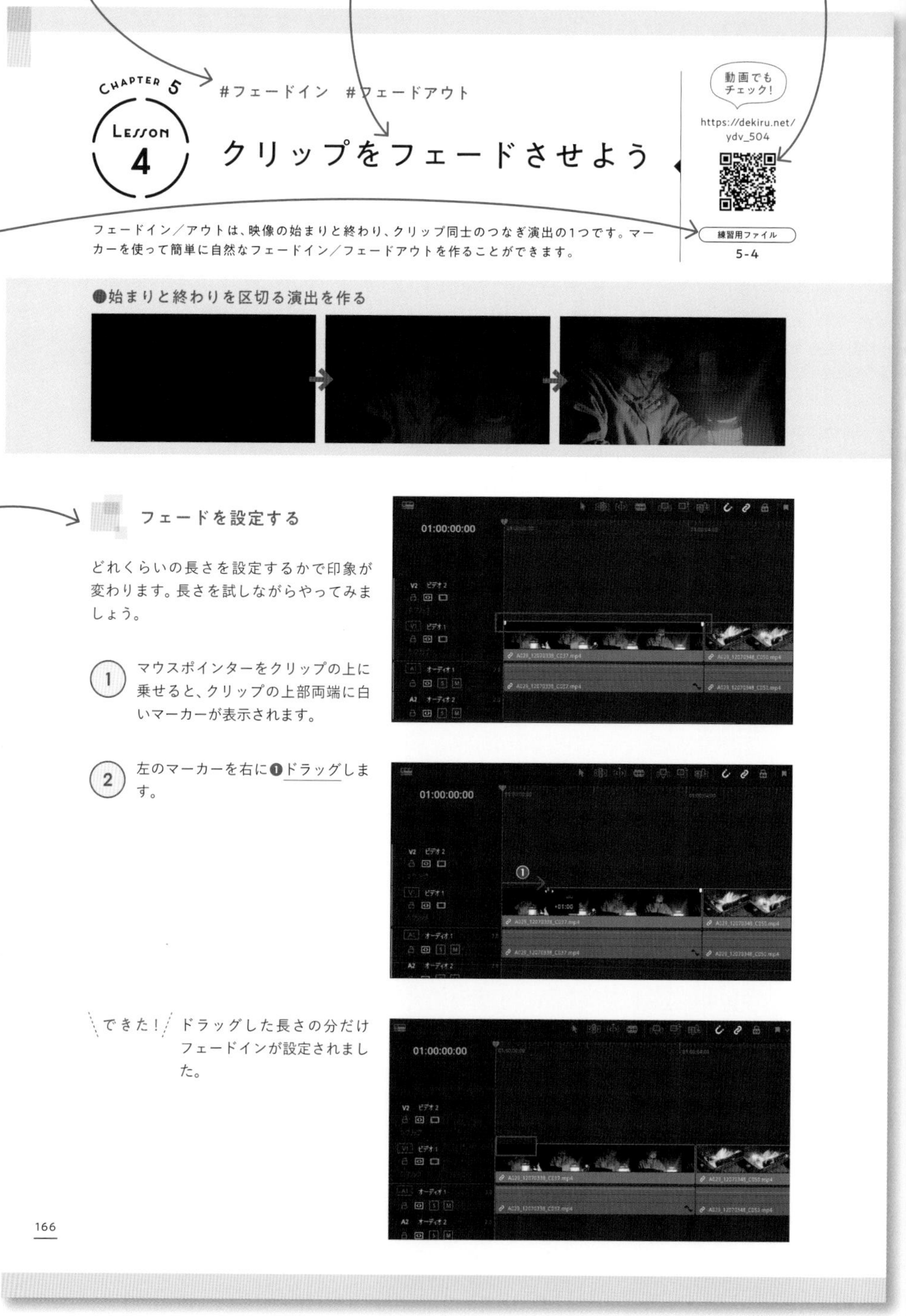

CHAPTER 5 LESSON 4

#フェードイン　#フェードアウト

クリップをフェードさせよう

動画でもチェック！
https://dekiru.net/ydv_504

練習用ファイル 5-4

フェードイン／アウトは、映像の始まりと終わり、クリップ同士のつなぎ演出の1つです。マーカーを使って簡単に自然なフェードイン／フェードアウトを作ることができます。

●始まりと終わりを区切る演出を作る

フェードを設定する

どれくらいの長さを設定するかで印象が変わります。長さを試しながらやってみましょう。

1 マウスポインターをクリップの上に乗せると、クリップの上部両端に白いマーカーが表示されます。

2 左のマーカーを右に❶ドラッグします。

できた！ ドラッグした長さの分だけフェードインが設定されました。

166

本書は、紙面を追って読むだけでDaVinci Resolve 18を使った動画編集ノウハウが身につくように構成されています。はじめてでも迷わず操作でき、経験者でも納得のきめ細かな解説が特徴です。

ここがPOINT

操作の注意点や、便利技を解説しています。

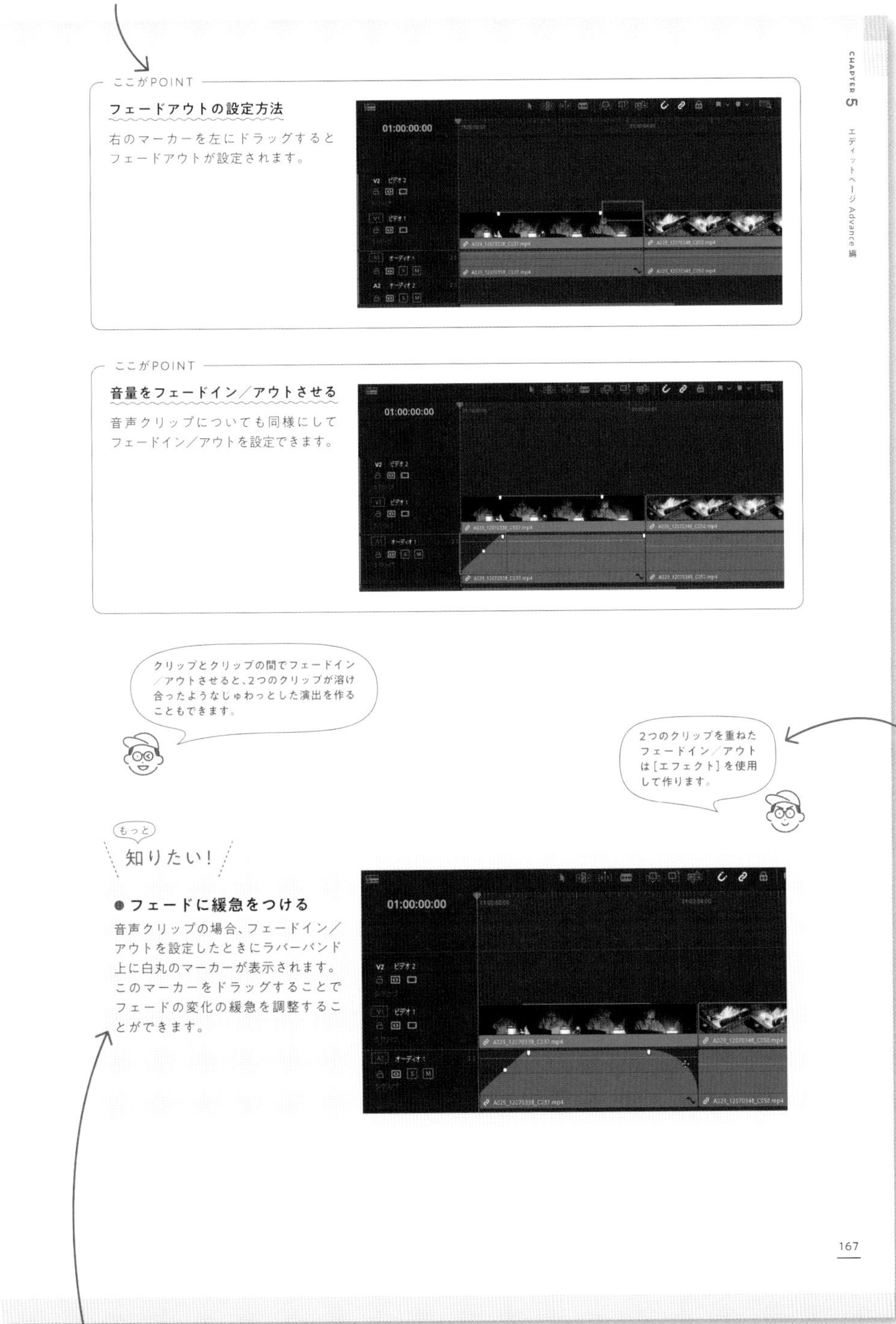

CHAPTER 5 エディットページ Advance 編

ここがPOINT

フェードアウトの設定方法

右のマーカーを左にドラッグするとフェードアウトが設定されます。

ここがPOINT

音量をフェードイン／アウトさせる

音声クリップについても同様にしてフェードイン／アウトを設定できます。

クリップとクリップの間でフェードイン／アウトさせると、2つのクリップが溶け合ったようなじゅわっとした演出を作ることもできます。

2つのクリップを重ねたフェードイン／アウトは［エフェクト］を使用して作ります。

もっと 知りたい！

● フェードに緩急をつける

音声クリップの場合、フェードイン／アウトを設定したときにラバーバンド上に白丸のマーカーが表示されます。このマーカーをドラッグすることでフェードの変化の緩急を調整することができます。

167

アドバイス

著者によるワンポイントアドバイスや豆知識です。

もっと知りたい

レッスンで学んだことのステップアップにつながる知識やノウハウを紹介しています。

※ここに掲載している紙面はイメージです。実際のレッスンページとは異なります。

特典について

本書を購入いただいた皆様に、電子版と練習用ファイルを購入特典として提供します。ダウンロードにはCLUB Impressの会員登録が必要です（無料）。会員ではない方は登録をお願いいたします。

本書の商品情報ページ
https://book.impress.co.jp/books/1121101013

特典を利用する

1. 上記URLを参考に、商品情報ページを表示し、❶［特典を利用する］をクリックします。

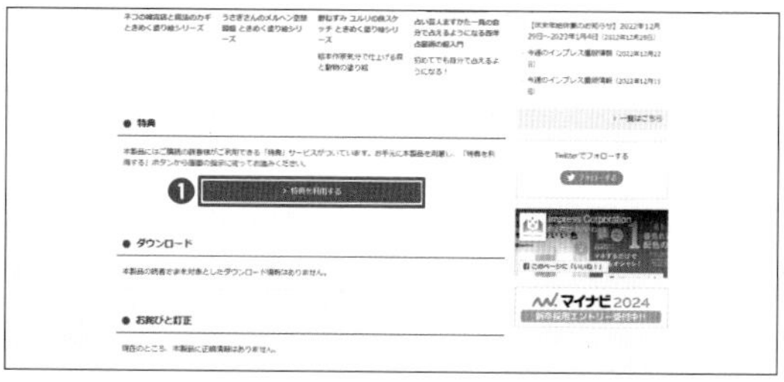

2. ❷［会員登録する（無料）］から登録を進めます。

3. 再度ログインして、❸質問の回答を入力し、❹［確認］をクリックします。

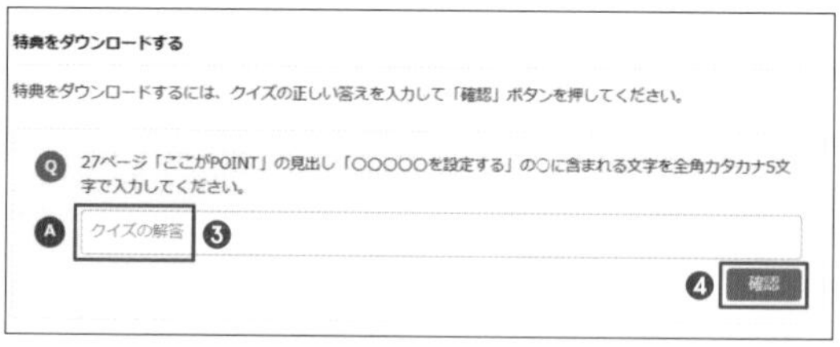

4. ダウンロード画面が表示されるので、ダウンロードするファイルを選んで❺［ダウンロード］をクリックします。

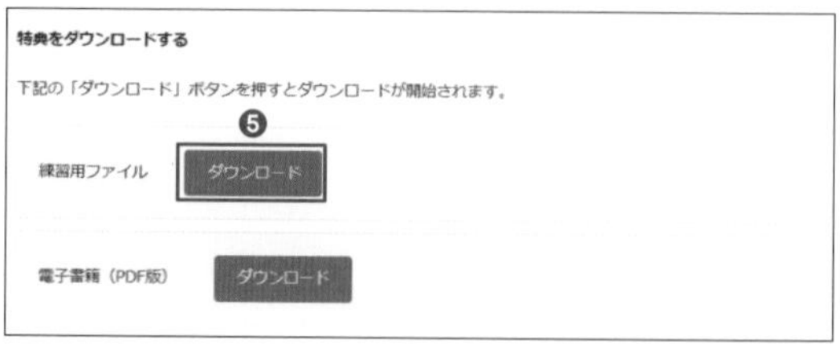

練習用ファイルについて

● 練習用ファイルのダウンロード

練習用ファイルがあるレッスンには、レッスン冒頭に「3-9」などのように記載しています。
本書で使用する練習用ファイルは、以下の URL または 12 ページに記載してある URL（二次元バーコード）からダウンロードできます。
※画面の指示に従って操作してください。
※ダウンロードには、無料の読者会員システム「CLUB Impress」への登録が必要となります。
※本特典の利用は、書籍をご購入いただいた方に限ります。

https://book.impress.co.jp/books/1121101013

本書が提供する練習用ファイル、および練習用ファイルに含まれる素材は、本書を利用して DaVinci Resolve の操作を学習する目的においてのみ使用することができます。
次に掲げる行為は禁止します。

素材の再配布／公序良俗に反するコンテンツにおける使用／違法、虚偽、中傷を含むコンテンツにおける使用／その他著作権を侵害する行為／商用・非商用においての二次利用

● 練習用ファイルのフォルダ構成

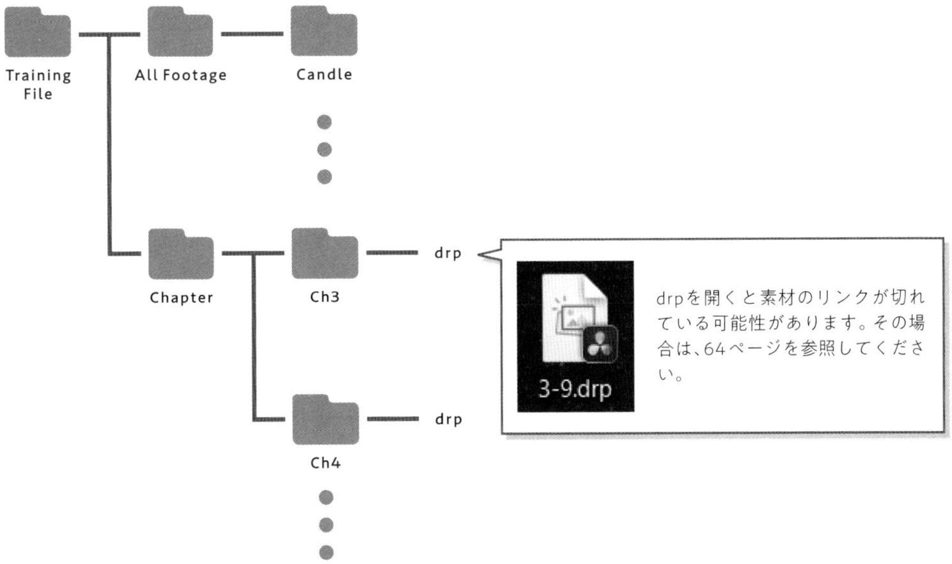

本書の構成

本書は9つの章で構成されています。基礎から実践までを一通り学び、Appendixではカラー編集のイメージリファレンスを紹介しています。

基礎

CHAPTER 1
DaVinci Resolveを始めよう
DaVinci Resolveでできることや、動画編集の流れについて解説します。

CHAPTER 2
メディアページで素材を読み込み整理する
メディアページの画面構成や素材の読み込み方を解説します。

実践

CHAPTER 3
カットページでスピード編集する
スピーディーに編集する方法を解説します。

CHAPTER 4
エディットページ Basic編
エディットページの基本的な操作を解説します。

CHAPTER 5
エディットページ Advance編
テキストや字幕を入れるなどといったエディット編集について解説します。

CHAPTER 6
カラーページ　Basic編（カラーコレクション）
DaVinci Resolveの特徴の1つでもあるカラー作業について解説します。

CHAPTER 7
カラーページ　Advance編（カラーグレーディング）
色合いや明るさなどを調整するカラーグレーディングについて解説します。

CHAPTER 8
Fairlightページで音を編集する
映像の音声を聞き取りやすく自然な音に編集します。

CHAPTER 9
デリバーページでデータを書き出す
作成したデータを使用する映像形式に沿って書き出します。

発展

APPENDIX
イメージリファレンス
カラー作業のイメージを作品集という形で紹介します。

CHAPTER 1

DaVinci Resolveを始めよう

プロの制作者からこれから映像編集を始める人まで、多くの方に支持されているのが
DaVinci Resolveです。この編集ソフトでは一体どんなことができるのか、
サンプル作品画像などをお見せしながら解説していきます。

CHAPTER 1 LESSON 1

#DaVinci Resolveの概要

DaVinci Resolveとは？

テレビや映画、投稿動画など、日常にはさまざまな映像作品があふれています。DaVinci Resolveはそんな映像作品を制作する編集ツールです。

●DaVinci Resolveで編集した映像

DaVinci Resolveの多くの機能は無料で使用することができます。いろいろ試してみましょう！

映像を「作品」にする編集ツール

ちまたにはテレビ番組や映画、ネットで配信される動画などさまざまな映像があります。普段はなにげなく目にしていますが、意識して見てみるといろいろな気づきがあるものです。

たとえばシーンが切り替わったり、字幕が表示されたり、アニメーションがついていたり、シネマティックな色味に加工されたりと、私たちが日頃なにげなく見ている映像は、このようにさまざまな工夫がこらされています。そしてこの工夫によって、見ている人の注目を集めたり、作品性を高めたり、また限られた時間内に収めたりといったことを実現しているのですが、その工夫を実現するためのツールがDaVinci Resolve（ダビンチリゾルブ）です。

プロも使う高機能ツール

DaVinci Resolveは、カット編集や、カラーグレーディング、音の加工調整、VFXなど、さまざまな作業をすることができるツールです。他社のソフトと違い、これらのさまざまな機能が、1つのソフト内で完結できることも魅力の1つです。ソフトには無料版と有償版がありますが、無料版でも十分すぎるほどの機能を備えており、最近ではYouTubeなどのコンテンツ制作のニーズも相まってとても人気の編集ツールです。本書では、これから映像編集を始めたい人や、よりクオリティーの高い作品を作りたい人のために、プロのノウハウを伝授します。

CHAPTER 1 LESSON 2

#DaVinci Resolveの概要

DaVinci Resolveでできること

さまざまな機能が備わっているのがDaVinci Resolveです。このレッスンでは、動画編集においてDaVinci Resolveでどのようなことができるのかざっくりと紹介します。

色の補正
色合いや明るさを調整して映像の世界観を作る演出

字幕の挿入
動画の内容を場面ごとにテキストでわかりやすく表示する

マスクの活用
映像内の特定の部分を切り抜いて目立たせる演出

速度変更
再生スピードを変えることでドラマチックに見せる演出

エフェクト
動画に効果を与えて雰囲気を作る演出

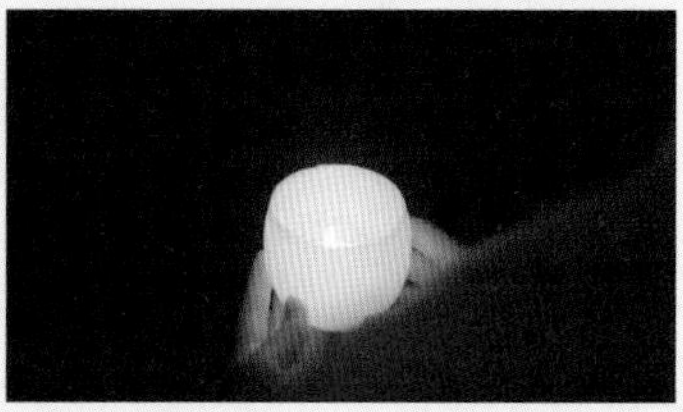

素材の追加
光のパーツを追加してやわらかい雰囲気に見せる演出

カット編集・カラー・音・VFXなどワンストップで映像を制作できる

DaVinci Resolveは、簡単にいうと編集に必要なツールの大半を備えた便利なソフトです。撮影した映像や静止画をつなげたり、不要なところを削除したり、といった「カット編集」をはじめ、BGMやナレーションの追加、テロップの挿入、シネマティックな色味への加工、素材の合成といった映像制作における作業は一通りこなすことができます。

YouTubeや縦型映像などさまざまな形式に書き出せる

作成した映像は目的に合わせて書き出しをする必要があります。
DaVinci ResolveではYouTubeやSNSなどで公開するための形式、縦型やスクエア型に対応した形など、さまざまな形式に映像を書き出すことができます。詳しくはChapter 9で解説します。

ここで紹介したのは本書で解説している演出テクニックの一部です。DaVinci Resolveにはこのほかにもさまざまな機能があります。

初心者でもクオリティーの高い作品が作れる

DaVinci Resolveでは、さまざまなカラー作業が可能です。カラーを調整することで作品の雰囲気や質感を変化させることができます。ここでは、いくつかカラーの例を紹介します。

スキントーンと背景の色を分離させてシネマティックに加工する

Before

After

特定の箇所の明るさを調整して、目線誘導を行うことで印象的な画作りができる

スマホの素材もこんなに変わる

エフェクトも駆使するとこんな光の演出もできる

CHAPTER 1 LESSON 3

#DaVinci Resolveの概要

DaVinci Resolveを使った動画編集の流れを知ろう

動画制作全体の流れを理解しましょう。作品の具体化から公開に至るまでの大まかな流れを説明します。

●映像制作の大まかな流れ

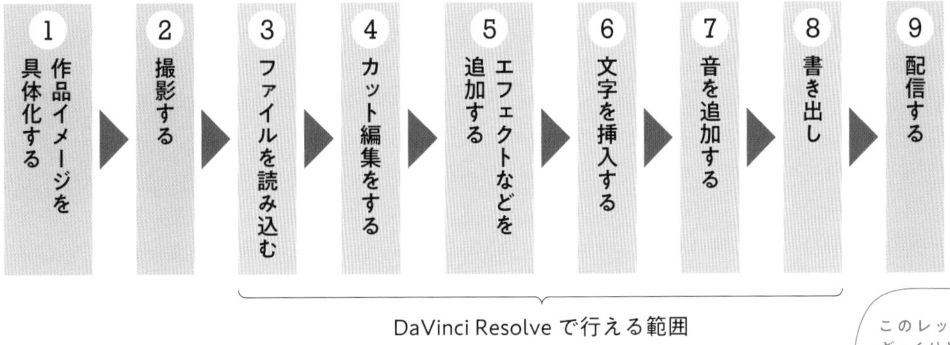

このレッスンではざっくりとした流れを紹介するので、1つひとつをしっかり覚えるというわけではなく、こんな感じで作業をするんだという感覚で気楽に読んでみてください。

①作品イメージを具体化する

まずはどういった作品にしたいのかというアイデアを具体化していく作業が必要です。たとえば商品の宣伝動画を作りたい場合、商品単体の動画にするのか、人が商品を紹介する動画にするのか、といった商品自体の見せ方に加えて、アニメーションの挿入やBGMはどのタイミングで入れるのか、といった演出効果まで、さまざまな要素をまとめなければいけません。YouTubeやVimeoなどで公開されている動画を参考にして、字・絵コンテなどに落とし込んでいくと、必要な素材がイメージできるのでスムーズに動画制作を行うことができます。

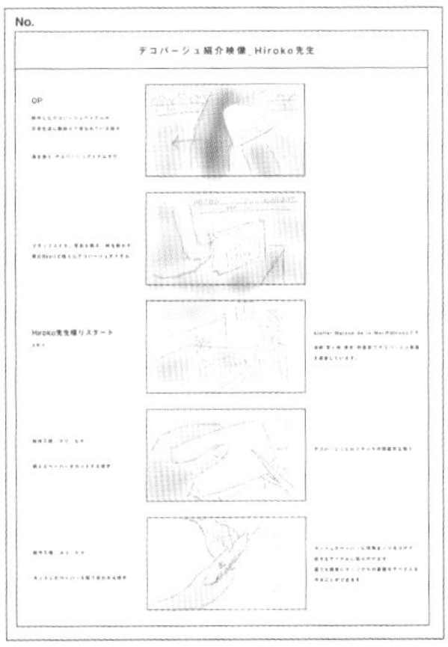

絵コンテを作って、どういうシーンを見せるか、そのときにどんな演出が必要か、といったことを整理する

②撮影する

動画作品を作るには、当然ですが動画を撮影する必要があります。絵コンテで描いたシーンを、実際に撮影していきます。いまはスマートフォンでも簡単に、きれいな動画を撮れる時代です。スマートフォンで撮影するための機材も充実しているので、ビデオカメラなど専用の機材がなくても気軽に動画撮影を行えます。もっとカラーや画質などにこだわりたい場合は、デジタル一眼レフカメラやシネマカメラなども選択肢の1つになるでしょう。

動画作品の仕上がりは、撮影のクオリティーに大きく左右される

③ファイルを読み込む

ここからがDaVinci Resolveの出番です。映像作品は、撮影した素材をそのまま使うわけではありません。撮影した素材を編集することで、作品としての完成度を高めていきます。編集するためには、DaVinci Resolveに素材ファイルを読み込む必要があります。動画、音声、画像などさまざまな素材を一度に読み込めます。

撮影した動画や音声などの素材をDaVinci Resolveに読み込む

④カット編集をする

読み込んだ素材を、DaVinci Resolveの「タイムライン」と呼ばれる作業スペースに並べていきます。不要な箇所を削除したり、クリップをつなげたりして、作品全体の流れを作っていきます。

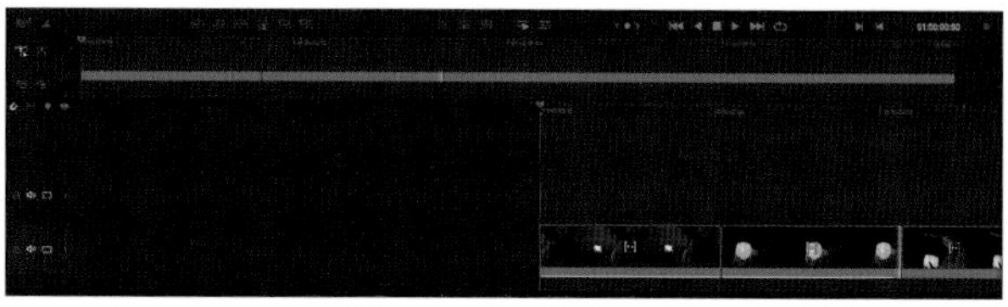

タイムライン上で素材の切り貼りをするカット編集

⑤効果を追加する

全体の流れができたら、より魅力的な動画になるようにさまざまな演出を加えていきます。素材にエフェクト（効果）をかけたり、トランジション（場面転換）の効果を追加したりすることで演出を工夫していきます。

場面が切り替わるときの演出効果を追加して、映像の作品性を高める

⑥タイトルやテロップを入れる

カット編集や効果を追加して映像のおおよその構成ができあがったら、タイトルやテロップなどテキスト情報を入力していきます。

タイトルを入れて、映像の作品性を高める

⑦音を追加する

ビジュアル要素ができあがったら、効果音やナレーションなどの音を挿入していきます。音量や音質の調整などもDaVinci Resolve上でできるので、別のソフトを使わずにワンストップで映像作品が完成します。

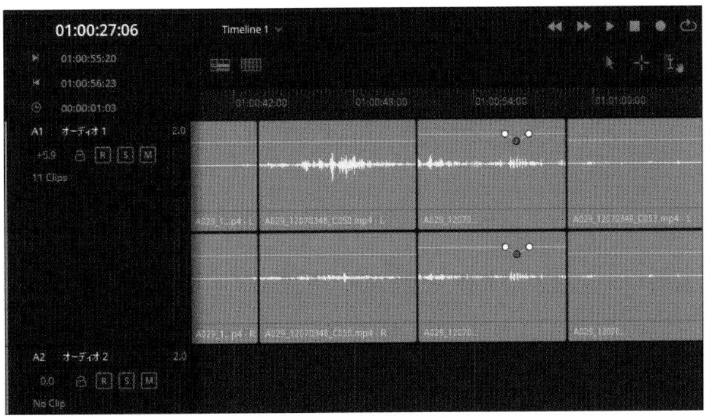

音声もタイムライン上で追加できる

⑧書き出し（レンダリング）

動画が完成したら、MP4やMOVといった汎用的な動画フォーマットに書き出します。この作業を「レンダリング」といいます。レンダリングをもって、映像作品の完成です。

最後に行う作業がレンダリング。YouTubeやFacebookなど公開先に合わせた形式で書き出すことができる

⑨YouTubeなどさまざまなメディアで公開

書き出した動画をYouTubeやVimeoなどの動画共有サイトで公開したり、DVDやBlu-rayなどの光学メディアで配布したりします。

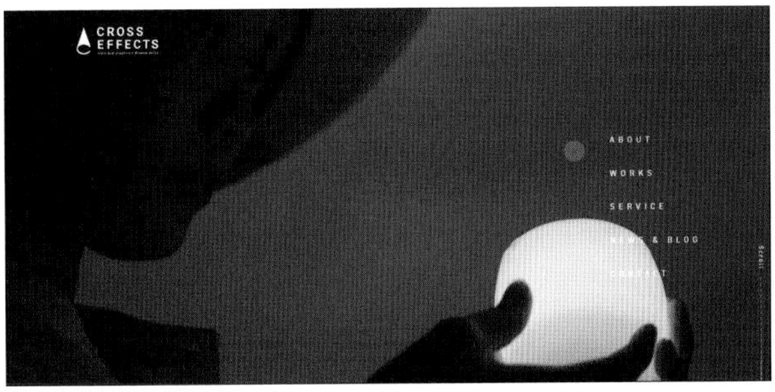

著者が動画を公開する「Cross Effects Tutorial」
https://crosseffects.jp/works/cross-effects-tutorials/

公開していろいろな人に視聴してもらい、レビューや視聴回数を参考に、どうすればもっとよい映像を作成できるのか探求していくことが大事です。

CHAPTER 1
LESSON 4

#DaVinci Resolveの概要

DaVinci Resolveをインストールしよう

DaVinci Resolveは無料版がありますので、誰でも気軽にトライすることができます。まずはパソコンにソフトをインストールすることから始めましょう。

プログラムをダウンロードする

① ブラウザでDaVinci Resolveの公式サイト(https://www.blackmagicdesign.com/jp/products/davinciresolve/)にアクセスし、❶[今すぐダウンロード]をクリックします。

② 2種類のDaVinci Resolveの選択画面が表示されるので、[DaVinci Resolve 18]の欄の中から❷DaVinci Resolveをインストールする OSを選んでクリックします。ここではWindowsを選択します。

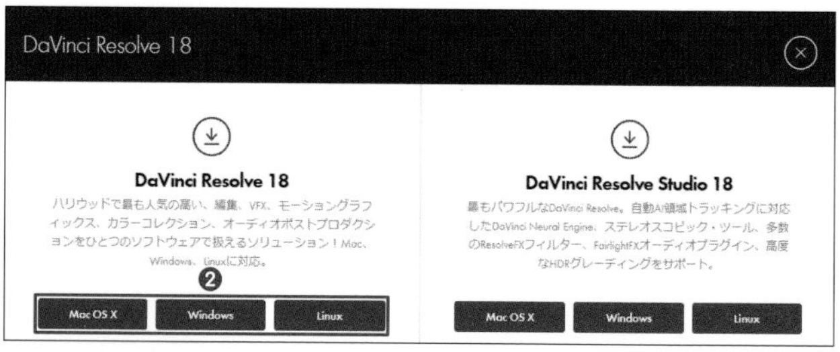

③ 個人情報を登録する画面が表示されるので、❸必要事項を入力し、❹[登録&ダウンロード]をクリックします。

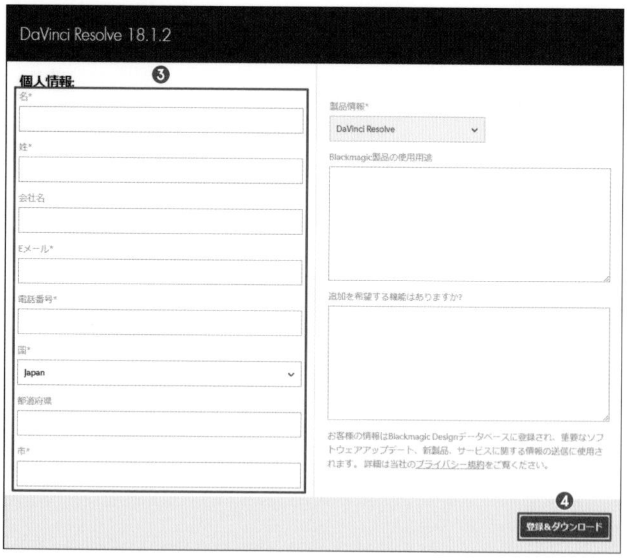

4 インストールファイルのダウンロードが開始されるので、しばらく待ちます。ダウンロードが自動的に開始されない場合は[DaVinci_Resolve_18.1.2_Windows.zip]をクリックします。

5 インストールファイルのダウンロードが終了しました。

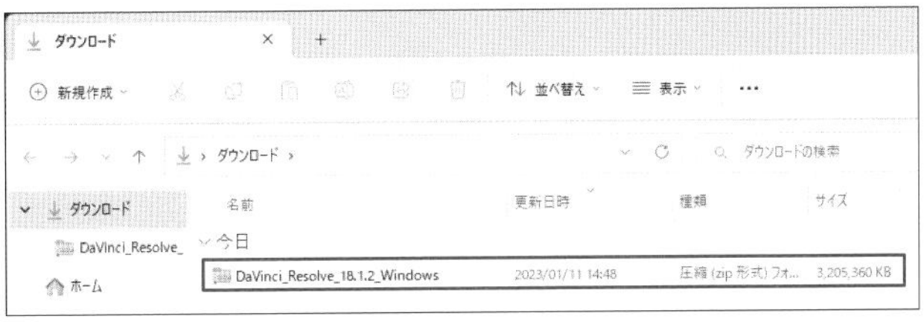

Windowsでインストールする

1 ❶ダウンロードしたzipファイルを選択し、❷[すべて展開]をクリックします。

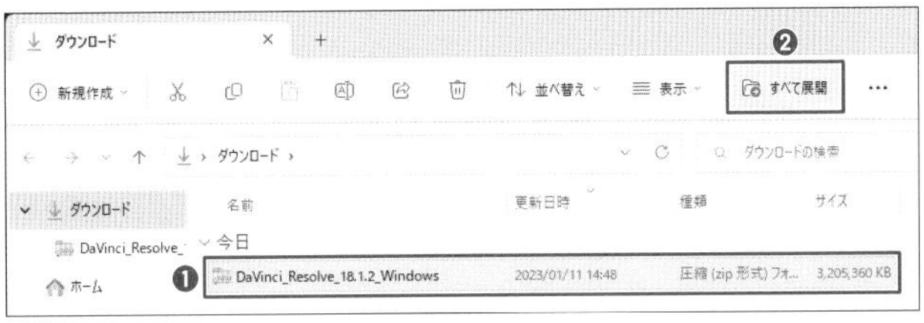

2 展開先を選択する画面が表示されるので、❸ファイルを展開するフォルダーを選択して、❹[展開]をクリックします。

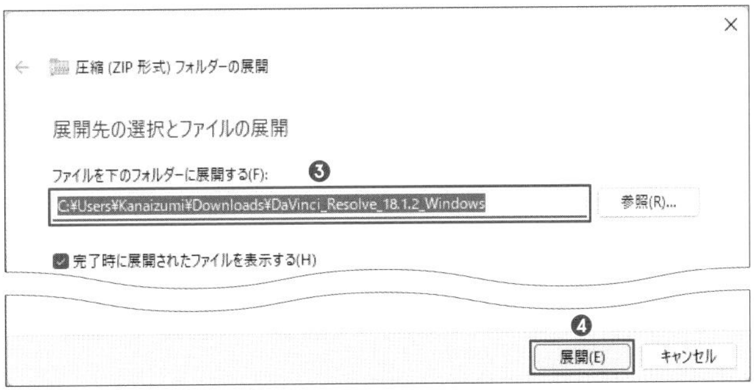

3 ファイルが展開されるので、❺[DaVinci_Resolve_18.1.2_Windows]ファイルをダブルクリックします。ユーザーアカウント制御のダイアログボックスが表示されたら、画面に従って操作し、インストールを続行してください。

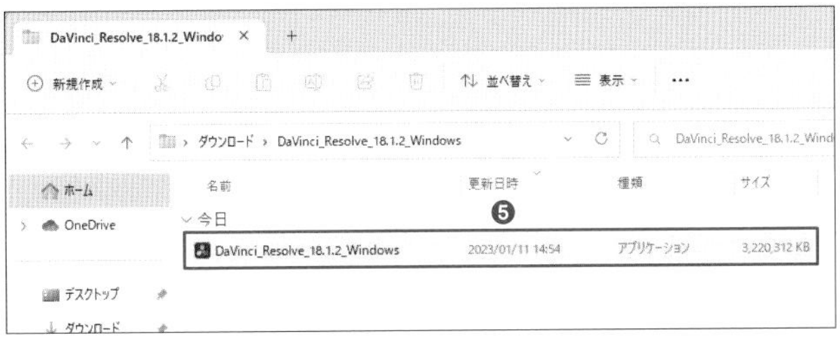

4 インストーラーが起動します。❻必要なものにチェックが入っていることを確認して、❼[Install]をクリックします。

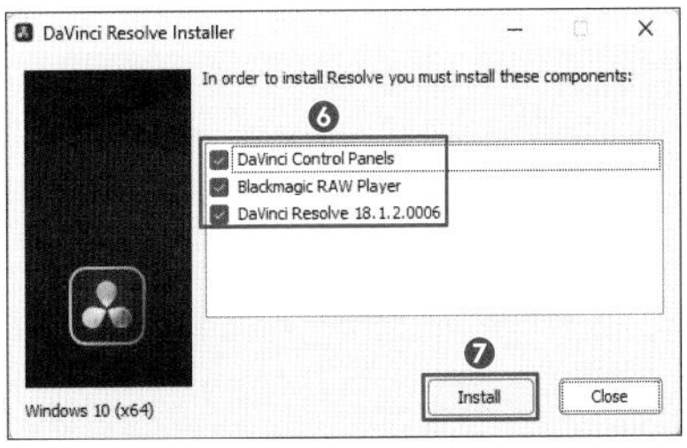

5 セットアップウィザードが開始されるので、❽[Next]をクリックします。使用許諾条件が表示されたら、❾[I accept the terms in the License Agreement]にチェックを入れて、❿[Next]をクリックします。

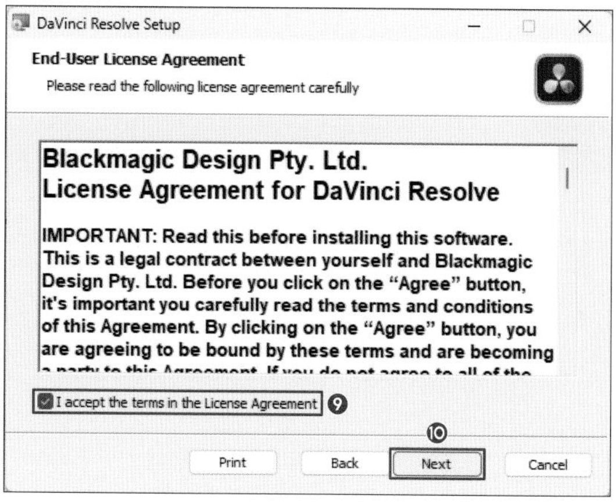

6 インストールフォルダーを選択する画面が表示されるので、⓫[Next]をクリックします。表示された画面で⓬[Install]をクリックします。インストールが開始されるので、しばらく待ちます。

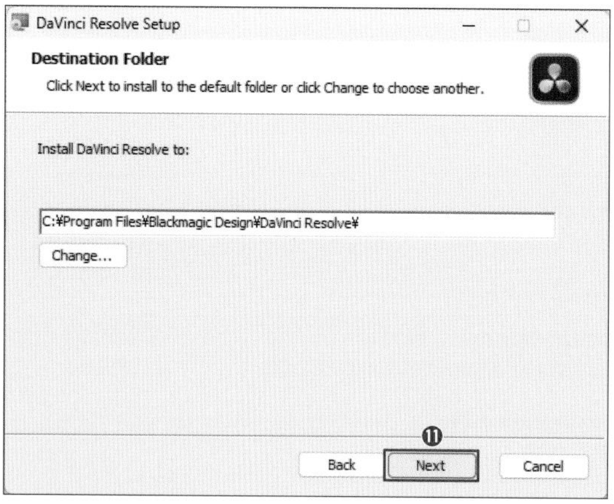

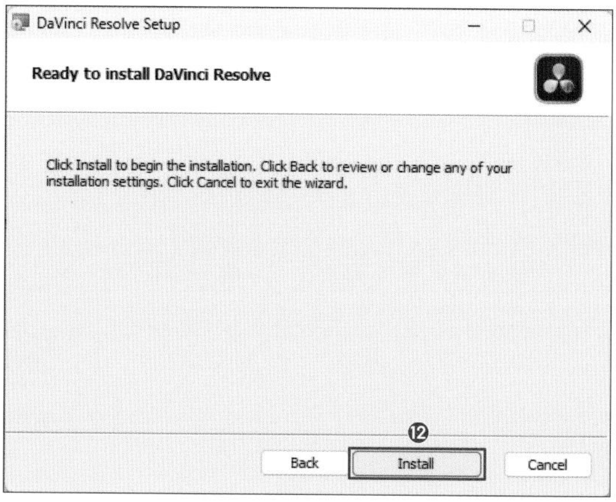

7 インストールが完了したら、完了画面の⓭[Finish]をクリックします。表示されたダイアログボックスの⓮[OK]をクリックします。これでインストールは終了です。

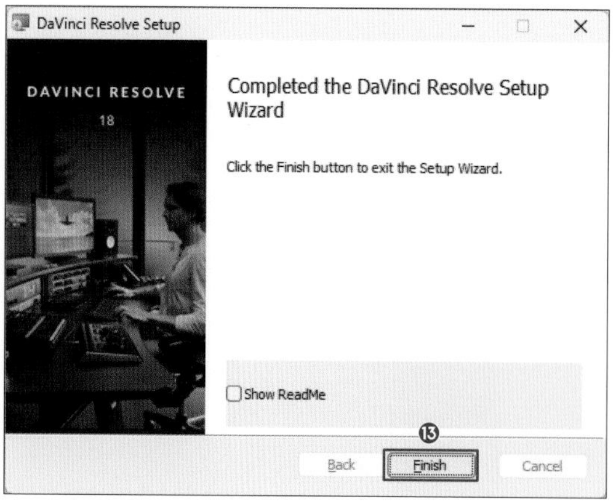

CHAPTER 1
LESSON 5

#DaVinci Resolveの概要

起動して初期設定をしよう

DaVinci Resolveでは既定で英語が設定されています。まずはこれを日本語に変更しましょう。
英語版で進めたい方はこのまま進めてもかまいません。

日本語を選択する

言語の変更はマストではありませんが、日本語のほうがわかりやすい人も多いと思います。本書ではこのLesson以降、日本語版で解説をしています。

1 英語モードで起動します。

2 ❶[DaVinci Resolve]メニューをクリックして、❷[Preferences…]を選択します。

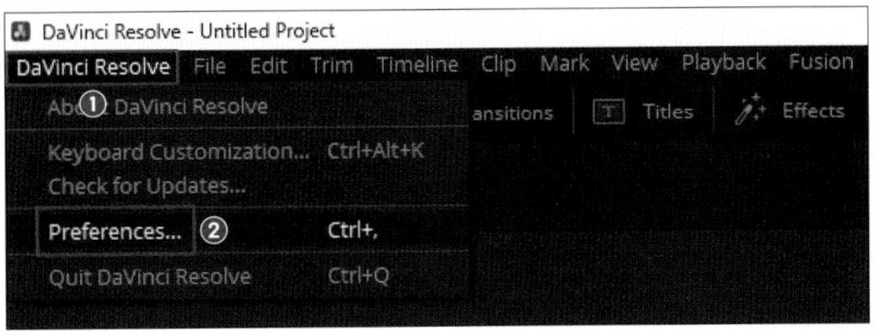

3 ❸[User]をクリックします。

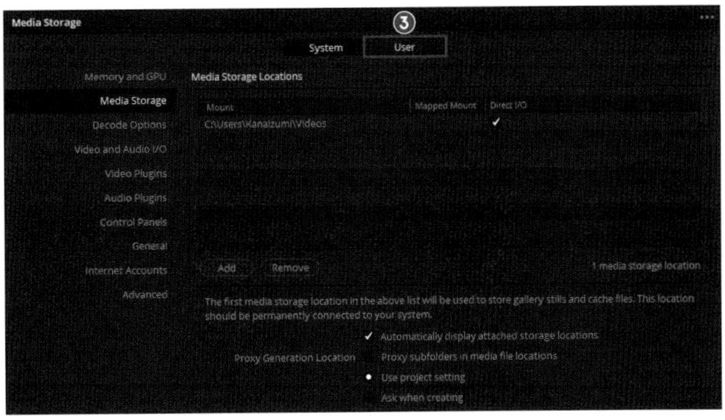

4 [Language]の❹[V]をクリックして❺[日本語]を選択します。

5 ❻[Save]をクリックします。

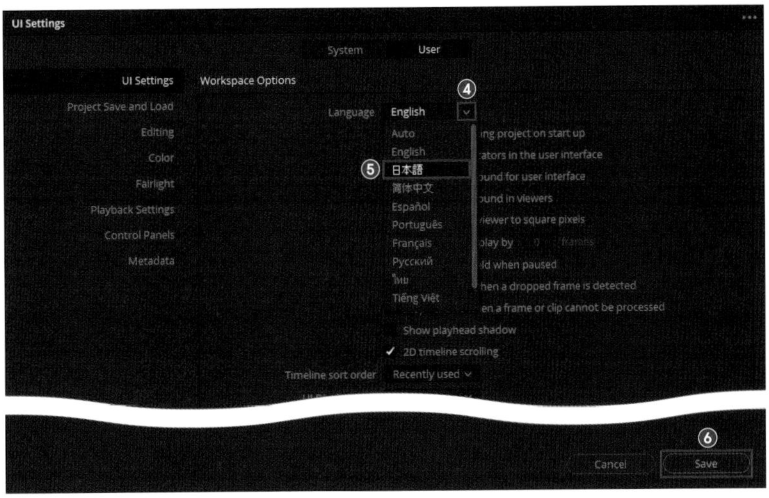

6 ❼［OK］をクリックします。

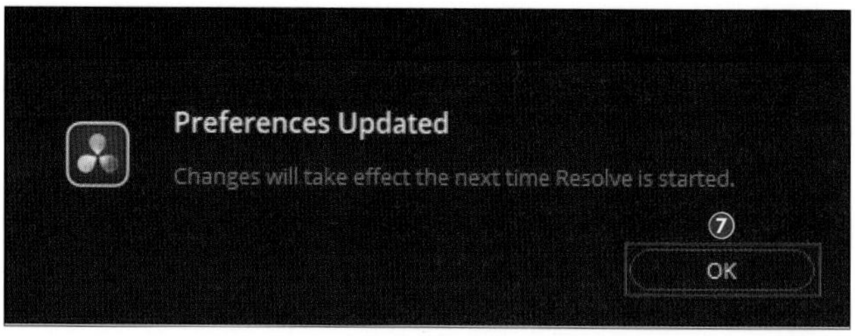

7 再起動すると、日本語モードで起動します。

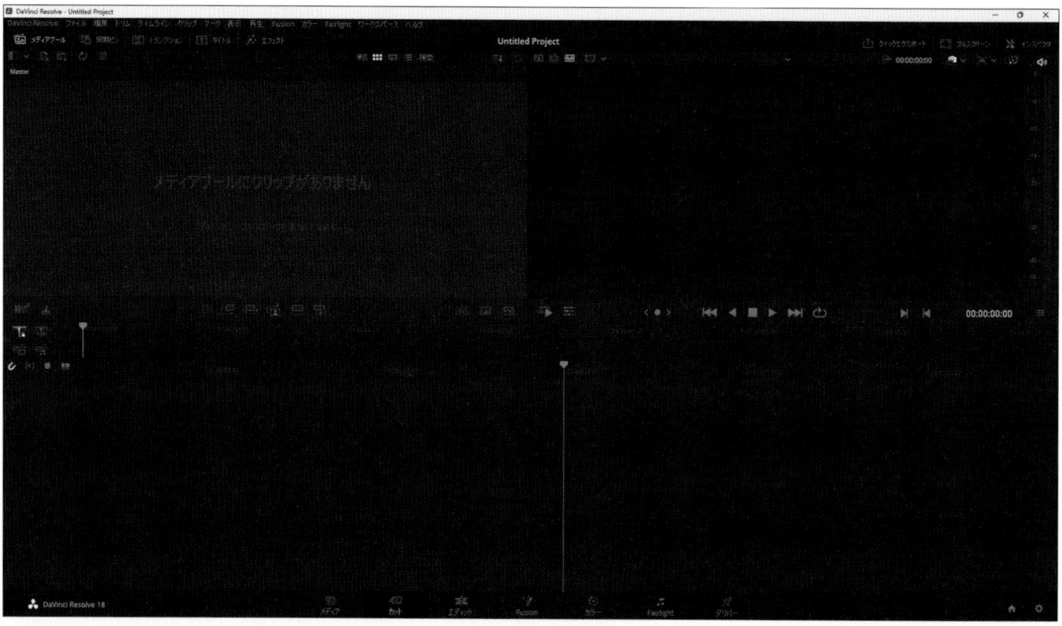

CHAPTER 1 LESSON 6

#7つの「ページ」

DaVinci Resolveの画面構成を理解しよう

DaVinci Resolveにはさまざまな編集作業に特化したページがあります。ここでは各ページの名称や機能を紹介します。

画面の基本的な構成と切り替え方

DaVinci Resolveは各ページにおいて、とても便利で強力なツールがたくさん用意されています。それゆえ最初は一見難しそうに感じる部分もあるかもしれませんが、初心者の方でも作業がしやすいように作られていると思いますので、ゆっくり進めていきましょう。

各ページの切り替えは画面下部のボタンをクリックすることで変えることができます。

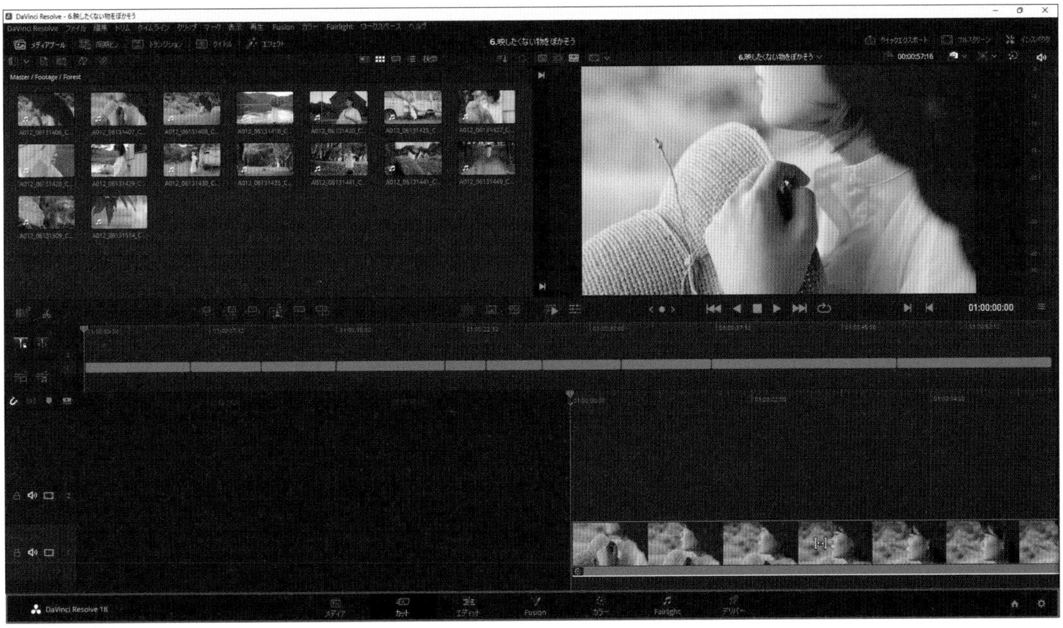

用途別の7つの「ページ」

DaVinci Resolveには「メディア」「カット」「エディット」「Fusion」「カラー」「Fairlight」「デリバー」の7つのページがあります。それぞれの用途を確認していきましょう。

❶メディアページ

メディアページは映像クリップやBGMなどの素材を読み込んで管理をするページになります。読み込んだ素材をプレビューしたり、編集がしやすいようにビンを使って仕分けたりします。

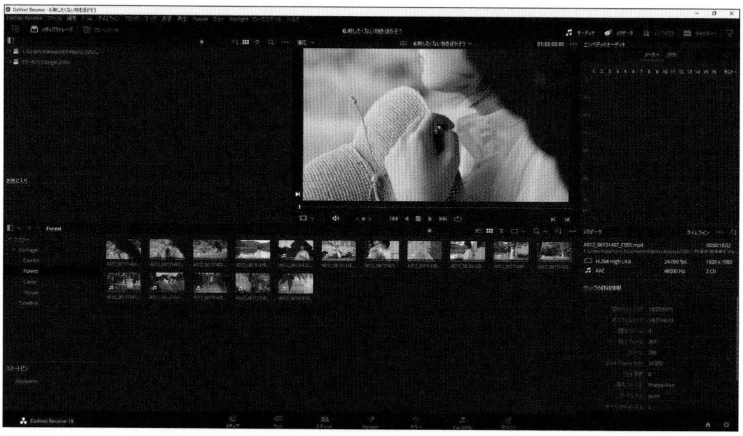

❷カットページ

カットページは従来の他社製品やアプリなどでよくある映像編集ソフトとは少し違った、短時間での編集作業に焦点をおいた編集環境のページです。各クリップのプレビューや配置、映像全体の組み立てなどをスピーディーに行うことを得意とします。

❸エディットページ

エディットページが一般的によく見る編集ソフトの設計となっているページです。カットページ同様にクリップを並べたりしますが、根幹となるカット編集部分はこのページで作業をすることが多いと思います。

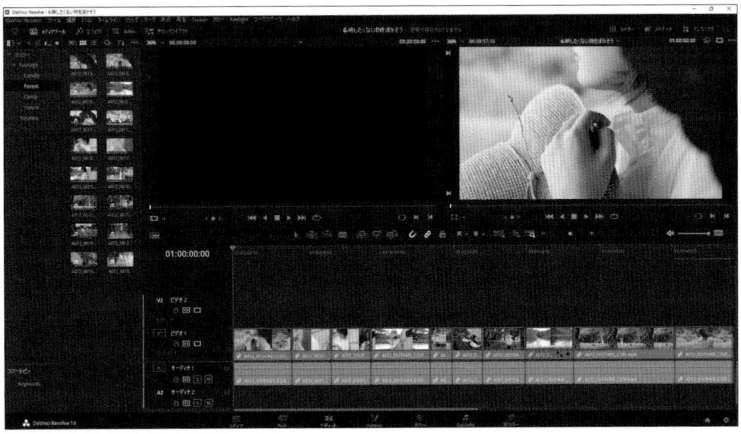

❹Fusionページ

Fusionページでは素材を合成したり、ビジュアルエフェクトを作成、モーショングラフィックスを作成編集することができます。

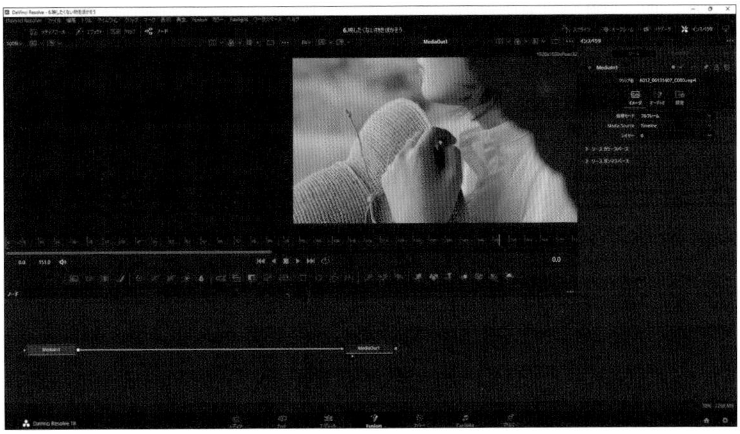

本書では、Fusionページについては触れていません。

❺カラーページ

カラーページでは、エディットやカットページで配置した素材に対して、色の補正や加工をすることができます。DaVinci Resolveが大変注目されるようになった火付け役ともいえるほど、素晴らしい機能がたくさんあります。

❻Fairlightページ

Fairlightページは音の作業に特化したページです。各トラックのオーディオレベルの調整はもちろん、インタビューなどの音声を整音したり、ノイズを除去したりとさまざまな作業をすることができます。

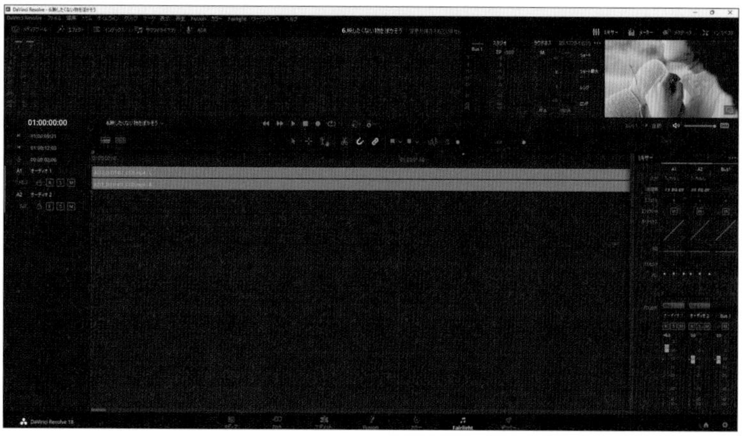

❼デリバーページ

デリバーページでは、他ページで作業をして完成した映像を、最終的なアウトプット先の用途に合わせて書き出しをするためのページとなります。書き出したデータを用いることで、パソコンのローカル上で再生したり、YouTubeやSNSにアップをすることができます。

COLUMN

フレームレートとは？

そもそも動画とは、静止画をコマ送りで表示したものです。この1コマのことを「フレーム」といい、フレームレートとは、「1秒間に何枚のフレームで動画を構成するかを表す数値」です。1秒あたりのフレーム数を示す「frames per second」の略語からfpsと表記されます。fpsの数値が大きいと1秒間のフレームの枚数が多くなるので、動画がなめらかな動きになります。逆に数値が小さいとカクカクした動画になります。ただしフレーム枚数が多くなるほど、データ容量も増え、パソコンにかかる負荷も大きくなります。

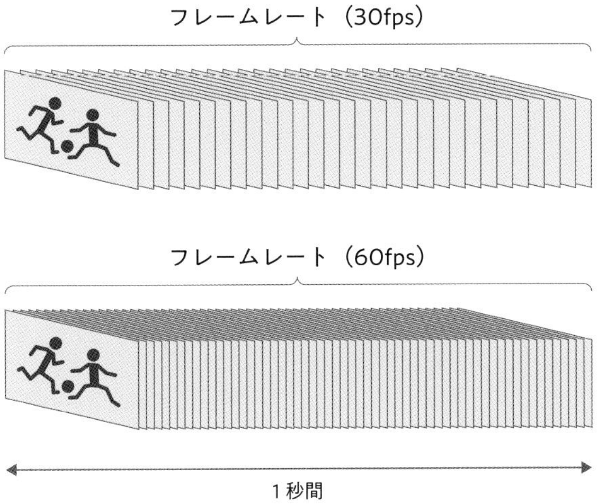
フレームレート（30fps）
フレームレート（60fps）
1秒間

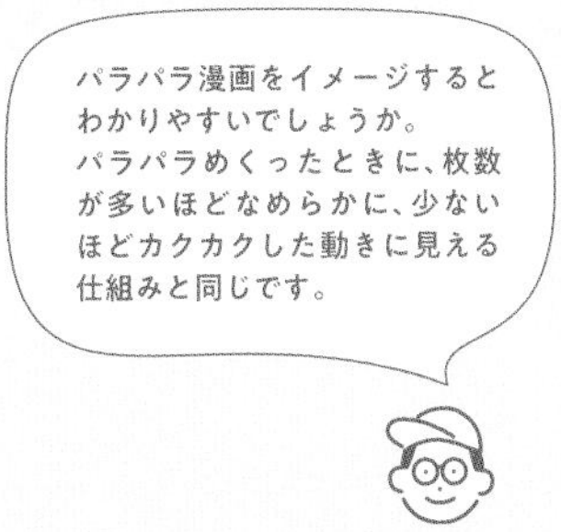
パラパラ漫画をイメージするとわかりやすいでしょうか。
パラパラめくったときに、枚数が多いほどなめらかに、少ないほどカクカクした動きに見える仕組みと同じです。

知りたい！

● 媒体によって異なるフレームレート

フレームレートは動画の用途に応じて設定します。たとえば映画は24fps、テレビは30fps、ゲームなどは60fpsなど、コンテンツによって一般的な値があるので、それらを参考に設定するとよいでしょう。たとえばYouTubeに個人作品を投稿したい場合は、一般的な30fpsをベースに考え、映画のような質感で表現したいときは24fpsで作成するなど、最適なフレームレートを選ぶようにします。最近ではスマートフォンやアクションカメラなど身近なカメラでも、120fpsや240fpsといったハイフレームレートと呼ばれる形式で撮影することが可能になってきています。

スローモーションの演出をしたい場合は、撮影時に60fps以上に設定することをおすすめします。

COLUMN

解像度（フレームサイズ）について理解する

フレームの一部分を拡大してみると、下の写真の拡大部のように、非常に細かい点の集合でできていることがわかります。この点を「ピクセル」といい、1フレーム内にあるピクセル数を表す言葉が「解像度」です。
たとえばフルHDの動画であれば、フレームの横方向に1,920個、縦方向に1,080個のピクセルが並んでおり、解像度は1,920×1,080となります。そして解像度が大きいほど高画質になり、動画のデータ容量も大きくなります。
また、動画データの解像度と、それを再生するディスプレイの画面解像度は別です。たとえば動画の解像度が4K（3,840×2,160）であっても、再生するディスプレイの画面解像度がフルHD（1,920×1,080）であれば、フルHDの解像度（ディスプレイの解像度）で表示されます。逆に、動画の解像度が低ければ、解像度の高いディスプレイで再生しても高画質にはなりません。
そのため撮影する時点で、動画の視聴環境まで考慮しておくことが大切です。

● ピクセル

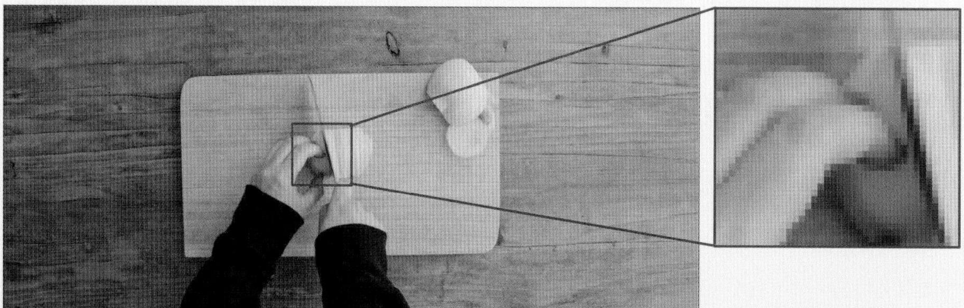

フレームを拡大するとピクセル（この例では正方形）が集まってできていることがわかる

● 解像度

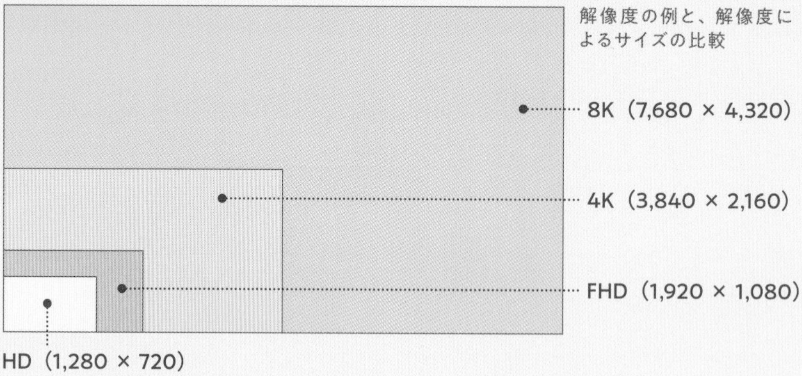

解像度の例と、解像度によるサイズの比較

数年前までは「スクエア型」と呼ばれる4:3の正方形に近いディスプレイがありました。最近では一般的な16:9だけではなく、32:9というウルトラワイドモニターも登場しています。

CHAPTER 2

メディアページで素材を読み込み整理する

このChapterでは、編集の最初の段階の作業である素材の読み込みや管理をするための「メディアページ」について解説していきます。
スムーズな編集作業をするためにも、素材の管理はとても大切です。

CHAPTER 2 LESSON 1

#メディアページ

メディアページの画面構成を理解しよう

メディアページは使用する素材を読み込んだり、管理したりするページです。このLessonでは、メディアページのインターフェイスについてざっくり解説をしていきます。

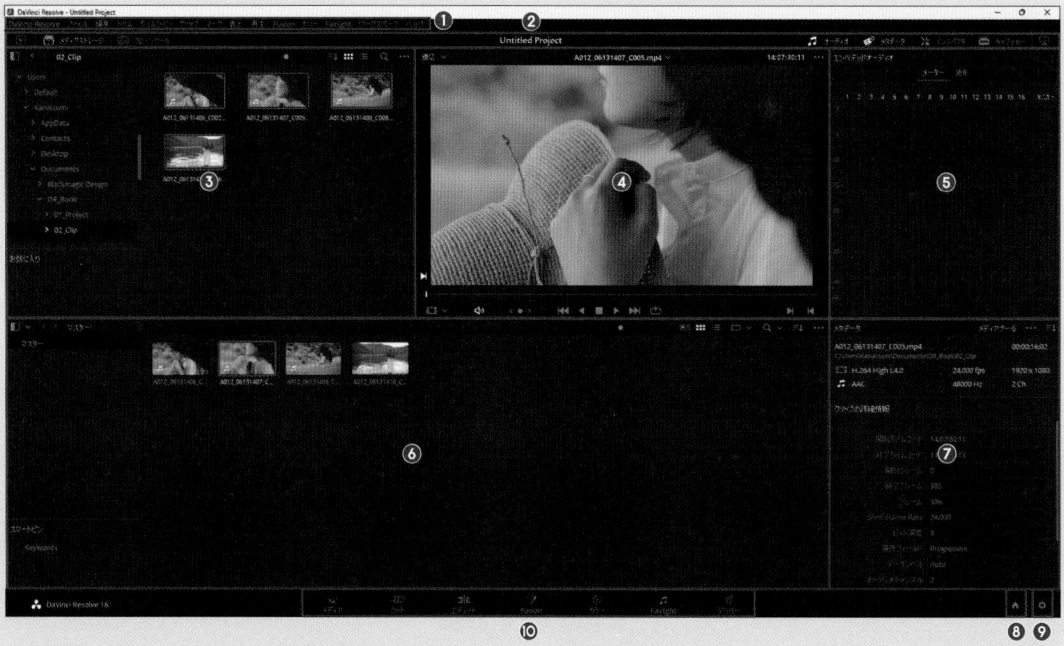

❶メニューバー
DaVinci Resolveで操作できる共通のコマンドが収納されています。

❷インターフェイスツールバー
ユーザーインターフェイスの表示内容を切り替えることができます。

❸メディアストレージブラウザ
左側にパソコンに接続されているハードディスクなどのドライブが表示されて、その中のファイル構造も見ることができます。

❹ビューア
選択したクリップの再生・停止・逆再生などを行うことができます。

❺オーディオパネル
選択したクリップに含まれるオーディオを表示します。

❻メディアプール
プロジェクトで使用する素材をDaVinci Resolve上に読み込んだものが表示されています。左側のスペースでは「ビン」と呼ばれるフォルダーを作成して、自由に素材を振り分けて素材を読み込むことが可能です。

❼「メタデータ」エディター
選択したクリップの長さや解像度などの詳細情報を表示します。

❽プロジェクトマネージャー
クリックすると［プロジェクトマネージャー］の画面が開きます。

❾プロジェクト設定
［プロジェクト設定］画面が立ち上がり、プロジェクト全体に関わるさまざまな設定をすることができます。

❿ページ選択セクション
メディアページ、カットページ、エディットページ、Fusionページ、カラーページ、Fairlightページ、デリバーページに移動することができます。

インターフェイスツールバー

ここではツールバー上にある各項目をクリックすることで、ユーザーインターフェイスの表示を切り替えることができます。

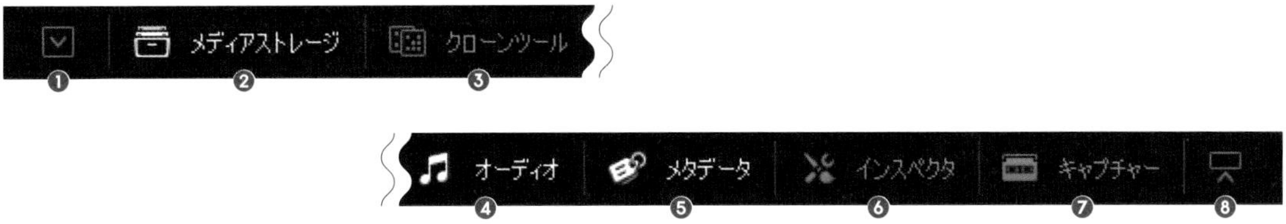

❶拡大
メディアストレージブラウザを拡大表示します。

❷メディアストレージ
パソコンに接続されたHDDやSSDなどのボリュームが表示されます。ファイルパスを開いていき、読み込みたい素材をDaVinci Resolve上に取り込むことができます。

❸クローンツール
データファイルを別媒体にコピーするツールです。単に通常のパソコン上でデータをコピー＆ペーストする作業ではなく、しっかりと複製をすることができたかを、チェックサムという方式で検証をすることができます。

❹オーディオ
再生しているクリップのオーディオレベルを確認することができます。

❺メタデータ
選択したクリップのファイル名や長さ、解像度、コーデックなど、さまざまな詳細情報を確認することができます。メタデータの右にある項目選択をクリックすることで、［クリップの詳細情報］や［ショット＆シーン］など別の項目を開いて、必要な情報を入力修正することも可能です。

❻インスペクタ
メディアプールに並んだ素材を、タイムラインで編集する前に、ズームや位置・回転・スタビライゼーション（手ブレ補正）・レンズ補正などを事前に行うことができます。

❼キャプチャー
テープから取り込む、テープに書き出す際に使用するツールです。

❽縮小
オーディオパネルとメタデータエディターを縮小表示します。

CHAPTER 2
LESSON 2

#メディアページ　#新規プロジェクトの作り方

新規プロジェクトを作成しよう

DaVinci Resolveを起動すると［プロジェクトマネージャー］と呼ばれる画面が表示されます。ここで新規プロジェクトを作成します。作成方法は3つあります。

●［プロジェクトマネージャー］画面

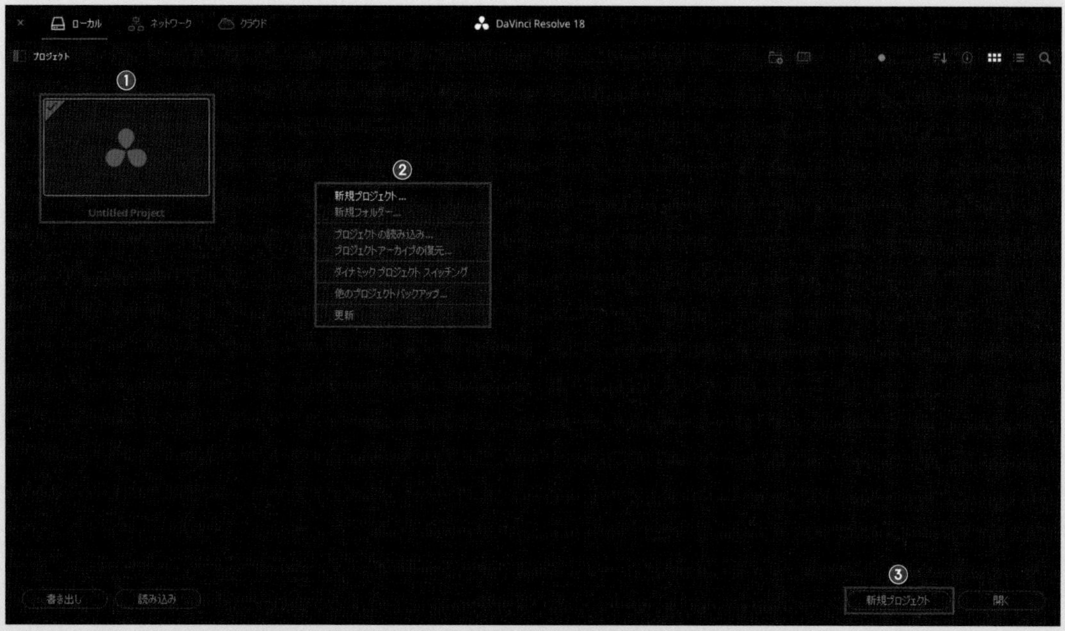

❶［Untitled Project］をダブルクリック

［プロジェクトマネージャー］の左上にある［Untitled Project］をダブルクリックして作成します。

❷［プロジェクトマネージャー］上を右クリック

［プロジェクトマネージャー］上のなにもないところで右クリックして、［新規プロジェクト］をクリックして作成します。

❸［新規プロジェクト］をクリック

［プロジェクトマネージャー］の右下にある［新規プロジェクト］をクリックして作成します。

新規プロジェクトを作成する

ここでは、[プロジェクトマネージャー]上を右クリックする方法を解説します。

1 ❶[プロジェクトマネージャー]上で右クリックし、❷[新規プロジェクト]を選択します。

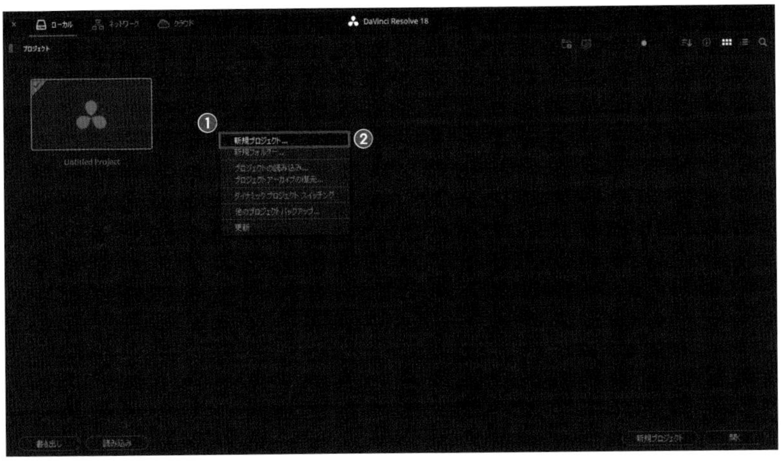

2 [新規プロジェクトを作成]ダイアログボックスが表示されるので、❸プロジェクトの名前を入力し(ここでは「Chapter2」)、❹[作成]をクリックします。

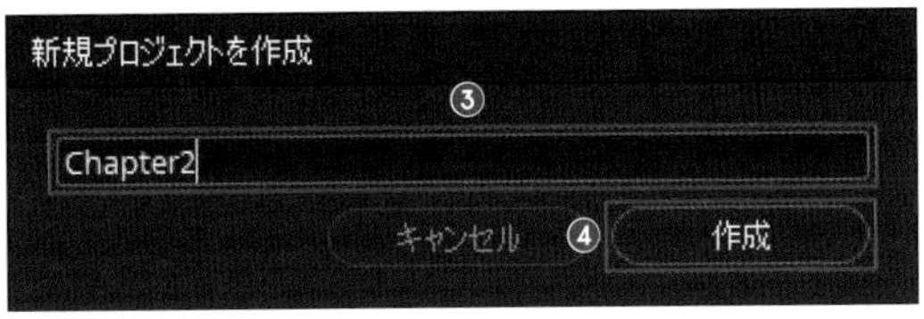

できた! 入力した名前の新規プロジェクトが作成され、編集画面が表示されます。

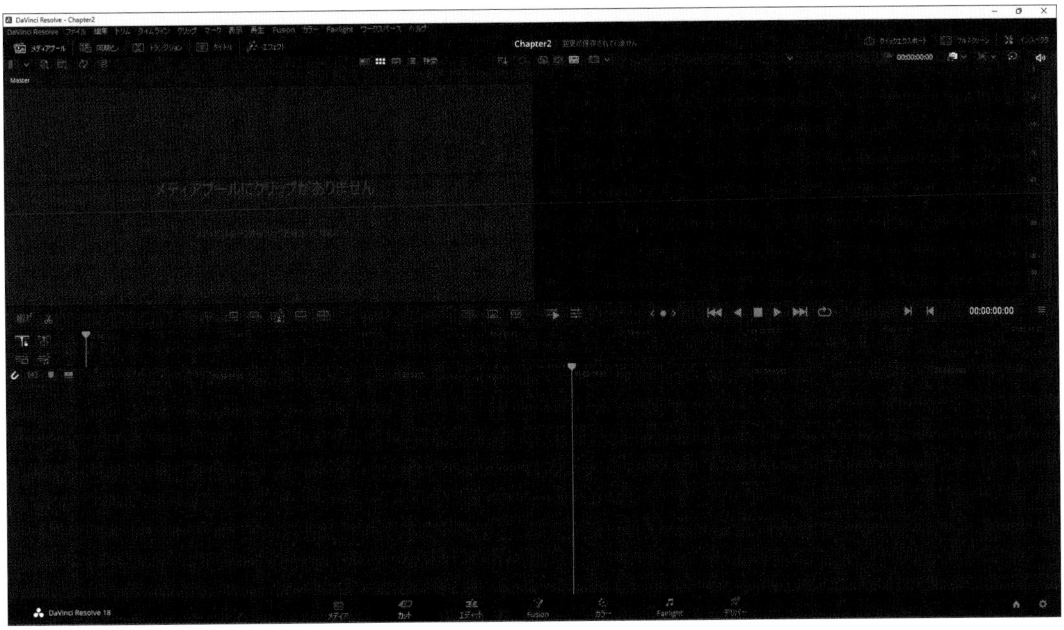

もっと
知りたい！

● フォルダーを作って管理する

前述の方法で新規プロジェクトを作成できますが、[プロジェクトマネージャー]で新規フォルダーを作って管理することもできます。たとえば「Work」や「Private」などと分けたり、クライアントごとにフォルダーを分けることで管理がしやすくなります。

1 ❶[プロジェクトマネージャー]上で右クリックし、❷[新規フォルダー]を選択します。

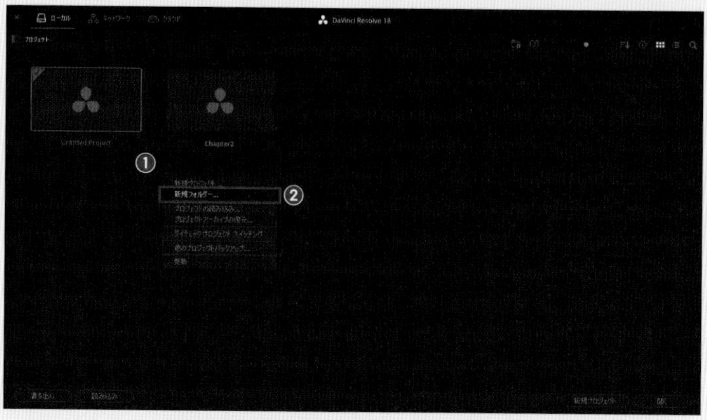

2 [新規フォルダーを作成]ダイアログボックスが表示されるので、❸フォルダーの名前を入力し、❹[作成]をクリックします。

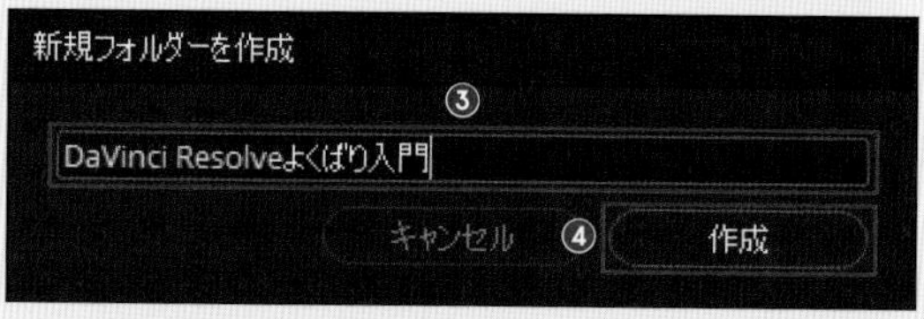

できた！ 入力した名前の新規フォルダーが作成されます。

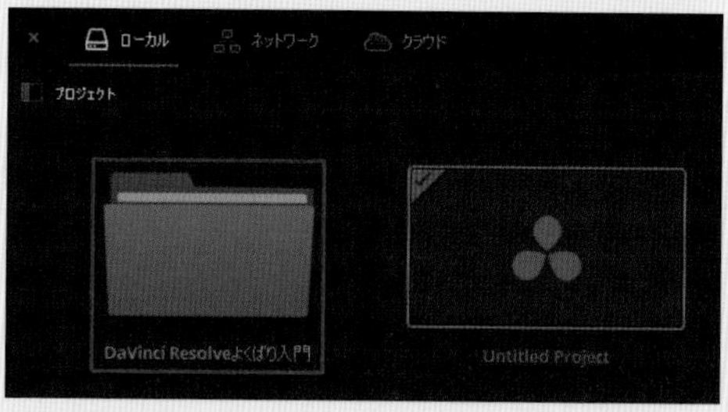

ここがPOINT

プロジェクトはフォルダーに移動できる

作成したプロジェクトは、ドラッグ＆ドロップでフォルダーに移動させることができます。

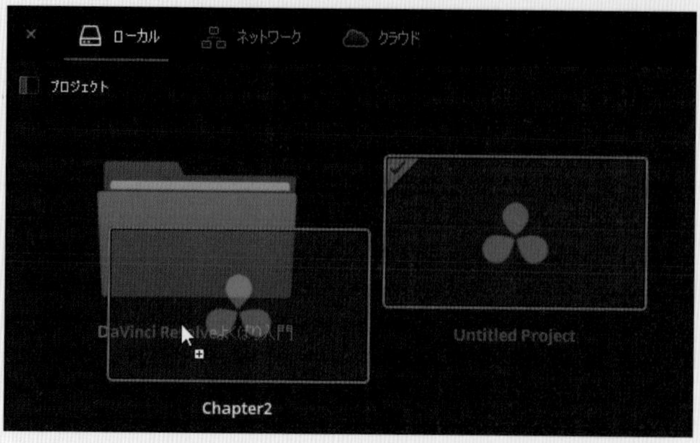

CHAPTER 2 LESSON 3

#環境設定

プロジェクトの マスター設定をしよう

プロジェクトを作成したら、次にプロジェクトの環境設定を行っていきましょう。環境設定では主に、作成するプロジェクトの解像度やフレームレートなどを設定していきます。

●[プロジェクト設定]画面

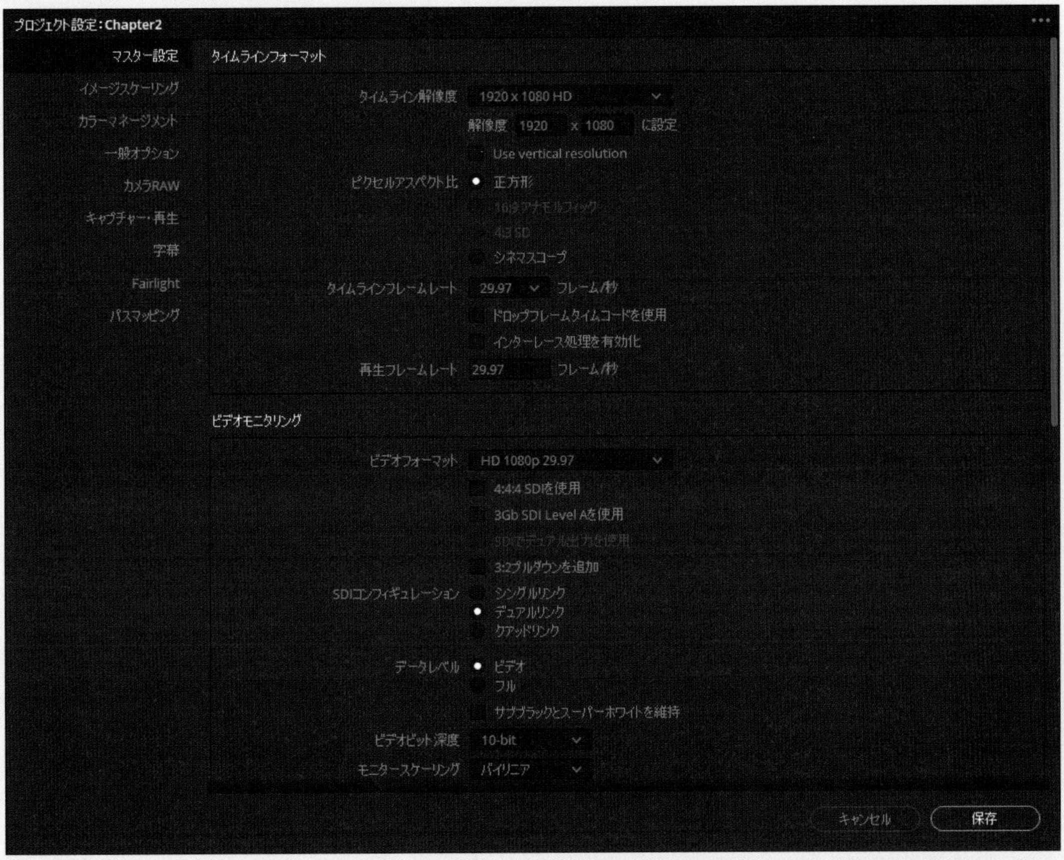

フルHD用のプロジェクトを設定する

まずはタイムラインの解像度やフレームレートを設定しましょう。
このLessonでは、一般的によく使われるFHD（1920×1080）という解像度で作成します。たとえばSNS用にスクエア型や縦長タイプの設定もここで行うことができます。

タイムライン解像度を設定する

1 プロジェクトを開き、画面右下の❶[プロジェクト設定]をクリックします。

2 [プロジェクト設定]画面が表示されるので、❷[マスター設定]をクリックします。

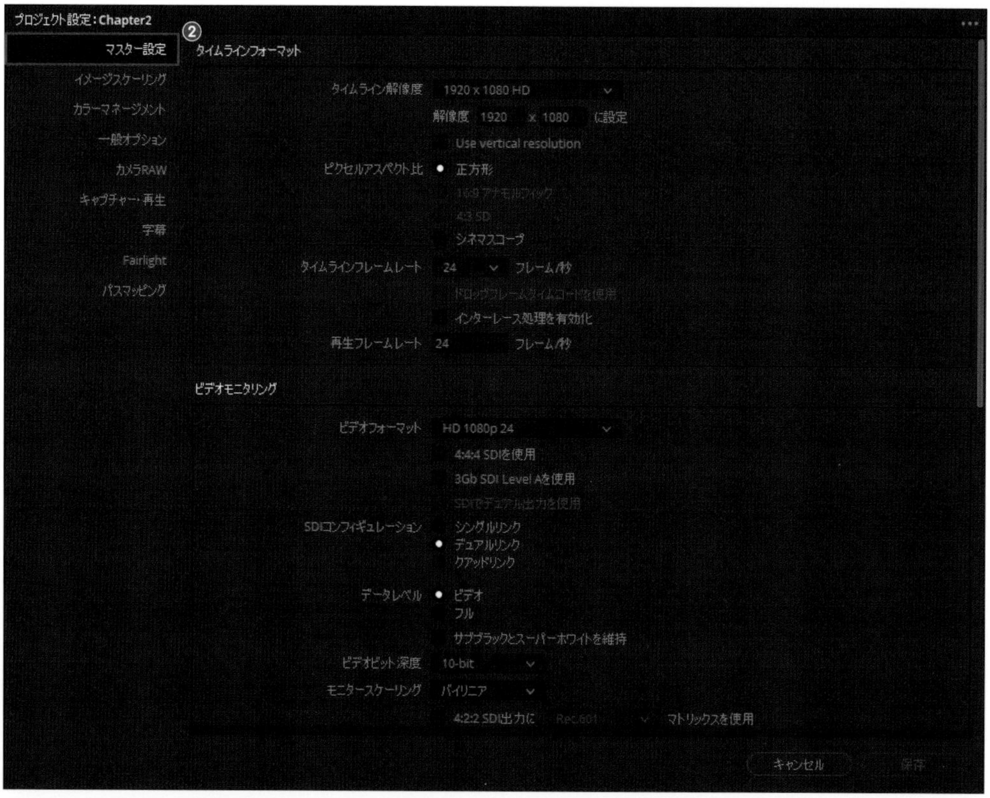

3 ❸[タイムライン解像度]の設定値をクリックし、表示されたプルダウンメニューから❹設定する値を選択します。今回は[1920 x 1080 HD]を設定します。

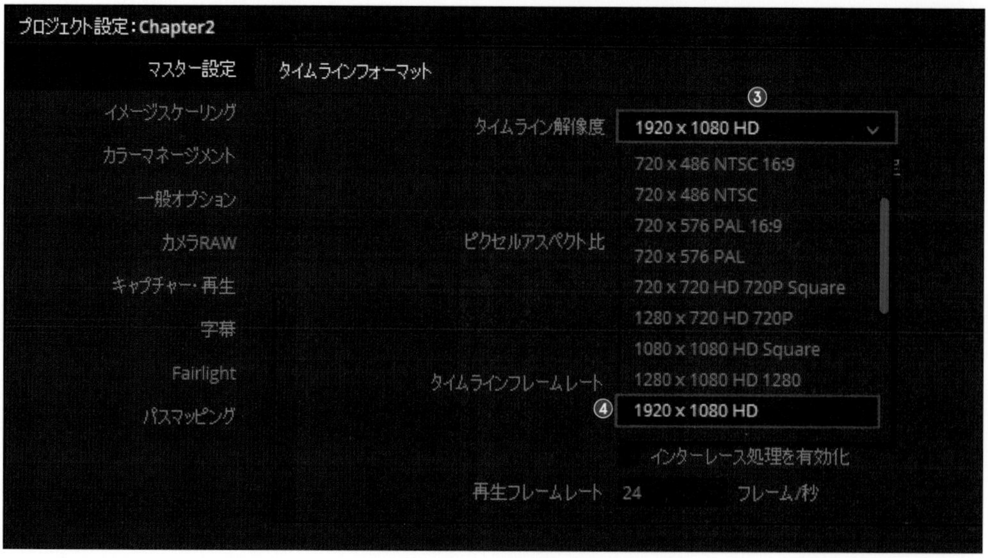

できた！ プロジェクトのタイムライン解像度を設定できました。

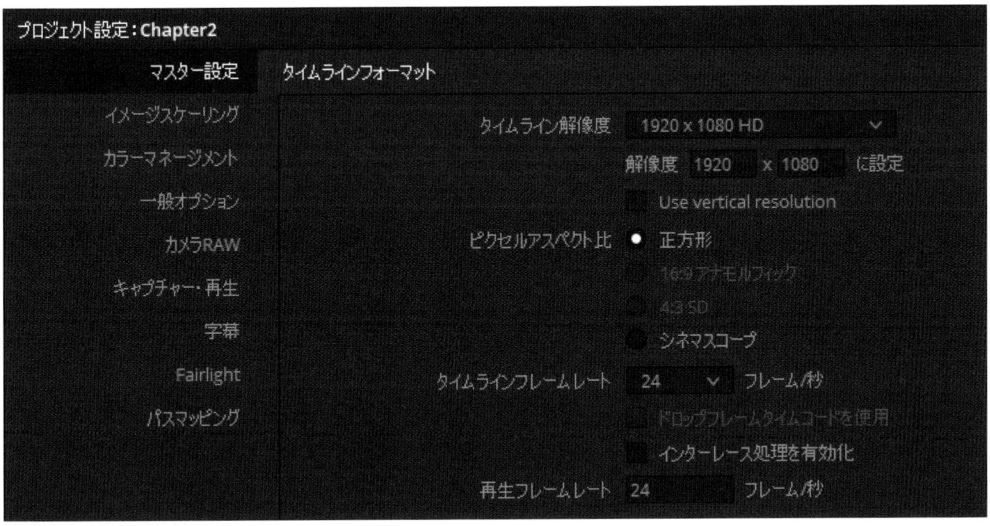

タイムラインフレームレートを設定する

1 ❶［タイムラインフレームレート］の設定値をクリックし、表示されたプルダウンメニューから❷設定する値を選択します。今回は［29.97］を設定します。

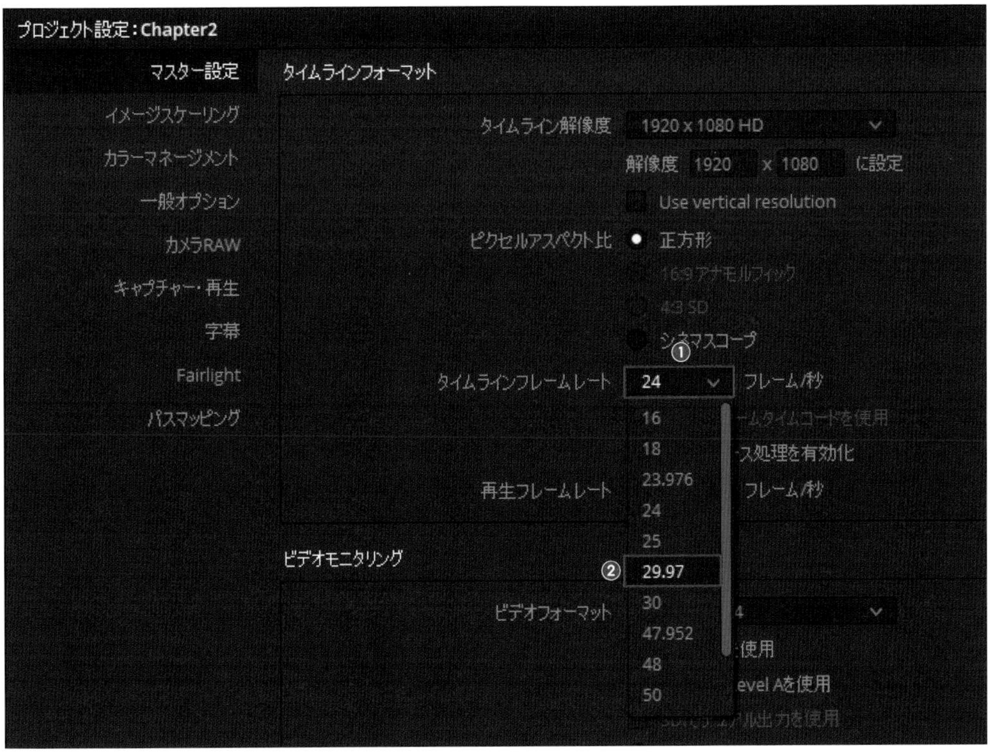

2 プロジェクトのタイムラインフレームレートを設定できました。最後に[プロジェクト設定]画面右下の❸[保存]をクリックします。これでプロジェクトの設定は完了です。

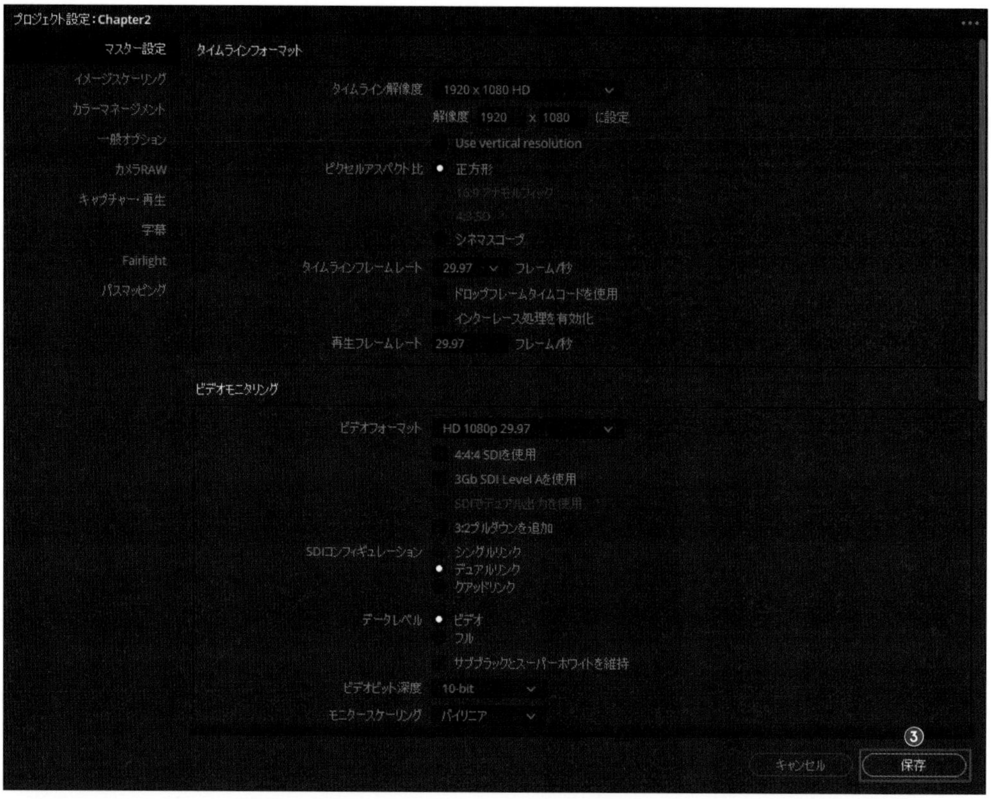

ここがPOINT

再生フレームレートとは

再生フレームレートとは、ディスプレイでプレビューするときのフレームレートになります。タイムラインが30fpsで再生フレームレートを60fpsにすると2倍の速さで再生されます。

CHAPTER 2

LESSON 4

#素材を読み込む

メディアページに素材データを読み込もう

プロジェクトを開いたら、早速編集で使用する素材を読み込んでいきます。ここでは素材の読み込み方をいくつかご紹介します。

プロジェクトを開いてメディアページを表示する

まずはメディアページを開きましょう。

1 プロジェクトマネージャーで❶プロジェクトをダブルクリックしてプロジェクトを開きます。

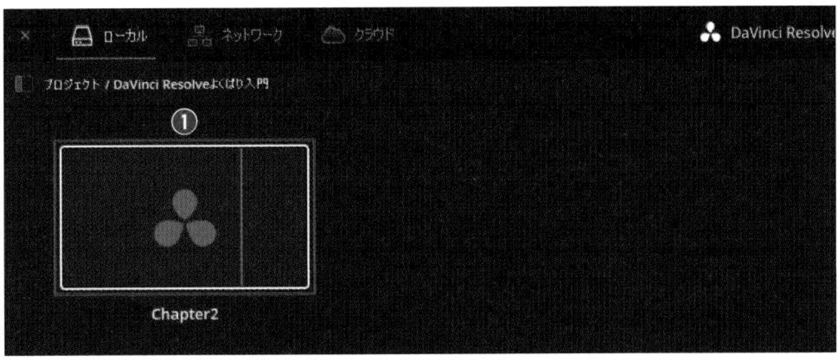

2 表示されたプロジェクト画面下部の❷[メディア]をクリックします。

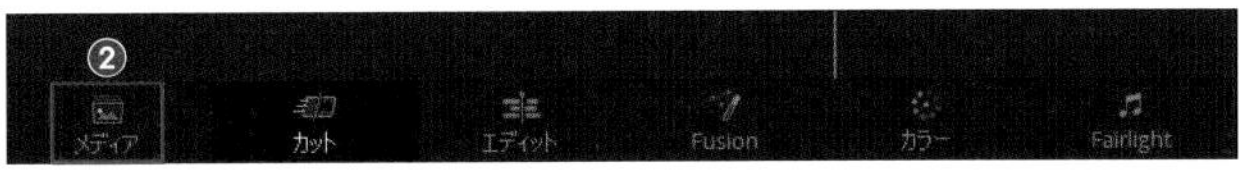

できた！ メディアページが表示されました。

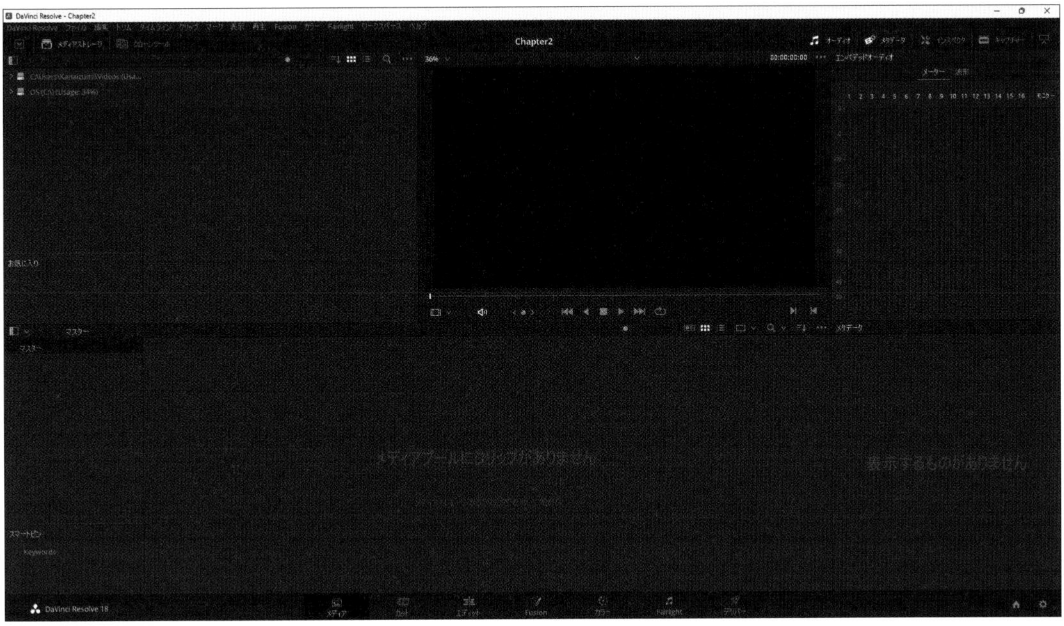

ファイルデータを読み込む（単体）

メディアストレージブラウザに表示されているディレクトリから素材がある場所を表示して、メディアプールにドラッグ&ドロップします。

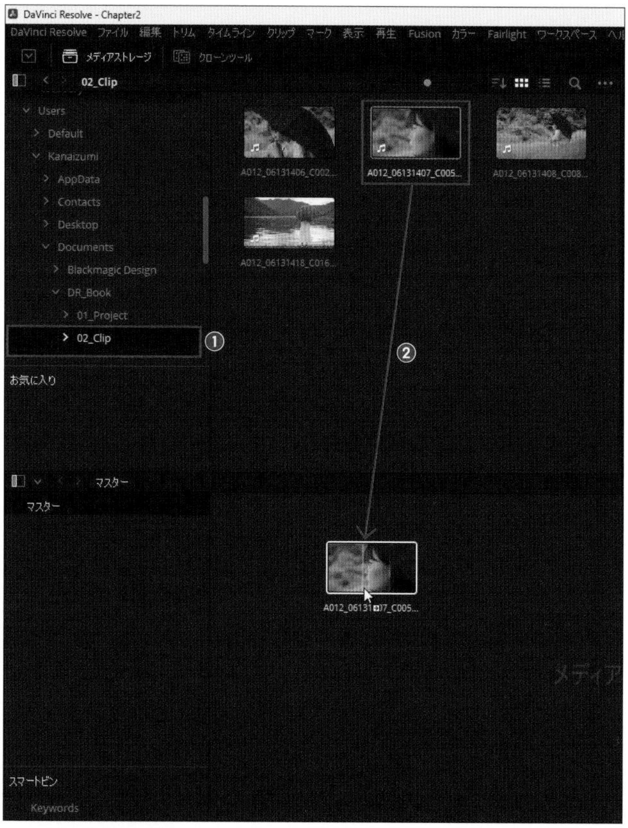

1. メディアストレージブラウザの左側にあるビンリストで、❶読み込む素材データが保存されているフォルダーを選択します。

2. 右側にフォルダーに保存されているデータが表示されるので、❷読み込む素材データを画面下部のメディアプールまでドラッグします。

ここがPOINT

ダイアログボックスが表示されたときは

最初に読み込む素材のフレームレートとプロジェクト設定をしたフレームレートが異なると手順2のあとに、[プロジェクトフレームレートを変更しますか？] ダイアログボックスが表示されます。今回は設定した「29.97」で進めますので、[変更しない] をクリックします。

メディアストレージブラウザはパソコンに接続しているドライブの中の素材をプレビューしているだけであって、メディアプールに素材を入れないとDaVinci Resolve上で編集することはできません。

＼できた！／ メディアプールに素材データが読み込まれました。

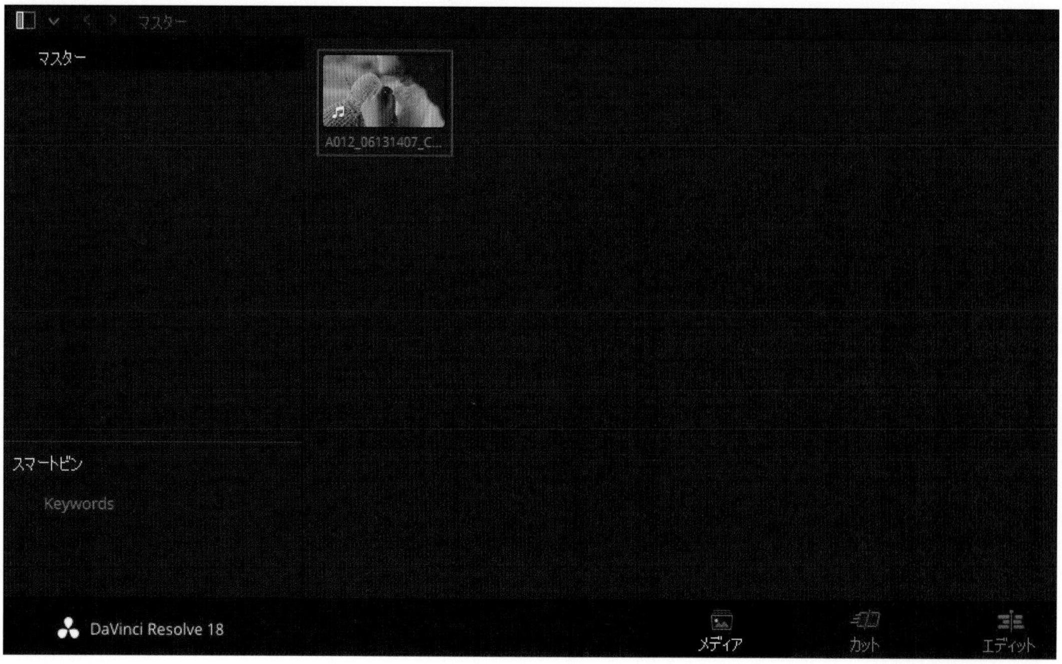

フォルダーごとドラッグ&ドロップする

フォルダーごとにドラッグ&ドロップすることもできます。

1 左側にあるビンリストで、読み込む素材データが保存されているフォルダーを見つけ、❶画面下部のメディアプールまでドラッグします。

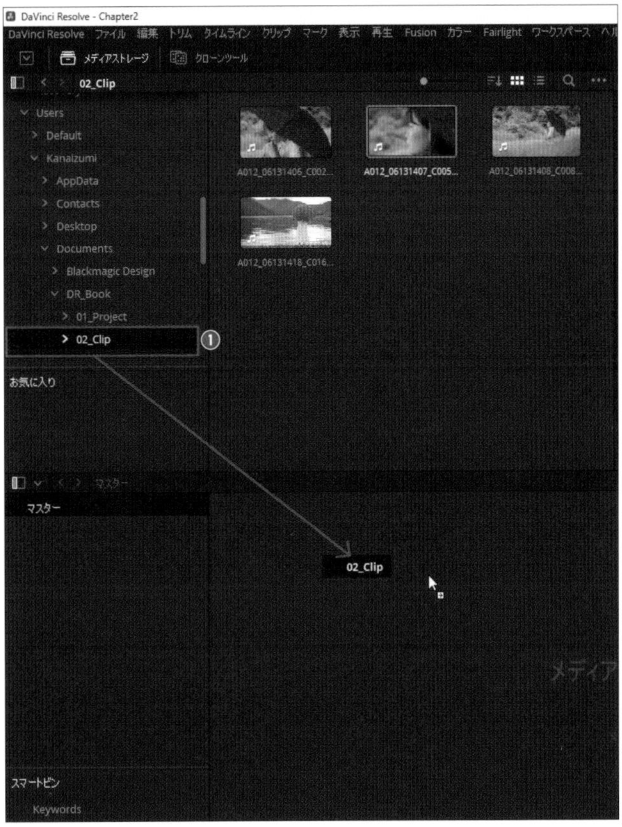

できた! フォルダー内の素材データがまとめてメディアプールに読み込まれました。

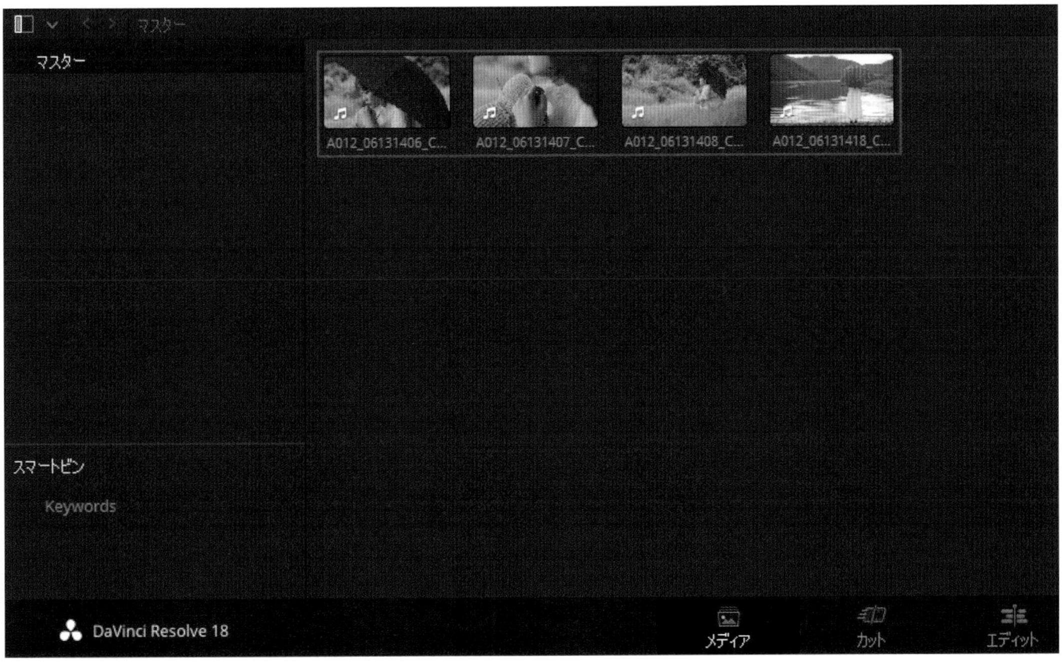

フォルダーをビンリストに登録する

先ほどまでのやり方だと、ディレクトリにあるフォルダー構造のまま読み込むのではなく、中身のみを取り込みました。今回のやり方は、フォルダーの中身のみではなく、フォルダーごと取り込む方法になります。

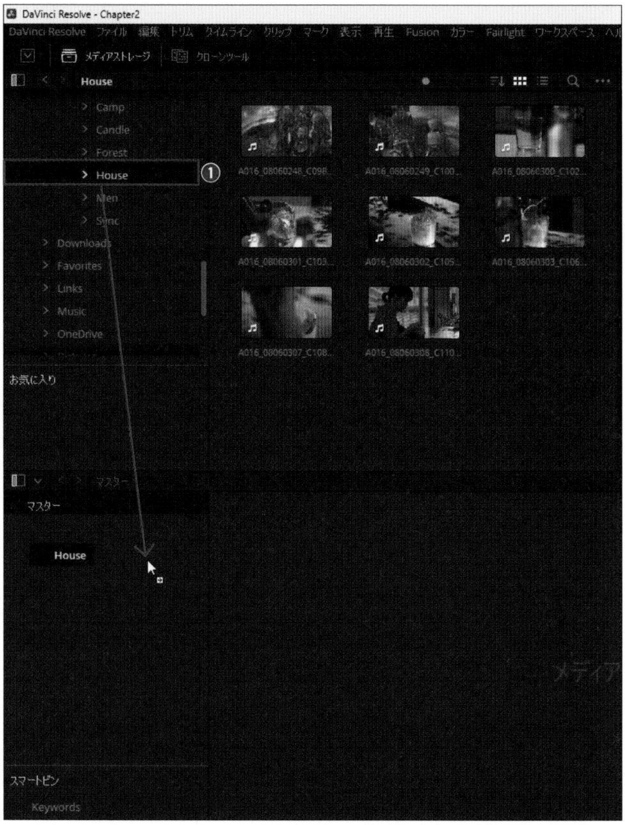

1. 左側にあるビンリストで、読み込む素材データが保存されているフォルダーを見つけ、❶ビンリストにドラッグします。

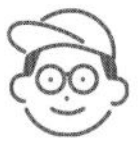

複数のフォルダーをメディアプールにドラッグ＆ドロップすると、フォルダーの中身がすべて同じ階層に登録されてしまいます。フォルダーの階層を崩さず読み込むには、ビンリストに登録する方法がおすすめです。

2. フォルダー内の素材データがまとめてメディアプールに読み込まれました。

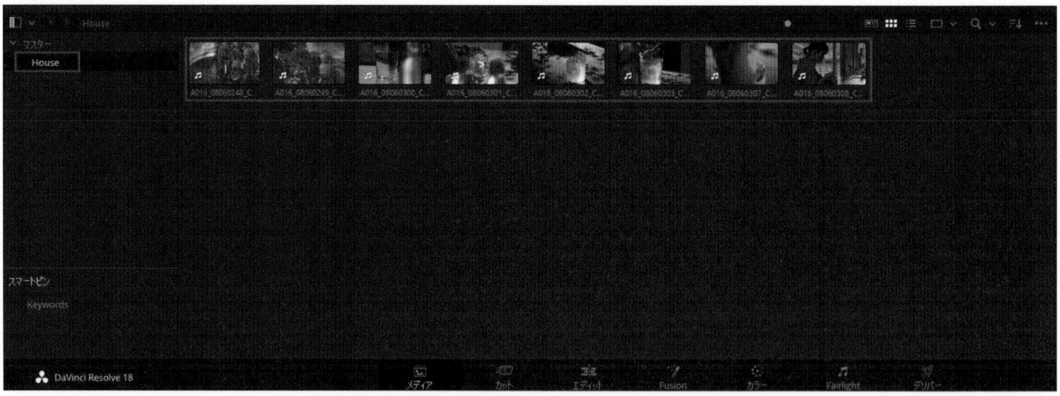

もっと 知りたい！

● メディアページからではなく、エディットページからも素材を読み込める

エディットページでは、エクスプローラーから直接ドラッグして取り込むこともできます。

1 素材のあるフォルダーを❶ドラッグ＆ドロップします。

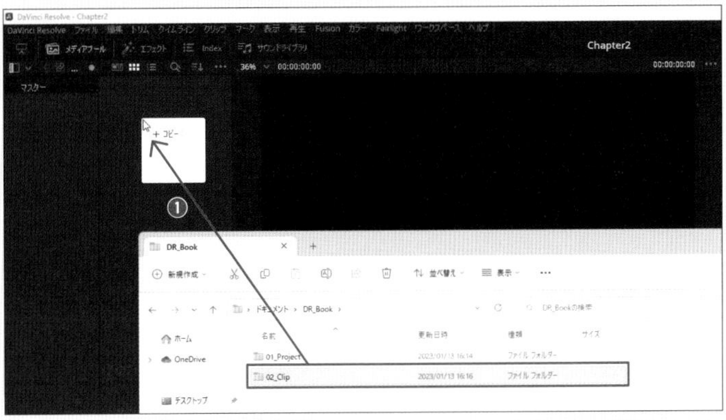

できた！ クリップが配置されました。

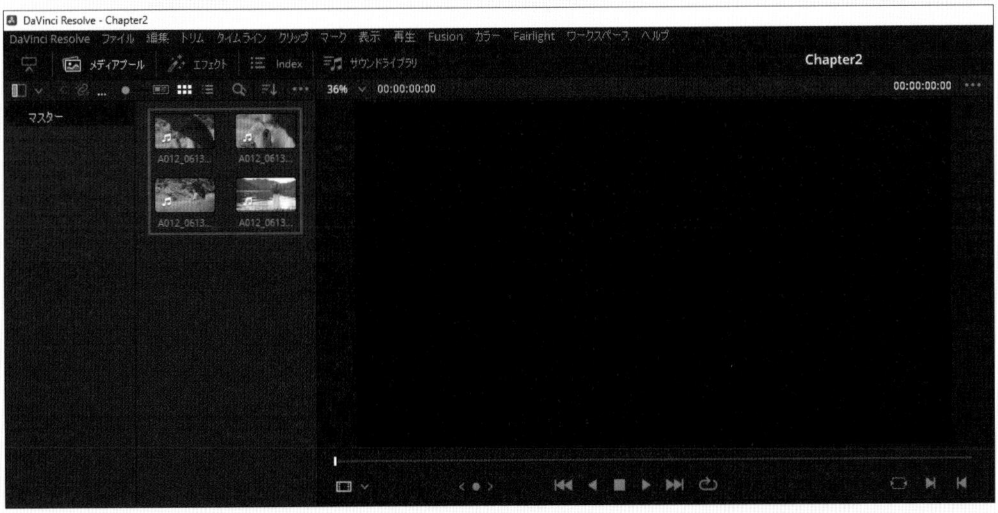

エディットページでも前ページと同様に、フォルダーごとに取り込むことができます。

もっと
知りたい！

● **カットページからも素材を読み込める**

カットページの［メディアの読み込み］または［メディアフォルダーの読み込み］をクリックして読み込む方法もあります。

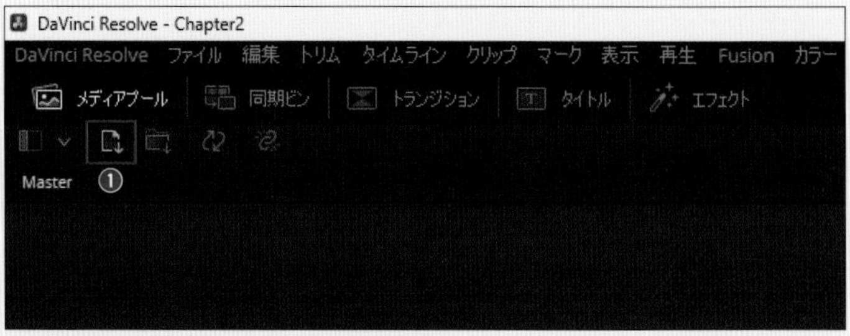

1 ❶［メディアの読み込み］をクリックします。

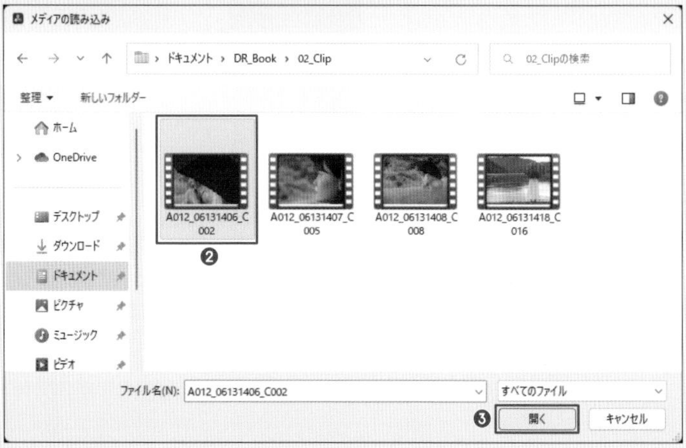

2 ❷挿入するクリップを選択して、❸［開く］をクリックします。

できた！ クリップが読み込まれます。

CHAPTER 2 LESSON 5

#スマートビン

ビンを使ってメディアを整理しよう

映像編集を効率よく行うためには、素材をきれいに管理することが重要です。ここでは「ビン」と呼ばれるフォルダーを作成する方法を解説します。

ビンを作ってクリップやBGMを整理する

ビンを複数作成して、各種の素材やクリップをシーン・日時・ロケーションなどお好みに作成して管理してみましょう。

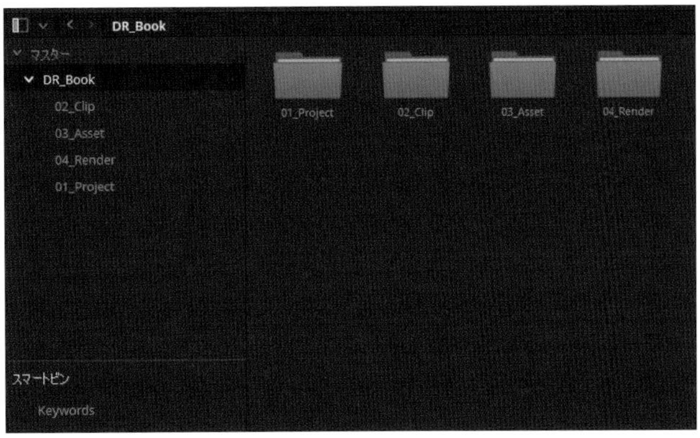

フォルダーがビンリストに登録された状態

フォルダーをビンリストに登録する

1 メディアストレージブラウザで登録するフォルダーを見つけ、❶画面下部のビンリストまでドラッグします。

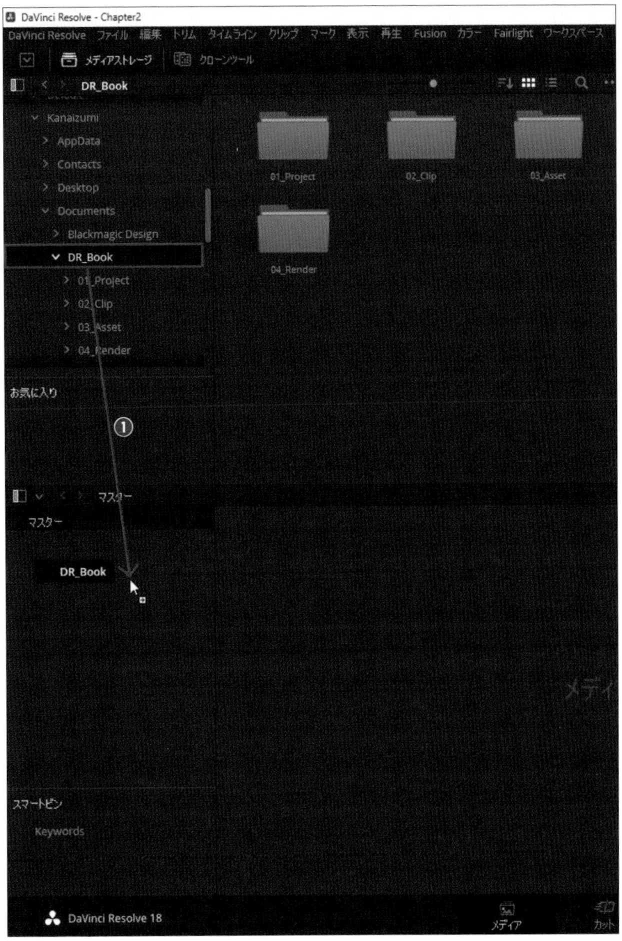

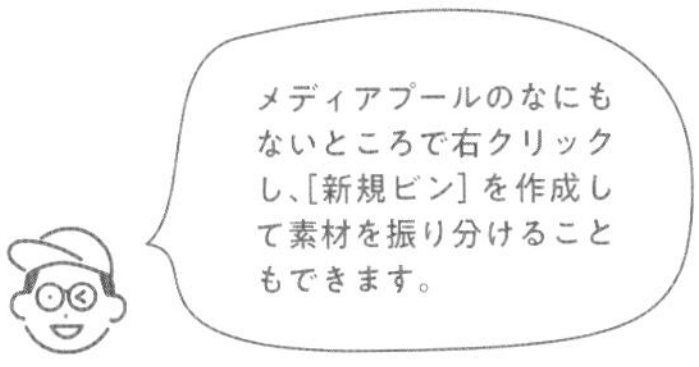

メディアプールのなにもないところで右クリックし、[新規ビン]を作成して素材を振り分けることもできます。

2 ビンリストにフォルダーが登録されました。ビンリストのサブフォルダーをクリックすると、中身の素材データも登録されていることがわかります。

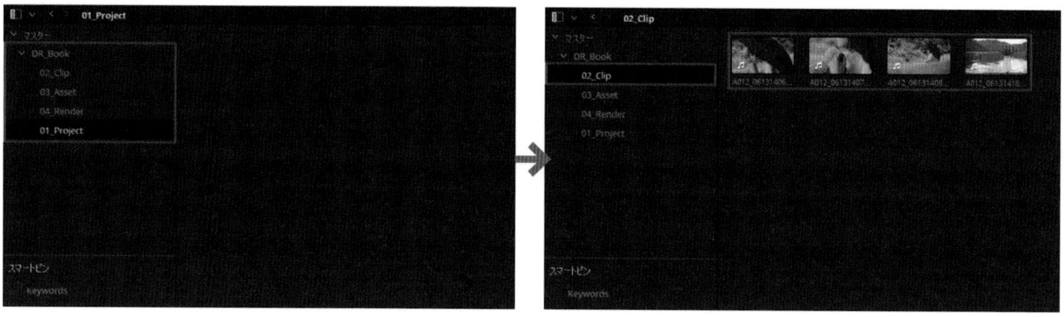

もっと 知りたい！

● 便利機能がついた「パワービン」「スマートビン」を活用しよう

ビンには、パワービンとスマートビンという機能を持つものがあります。通常のビンで取り込んだ素材は、そのプロジェクト内でしか使用できませんが、パワービンの中に素材を取り込むと、別のプロジェクトを立ち上げてもパワービンの中に素材が残って使用することができます。たとえばYouTube編集などでいつも使用するオープニングやアニメーションなどをパワービンに入れると便利かもしれません。
スマートビンとは、クリップのメタデータに基づいてメディアプール内の各素材を自動的に振り分けてくれるものです。
スマートビン・パワービンは、追加したいビンの箇所で右クリックして作成します。

ここがPOINT

POINT パワービンが表示されないときは

パワービンが表示されていないときは、メディアプールから表示させることができます。

1 メディアプール右上の❶[…]をクリックし、❷[Show Power Bins]を選択します。

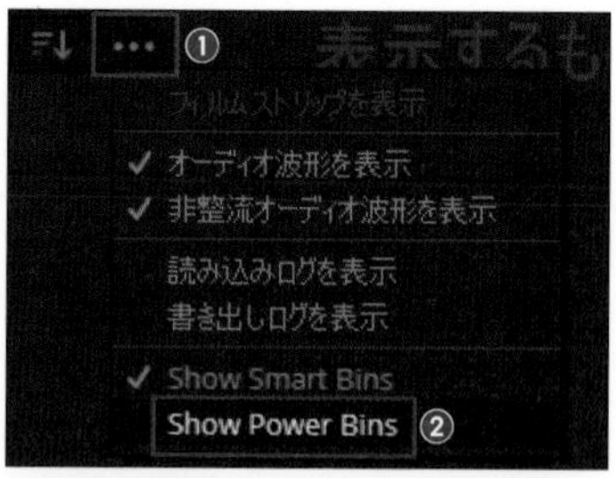

できた！ パワービンが表示されました。

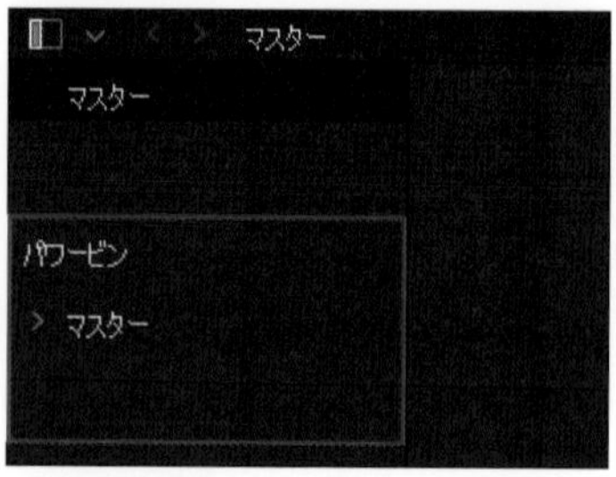

もっと
知りたい！

● スマートビンで素材をスマートに管理する

メタデータに登録したキーワードを用いて、スマートビンに読み込んだ素材を振り分けます。

1 振り分けをしたい❶クリップを選択します（複数可能）。

2 ［メタデータ］の❷［↓］をクリックし、❸［ショット＆シーン］を選択します。

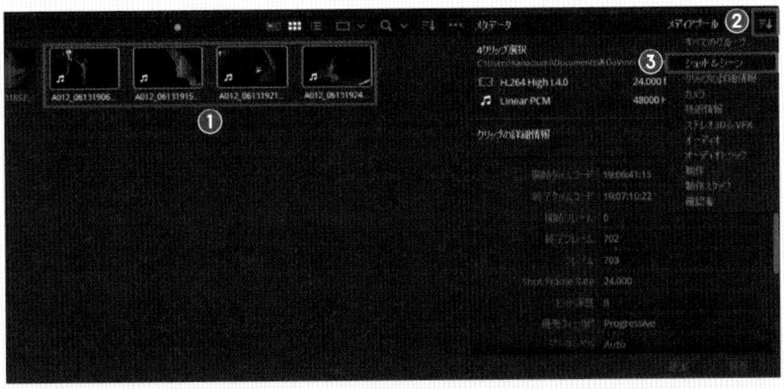

3 ❹キーワードを入力し（ここでは「花火」）、❺［保存］をクリックします。

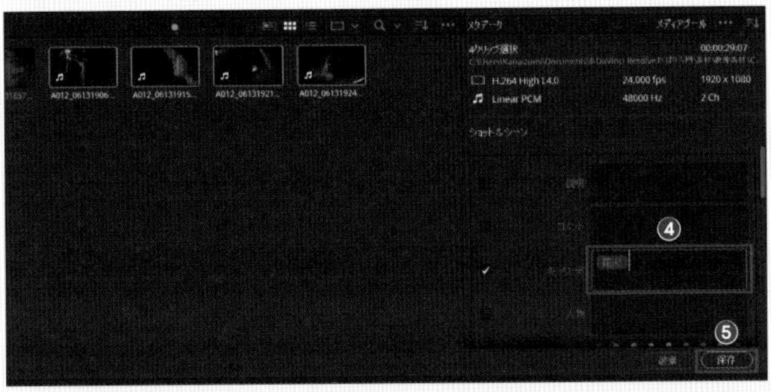

4 スマートビンが配置されている箇所で右クリックし、❻［スマートビンを追加］をクリックします。

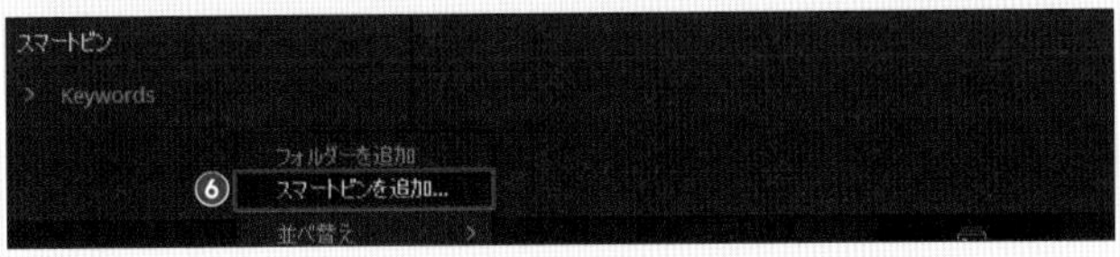

5 ［スマートビンを作成］ダイアログボックスが表示されるので、❼［名前］に「花火」を入力、❽［メタデータ］に［ショット＆シーン］を選択、［キーワード］を選択して「花火」と入力し、❾［作成］をクリックします。

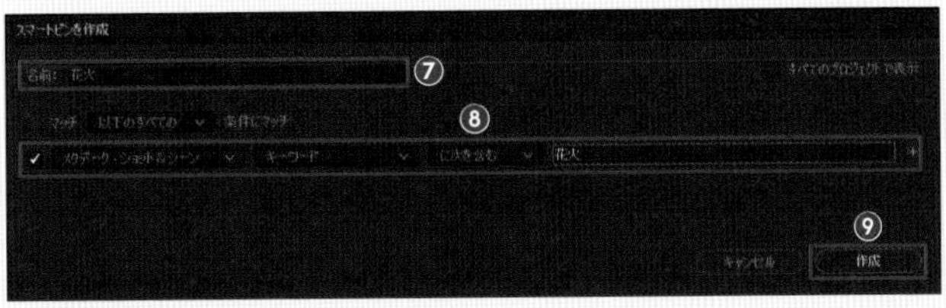

できた！ 選択したクリップが振り分けられました。

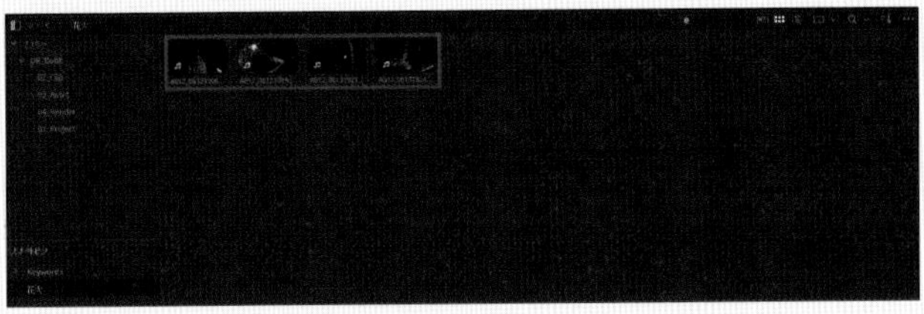

キーワードを入力すると、設定したクリップがメディアプールに表示されます。

CHAPTER 2 LESSON 6

#クリップの操作

メディアプール内のクリップを操作しよう

メディアプールに取り込んだ素材を移動させたり削除したりといった、基本的な内容を解説します。

不要なクリップを削除する

素材を取り込んだあとに、使用しないとわかった素材などは削除することができます。

1 削除するクリップを選択して、❶ Delete キー（Macでは ⌫ キー）を押します。

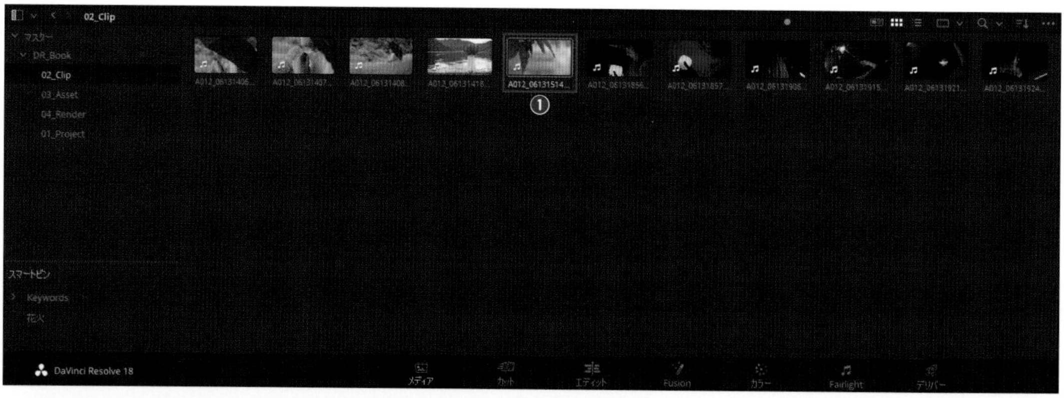

できた！ 不要なクリップが削除されました。

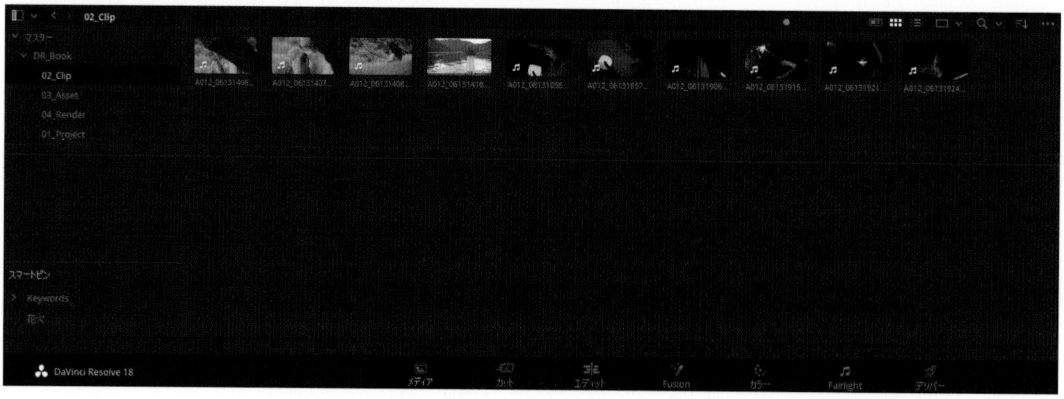

クリップをあとからビンに移動させる

これまでの解説では、取り込み時にビンを作成しましたが、あとから作成した任意のビンに移動させてみましょう。

1 左側にあるビンリストを右クリックして❶[新規ビン]をクリックします。

2 ビンが作成されるので、❷名前を変更します（ここでは「Forest」）。

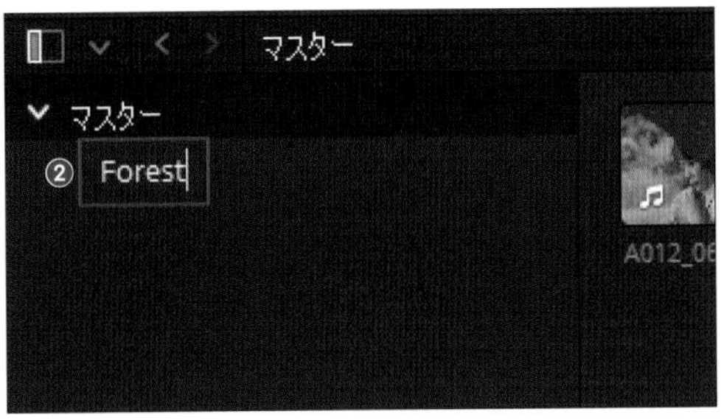

3 移動させたいクリップを選択し、移動先のビンへ❸ドラッグ＆ドロップします。

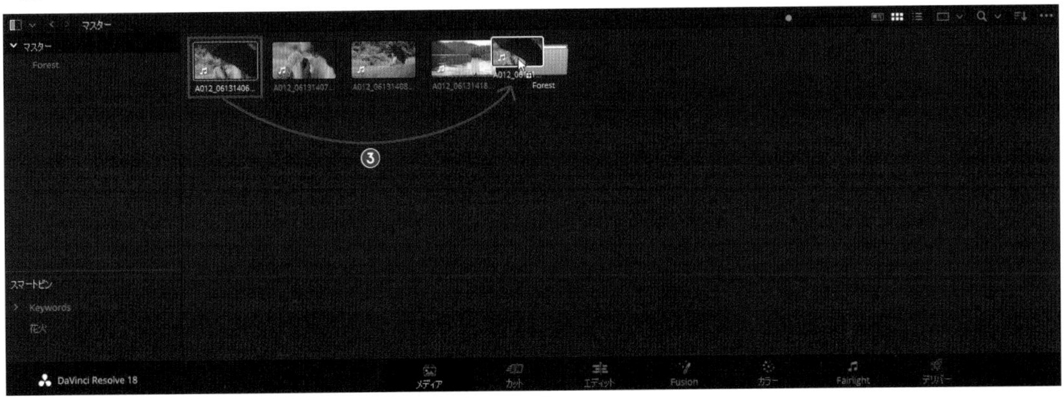

できた！ 選択したクリップがビンに移動しました。

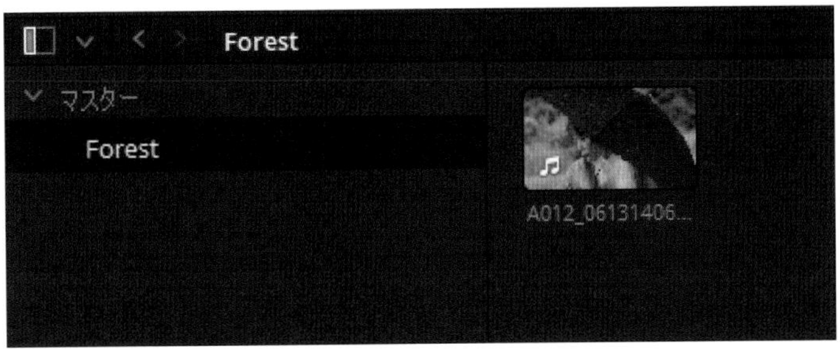

クリップのプレビュー

ここでは、取り込んだクリップをプレビューする方法を2つ紹介します。

クリップのプレビュー①ビューアで確認

サムネイルのクリップを❶クリックして、ビューアで確認します。❷再生を押したり、❸再生ヘッドをドラッグすることで確認ができます。

クリップのプレビュー②サムネイル上で確認

マウスカーソルをプレビューしたいクリップへ移動させ、マウスカーソルを左右に動かします。赤い縦線で再生ヘッドが表示され、動かしながらクリップを確認することができます。

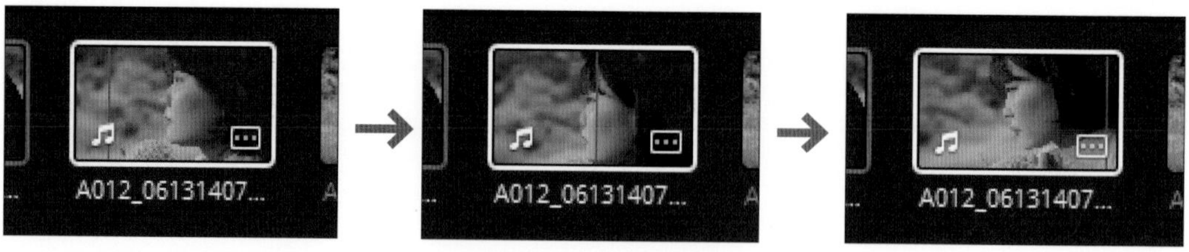

サムネイルの表示を変更する

サムネイルの表示やサイズは、変更することができます。

❶メタデータビュー
［メタデータビュー］は、クリップのメタ情報を確認することができます。

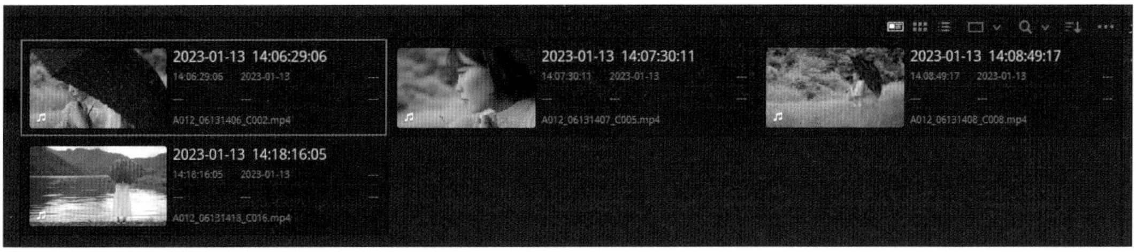

❷サムネイルビュー
［サムネイルビュー］は、ポスターフレームが大きく表示されます。

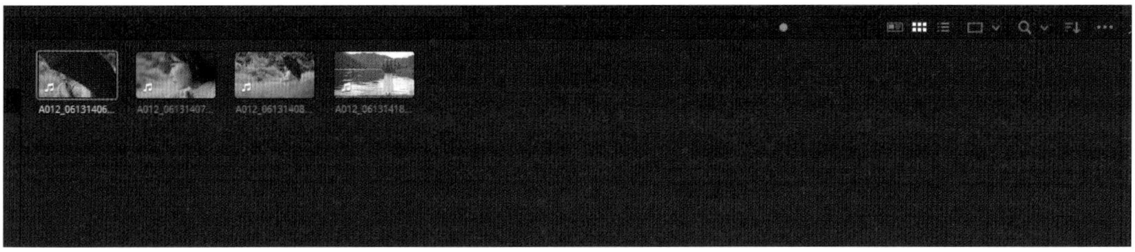

❸リストビュー
［リストビュー］は、ポスターフレーム画像が消え、テキスト情報のみが表示されます。

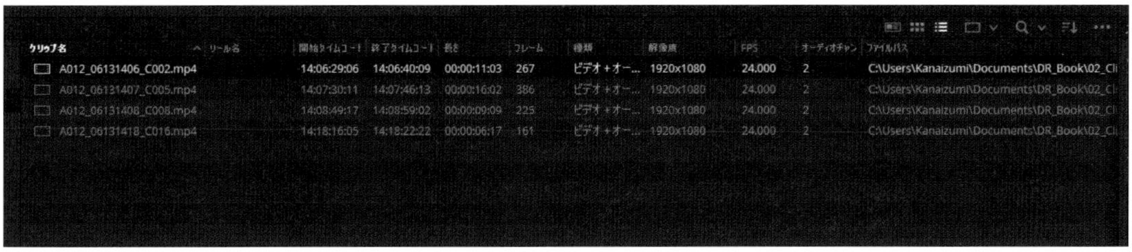

❹サイズ変更
サムネイルサイズを変更するバーを左右にドラッグすることで、表示サイズを変更することができます。

ここがPOINT

ポスターフレームとは

ポスターフレームとは、サムネイルとして表示される画像のフレームのことです。サムネイル画像がわかりにくい場合は、サムネイルをスクロールさせて任意のフレームを表示させた状態で右クリックし、［ポスターフレームに設定］を選択することで変更できます。

CHAPTER 2 LESSON 7

#プロジェクトアーカイブ

プロジェクトの編集データを書き出そう

DaVinci Resolveの編集データはデータベースに保存されます。書き出しをすることで編集データを持ち運ぶことができます。

プロジェクトの2種類の出力方法

DaVinci Resolveで作成したプロジェクトは、基本的にそのマシンのデータベース上に保存されます。そのため、ほかのマシンで作業をしたい場合などでは編集データが存在しないということになってしまいます。
そこでデータベースではなく、プロジェクトデータを新たに書き出し保存することで、編集データをHDDやSSDなどに格納して持ち出すことができます。
ここでは、アーカイブとエクスポートの2つのやり方について解説をします。

アーカイブ

アーカイブとは、編集データのみではなく、その編集データ内に格納されているクリップやオーディオ、その他素材などをまとめて出力してくれる機能です。
たとえば別の編集者に編集データを渡す際に、その編集者がクリップやオーディオなどの素材自体を持っていない場合、編集データ単体だけをもらっても、クリップなどが開けないという問題を回避することができます。

エクスポート

エクスポートとは、編集データのみを出力する機能です。移動先、あるいは格納先のSSDなどにクリップやオーディオ素材などがすでにある場合はこの機能でよいでしょう。

素材データを含めてアーカイブする（.dra）

1 画面右下の❶［プロジェクトマネージャー］をクリックしてプロジェクトマネージャーを開きます。❷書き出すプロジェクトを右クリックし、❸［プロジェクトアーカイブの書き出し］を選択します。

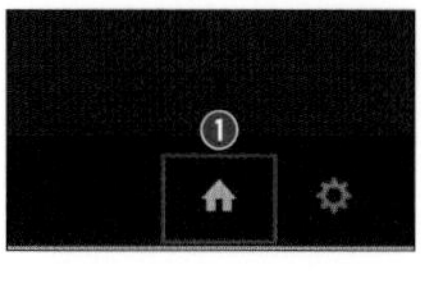

2 ［プロジェクトをアーカイブ］ダイアログボックスが表示されるので、❹保存先のフォルダーを選択し、❺ファイル名を入力して❻［保存］をクリックします。

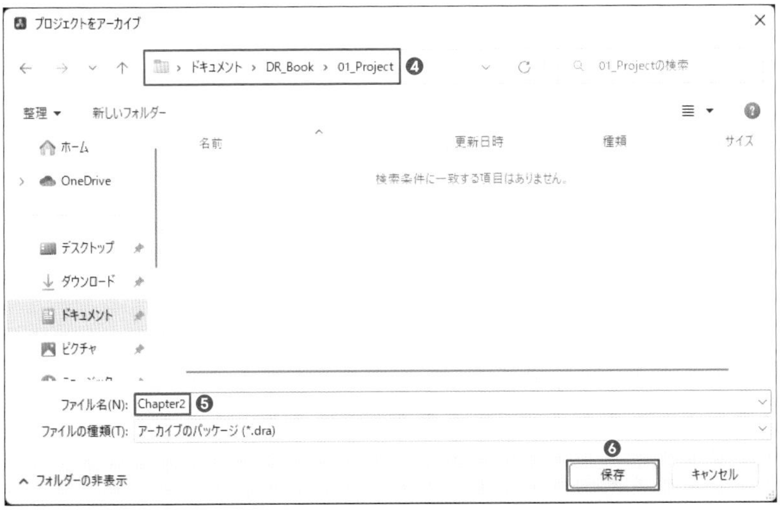

3 ［アーカイブ］ダイアログボックスが表示されるので、❼オプションを選択して❽［OK］をクリックします。

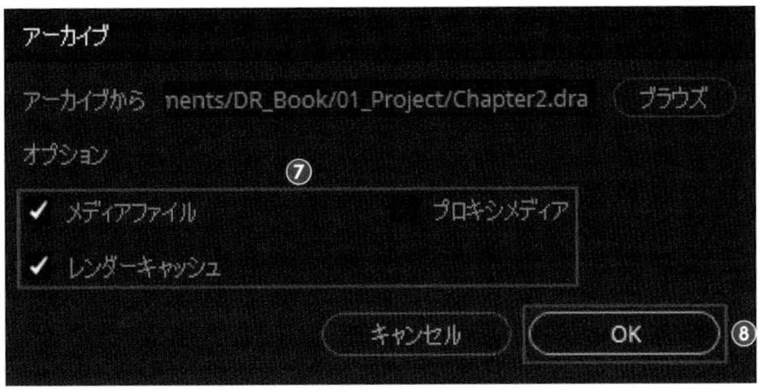

4 プロジェクトがアーカイブされました。保存先に選択したフォルダーを開くと、アーカイブファイルが保存されています。アーカイブファイルの中には素材データも含まれています。

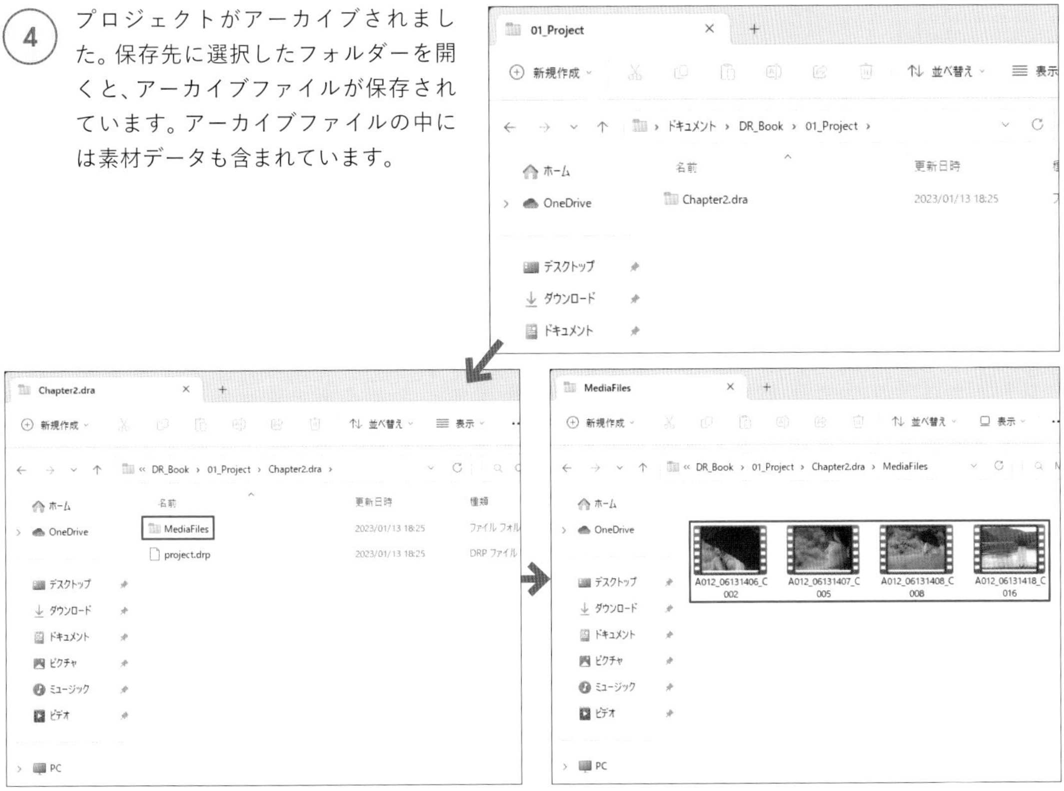

素材データを含めずにプロジェクトを書き出す(.drp)

1 画面右下の❶[プロジェクトマネージャー]をクリックしてプロジェクトマネージャーを開きます。❷書き出すプロジェクトを右クリックし、❸[Export Project]を選択します。

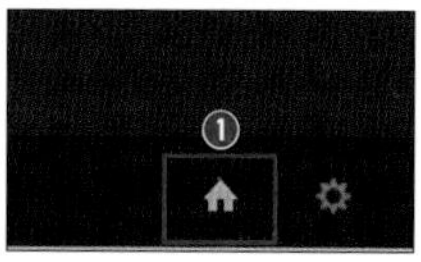

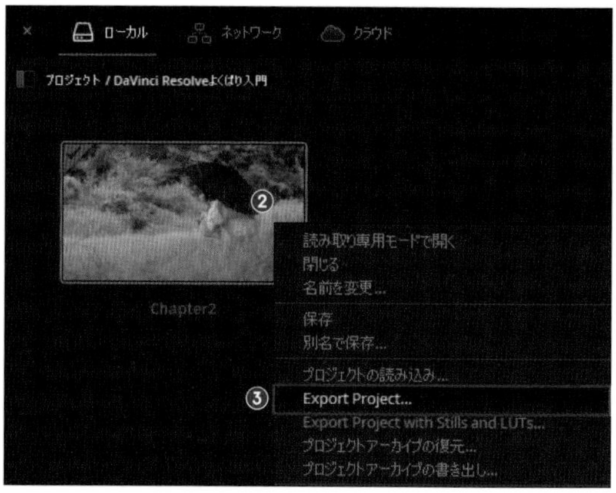

2 [プロジェクトファイルの書き出し]ダイアログボックスが表示されるので、❹保存先のフォルダーを選択し、❺ファイル名を入力して❻[保存]をクリックします。

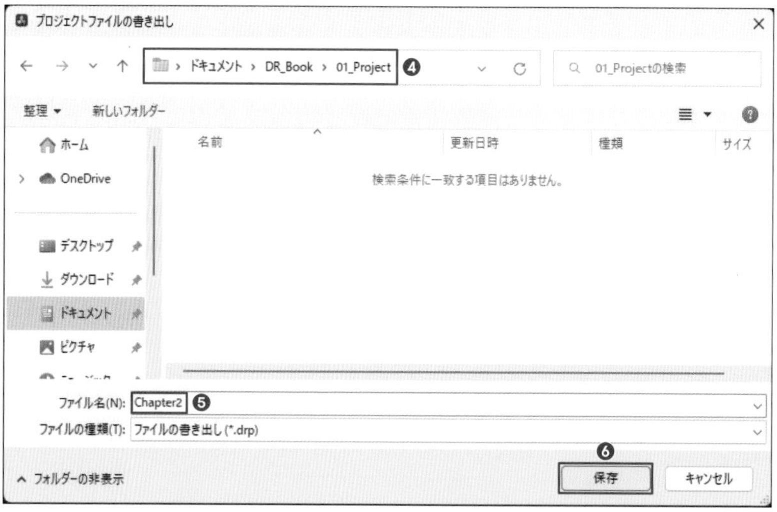

3 プロジェクトファイルが書き出されました。保存先に選択したフォルダーを開くと、書き出されたプロジェクトファイルが保存されています。

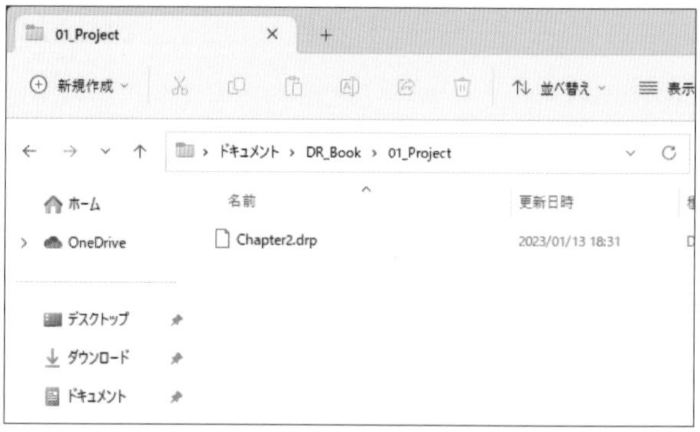

CHAPTER 2 LESSON 8

#復元

プロジェクトの読み込み・復元をしよう

先ほどのLessonで書き出しをしたプロジェクトを読み込んで、復元されるか試してみましょう。

アーカイブを読み込んで復元する

1 DaVinci Resolveを起動し、プロジェクトマネージャーの画面の❶なにもないところで右クリックします。表示されたメニューから❷［プロジェクトアーカイブの復元］を選択します。

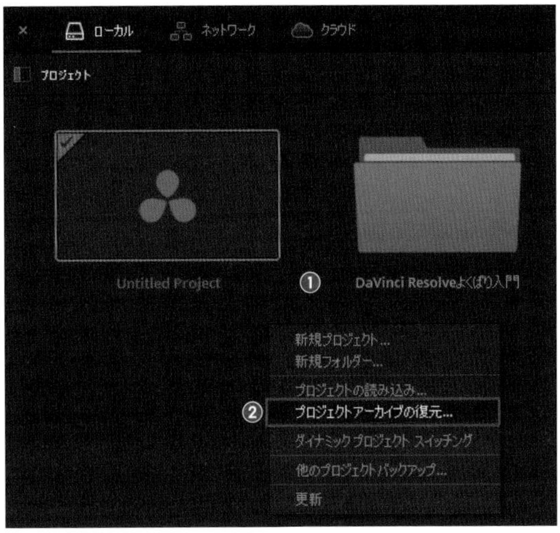

2 ［プロジェクトを復元］ダイアログボックスが表示されるので、❸復元するアーカイブファイルを選択し、❹［開く］をクリックします。

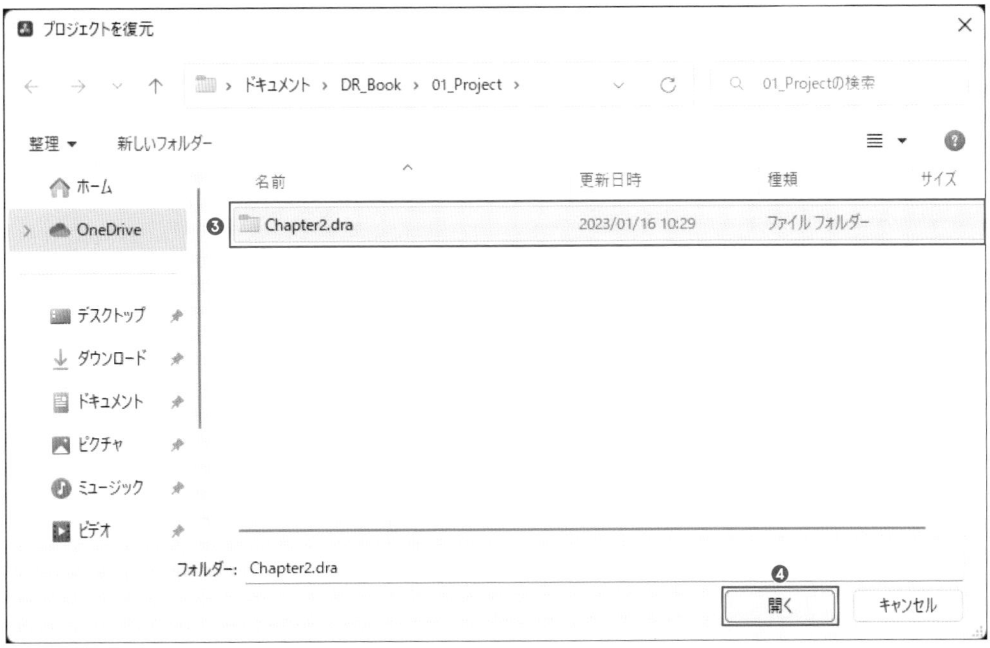

＼できた！／ アーカイブが読み込まれ、プロジェクトマネージャー画面に復元されたプロジェクトが表示されました。ダブルクリックして開くと、プロジェクトが復元されていることを確認できます。

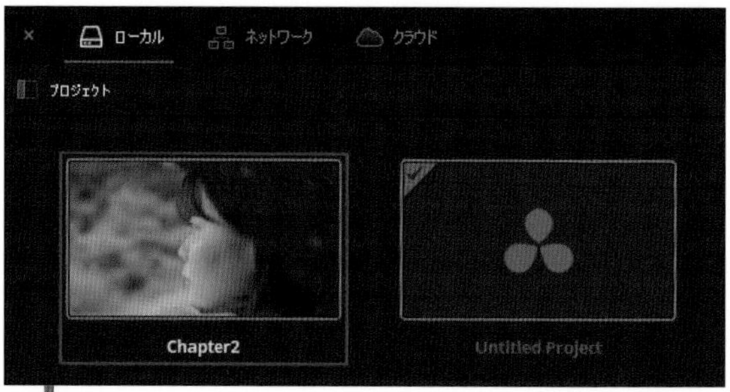

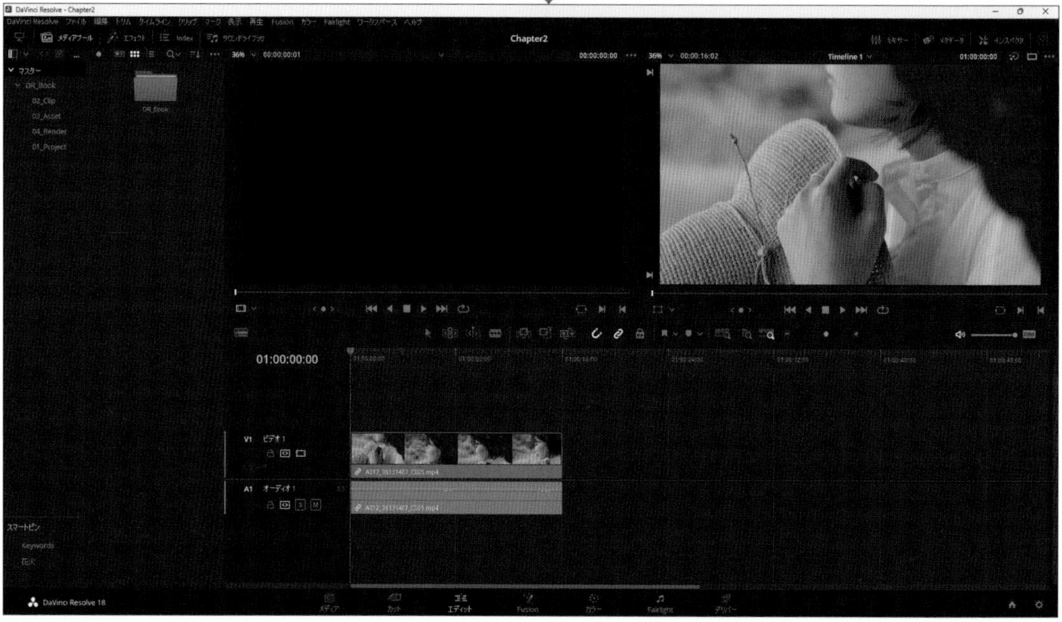

素材データを含まない編集データを読み込む

1. DaVinci Resolveを起動し、プロジェクトマネージャーの画面の❶なにもないところで右クリックします。表示されたメニューから❷[プロジェクトの読み込み]を選択します。

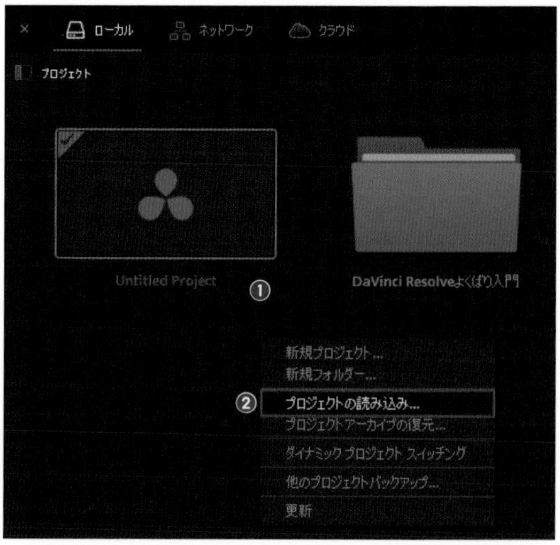

2 ［プロジェクトファイルの読み込み］ダイアログボックスが表示されるので、❸読み込むプロジェクトファイルを選択し、❹［開く］をクリックします。

できた！ プロジェクトファイルが読み込まれ、プロジェクトマネージャー画面に表示されました。ダブルクリックして開くと、プロジェクトの内容を確認できます。

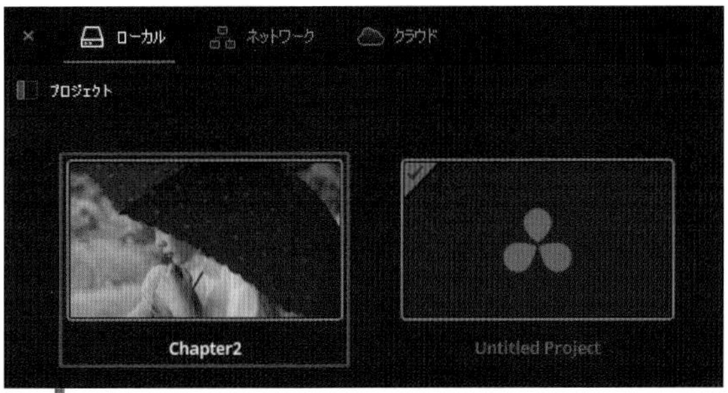

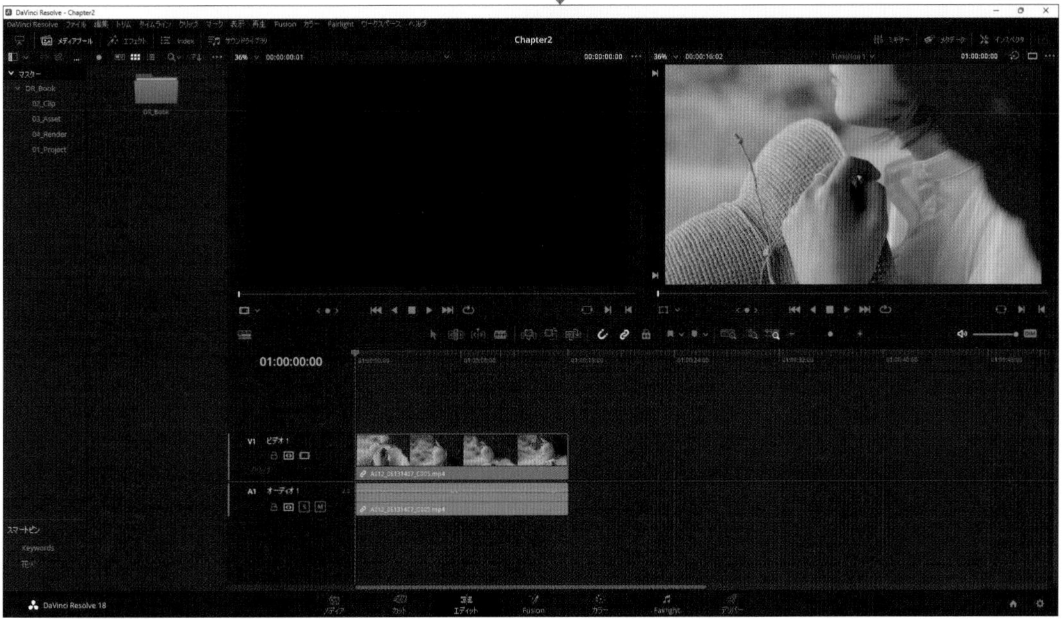

CHAPTER 2 LESSON 9

#クリップの再リンク

クリップの再リンクをしよう

プロジェクトの編集中に素材データの名前を変更したり保存場所から移動させるとリンク切れが発生します。この対処法について解説します。

「メディアオフライン」と表示される理由

もし以下の画像のように「メディアオフライン」と表示されたら、それはDaVinci Resolveに読み込んだ素材が見つからないということを表しています。素材の名前が変わったり保存場所が移動してしまうと、それを自動的に認識することができなくなるからです。その場合は新たにDaVinci Resolveに「このクリップです、ここにあります」と教えてあげる必要があります。

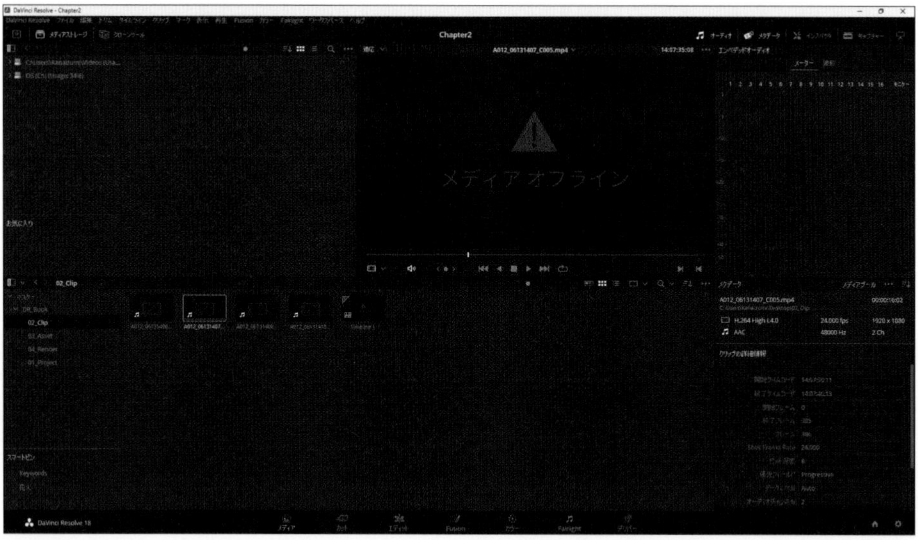

クリップを再リンクする

1 メディアプールで❶リンク切れになっているクリップを右クリックし、表示されたメニューから❷[選択したクリップを置き換え]を選択します。

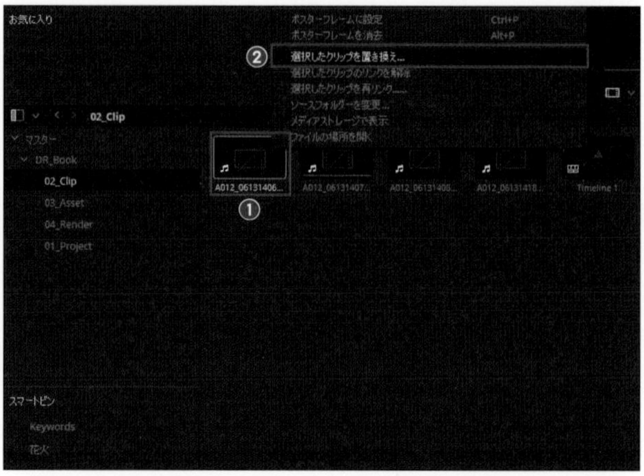

2 ［選択したクリップを置き換え］ダイアログボックスが表示されるので、❸置き換えるファイルを選択して❹［開く］をクリックします。

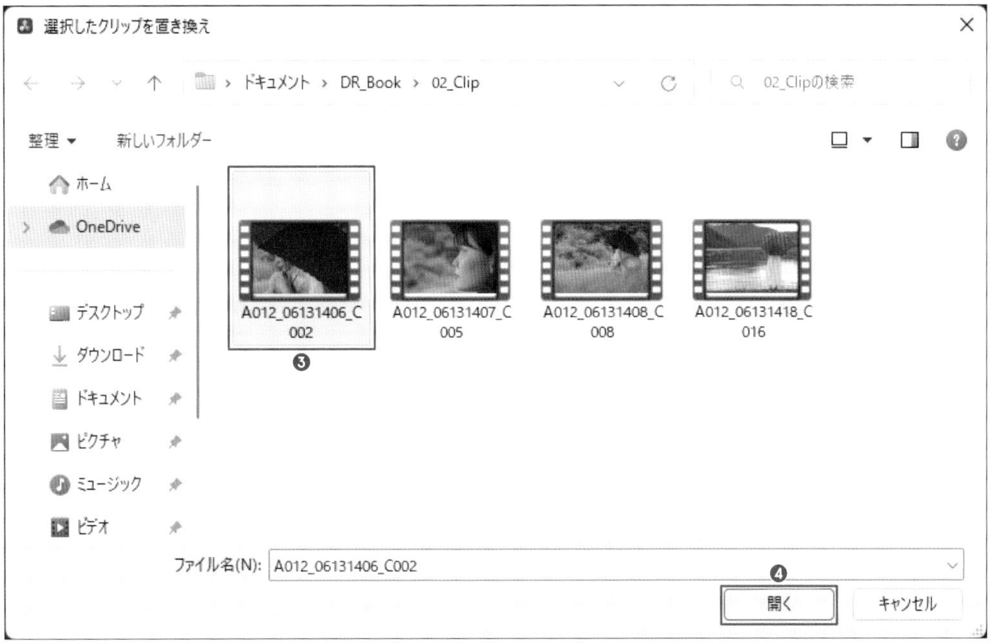

できた！ 選択したファイルにクリップが再リンクされ、メディアオフラインの表示が消えました。

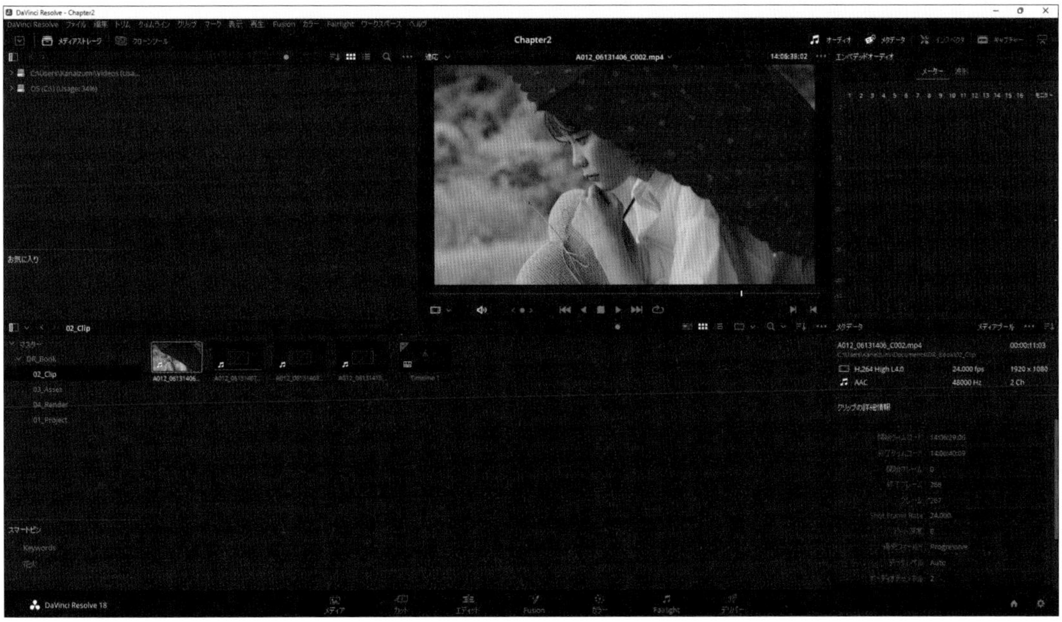

CHAPTER 2 LESSON 10

#プリセット保存

よく使うプロジェクトをプリセットとして保存しよう

たとえば毎回SNS用のスクエア型を作成するなど決まった型がある場合は、設定をプリセット保存すると便利です。

プリセットを作成する

まずは保存したい形式でプロジェクト設定を行いましょう。

1 ❶[プロジェクト設定]をクリックします。

2 [マスター設定]の[タイムラインフォーマット]→[タイムライン解像度]で❷[Custom]を選択し、解像度に❸好きな値を入力します(ここでは「1080」×「1920」)。

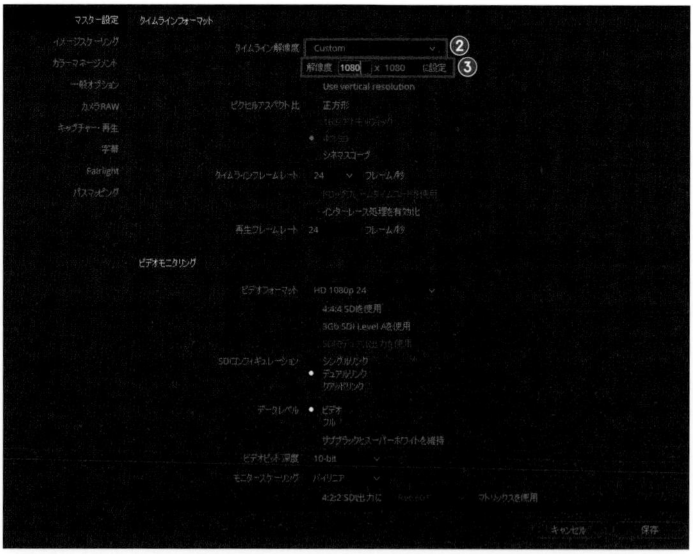

あらかじめ用意されている解像度を入力すると[Custom]表記が自動で差し変わります。

ここがPOINT

[User vertical resolution]とは

「1080×1920」に設定すると、[User vertical resolution]に自動でチェックがつきます。これは「縦型の解像度にしますね」ということなのです。

プリセットを保存する

保存したい形式の入力が完了したら、プリセットを保存しましょう。

1 [プロジェクト設定]画面右上の[…]から❶[Save Current Settings as Preset…]をクリックします。

2 ❷プリセット名を入力して（ここでは「SNS縦」）、❸[OK]をクリックします。

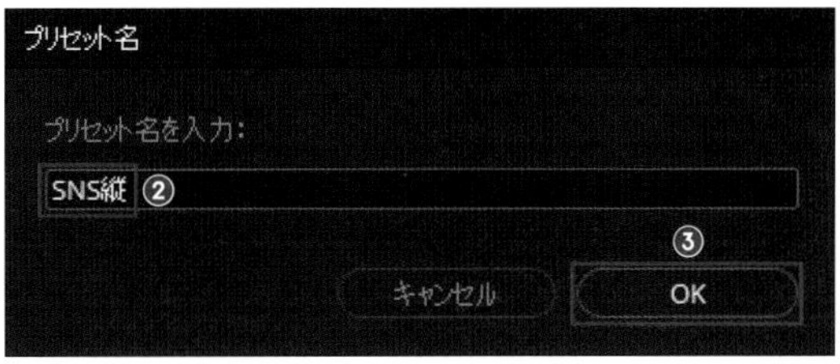

3 再度[プロジェクト設定]右上の❹[…]をクリックすると作成した「SNS縦」が表示され、❺[Load Preset]で読み込むことができます。

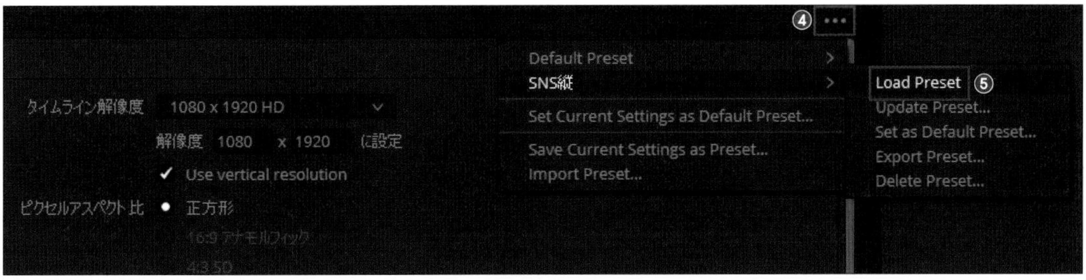

もっと
知りたい！

● **作成したプリセットを変更する**

作成したプリセットは変更することもできます。ただし、この操作は取り消せないので注意してください。

1 変更するプリセットを選択し、❶[Update Preset]をクリックします。

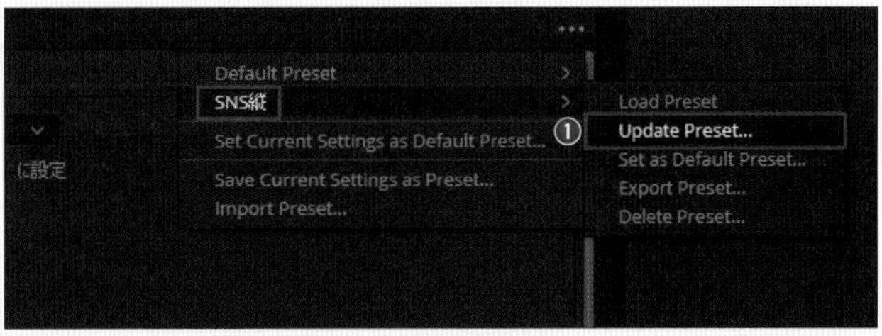

2 [プリセットを更新しますか？]と表示されるので、❷[更新]をクリックします。

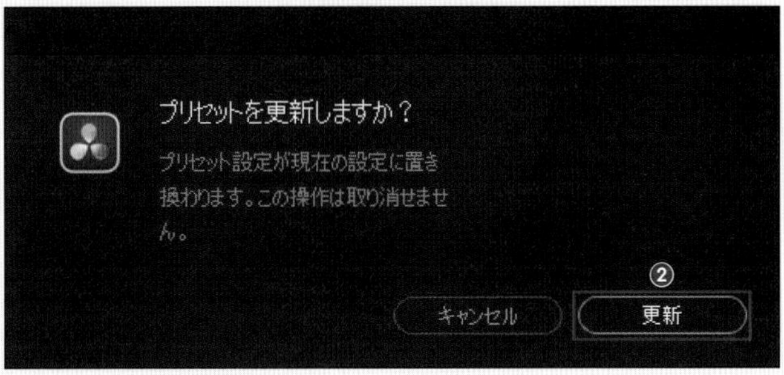

CHAPTER 2

LESSON 11

#バックアップ

新規データベースの作成とバックアップ

DaVinci Resolveのプロジェクトデータは、データベースという巨大な格納庫のような場所に保存されます。そのデータベースの新規作成とバックアップについて解説します。

データベースのバックアップをしよう

たとえばDaVinci Resolveの大きなバージョンアップデートの際などには、データベースのバックアップをとることがベターとされています。
あるいはデータベースを新規作成して、分けて管理をし、定期的にバックアップをとることもスマートです。まずはバックアップの方法を見ていきましょう。

データベースのバックアップ方法

1 ❶[プロジェクトマネージャー]をクリックします。

2 ❷[プロジェクトライブラリを表示/非表示]をクリックします。

3 [Local Database]の右側にある❸[詳細]をクリックします。

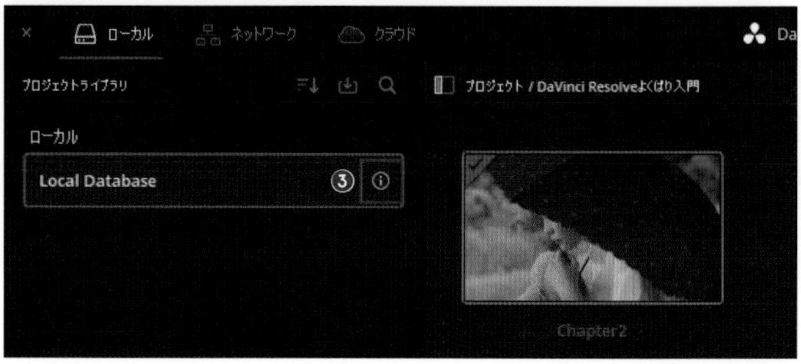

4 ❹[バックアップ]をクリックします。

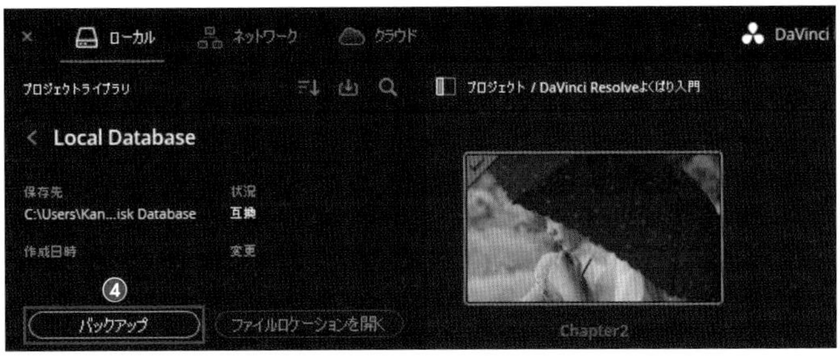

5 ❺保存先と❻ファイル名を入力して、❼[保存]をクリックします。

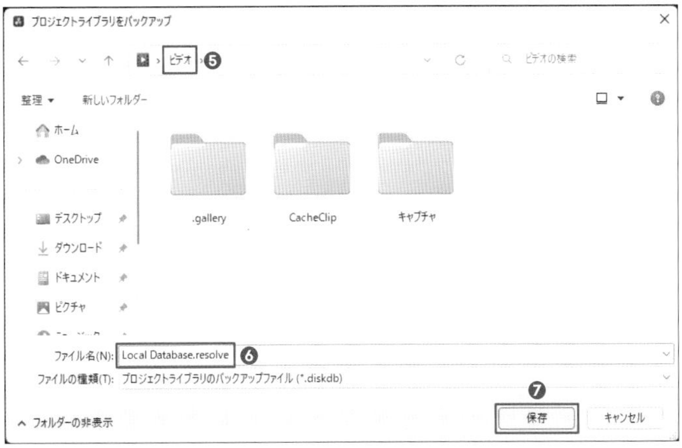

6 [プロジェクトライブラリをバックアップしますか？]と表示されるので、❽[バックアップ]をクリックします。

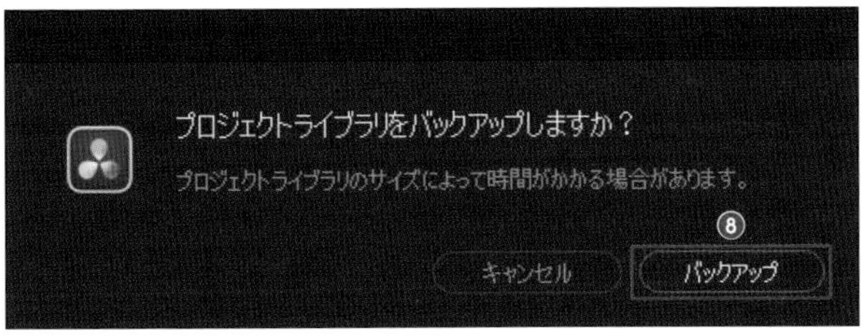

＼できた！／ バックアップが完了しました。

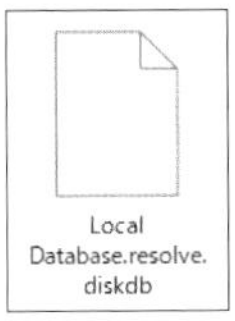

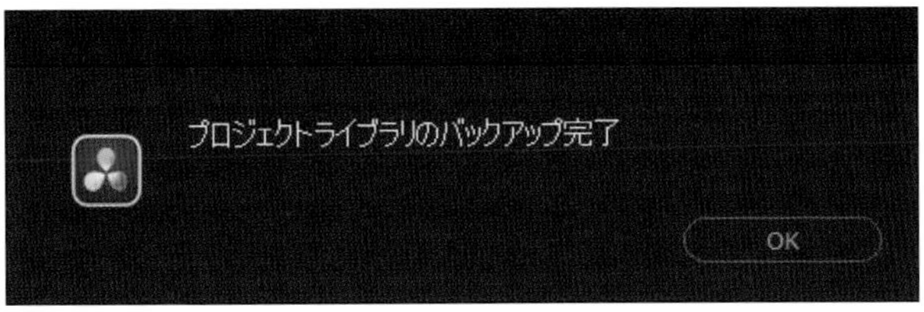

新規データベースの作成

DaVinci Resolveのデータは、ローカル環境での保存も可能です。ここでは、ローカル環境でのデータベースの作成方法を解説します。

1 ❶[プロジェクトマネージャー]をクリックします。

2 ❷[プロジェクトライブラリを表示/非表示]をクリックします。

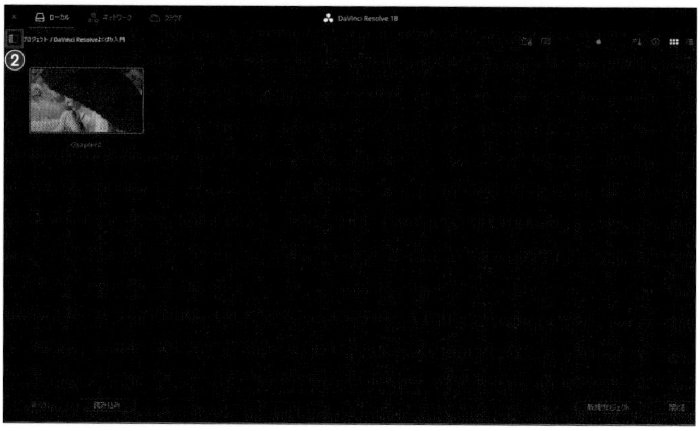

3 データベースサイドバーが表示されるので、❸[新規プロジェクトライブラリを追加]をクリックします。

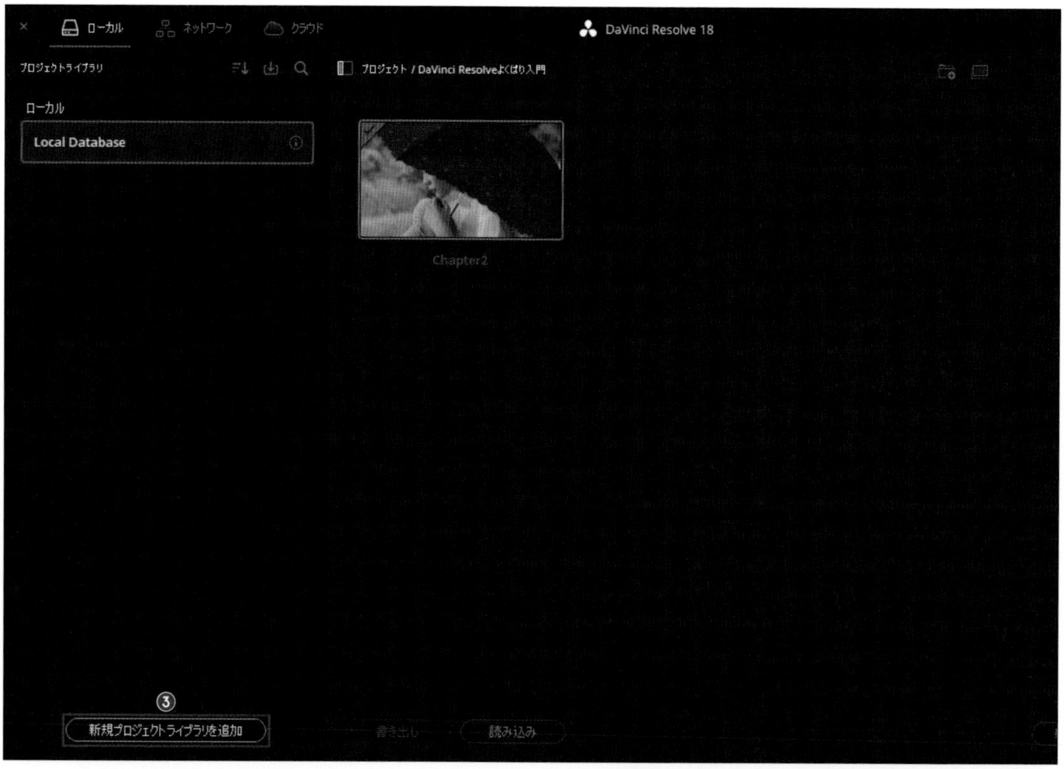

4 ❹名前を入力します。

5 ❺[ブラウズ]をクリックして、保存先を指定します。

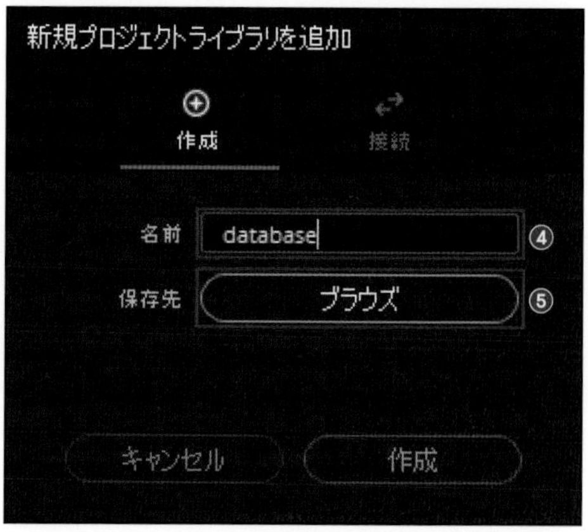

6 ❻保存先を選択して❼［フォルダーの選択］をクリックします。

7 ❽［作成］をクリックします。

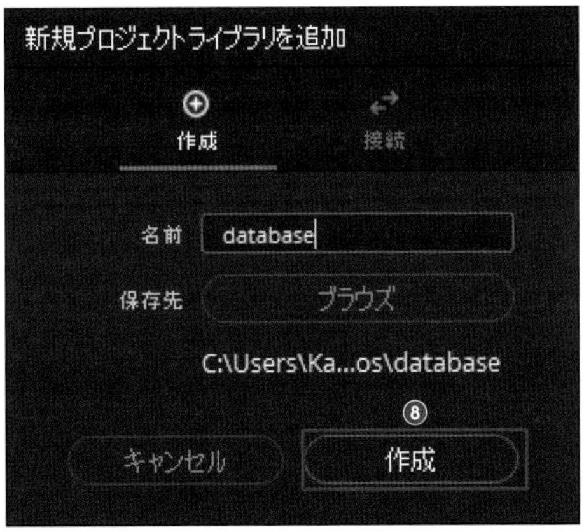

＼できた！／ データベースが作成されました。

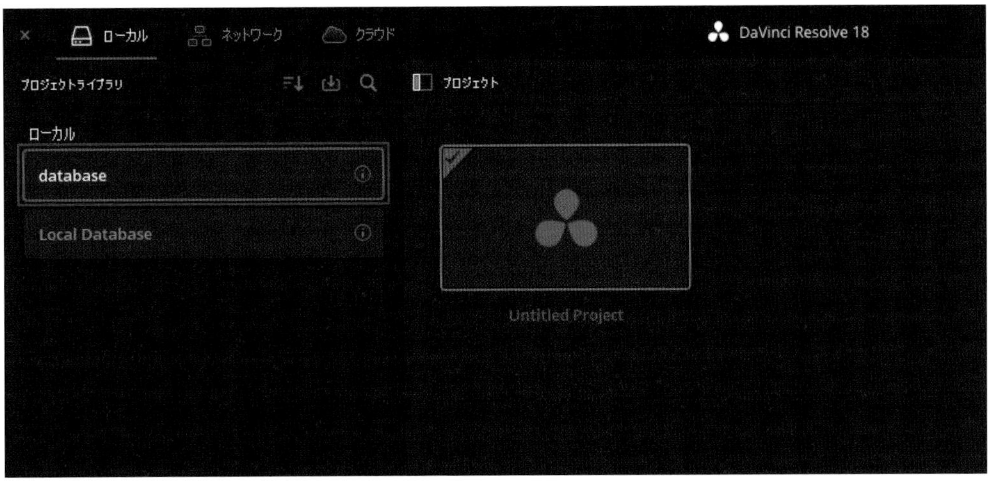

COLUMN

DaVinci Resolve Studio（有償版）でできること①

本書では、DaVinci Resolveの無料版を使って解説をしていますが、無料版を試していただいて興味を持たれた方は、ぜひ有償版を購入して活用されることをおすすめします。無料版でも十分すぎるほど素晴らしい強力なツールが使え、内容によっては無料版で事足りるという方も多数いらっしゃるのは事実かと思いますが、そうは言わずにまずは有償版の価格を知ってもらいたいのです。執筆している現時点での価格は47,980円（税込）という金額です。なんだ高いじゃないかと、編集をはじめて行った方は思うかもしれませんが、最近主流のサブスク形態を採用しているサービスが多いことを考えると、ここに大きな違いがあります。実はこの価格はサブスクではなく、買い切りなのです。つまりずっと使えるということです。無料版でこれだけのツールを提供してくれていることにも驚きですが、価格に関してもすごく良心的で助かる人は多いのではないでしょうか（ちなみに著者はもう何年もずっと前から使用していますが、昔は3万円台で購入可能でした）。
さらに驚きなのは、DaVinci Resolveを提供しているBlackmagic Design社のカメラや編集機器を購入すると、無料でStudio版（有償版）が同梱されるのです。
せっかく素晴らしい編集ソフトなのだから、少し同社が提供するカメラにも触れておきましょう。
Blackmagic Design社が提供するカメララインアップには、多くのプロユーザーも愛用するシネマカメラ群が多く存在します。たとえばPocket Cinema Camera 4K、6Kなどは、マーケットに多く出回っている一眼レフカメラより少し大きい程度のサイズ感でありながらも、本格的なシネマカメラであり、プライベートユースから業務ユースと幅広い層に支持されています。Raw収録も可能でDaVinci Resolveとの親和性はもちろん抜群。カラー表現にこだわった作りをしたいユーザーには、たとえカメラ初心者の方であっても、ぜひトライしてみてもいい機種なんじゃないかなと思います。もちろん私も保有しており、URSAという大きめのシネマカメラとPocket Cinema Cameraの4Kと6K Proというシリーズを愛用しています。DaVinci Resolveの無料版から始まり、最大限によさを追求しようとすると自ずと有償版、そしてカメラと、だんだんにBlackmagic Design社の虜になっていく巧妙な設計です。沼にはまって抜け出せなくなることに関しては自己責任でお願いしたいと思います。

CHAPTER 3

カットページでスピード編集する

DaVinci Resolveには2種類の編集ページが存在します。
このChapterではカットページと呼ばれる、編集効率やスピーディーな作業に重きを置いた編集ツールについて解説をしていきます。

CHAPTER 3 LESSON 1

#カットページ

カットページの画面構成

動画でもチェック!

https://dekiru.net/ydv_301

カットページはスピーディーに効率よく編集を行うことができる便利なページです。まずは画面構成から確認をしていきましょう。

カットページとエディットページ

DaVinci Resolveには、編集に関するページが、カットページとエディットページの2つあります。感覚的にはエディットページのほうがより細かく映像編集ができますが、カットページでは短時間ですばやく編集できるのが魅力です。カットページでざっくりと編集し、エディットページで細かく調整をしていくとよいでしょう。

カットページの画面構成

カットページは、メディアプール、ビューア、タイムラインといった大きく3つのエリアで構成されています。これらの機能を使ってスピーディーに編集作業をすることができます。

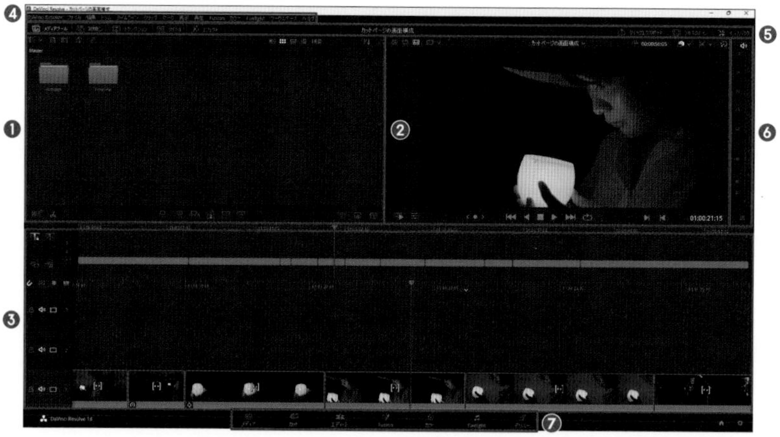

❶メディアプール
ビデオクリップ、オーディオクリップなど、プロジェクトに読み込んだ素材が読み込まれます。

❷ビューア
選択したクリップの再生・停止・逆再生などを行うことができます。

❸タイムライン
クリップを配置して、トリミングやカット編集を行うエリアです。エディットページでは2つの仕様のタイムラインが表示されています。

❹メニューバー
DaVinci Resolveで操作できる共通のコマンドが収納されています。

❺インターフェイスツールバー
ユーザーインターフェイスの表示内容を切り替えることができます。

❻オーディオメーター
選択したクリップに含まれるオーディオの音量を表示します。

❼ページ選択セクション
メディアページ、カットページ、エディットページ、Fusionページ、カラーページ、Fairlightページ、デリバーページに移動することができます。

タイムラインとは

タイムラインはクリップを並べて再生や編集をする場所です。カットページのタイムラインは、Chapter 4で紹介するエディットページとは若干違います。カットページならではのタイムラインについて解説します。

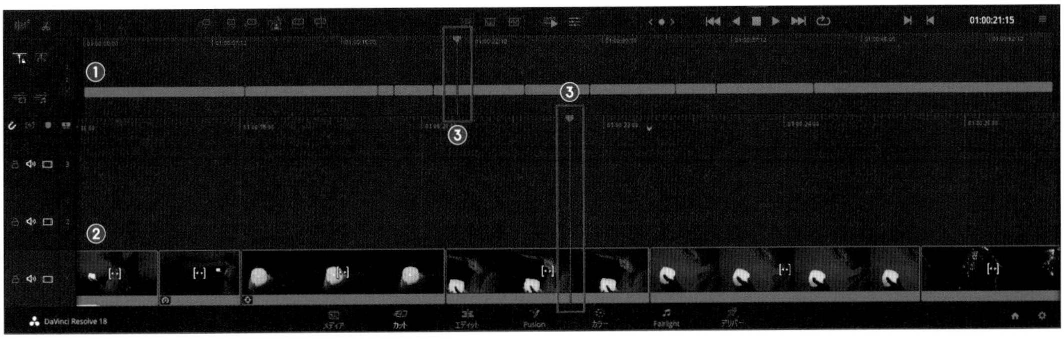

❶上のタイムライン
ディスプレイ幅に合わせてタイムライン全体を表示します。

❷下のタイムライン
上のタイムラインの再生ヘッドを中心に拡大表示します。

❸再生ヘッド
ビューアの再生位置を示しています。

編集は上のタイムラインでも下のタイムラインでも行うことができます。

タイムラインは2つある

カットページのタイムラインは上のタイムラインと、下のタイムラインの2つがあります。上のタイムラインの再生ヘッドを中心に拡大表示したものが下のタイムラインです。上のタイムラインで全体を見ながら下のタイムラインで詳細を確認しながら編集することで、すばやく編集を行うことができます。

もっと知りたい！

● カットページで書き出しもできる

DaVinci Resolveでは各ページで編集を行ったのちに、デリバーページでデータの書き出しを行いますが、カットページでスピーディーに書き出すこともできます。

書き出しについては、Lesson 13でも詳しく解説しています。

1 インターフェイスツールバーの右側にある❶[クイックエクスポート]をクリックします。

2 [クイックエクスポート]ダイアログボックスが表示されるので、❷書き出し形式を選択して、❸[書き出し]をクリックします。保存先を選択して保存します。

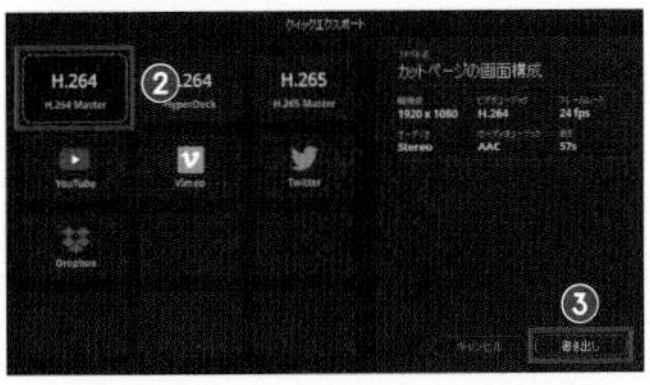

CHAPTER 3 LESSON 2

#素材を読み込む

カットページに素材データを取り込もう

動画でもチェック!

https://dekiru.net/ydv_302

DaVinci Resolveではメディアページで素材を取り込むとほかのページにもシームレスに反映されますが、ここではカットページで素材を取り込む方法を解説します。

素材データを取り込む

まずは素材データを読み込みます。Chapter 2 Lesson 4でも簡単に紹介した方法です。

1 ❶[メディアの読み込み]をクリックします。

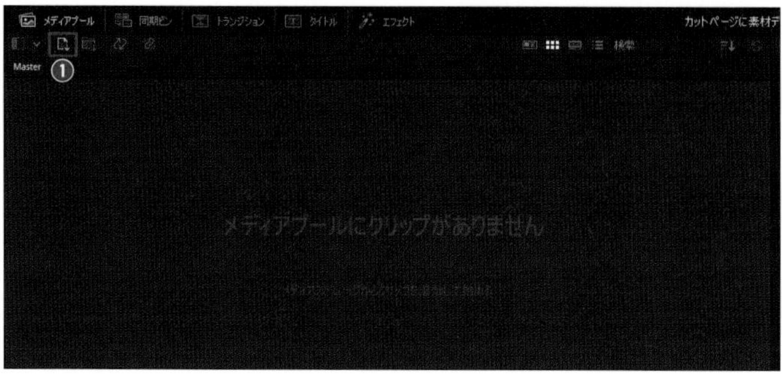

2 [メディアの読み込み]ダイアログボックスが表示されるので、❷読み込みたい素材データを選択して❸[開く]をクリックします。

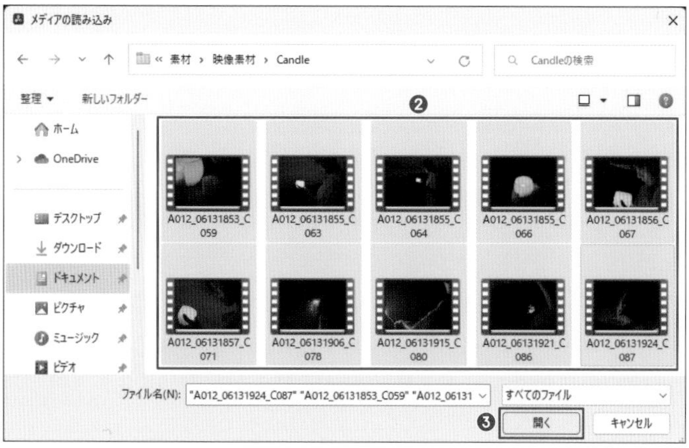

できた! 選択した素材データがメディアプールに読み込まれます。

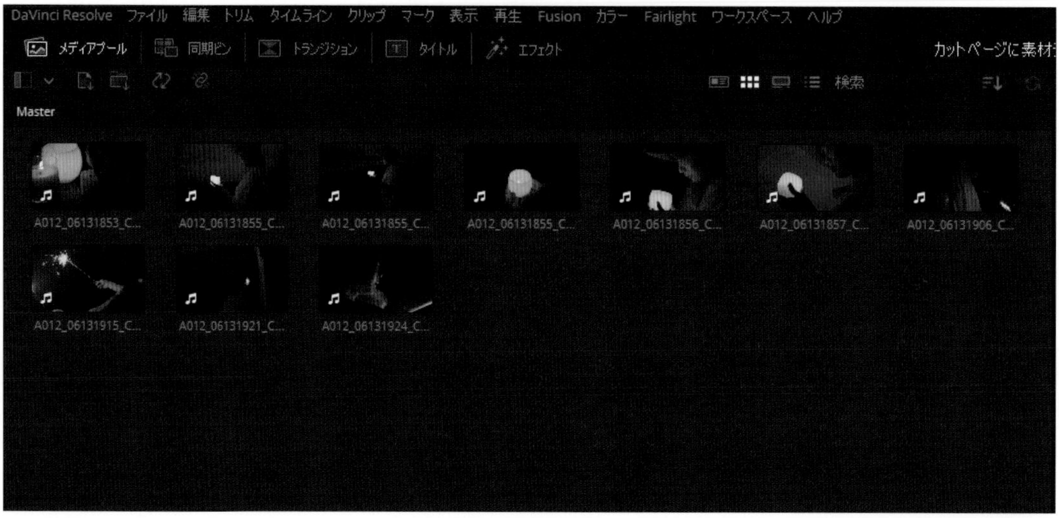

メディアプールの表示

メディアプールにはいくつかの表示方法があります。また、取り込んだメディアの並べ替えを行うこともできます。

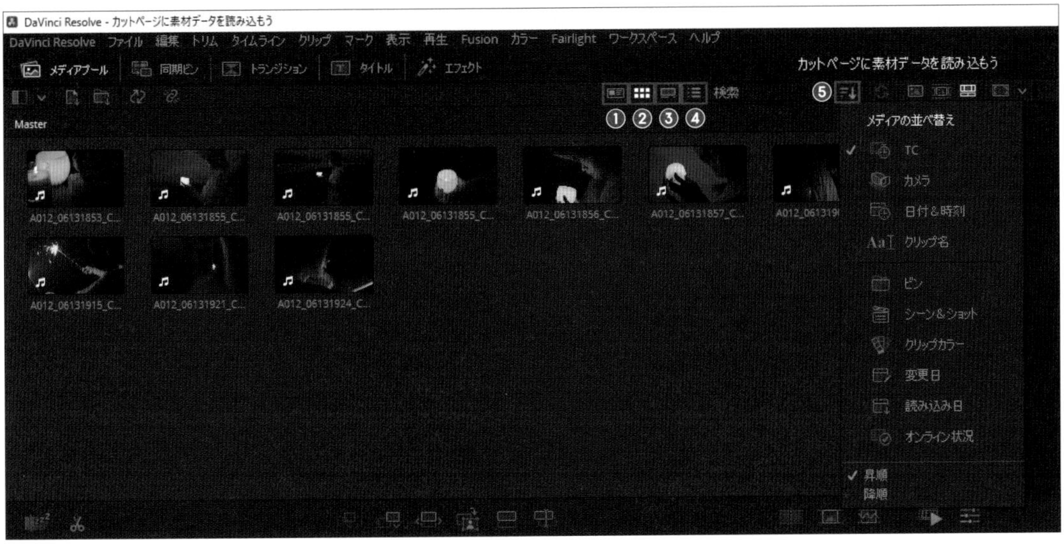

❶メタデータビュー
メディアの詳細情報が表示されます。

❷サムネイルビュー
メディアのサムネイルが表示されます。

❸ストリップビュー
クリップがメディアプールの幅に合わせて一連のフィルムストリップで表示されます。

❹リストビュー
メディアがリスト形式で表示されます。

❺並べ替え
日付や時刻別、クリップ名などでメディアの並べ替えができます。

ビンを作成する

カットページでもメディアページと同様にビンを作って素材を管理することができます。

1. メディアプールの❶なにもないところで右クリックします。

2. 表示されたメニューから❷[新規ビン]を選択します。

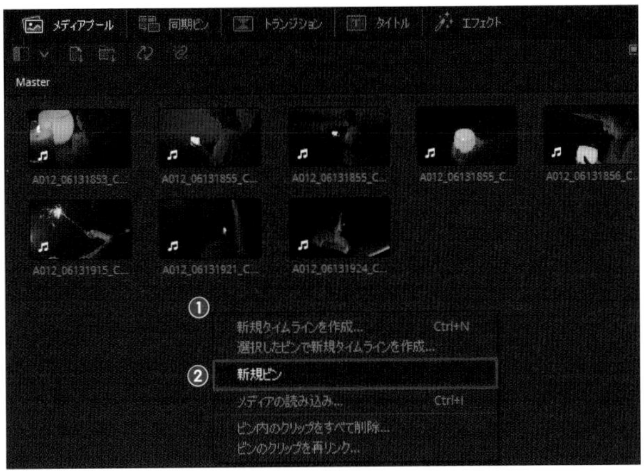

3 ❸ビンが作成されます。

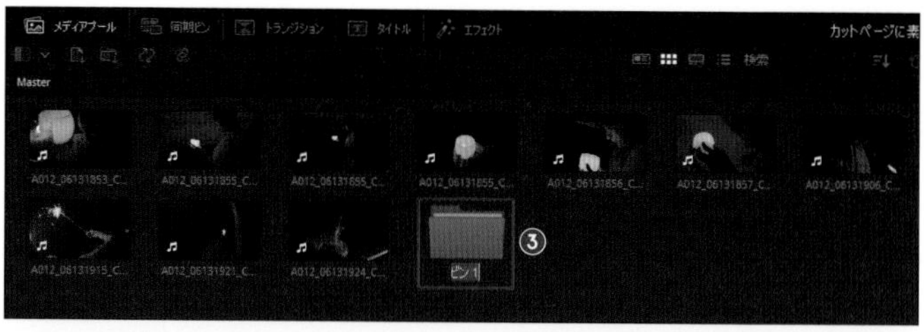

4 ❹ビン名を「candle」に変更します。

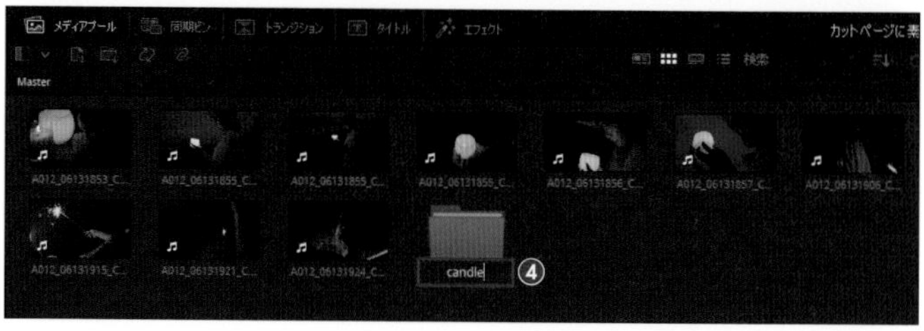

5 クリップを選択して、「candle」ビンに❺ドラッグ&ドロップします。

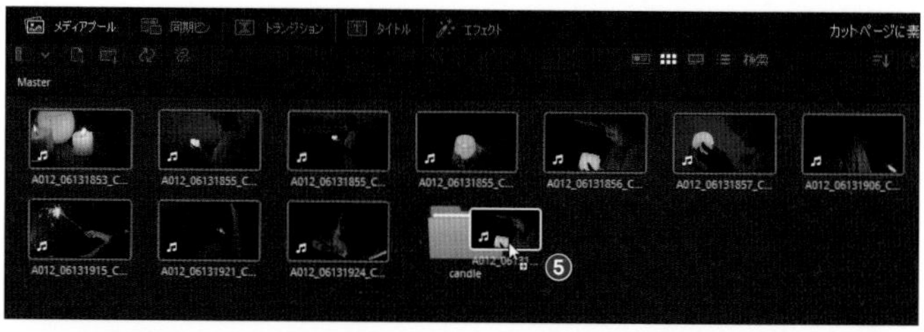

できた！ クリップがビンに移動しました。

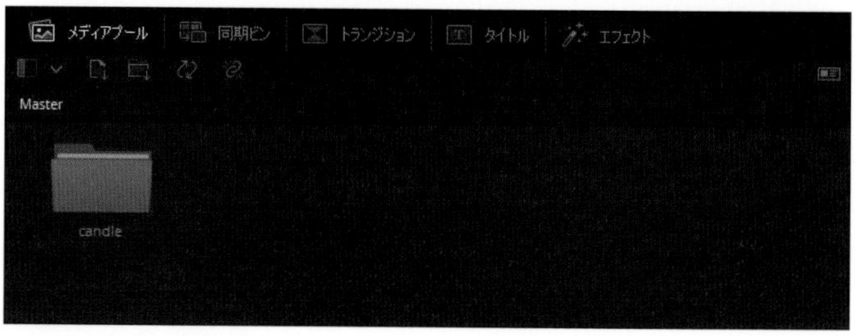

フォルダーの取り込み

素材は単体だけでなく、フォルダーごとに取り込むこともできます。

1 ❶［メディアフォルダーの読み込み］をクリックします。

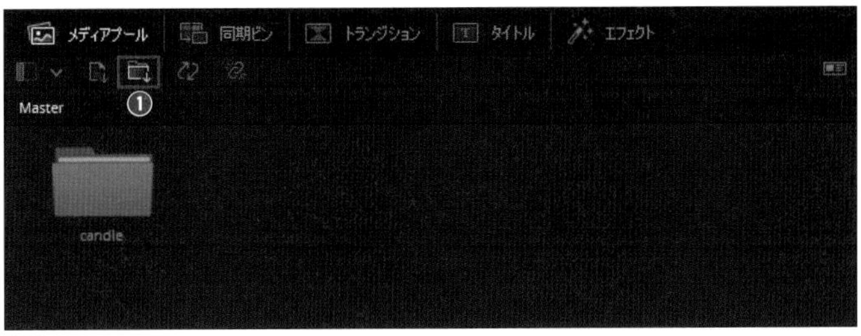

2 取り込むフォルダーを選択して、❷［フォルダーの選択］をクリックします。

できた！ フォルダーが取り込まれました。

ここがPOINT

ドラッグ＆ドロップでの取り込みには少し注意

ドラッグ＆ドロップで素材を取り込むこともできますが、フォルダーを選択してドラッグ＆ドロップしてもファイルごとでしか取り込めないため、事前にビンを作ってそこに収納するほうがよいでしょう。

ここがPOINT

フレームレートの変更

フレーム数が異なる素材を取り込もうとすると、右のように［プロジェクトフレームレートを変更しますか？］という表示が出ることがあります。これは「このプロジェクトのフレームレートと取り込もうとしている素材のフレームレートが異なるけど、どうしますか？」という意味です。［プロジェクト設定］の［タイムラインフレームレート］を変更する場合は［変更］をクリックします。

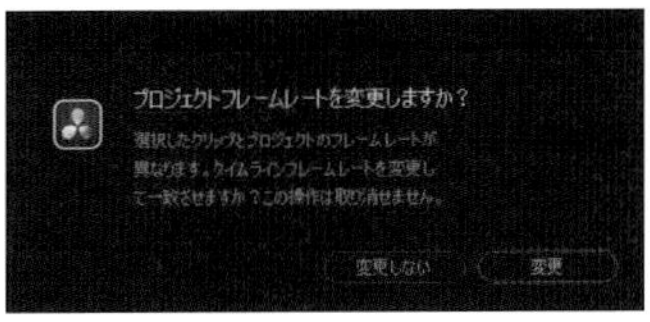

CHAPTER 3 LESSON 3

#タイムラインの使い方　#クリップの選択

タイムラインを作成しよう

動画でもチェック!

https://dekiru.net/ydv_303

「タイムライン」とは、さまざまな素材を配置したり、トリミングなどをするためのキャンバスのようなものです。まずは新規タイムラインを作成してみましょう。

タイムラインの作成

クリップをDaVinci Resolveに読み込んだだけではタイムラインは作成されていません。まずは任意の形式で新規タイムラインを作成してみましょう。

1 ❶[ファイル]メニューをクリックし、❷[新規タイムライン]をクリックします。

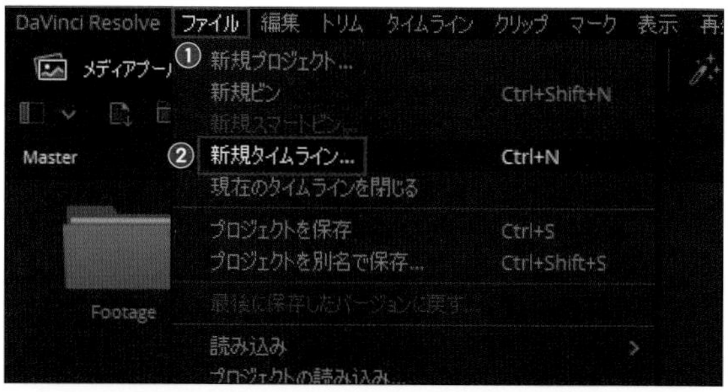

ここがPOINT

そのほかの作成方法

メディアプールのなにもないところを右クリックしてもタイムラインを作成できます。

2 [新規タイムラインを作成]ダイアログボックスが表示されるので、❸[タイムライン名]に名前を入力して❹[作成]をクリックします。

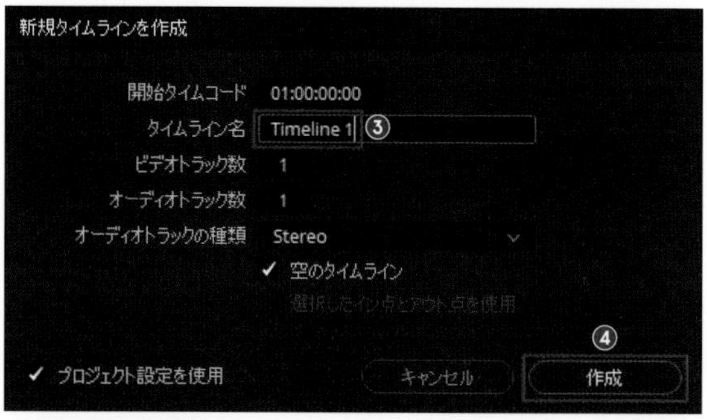

できた! 作成されたタイムラインがメディアプールに表示され、タイムラインにトラックが表示されます。

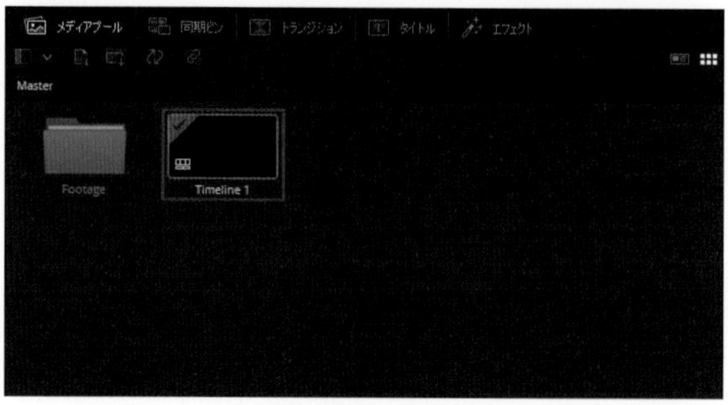

選択しているタイムラインは左上にチェックマークがついているので、ほかのクリップと並んでもわかりやすいです。

タイムラインの作り方は、Chapter 4のエディットページと同様なので、重複する箇所もあります。

タイムライン名やタイムライン設定をあとから変える

タイムライン名やタイムライン設定はあとから変更することもできます。

タイムライン名の変更

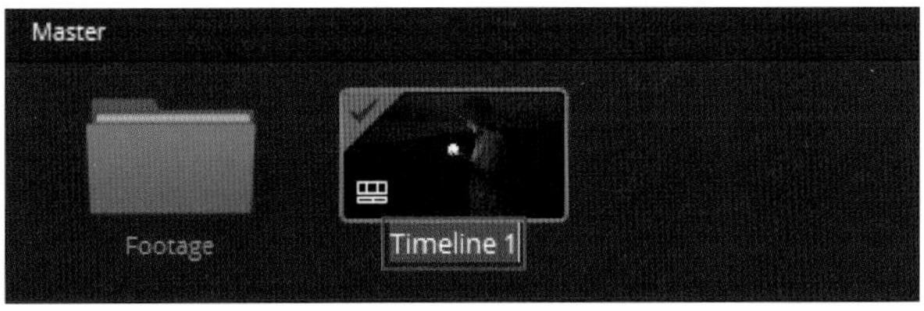

1. タイムラインを選択した状態でタイムライン名をクリックして再入力します。

タイムライン設定の変更

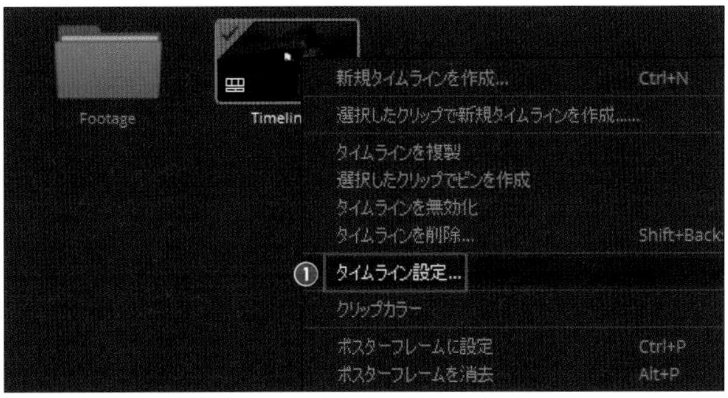

1. タイムラインを右クリックして、❶[タイムライン設定]を選択します。

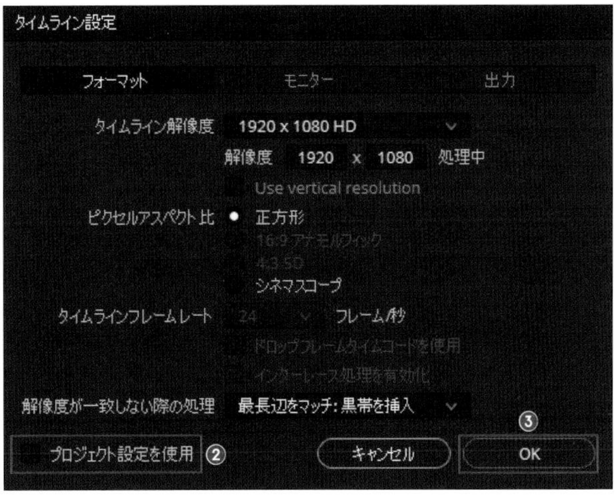

2. [タイムライン設定]ダイアログボックスが表示されるので、❷[プロジェクト設定を使用]のチェックマークをはずします。

3. 設定を変更し、❸[OK]をクリックします。

もっと
知りたい！

● [プロジェクト設定を使用]とは

[新規タイムラインを作成]ダイアログボックスの下部に、[プロジェクト設定を使用]がありますが、これにチェックを入れると、カットページ画面右下のギアアイコンの[プロジェクト設定]で設定したプロジェクトの値になるということです。既定の数値を変えたい場合は、[プロジェクト設定を使用]のチェックをはずして、任意の値を設定してください。

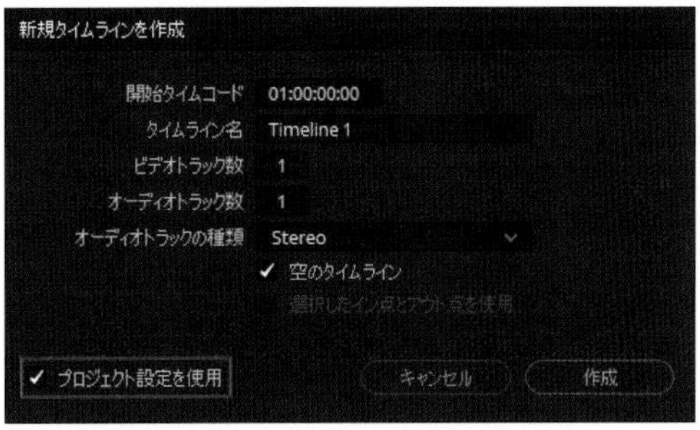

CHAPTER 3
LESSON 4

#ビューア

クリップをプレビューしよう

動画でもチェック!
https://dekiru.net/ydv_304

カットページでは、スピーディーに編集するためにいくつかのプレビュー方法があります。特徴を確認していきましょう。

ビューア各部の名称と機能

カットページでは、スピーディーに作業をするために作られたさまざまなプレビューツールがあります。

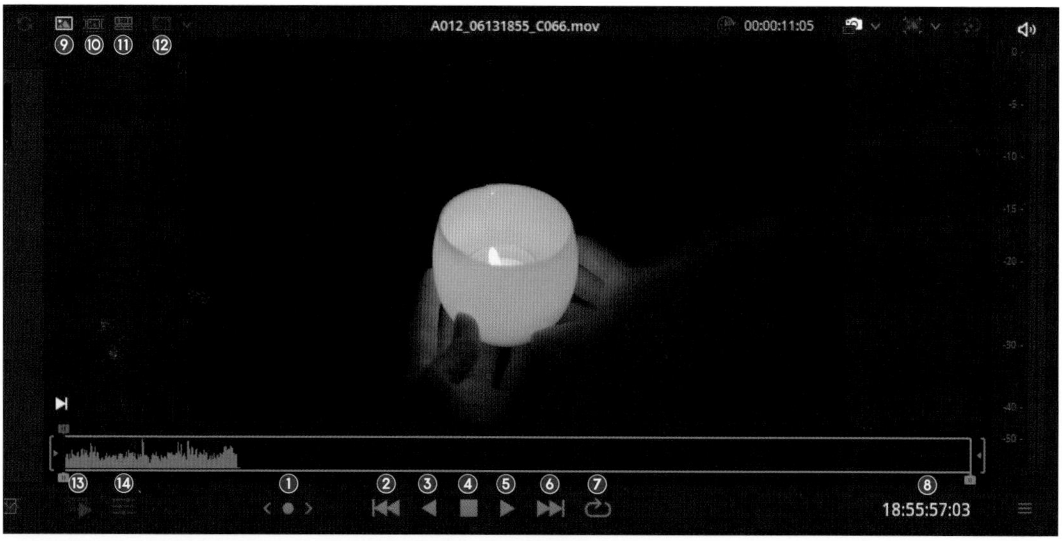

❶ジョグホイール
左右にドラッグして再生スピードを変更することができます。

❷前の編集点に移動
再生ヘッドが前の編集点に移動します。

❸逆再生
クリップを逆方向に再生します。

❹停止
クリップの再生を停止します。

❺再生
クリップを再生します。

❻次の編集点に移動
再生ヘッドが次の編集点に移動します。

❼ループ
クリップやタイムラインに作成したイン点・アウト点をループ再生します。詳しくは133ページを参照してください。

❽タイムコード
再生ヘッドのあるクリップのタイムコードが表示されます。

❾ソースクリップ
選択したクリップ単体をプレビューするモードです。

❿ソーステープ
選択したビンの中にあるクリップ全体をプレビューするモードです。

⓫タイムライン
タイムラインに配置されたクリップをプレビューするモードです。

⓬セーフエリア
さまざまな比率のガイドを表示したり、センターポイントやタイトルなどのセーフエリアを表示させる機能です。

⓭ファストレビュー
ソーステープモード、タイムラインモードを選択時にクリップを高速レビューする機能です。

⓮ツール
ボタンを押すとビューアの下にさまざまな調整やエフェクトなどを適用できるツールが表示されます。インスペクタ内の項目と同期していますが、より表示サイズが小さく、作業UIの大きさも確保できます。

ソースクリップモードで選択したクリップを再生する

ソースクリップモードを選択すると、選択したクリップのみをビューアに表示してプレビューできます。

1 ビューアの左上の❶[ソースクリップ]をクリックします。

2 プレビューしたい❷クリップをクリックして選択します。

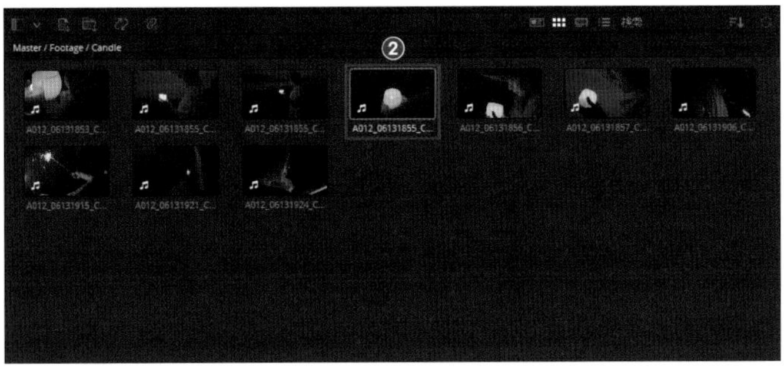

3 ❸[再生]をクリックします。クリップが最初から再生されます。

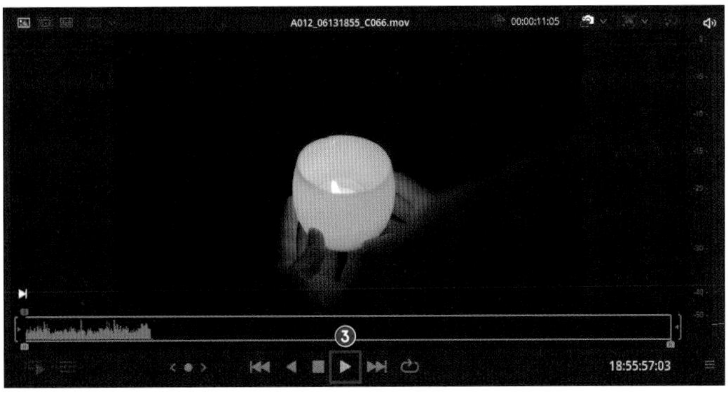

ソーステープモードで選択したビン全体を再生する

ソーステープモードを選択すると、選択したクリップ単体ではなく、選択したビンに格納されているクリップ全体を再生することができます。それゆえに効率よく全体プレビューをすることが可能です。

1 ❶[ソーステープ]をクリックします。

2 ❷[ビンリスト]をクリックして、❸プレビューしたいビンを選択します。

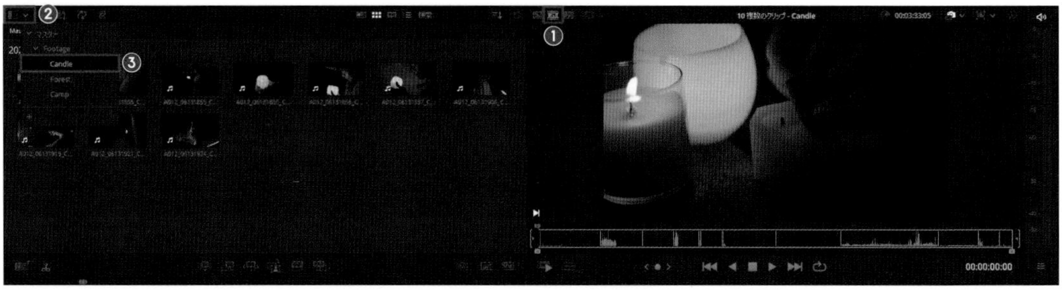

3 ビンに格納されているクリップすべてがビューアで再生可能になります。

[ファストレビュー]を押して効率よくクリップ全体を確認しよう

ソーステープモードを選択すると、[ファストレビュー]を押すことができるようになります。この機能は全体を高速再生することができるのですが、単に全体を高速再生するのではなく、クリップの長さに応じて高速度合いを自動で調整して再生をしてくれる便利な機能です。短いクリップはリアルタイムに近い速い速度、長くなるほどより高速でプレビューをします。

ここがPOINT

もっと速く再生するには

[ファストレビュー]は複数回押すことで、さらに速いファストプレビューができるようになります。

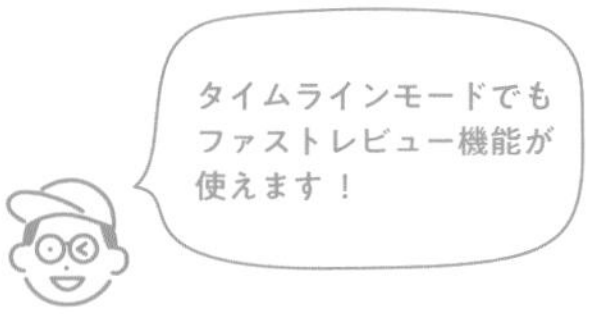

タイムラインモードでタイムラインをプレビューする

タイムラインモードはタイムライン上をクリックすると、ソースモードやソーステープモードが選択されていたとしても、自動的にタイムラインモードに切り替わります。その名のとおり、タイムラインに並べられたクリップをプレビューします。

CHAPTER 3
LESSON 5

#クリップの配置

クリップをタイムラインに配置しよう

動画でもチェック!
https://dekiru.net/ydv_305

メディアプールで読み込んだ素材をタイムラインに配置する基本的な内容について解説します。

タイムラインに直接ドラッグする

最も基本的な方法が、選択したクリップをドラッグ＆ドロップする方法です。

1 メディアプールからタイムラインに配置するクリップを❶ドラッグ＆ドロップします。

ここがPOINT

どちらのタイムラインでもOK

タイムラインは2つありますが、どちらにドラッグしてもよいです。

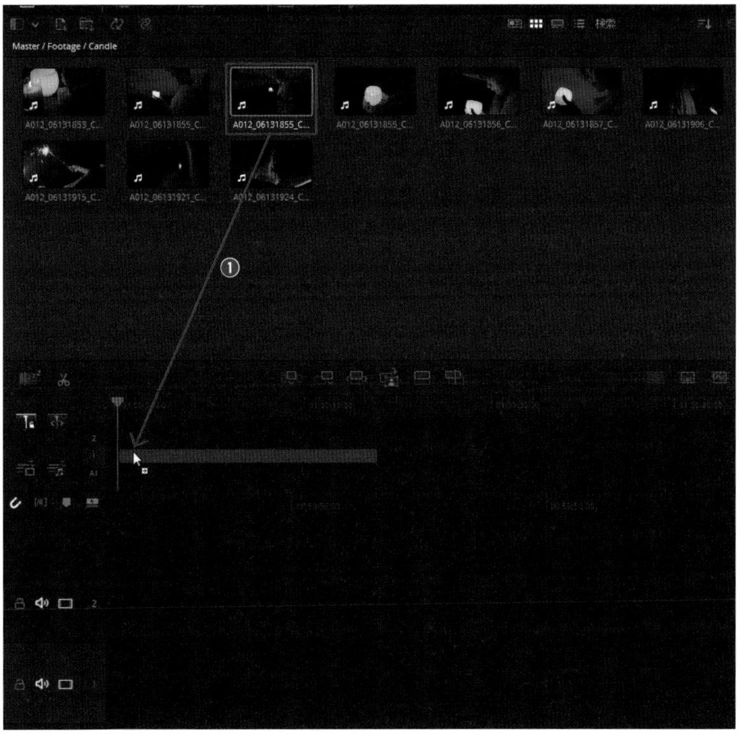

できた！ タイムラインにクリップが配置されました。

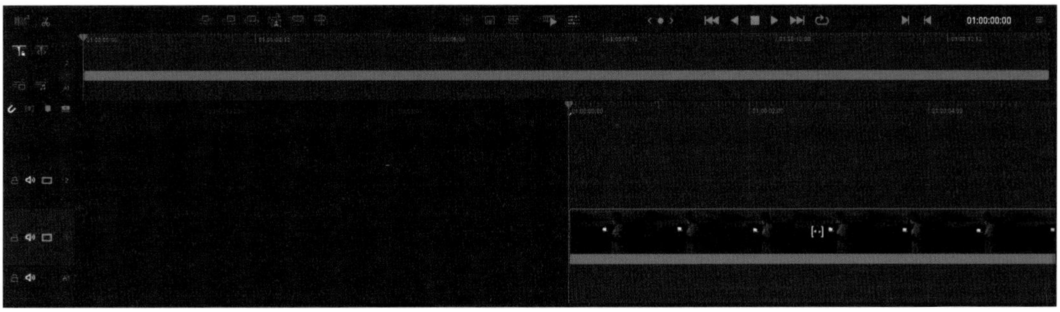

イン点・アウト点を決めて配置する

クリップをタイムラインにドラッグ＆ドロップすると、クリップの全体尺が配置されてしまいます。あらかじめ使用箇所（イン点・アウト点）を決めて配置してみましょう。

1 ❶［ソースクリップ］をクリックします。

2 ❷クリップをクリックしてビューアに表示します。

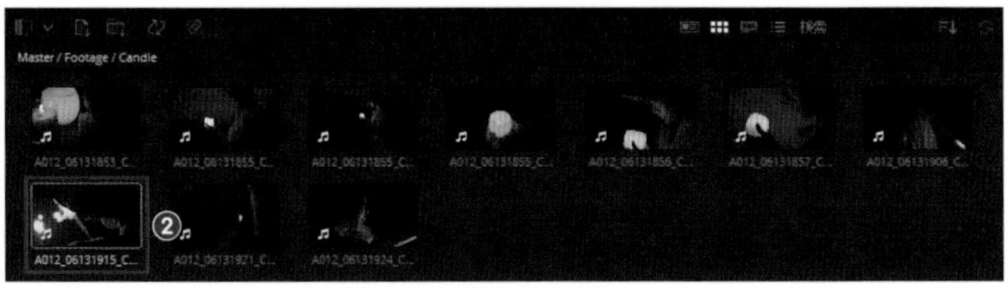

3 ビューアの再生ヘッドをイン点に設定したい位置に合わせて❸Iキーを押します。

4 イン点が設定されます。ビューアの再生ヘッドをアウト点に設定したい位置に合わせて❹Oキーを押します。

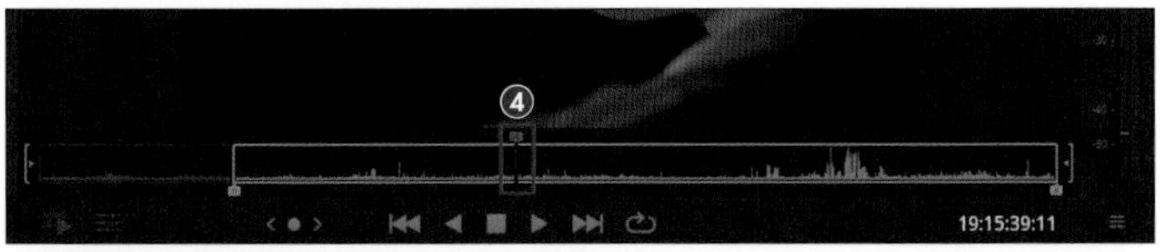

できた！ アウト点が設定されます。この状態でビューアからタイムラインにドラッグします。

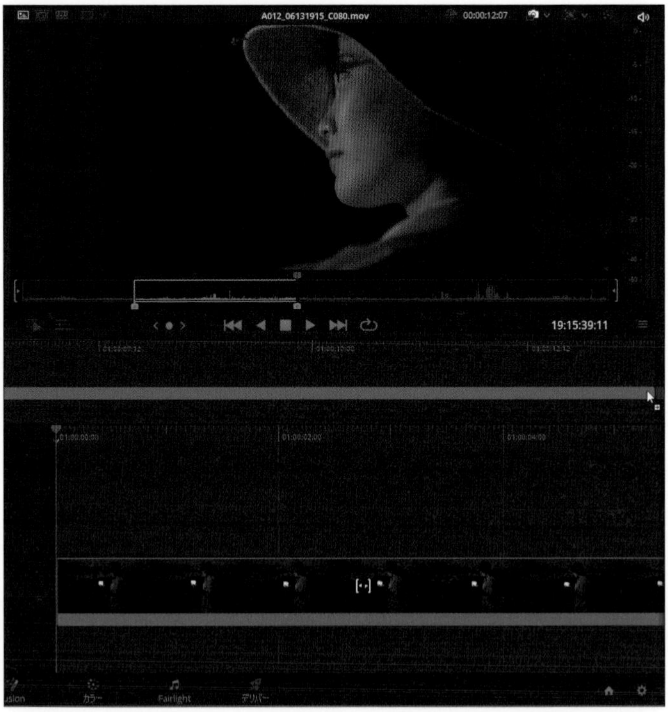

クリップの開始位置をイン点、終了位置をアウト点といいます。

ここがPOINT

イン点・アウト点の削除

イン点は、Alt＋Iキー（MacではOption＋Iキー）、アウト点は、Alt＋Oキー（MacではOption＋Oキー）で削除できます。

ここがPOINT

［ソーステープ］でも同じ

［ソーステープ］で表示しているときも同様にイン点・アウト点を設定できます。

CHAPTER 3

LESSON 6

#分割

クリップの分割と削除

動画でもチェック!

https://dekiru.net/ydv_306

タイムラインに配置したクリップを分割したり削除する方法について解説します。新たな素材を差し込んだり不要な箇所を削除したりできます。

クリップの分割

クリップの間に新たな素材を差し込みたい、クリップ間の不要な箇所を削除したい。そんなときはクリップを分割して作業してみましょう。

1 クリップを分割したい位置に❶再生ヘッドを合わせます。❷[クリップを分割]をクリックします。

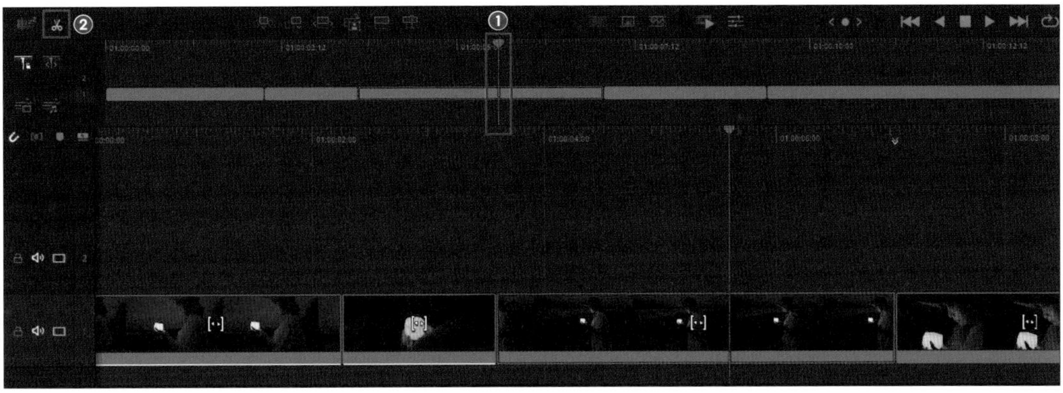

できた! 再生ヘッドの位置でクリップが分割されます。

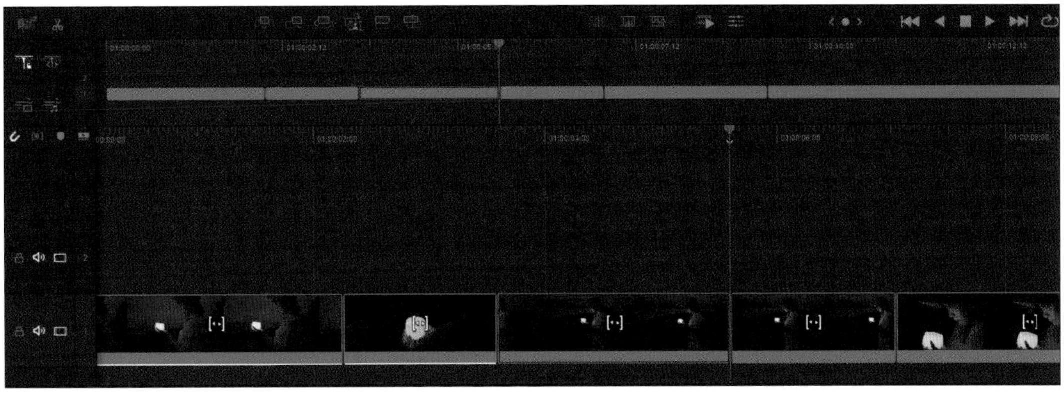

ここがPOINT

そのほかの分割方法

下のタイムラインの再生ヘッドを右クリックして表示されるアイコンをクリックすることでも分割できます。

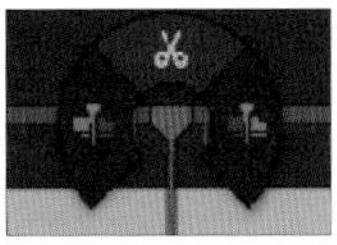

クリップの削除

タイムラインに配置した不要なクリップを削除する方法を解説します。

ほかの編集ソフトに慣れている場合は、カットページの操作にとまどうかもしれません。そんなときは、エディットページなどで慣れてからカットページにチャレンジしてみるとよいでしょう。

1. 削除したいクリップを❶クリックして選択します。

2. [Delete]キー（Macでは[Shift]+[⌫]キー）を押します。

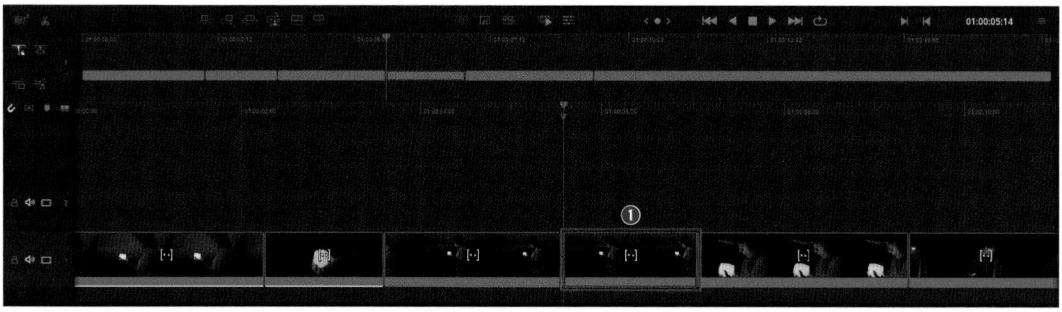

\ できた！/ クリップが削除されて右にあったクリップが左に詰められました。

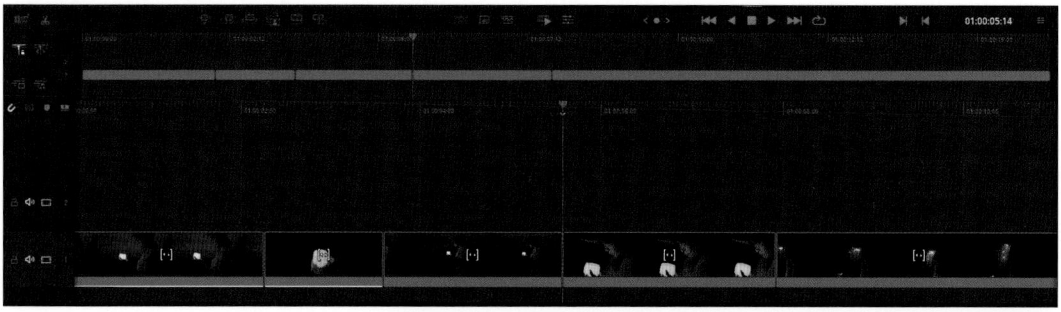

トラックの削除

削除はクリップ単体だけではなく、トラック全体を消すことも可能です。

1. 削除したいトラックのトラックヘッダーで右クリックします。表示されたメニューの❶[トラックを削除]をクリックします。

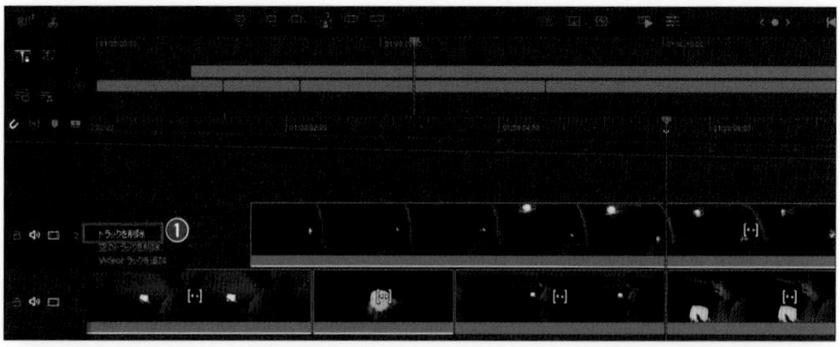

\ できた！/ トラックが削除されました。

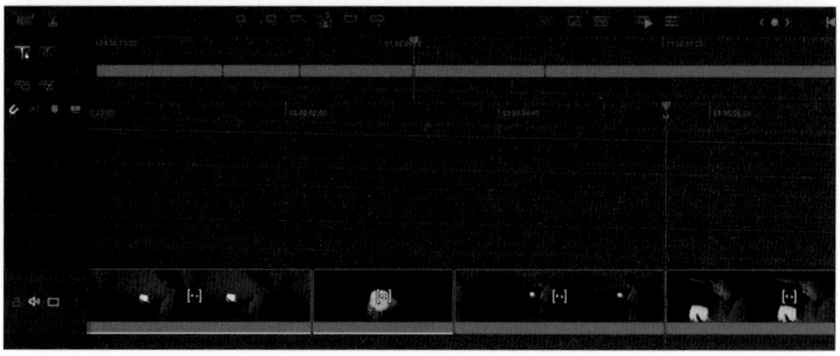

CHAPTER 3 LESSON 7

#トリミング

クリップをトリミングしよう

動画でもチェック！
https://dekiru.net/ydv_307

トリミングとは、Trim（刈り込む）という意味で、クリップの不要な箇所をカットする作業です。カットページでは隙間（ギャップ）を作らずにトリミングすることができます。

トリミングする

トリミングをすることでクリップ先頭や末尾の不要な箇所を調整することができます。ちなみに、トリミングは不要箇所を削除しているわけではなく、隠しているイメージです。

1 トリミングするクリップの端にマウスポインターを合わせて、▯の形になったところで❶ドラッグします。

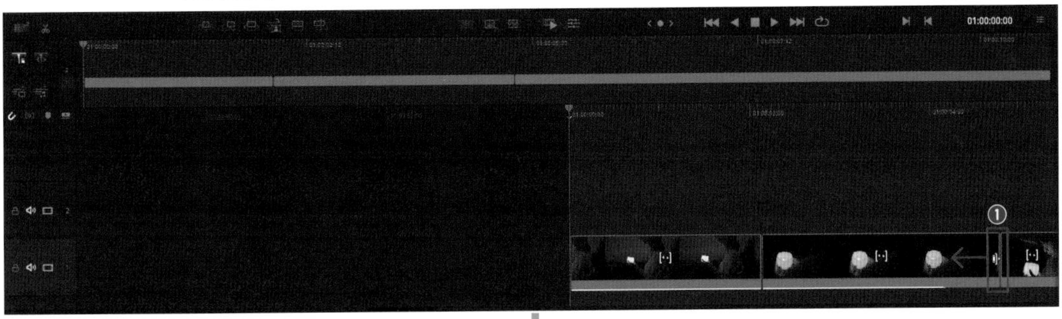

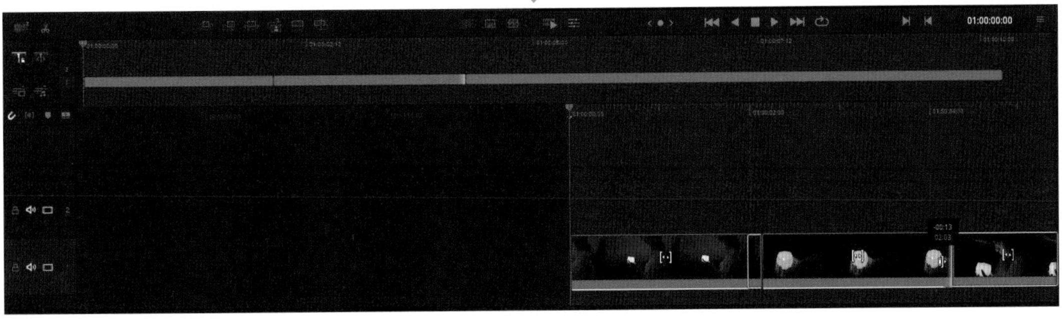

できた！ クリップがトリミングされ、右にあるクリップが左に詰められました。

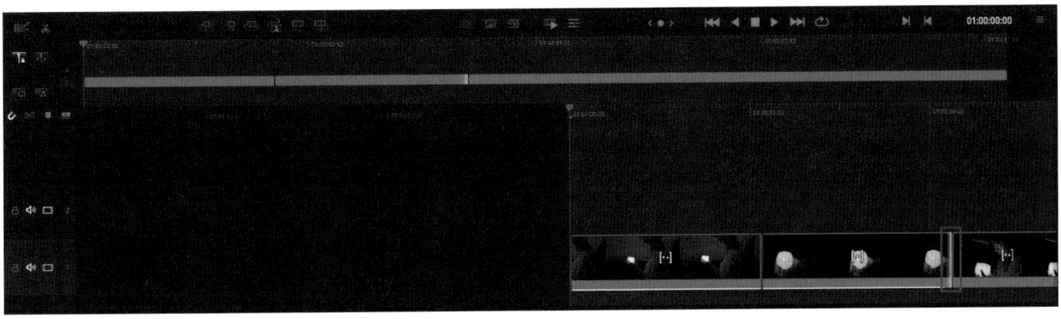

全体の尺を変えずにトリミングを変える

クリップの先頭や末尾ではなく、クリップ間の編集点をクリックすることで、全体尺を変えずにその部分のみをロールすることができます。

1 クリップとクリップの間にマウスポインターを合わせて❶ドラッグします。

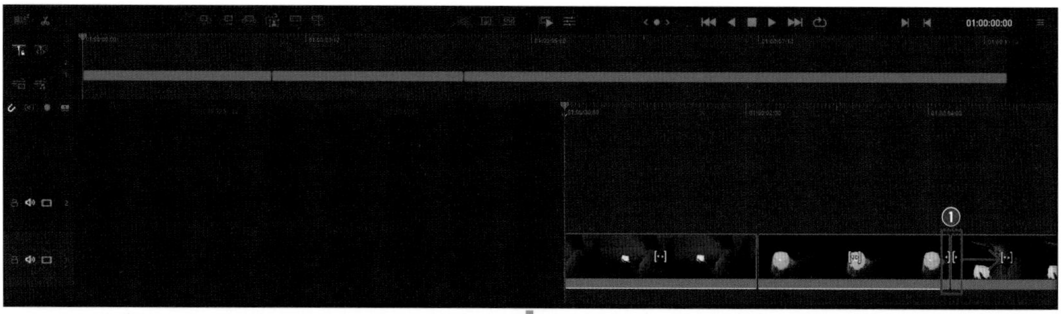

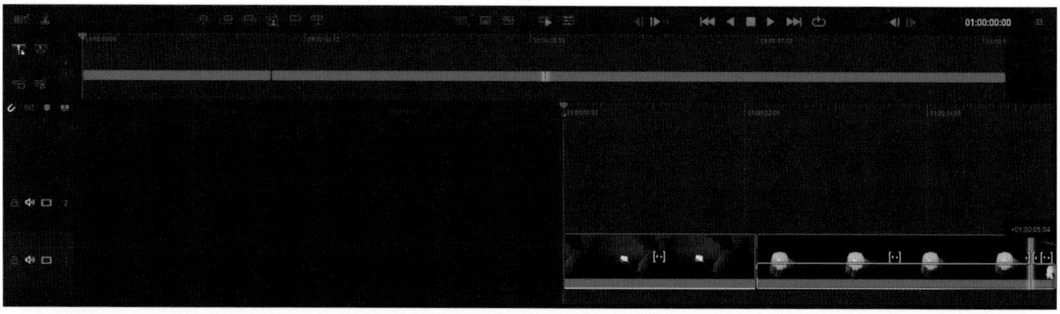

できた！ 全体の尺は変えずに、前後のクリップの長さが変わります。

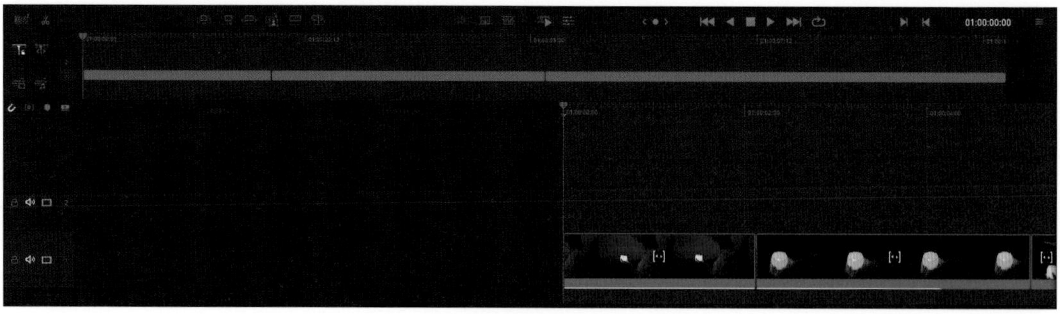

上段のタイムラインでも作業できます。

空白を自動的に詰めて削除する機能を「リップル」や「リップルデリート」と呼びます。

CHAPTER 3 LESSON 8

#クリップの挿入

クリップをさまざまな方法で挿入しよう

動画でもチェック!
https://dekiru.net/ydv_308

カットページでは効率よくカット編集を行うために、タイムラインへのクリップの挿入方法がさまざまあります。理解を深めて活用できるようになりましょう。

●メディアプール下部にある挿入機能

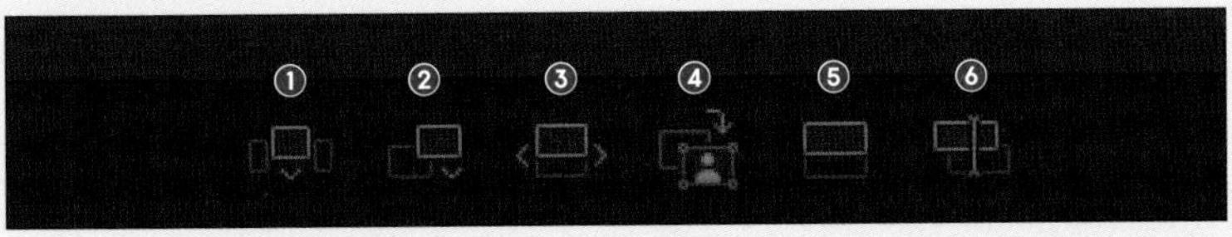

❶スマート挿入
選択したクリップを、再生ヘッドに最も近い編集点に自動挿入します。

❷末尾に追加
クリップの末尾に別のクリップを挿入します。

❸リップル上書き
ギャップ（隙間）を作らずに上書き挿入します。

❹クローズアップ
配置した1つのクリップに対して、クローズアップされたクリップが上段トラックに配置されます。

❺最上位トラックに配置
トラックの最上位にクリップを配置します。

❻ソース上書き
マルチカメラ編集で同期した素材を、同期した箇所に配置します。

[ソース上書き]については、次のLessonで解説します。

スマート挿入

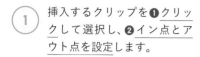

［スマート挿入］は、クリップの間に新たなクリップを挿入したい場合に、両サイドのクリップを手動で移動させる手間なく追加できる便利な機能です。

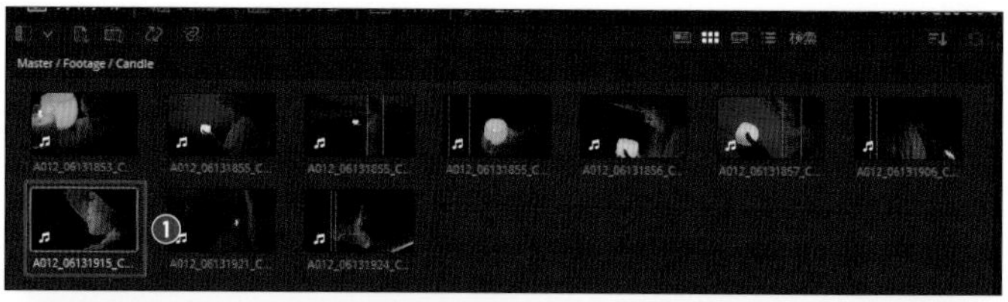

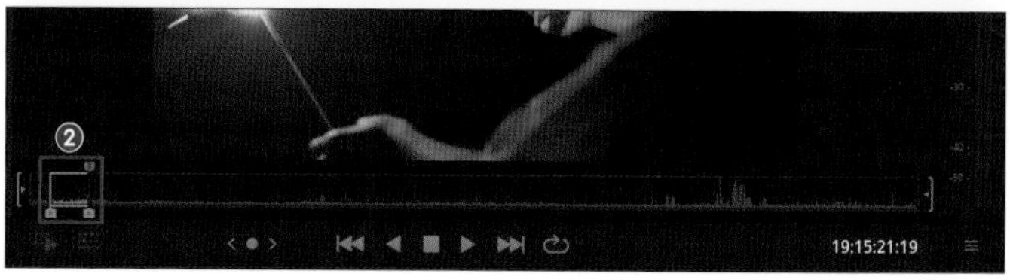

1 挿入するクリップを❶クリックして選択し、❷イン点とアウト点を設定します。

2 挿入したい位置の付近に❸再生ヘッドを移動します。

3 ❹挿入位置を示す「v」マーク（スマートインジケーター）が表示されるので、意図どおりか確認します。

4 ❺［スマート挿入］をクリックします。

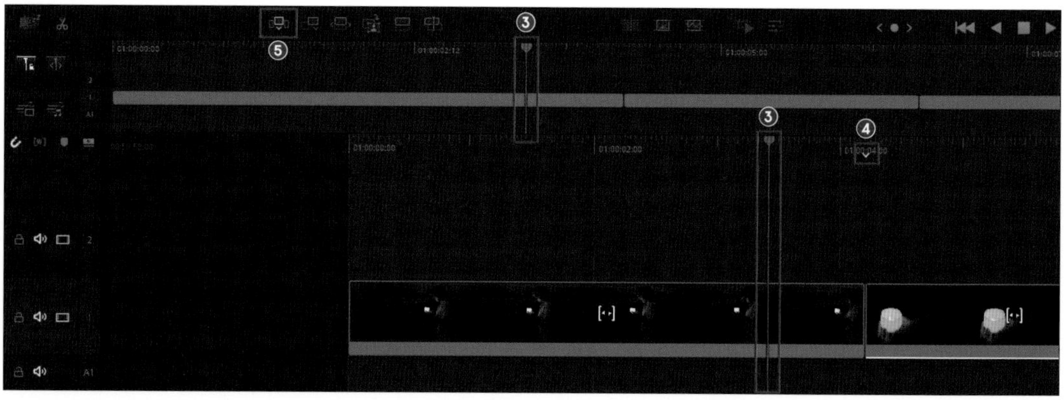

できた！ クリップとクリップの境界にクリップが挿入されました。

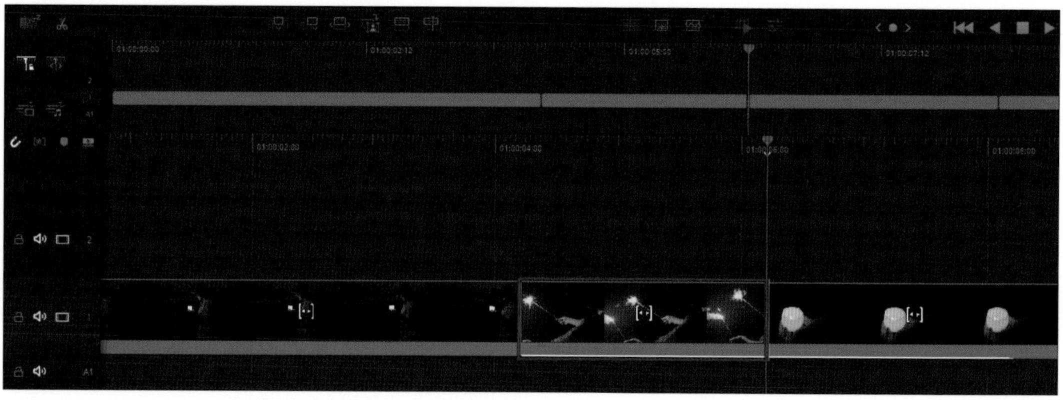

下のタイムラインに表示される「v」マーク（スマートインジケーター）は、再生ヘッドがクリップの真ん中より右にあるときは右側に挿入され、左にあるときは、左側に挿入されます。

末尾に追加

[末尾に追加]は、タイムラインの一番後ろに自動的に追加してくれる機能です。

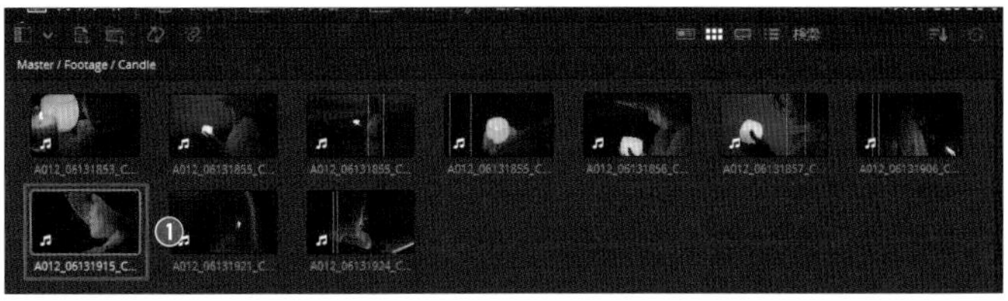

1 挿入するクリップを❶クリックして選択し、❷イン点とアウト点を設定します。

2 ❸[末尾に追加]をクリックします。

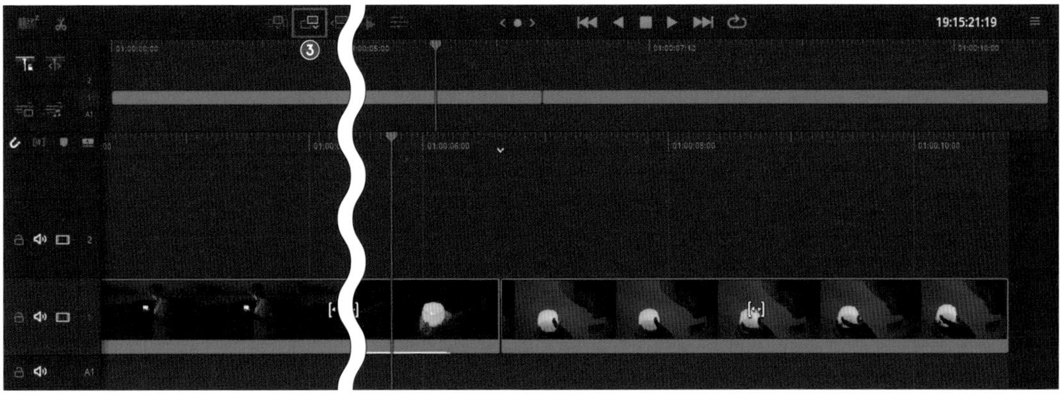

できた！ タイムラインの末尾にクリップが追加されました。

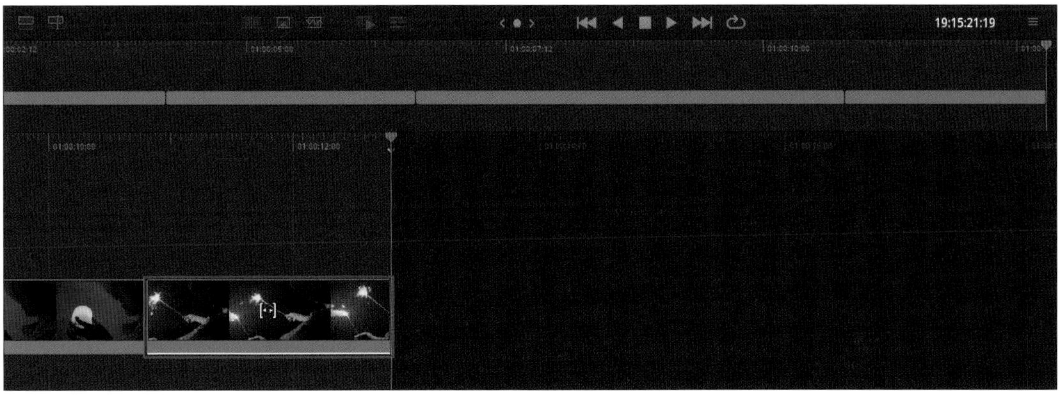

再生ヘッドがタイムラインのどの位置にあっても、クリップは末尾に追加されます。

リップル上書き

［リップル上書き］は、配置済みのクリップを新たなクリップと置き換えたいときに便利な機能です。置き換えた際に発生したギャップは自動で削除（リップル）してくれます。

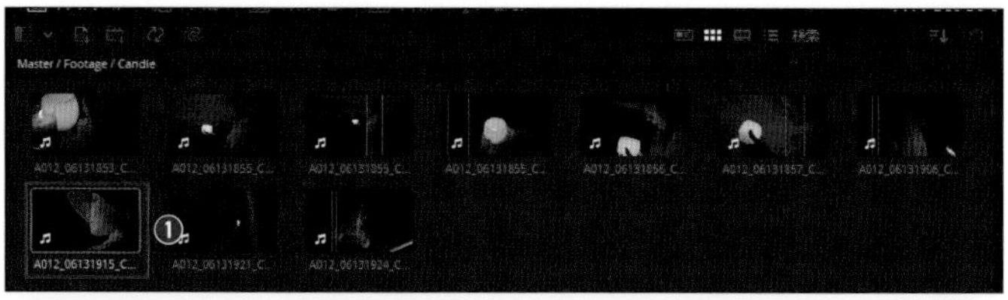

1 挿入するクリップを❶クリックして選択し、❷イン点とアウト点を設定します。

2 上書きするクリップ上に❸再生ヘッドを移動します。❹［リップル上書き］をクリックします。

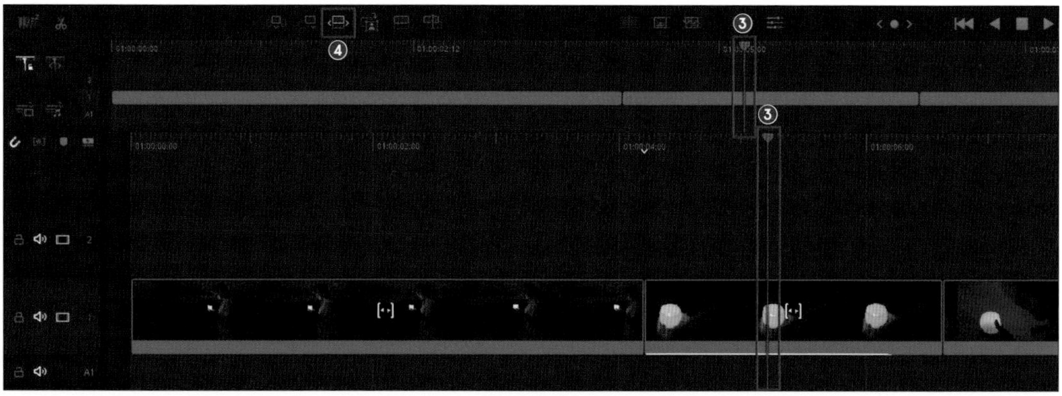

できた！ ギャップを作ることなく、クリップが上書きされました。

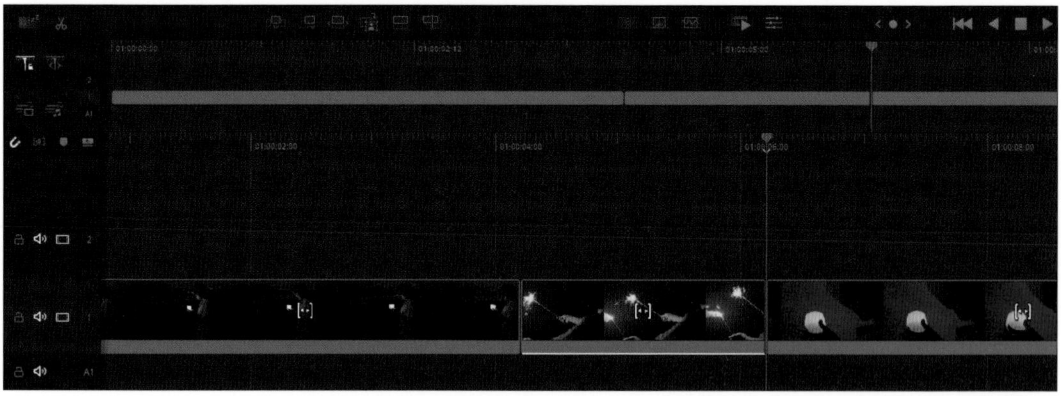

クローズアップ

［クローズアップ］は、デフォルトでは5秒間に設定されています。

1 クローズアップを開始したい位置に❶再生ヘッドを合わせます。❷［クローズアップ］をクリックします。

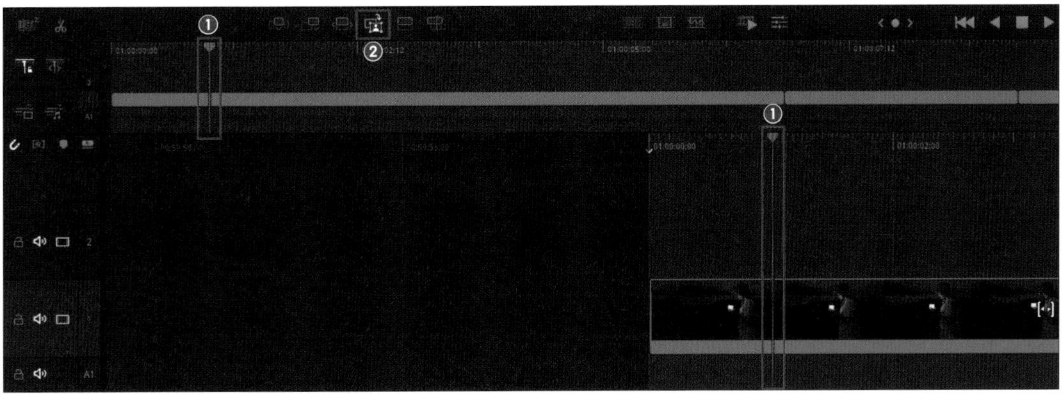

できた！ 再生ヘッドのある位置から5秒間分、タイムラインに配置されたクリップを拡大したクリップが上のトラックに挿入されます。

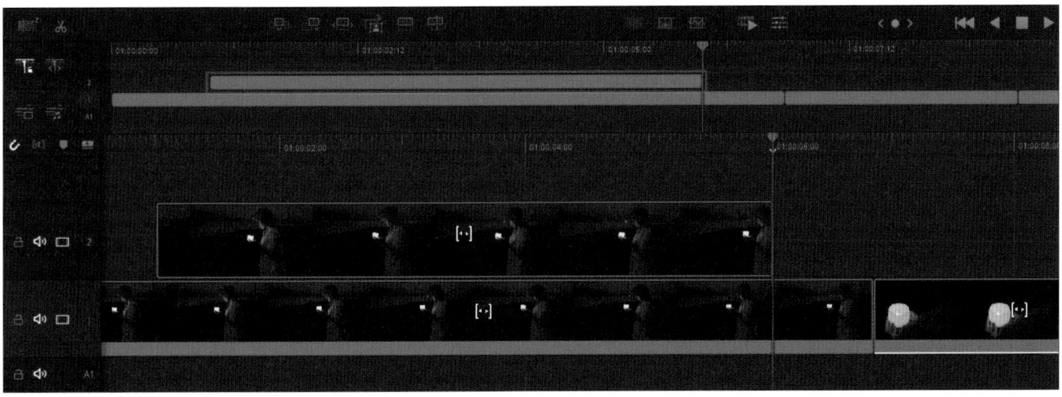

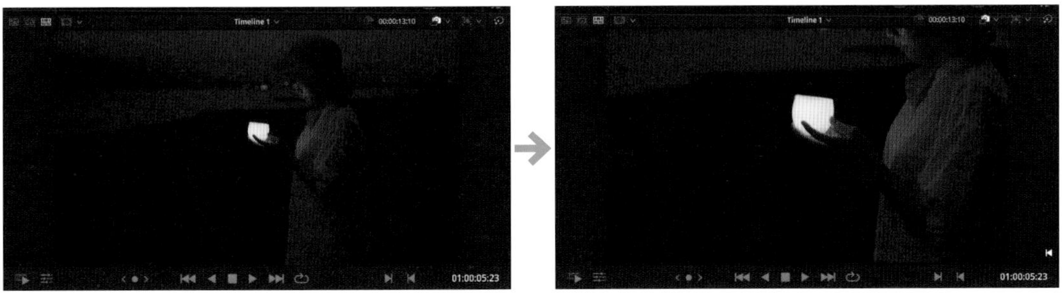

この部分が拡大される

タイムラインにイン点・アウト点を打つと、その箇所にクローズアップが適用されます。

最上位トラックに配置

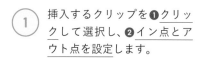

[最上位トラックに配置]は、タイムラインにあるトラックの中で一番上のトラックにクリップを配置してくれる機能です。たとえばトラック1、2、3とある場合、4に配置されます。

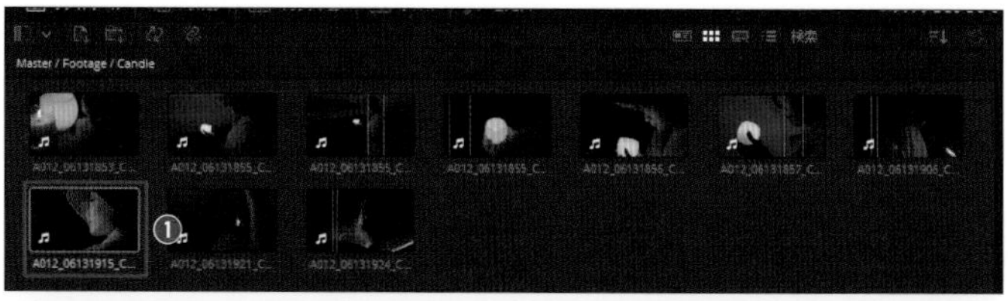

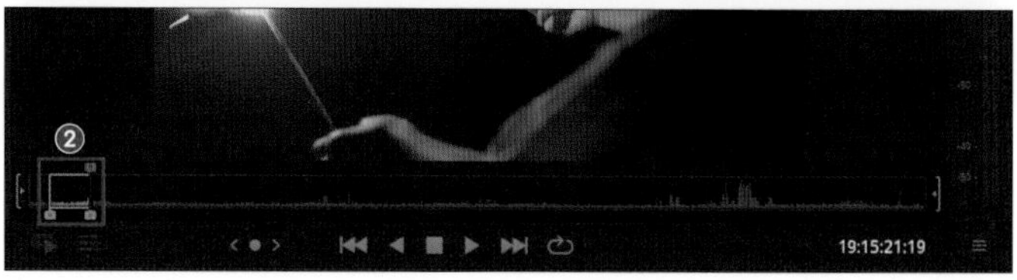

1 挿入するクリップを❶クリックして選択し、❷イン点とアウト点を設定します。

2 挿入する位置に❸再生ヘッドを合わせます。❹[最上位トラックに配置]をクリックします。

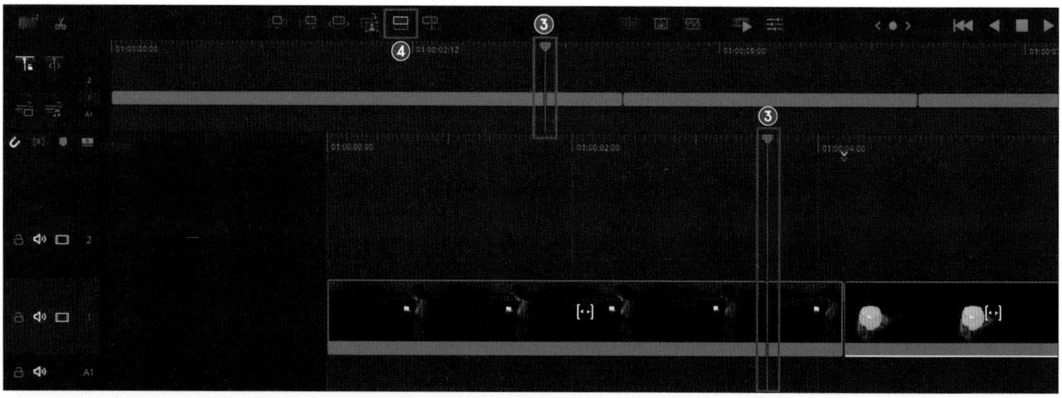

できた！ 最上位のトラックにクリップが挿入されました。

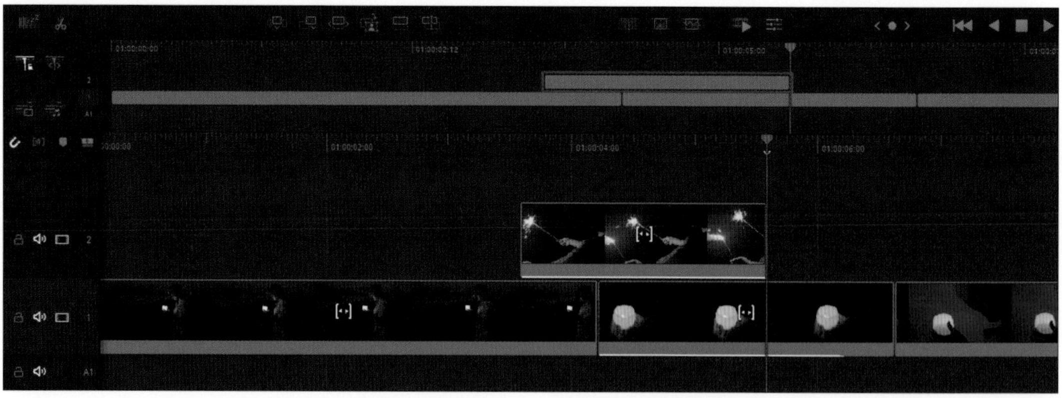

CHAPTER 3 LESSON 9

#同期ビン

同期ビンを使ってマルチカメラ編集をしよう

ここでは、複数台のカメラやマイクで同時に収録された素材を同期させる方法を解説します。

動画でもチェック!
https://dekiru.net/ydv_309

練習用ファイル 3-9

クリップを同期させる

この例ではスマホなどのカメラ3台とピンマイクを使って同時に収録した素材を同期させる方法を見ていきます。

1 同期させるクリップを❶複数選択します。❷[クリップを同期]をクリックします。

2 [クリップを同期]ダイアログボックスが表示されます。[次に基づいて同期]で❸[オーディオ]を選択し、❹[同期]をクリックします。

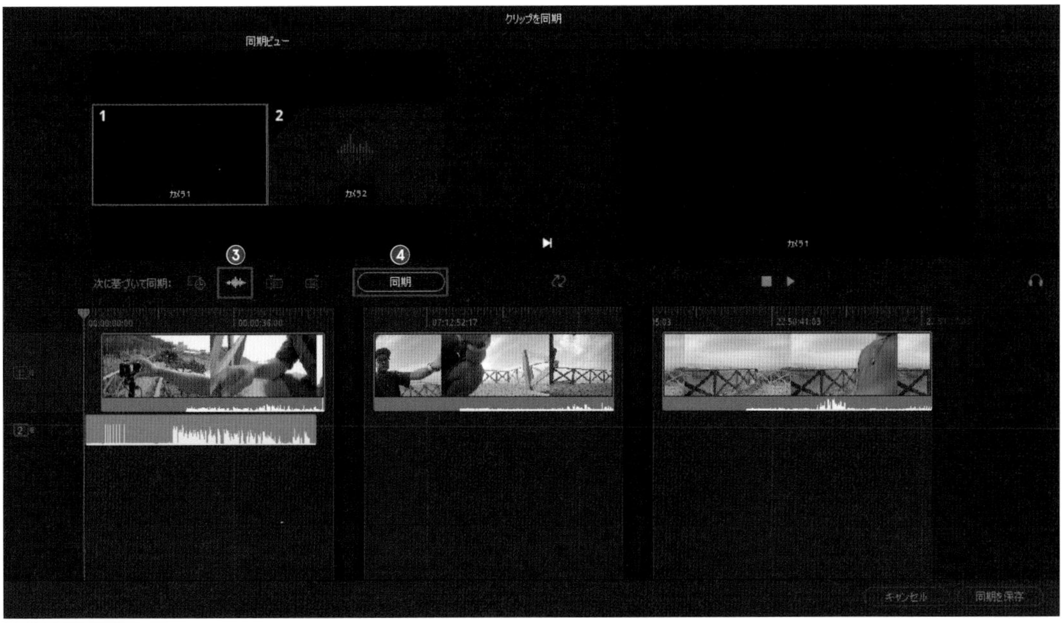

3 コンテンツの分析が始まるので、しばらく待ちます。

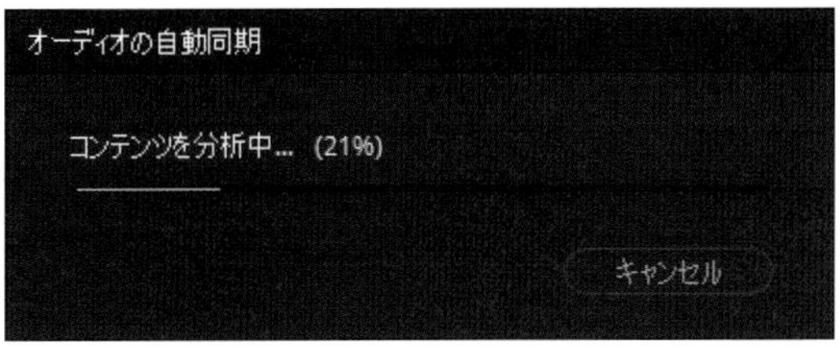

このクリップでは、同期しやすくなるように意図的に手をたたいて、その音を目印に収録しています。
[次に基づいて同期]には、[オーディオ]以外に[タイムコード][イン点][アウト点]がありますが、まずはオーディオで同期を試してみましょう。

4 クリップが同期されます。結果を確認して、❺[同期を保存]をクリックします。

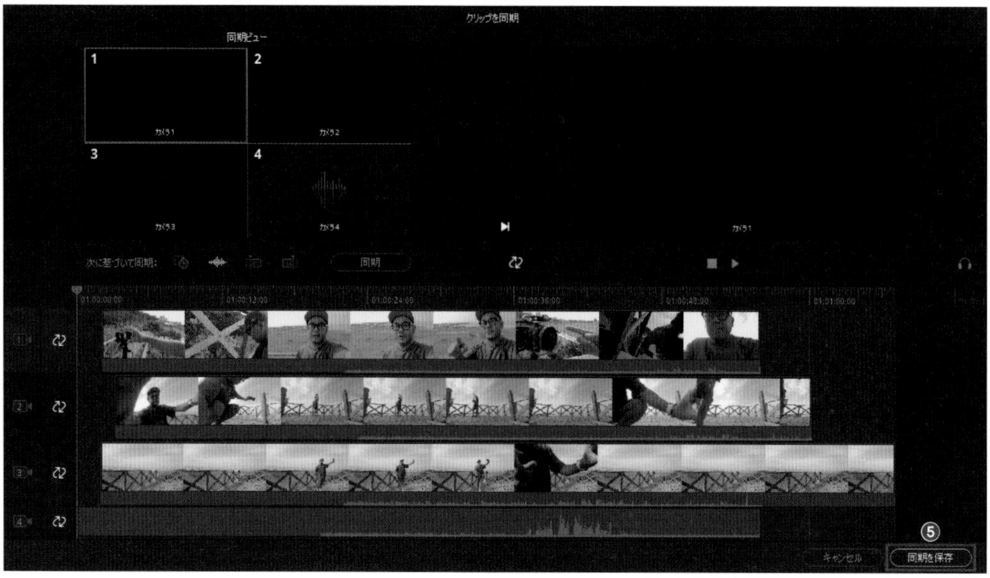

5 [クリップを同期]ダイアログボックスが閉じます。クリップが同期されたことを示すマークが表示されます。

クリップを配置する

同期クリップをタイムラインに配置してみましょう。

1 1つ目のクリップをタイムラインに❶ドラッグ＆ドロップして配置します。

※この段階では1つのカメラ分しかタイムラインに表示されていません。

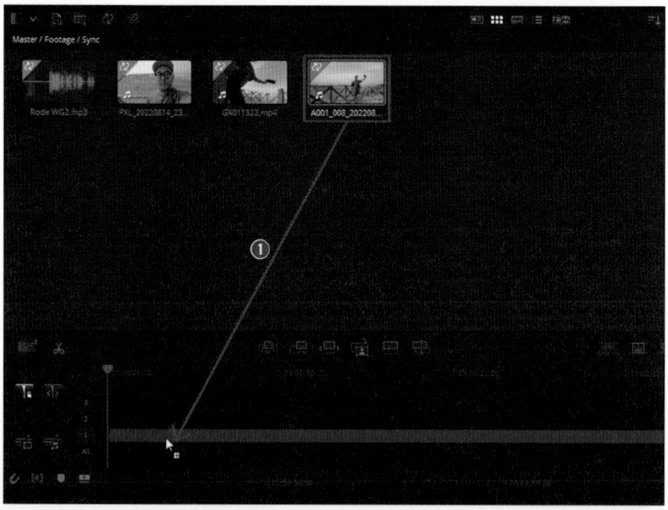

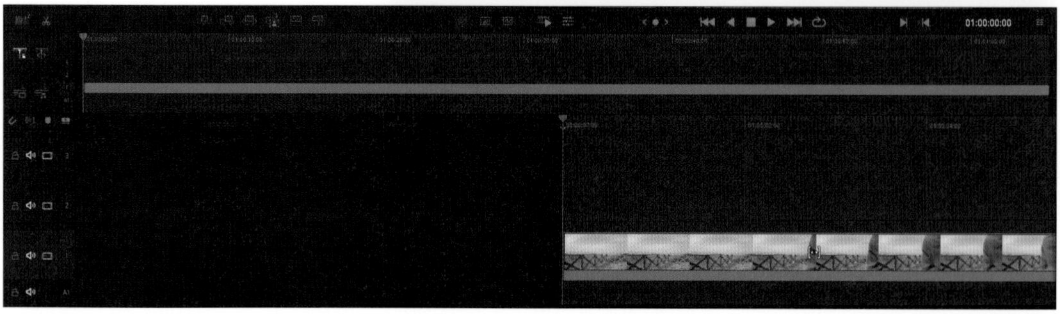

2 ❷[同期ビン]をクリックしてほかの同期クリップを表示します。

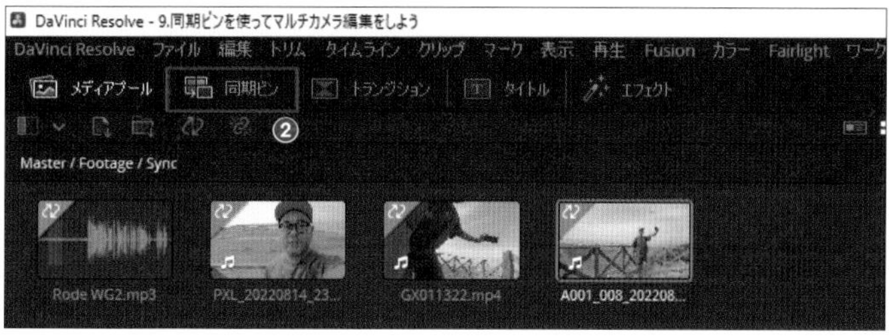

3 同期しているクリップが表示されるので、再生ヘッドを動かしてそれぞれのカメラの映像を確認し、❸次に配置するクリップをクリックして選択します。

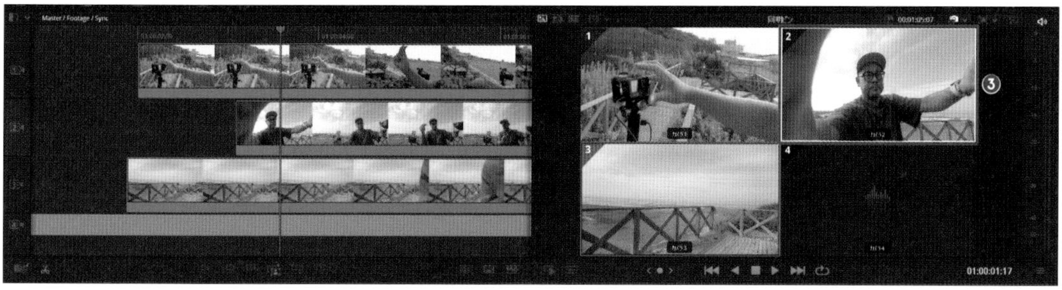

4 選択したクリップがビューアに表示されるので、ビューアの再生ヘッドを動かし、❹Iキー、Oキーを押してイン点とアウト点を設定します。

5 ❺[ソース上書き]をクリックします。

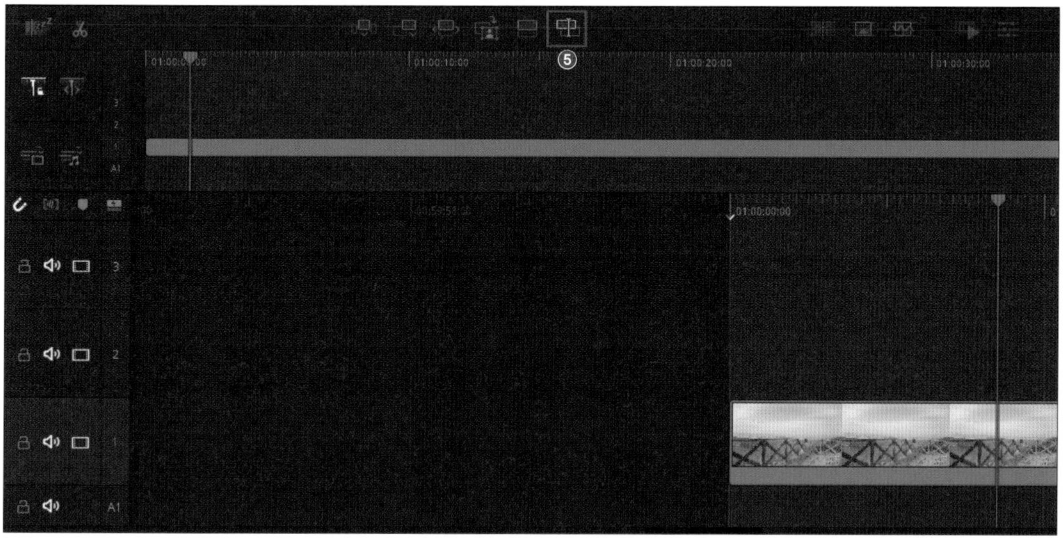

6 すでに配置されているクリップとタイミングが同期する位置にクリップが自動的に配置されます。

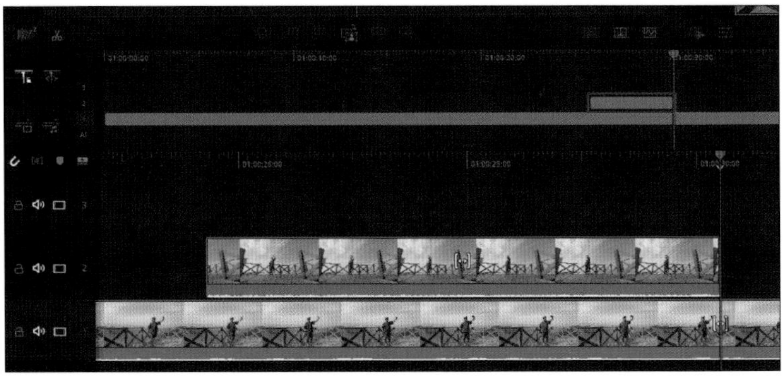

ここがPOINT

[ソース上書き]とは

[ソース上書き]は、同期されたクリップを同期された適切な箇所に自動的に挿入してくれる機能です。

7 2つ目のクリップを右クリックして❻[ミュート]をクリックします。

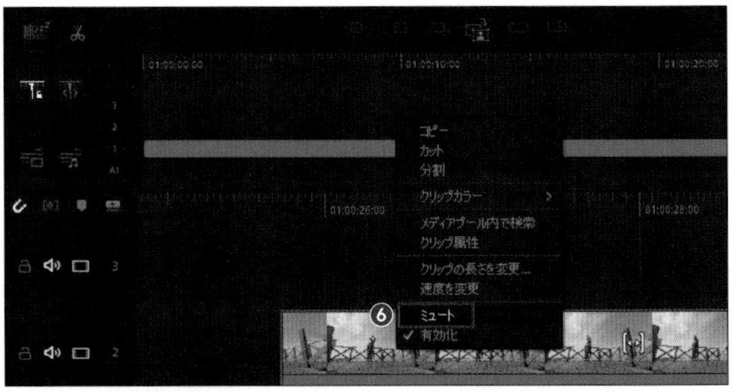

ここがPOINT

ミュートする理由

クリップが複数あると音声も重複するため、使用しない音声はミュートにしておきます。

8 ❼[タイムライン]をクリックしてもとの表示に戻し、❽[再生]を押してプレビューすると、タイミングを同期しつつカメラの切り替えができていることがわかります。

CHAPTER 3 LESSON 10

#ツール

ツールを活用しよう

動画でもチェック!
https://dekiru.net/ydv_310

カットページにはクリップのサイズや回転などの調整、エフェクトの適用などができるツールが用意されています。

●ビューアのツールバーを開いた状態

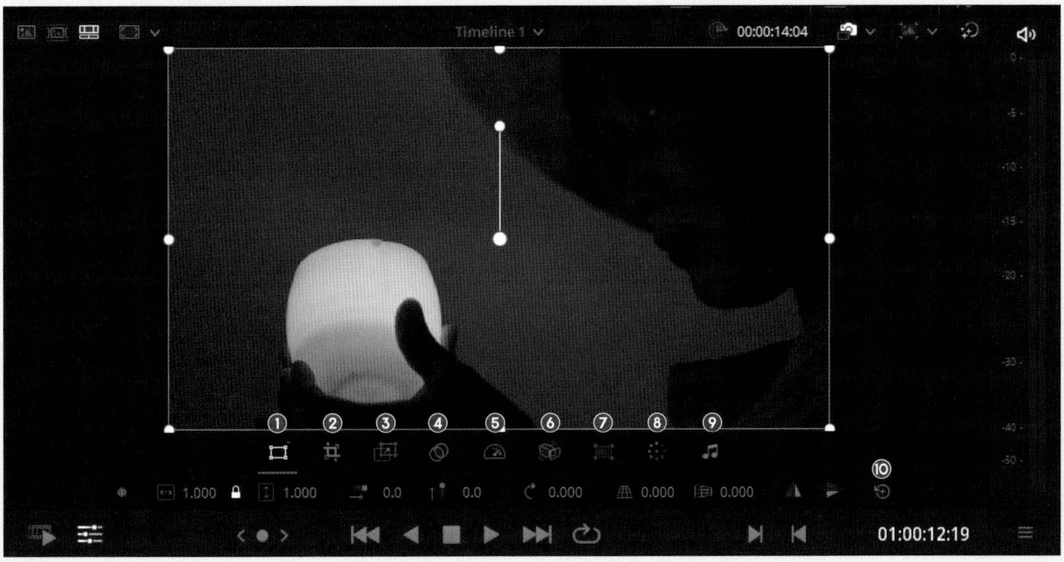

❶変形
クリップのサイズを変更したり、位置を変更することができます。

❷クロップ
クリップの4辺をピクセル単位で切り取ることができます。

❸ダイナミックズーム
ズームイン／アウトやパンの動きのエフェクトを素早く作ることができます。

❹合成
タイムライン上で2つの重なるクリップに対して「合成モード」の種類を変更することで、クリエイティブなルックの合成を演出することができます。

❺速度
クリップの速度を直接変更することができます。

❻スタビライズ
動画撮影時の手ブレを補正できます。

❼レンズ補正
レンズのゆがみを補正できます。

❽カラー
選択しているクリップに対して「自動カラー」を適用します。DaVinci Neural Engineが高度なアルゴリズムを用いて、カラーバランスやコントラスト等を自動で調整してくれます。

❾オーディオ
選択しているクリップのオーディオレベルを、スライダーを動かすことで調整することができます。

❿すべてリセット
各ツールに設定した調整をリセットします。

これらの機能は、インターフェイスツールバーの右上にある[インスペクタ]からも調整することができます。

ツールを表示する

ツールを開いてさまざまな機能を体験してみましょう。

1 ❶［ツール］をクリックします。

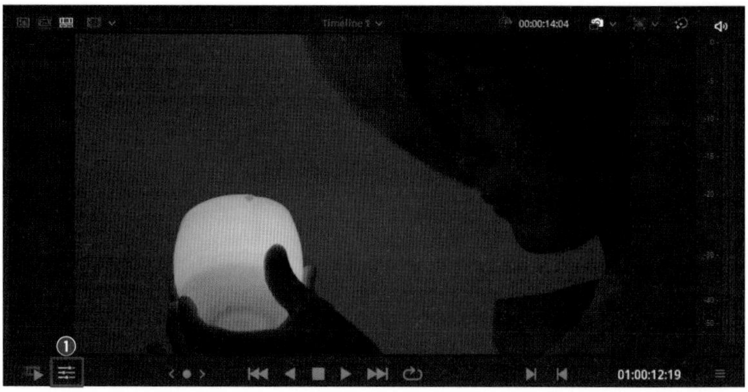

できた！ ツールが表示されました。

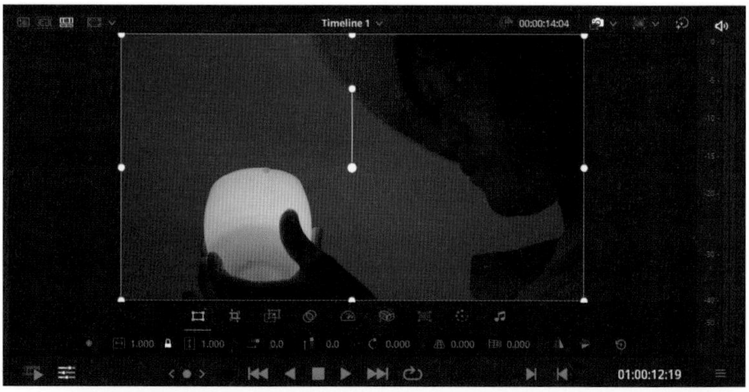

変形

クリップを回転させることができます。［回転の角度］の数値を変更することでも回転できますが、ビューアのクリップ上に表示されたポイントをドラッグすることでも直感的に回転させることができます。点を外側にドラッグすると円が大きくなって、細かな回転の調整が可能です。

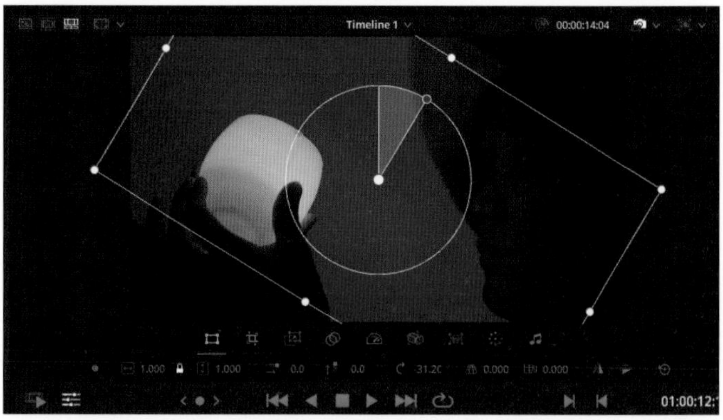

クロップ

上下左右の数値をドラッグしてクリップを切り抜きます。［ソフトネス］で切り取った周囲をやわらかくすることもできます。

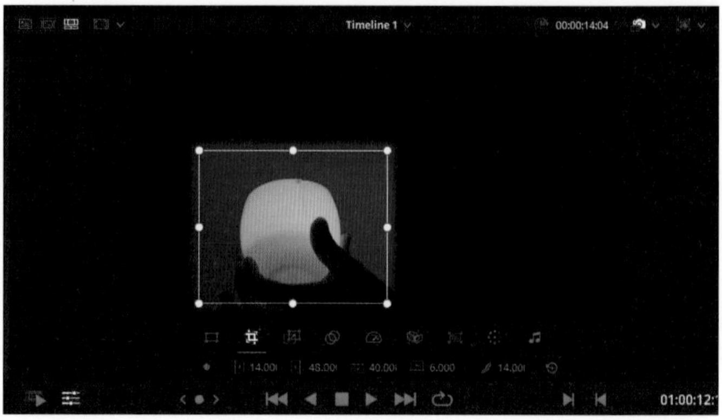

ダイナミックズーム

ダイナミックズームをオンにすると「ズーム／パン／角度」の3種類のエフェクトを作ることができます。
それぞれ緑枠が開始、赤枠が終了の動きを表しています。それぞれの枠を移動させたり、反転させたりすることで表現を変えられます。

ツールがオフになっているときは、ツールバーの下にある をオンにしてください。

合成

重なる2つのクリップに対して、合成を行うことができます。
上段のクリップを選択して、合成から［スクリーン］や［オーバーレイ］を適用してみましょう。2つのクリップがクリエイティブに合成されます。

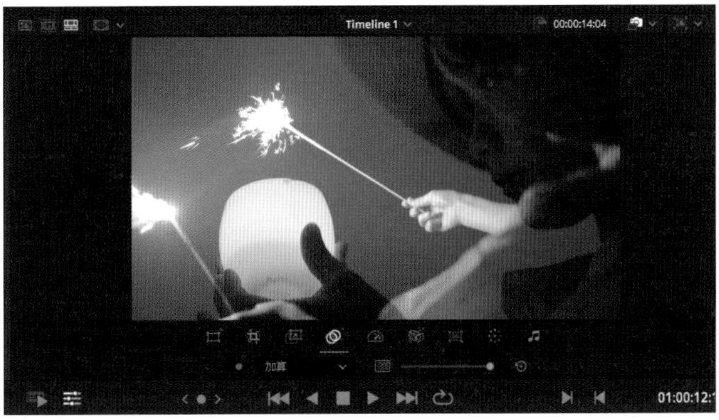

速度

選択したクリップの速度を変更することができます。スピードを上げた場合（長さを短くした場合）は次のクリップとのギャップができるはずですが、ここでは自動的にリップルを行ってくれます。

スタビライズ

クリップの手ブレを補正してなめらかな動きに補正してくれる機能です。補正の結果がよくない場合や、パラメーターを調整したい場合は、インスペクタ内にある[スタビライゼーション]から調整してみましょう。

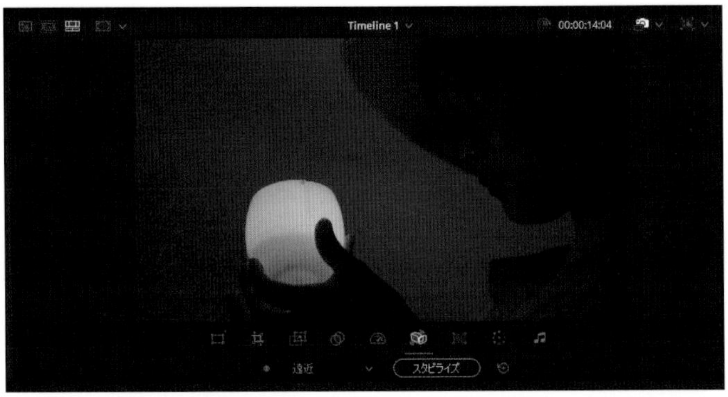

レンズ補正

広角レンズの使用などによって生じたゆがみを自動的に分析して補正してくれる機能です。分析ボタン右側の[ディストーション]のスライダーを動かすことで任意にゆがみを調整できます。
※レンズ補正は有償版の機能です。

カラー

選択したクリップを自動的に調整してくれる機能です。DaVinci Neural EngineというAIが高度なアルゴリズムを用いてクリップを解析し、ブラックやホワイトのバランス調整、コントラストなどを調整してくれます。

この機能はクリップに対するざっくりとしたカラー調整になるので、しっかりカラー作業をしたい場合はカラーページで作業をしましょう。

オーディオ

選択したクリップのオーディオボリュームの調整を行います。

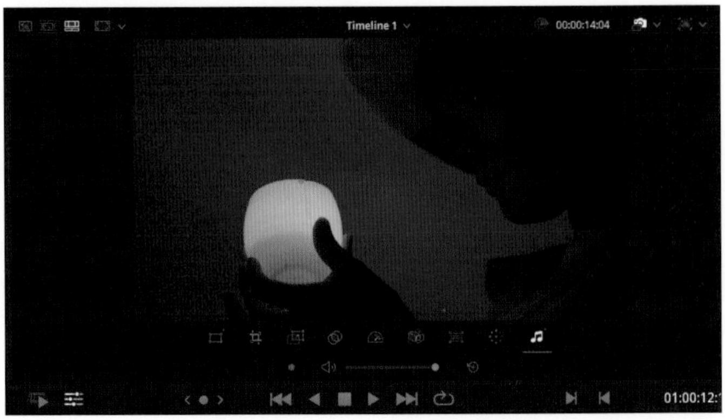

もっと 知りたい！

タイムライン解像度、セーフエリア、ボーリングディテクター

そのほかに、ビューアには［タイムライン解像度］［セーフエリア］、メディアプールの下部には［ボーリングディテクター］という機能があります。それぞれの機能について簡単に解説します。

●タイムライン解像度

［タイムライン解像度］をクリックすると、さまざまな解像度が表示され、簡単に解像度を変更することができます。どんな映像にしたいのかによって設定します。カスタム設定も可能です。

●セーフエリア

各プラットフォームに合わせた動画のセーフエリアガイドが表示されます。たとえば［セーフエリアガイド］の［タイトル］をクリックすると、最適化されたタイトルの位置がガイドとして表示されます。

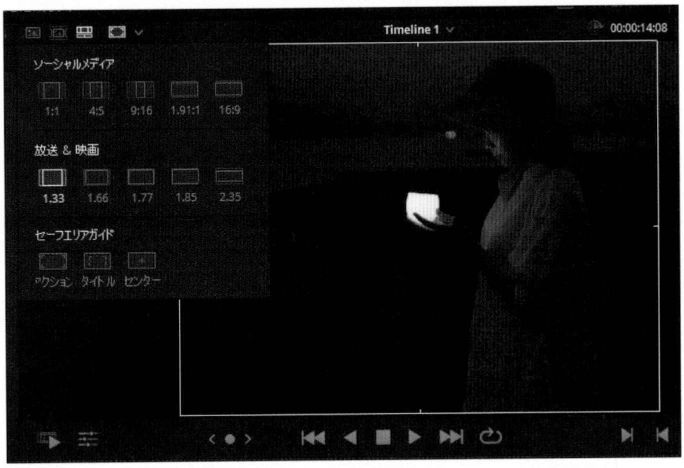

●ボーリングディテクター

「退屈な」を意味するボーリング（boring）のとおり、クリップの中で退屈に思われる箇所を分析してくれます。［退屈とみなす基準］に任意の秒数を指定して［分析］をクリックすると分析が始まります。指定した秒数を超えた箇所がマーカーで表示されるので、長い箇所をトリミングして収めることができます。

［ボーリングディテクター］のアイコンは眠っているような退屈そうなアイコンで、遊び心を感じますね。

CHAPTER 3

LESSON 11

#トランジション

トランジションを適用しよう

動画でもチェック!

https://dekiru.net/ydv_311

練習用ファイル

3-11

DaVinci Resolveにはトランジションと呼ばれる場面転換のエフェクトが多数搭載されています。ここではトランジションの適用の仕方を解説します。

●トランジションを適用した状態

❶カット

適用したトランジションを削除できます。

❷ディゾルブ

最も一般的に使われるトランジションの1つ。再生ヘッドが近い編集点にディゾルブを適用できます。

❸スムースカット

スムースカットはジャンプカットと呼ばれるつなぎの方法などに対して行う特殊なトランジションです。うまい結果が出せると、切ったつなぎ目をわかりにくくすることができます。
(使用例)インタビューの不要な間をカットしてつなぐなど

ディゾルブを適用する

ディゾルブは常に表示されています。

ここでは、よく使われる「ディゾルブ」というトランジションを適用します。
作成はとても簡単です。

1 トランジションを適用するクリップとクリップの境界の付近に❶再生ヘッドを移動します。トランジションが適用される境界が❷「v」マークで表示されるので、意図どおりか確認します。❸［ディゾルブ］をクリックします。

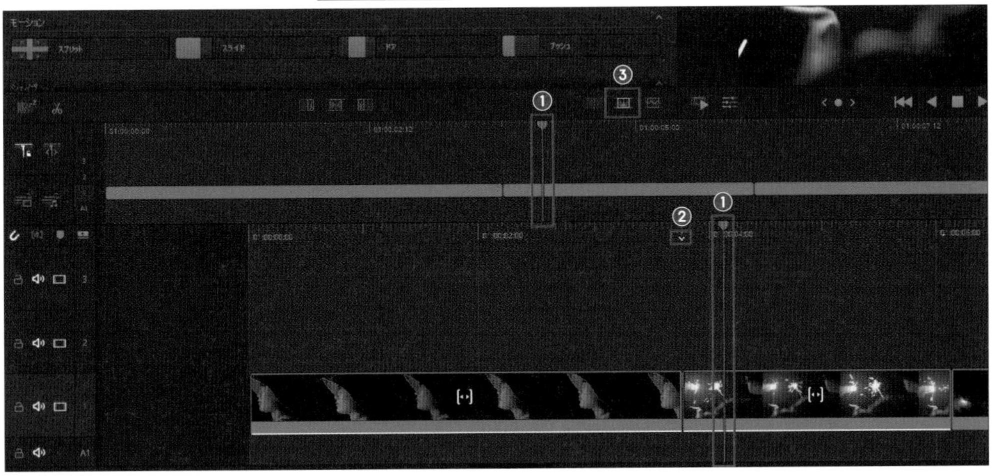

できた！ トランジションが適用されます。

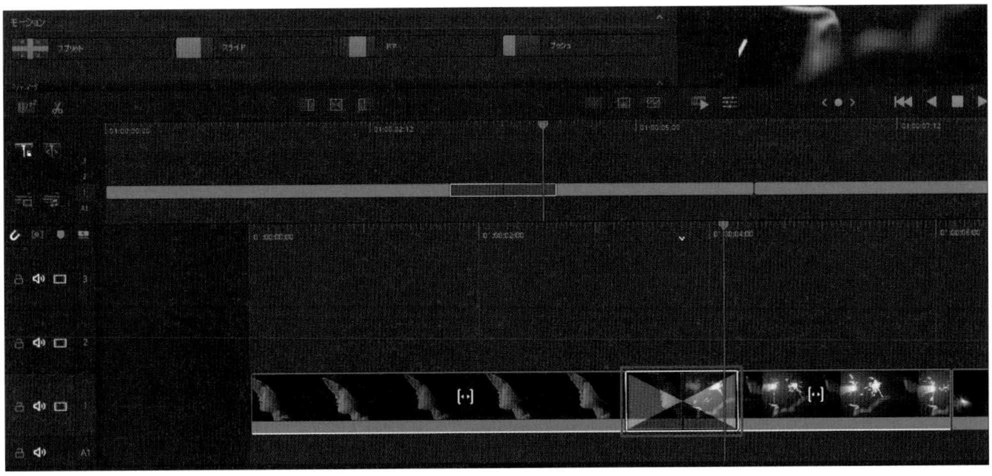

トランジションについては、Chapter 5でも詳しく解説しています。

ここがPOINT

トランジションの調整

トランジションの長さは、下のタイムラインでトランジションの適用範囲をドラッグすることで調整できます。

ここがPOINT

トランジションの削除

トランジションは、適用した直後なら、Ctrl＋Zキー（MacではCommand＋Zキー）で削除するか、直接トランジションをクリックしてDeleteキー（Macでは⌫キー）で削除できます。

トランジションを適用する

そのほかのトランジションも複数のプリセットが格納されています。ここでは、[楕円アイリス]を適用します。

1 ❶[トランジション]をクリックして表示します。適用するトランジションをクリップとクリップの境界に❷ドラッグ&ドロップします。

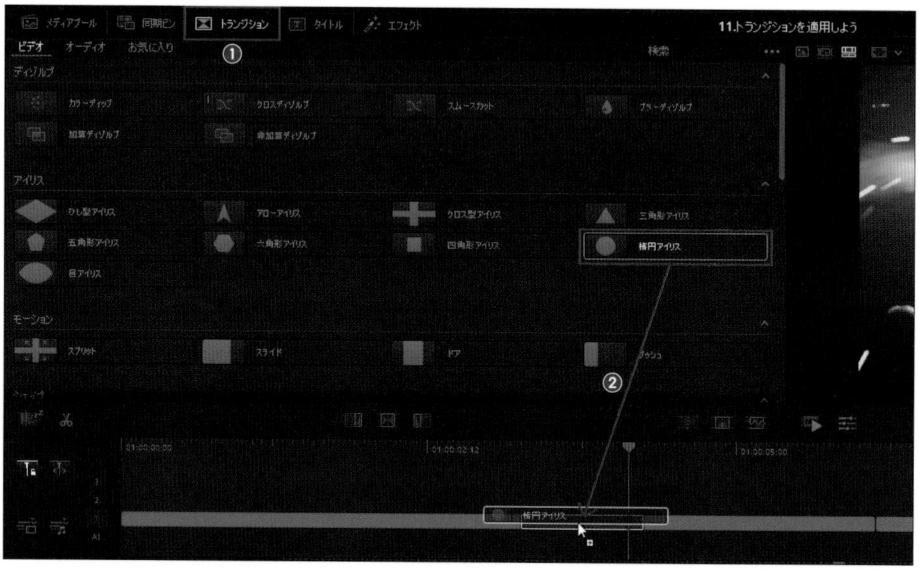

各トランジションの上をなぞると、ビューアでトランジションのプレビューを見ることができます。

できた! トランジションが適用されます。

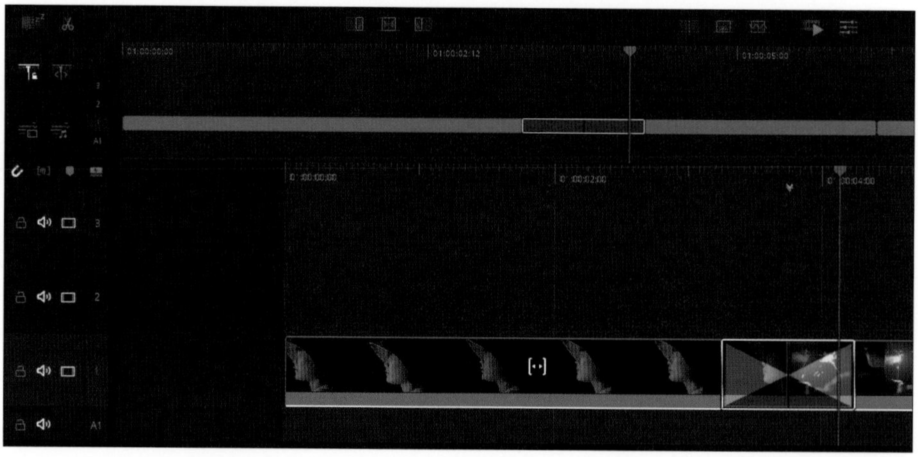

個性が強いトランジションを使うと映像全体の雰囲気が変わってしまうかもしれませんので注意しましょう。覚えたての頃はいろいろ試したくなりますが、あまり凝りすぎず、シンプルな表現にすることも大切なポイントです。

CHAPTER 3
LESSON 12

#テロップ

テロップを設定しよう

動画でもチェック!
https://dekiru.net/ydv_312

練習用ファイル
3-12

映像作品の中にはタイトルや字幕など、さまざまなテキストによる表現も多く使われます。しっかり覚えて活用しましょう。

●テロップを入れた画面

テキストクリップを配置する

DaVinci Resolveには複数のテキストの種類があります。このレッスンでは「テキスト」について解説をしますが、Chapter 5でほかのテキストについても解説します。

1 ❶[タイトル]をクリックして表示します。[テキスト]をタイムラインに❷ドラッグ&ドロップします。

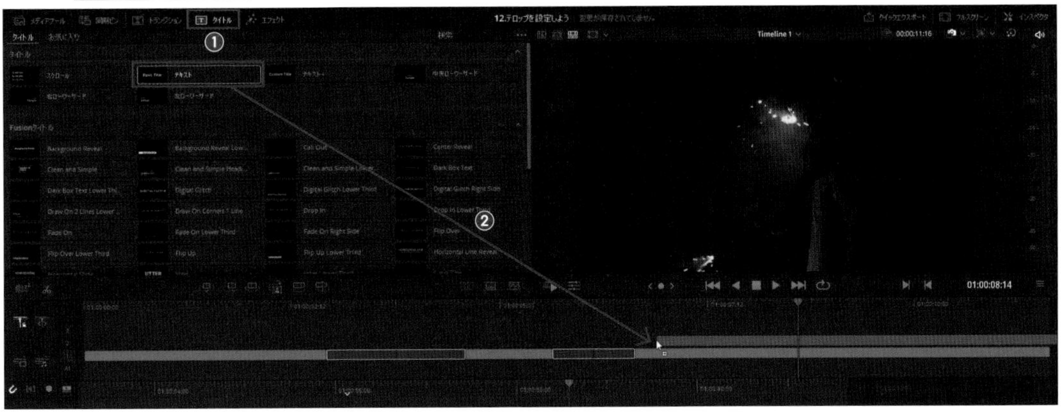

2 テキストクリップがタイムラインに配置されました。

3 再生ヘッドをその位置に合わせると、動画内に「Basic Title」というテキストが配置されているのを確認できます。

テキストを編集する

ここでは、映像のタイトルのような雰囲気のテキストを入力してみましょう。

1 ❶[インスペクタ]をクリックして表示されたボックスに動画内に配置する❷テキストを入力します。ここでは「夏の思い出」「Summer Memories」と入力します。

2 ❸[フォント][カラー][サイズ]などを設定します。

できた! テキストを編集できました。

より詳細にテキストを加工したい場合はChapter 5を参照してください。

CHAPTER 3 LESSON 13

#動画の書き出し

完成した動画を書き出ししよう

動画でもチェック！
https://dekiru.net/ydv_313

編集が完了した映像は「書き出し」作業をすることで、パソコンやスマホで再生したりYouTubeやSNSにアップをすることができます。クイックエクスポートを使って書き出します。

●[クイックエクスポート]ダイアログボックス

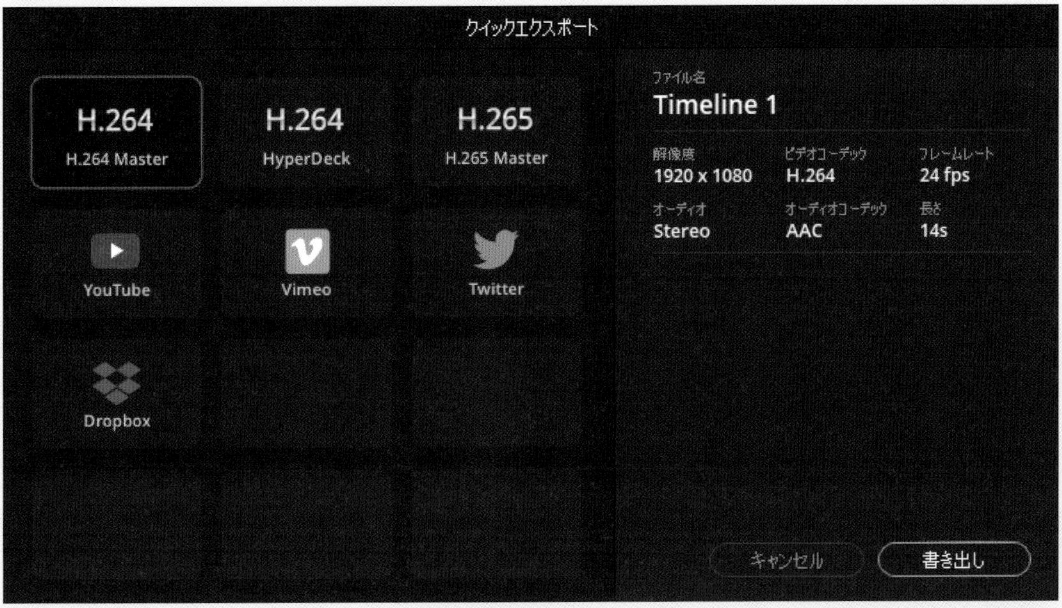

動画を書き出す

効率化にこだわるカットページでは、書き出しの設定までスピーディーに行うことが可能です。

1 ❶[クイックエクスポート]をクリックします。

2 表示された[クイックエクスポート]ダイアログボックスで❷書き出しの形式を選択します。ここでは[H.264]を選択します。❸[書き出し]をクリックします。

3 ［書き出しパスを選択］ダイアログボックスが表示されるので、❹保存先を選択します。［ファイル名］に❺動画ファイル名を入力して（ここでは「Summer Memories」）、❻［保存］をクリックします。

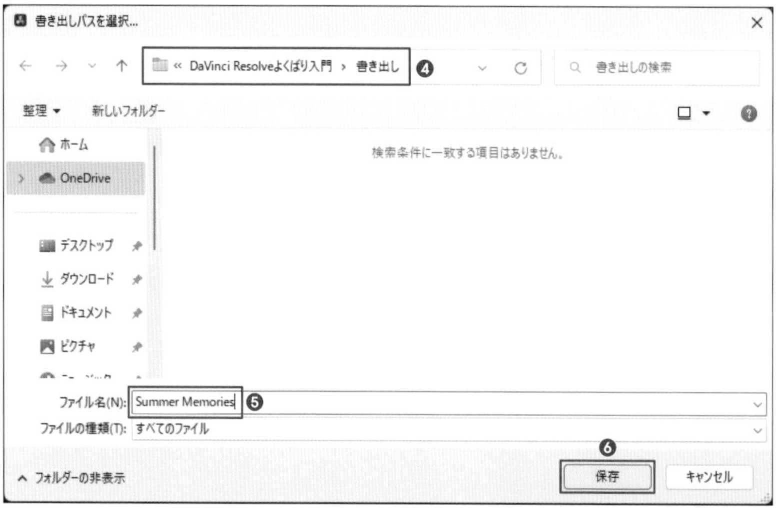

4 レンダリングが始まるので、しばらく待ちます。

5 レンダリングが終了すると、保存先に動画ファイルが作成されています。

6 ❼ダブルクリックして再生すると、作成した動画が書き出されていることがわかります。

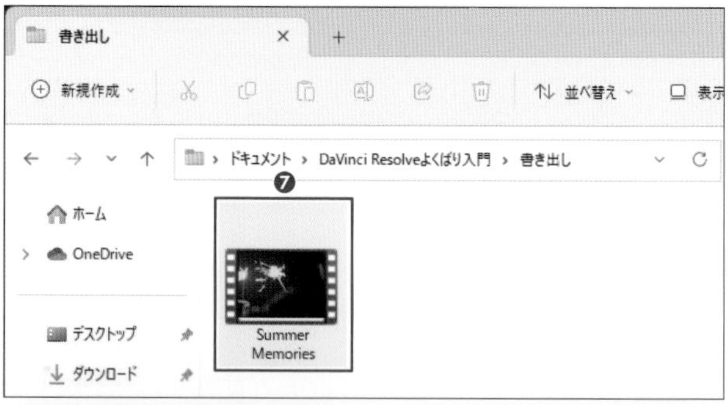

ここがPOINT

指定の範囲のみを書き出し

たとえばクライアントに部分的にプレビューをしてもらいたいときや、編集の都合で部分的に書き出しをしたいときがあります。
そんなときはタイムライン上でイン点・アウト点を設定した状態でエクスポートしてみましょう。

Chapter 4

エディットページBasic編

このChapterでは、映像編集の基本的作業であるカット編集などを行う
エディットページの基礎的な部分について解説していきます。
しっかりと理解を深めて、映像編集の楽しさを実感してみましょう。

CHAPTER 4
LESSON 1

#画面構成

エディットページの画面構成

動画でもチェック!
https://dekiru.net/ydv_401

エディットページは、取り込んだクリップなどをタイムラインに配置して編集をするメインのページの1つです。

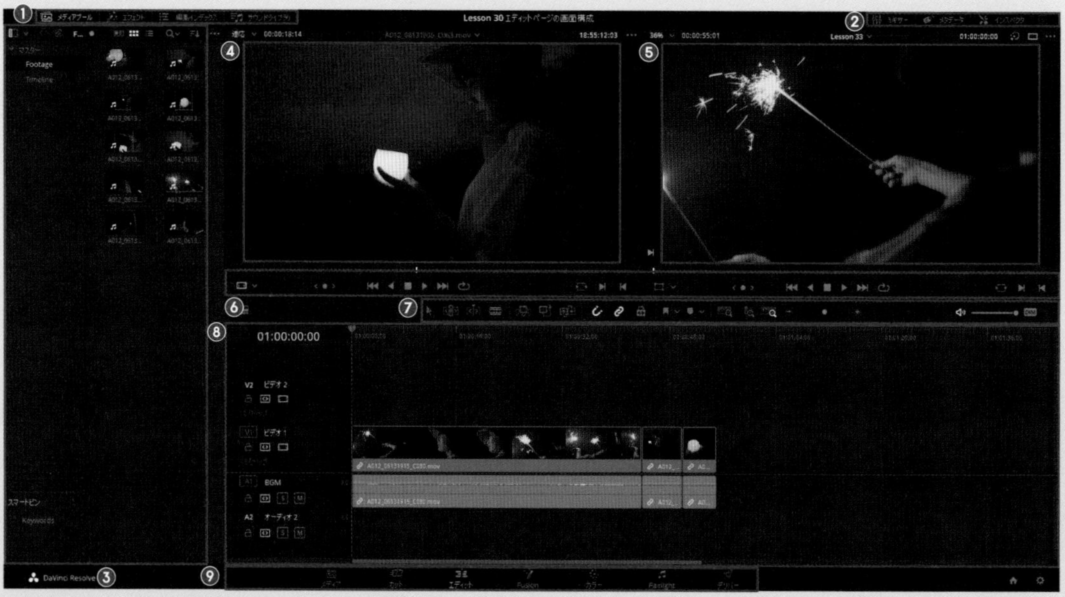

❶インターフェイスツールバー(左)
メディアプール、エフェクト、編集インデックス、サウンドライブラリを選択することができます。

❷インターフェイスツールバー(右)
ミキサー、メタデータ、インスペクタ、各パネルの表示・非表示などを調整することができます。

❸メディアプール
Chapter 2でも解説をしているメディアページで取り込んだ状態が反映されています。ここから素材を選んで配置していきます。

❹ソースビューア
選択している素材をダブルクリックすると反映され、レビューできます。クリップをどこからどこまで使用するかというイン点・アウト点を決めるなどの作業もできます。

❺タイムラインビューア
タイムラインに表示されている映像が映し出されるのがこの場所です。

❻トランスポートコントロール
ビューアの再生・停止、前・後ろの編集点に移動、ループなどを選択できます。

❼タイムラインツール
タイムライン上にクリップを挿入したり編集することができます。

❽タイムライン
素材を配置していく場所です。

❾ページ選択セクション
メディアページ、カットページ、エディットページ、Fusionページ、カラーページ、Fairlightページ、デリバーページに移動することができます。

インターフェイスツールバーから表示できるもの

インターフェイスツールバーからはさまざまなツールを表示することができます。ここでは、代表的な2つを解説します。

❶エフェクト

クリップに対してエフェクトをつけたりタイトルを入れることができます。

1　❶[エフェクト]をクリックするとメディアプールの下にエフェクトの種類が表示されます。

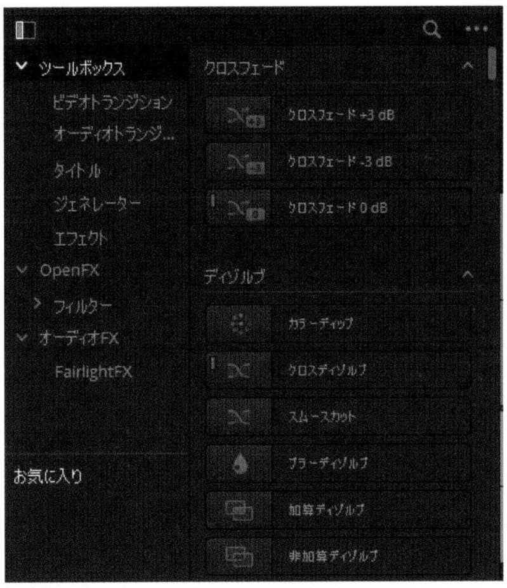

❷インスペクタ

インスペクタでは素材に対してさまざまな調整を行います。

1　インターフェイスツールバー(右)にある❶[インスペクタ]をクリックすると詳細が表示されます。

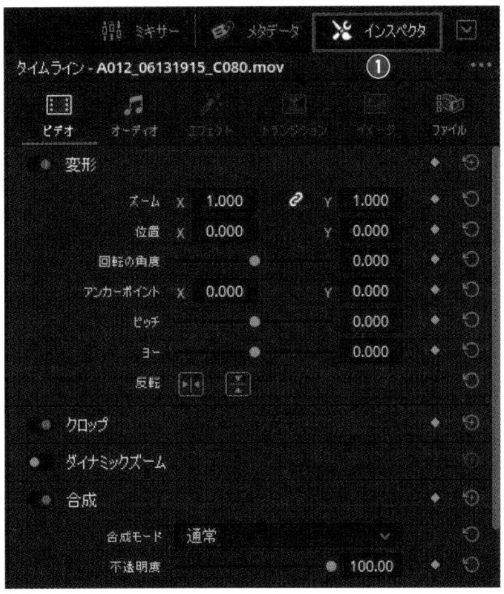

エフェクトやインスペクタの使い方はこのあとのLessonで解説します。

ここがPOINT

画面をもっと見やすくするには

各エリアの端にカーソルを合わせてドラッグすると、そのエリアのサイズが大きくなります。

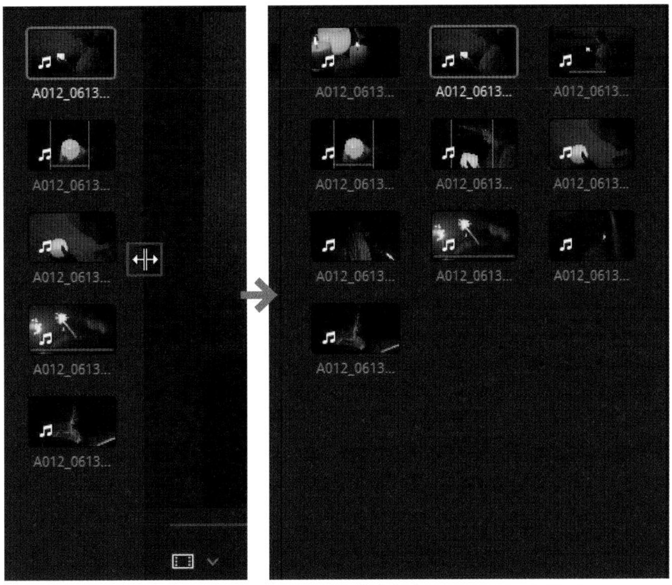

Before　　After:拡大された

CHAPTER 4 LESSON 2

#タイムラインの使い方 #クリップの選択

タイムラインを理解しよう

動画でもチェック!

https://dekiru.net/ydv_402

タイムラインは動画を構成する素材を並べる場所です。ここではタイムラインの基本を理解しましょう。

●タイムラインの各部の名称と機能

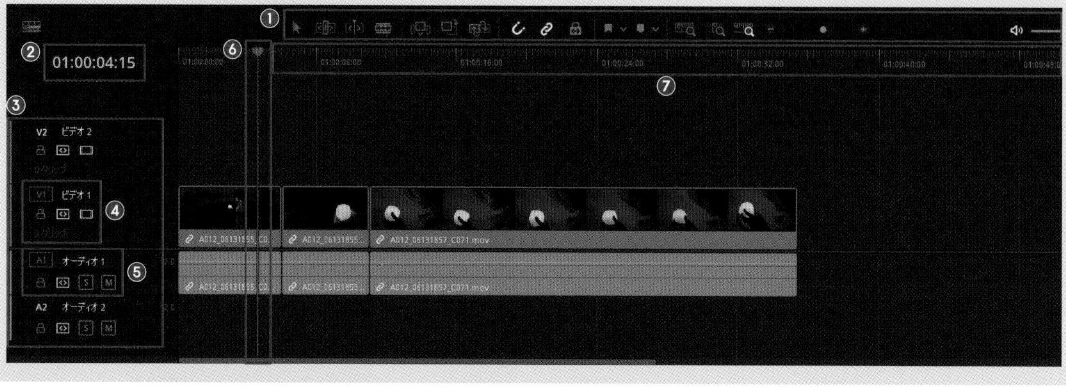

❶タイムラインツール
タイムラインの編集ツールが格納されています。

❷タイムコード
再生ヘッドのある位置のタイムコードを表示しています。

> ここがPOINT
>
> **タイムコードの見方**
>
> タイムコードは左から時間、分、秒、フレーム数を表しています。
>
> 
>
>
> この図の場合、「6秒23フレーム」となります。

> ここがPOINT
>
> **タイムコードの見方を変更するには**
>
> [ファイル] メニュー→ [新規タイムライン] から [開始タイムコード] を変更することができます。

❸トラックヘッダー
トラック名の表示、トラック編集の表示・非表示などの機能があります。

❹ビデオトラック
真ん中の線より上のエリアです。ビデオクリップを配置し、編集を行います。

❺オーディオトラック
真ん中の線より下のエリアです。オーディオクリップを配置し、編集を行います。

❻再生ヘッド&編集ライン
タイムラインの再生位置を表示しています。

❼タイムラインルーラー
タイムコードやマーカーなどを表示します。

タイムコードは「01:00:00:00」と「01」から始まっていますが、これはテープ時代の名残で、今も慣習として使われているようです。

タイムラインツール

タイムラインを編集するためのさまざまなモードや表示方法を変更するための機能が集まっています。

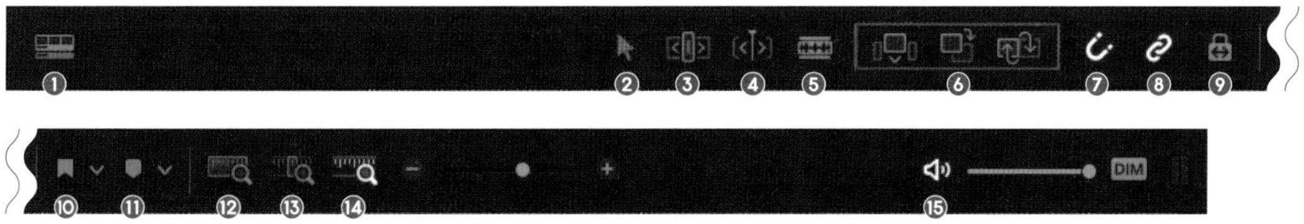

❶タイムライン表示オプション
タイムラインの表示方法を選択できます。

❷選択モード
クリップを選択するツールです。選択だけではなく移動させたりもする最も標準的なツールです。

❸トリム編集モード
さまざまなトリミングができます。クリップをトリミングした際に発生するギャップを作らないでトリミングすることができます。

❹ダイナミックトリムモード（スリップ）
映像を再生しながらトリミングができます。

❺ブレード編集モード
クリップを分割することができます。

❻クリップを挿入／上書き／置き換え
クリップの挿入・上書き・置き換えができます。

❼スナップ
クリップやテキストなどを移動させる際にそれぞれの箇所に磁石のようにくっつく機能です。

❽リンク選択
オフにすることで映像と音がリンクされている素材をそれぞれ別で選択できます。

❾ポジションロック
すべての素材の位置を固定します。各素材の長さは変更することが可能です。

❿フラグ
目印やメモをつけることができる機能の1つです。クリップ単位でつけます。

⓫マーカー
目印やメモをつけることができる機能の1つです。クリップの任意の箇所につけます。

⓬全体を表示
タイムライン全体を表示することができます。

⓭細部ズーム
任意の箇所を拡大・縮小することができます。

⓮カスタムズーム
タイムラインの拡大・縮小ができます。

⓯ミュート
音量をミュートにすることができます。

タイムラインの拡大・縮小

クリップのディテールを確認するときにはタイムラインを見やすくしましょう。

1. ❶再生ヘッドを拡大したいクリップの上に移動します。

2. タイムラインの右上にある❷[カスタムズーム]のスライダーを動かして拡大・縮小させます。

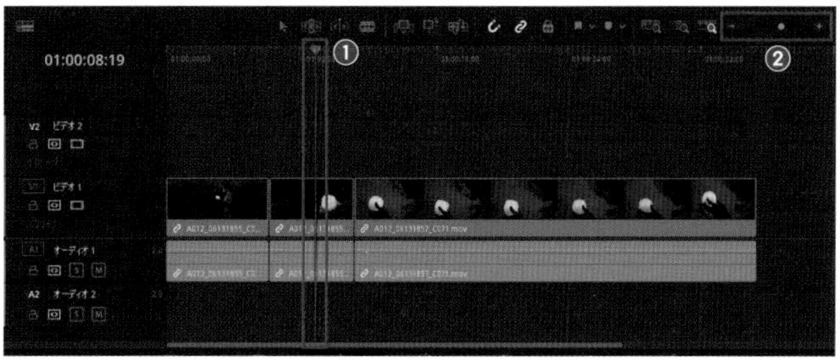

ここがPOINT

便利なショートカットキー

Alt キー（Macでは Option キー）を押しながら左右に動かすことでも拡大することができます。

トラックヘッダー

トラックヘッダーには、タイムラインのトラックに対して行うさまざまな機能が格納されています。

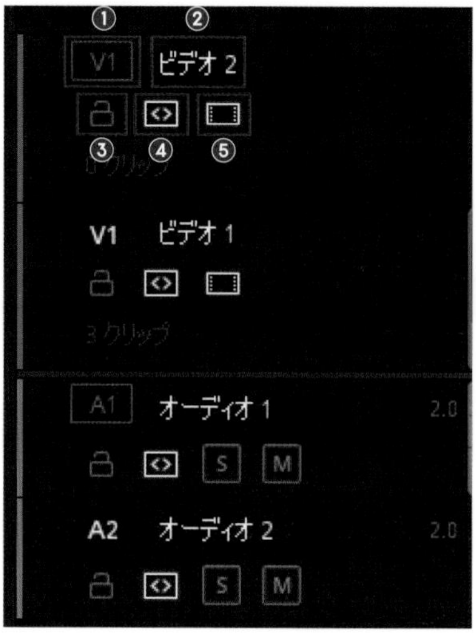

❶トラック番号
トラック番号が表示されます。選択されているトラックは赤枠で表示されます。

❷トラック名
トラック名が表示されます。名前は変更することができます。

❸トラックをロック
選択したトラックが編集できないようにロックをかけることができます。

❹自動トラック選択
オフにすると、クリップを挿入したときに後ろのクリップがずれないようにできます。BGMや効果音、その他素材など、挿入やコピー&ペーストの影響を受けて動かしたくない場合は、該当のトラックをオフにしましょう。

❺ビデオトラックを無効化
選択したトラックを非表示にできます。

ここがPOINT

ビデオ領域も拡大できる

ビデオやオーディオの境目にマウスを置くと に変わるので、上下に動かして領域を拡大することができます。

トラック名を変更する

トラック名をわかりやすい名前に変更すると作業がやりやすくなります。

1. 変更したいトラックの名前をクリックして名前を変更します。ここでは「オーディオ1」を「BGM」に変更します。

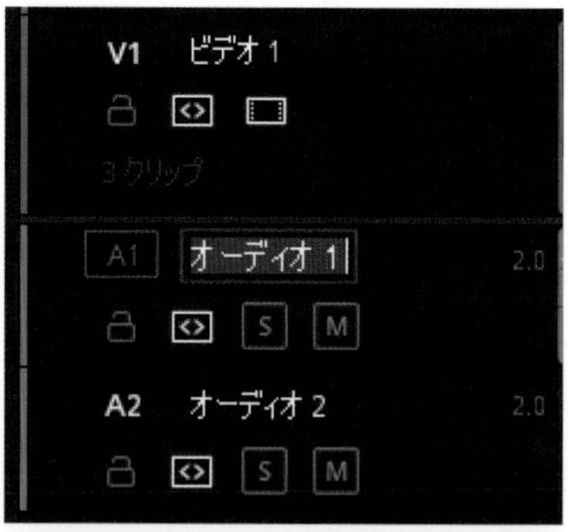

できた！ トラック名を「BGM」に変更できました。

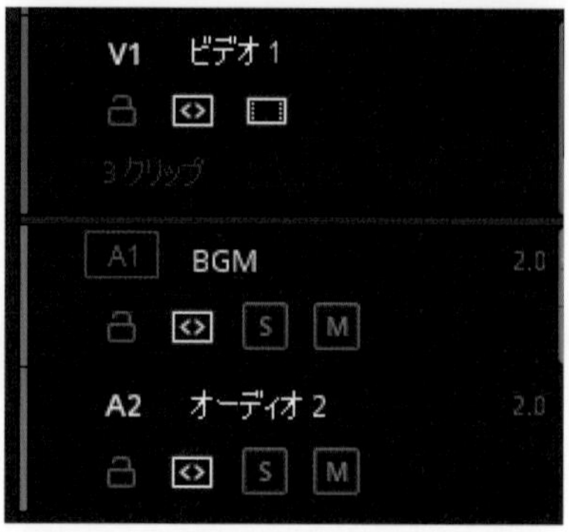

CHAPTER 4
LESSON 3

#新規作成

新規タイムラインを作成しよう

動画でもチェック!
https://dekiru.net/ydv_403

タイムラインとは動画を構成する素材を配置して時系列に並べる場所です。どんな動画を作るのか指示をしてスタートです。まずはタイムラインを作りましょう。

●タイムライン

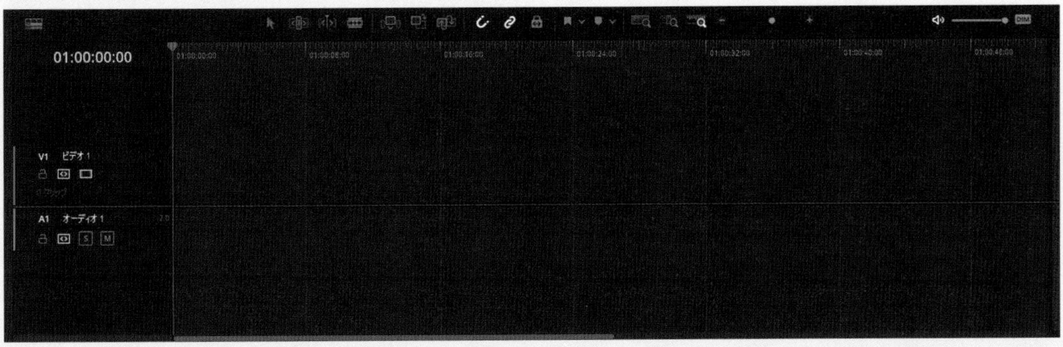

タイムラインを格納するビンを作成する

たくさんある素材はビンを作って管理しましょう。

1 ❶[マスター]を選択した状態で、❷[ファイル]メニュー→❸[新規ビン]をクリックします。

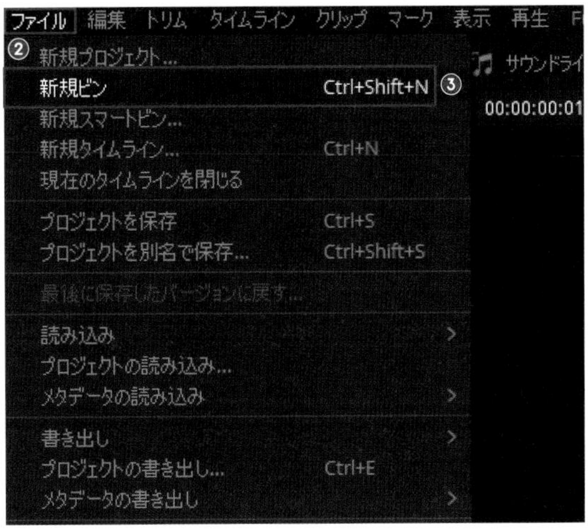

ここがPOINT

ビンが作成される場所

[新規ビン]は選択している階層の中にビンが作成されます。上記の手順では[マスター]の下に[ビン]が作成されます。

2 ❹ビンが作成されるので、名前に❺「Timeline」と入力して Enter キー（Macでは Return キー）を押します。

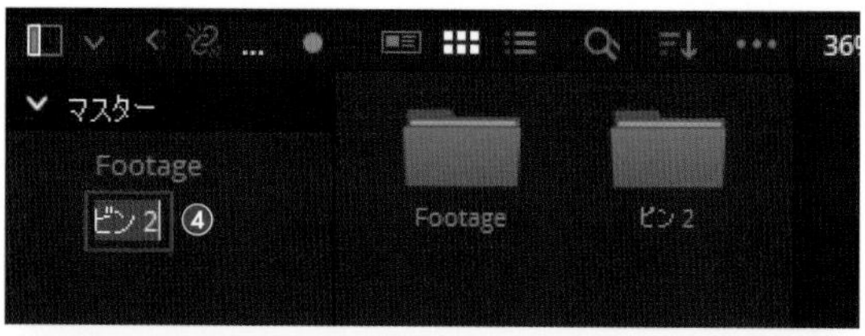

ここがPOINT

ビンは右クリックでも作成できる

[新規ビン] は [マスター] の下のなにもないところを右クリックして作成することもできます。

タイムラインを作る

ここでは作成する動画の解像度などを設定します。

1 作成した❶「Timeline」ビンを選択した状態で、❷[ファイル] メニュー→❸[新規タイムライン]をクリックします。

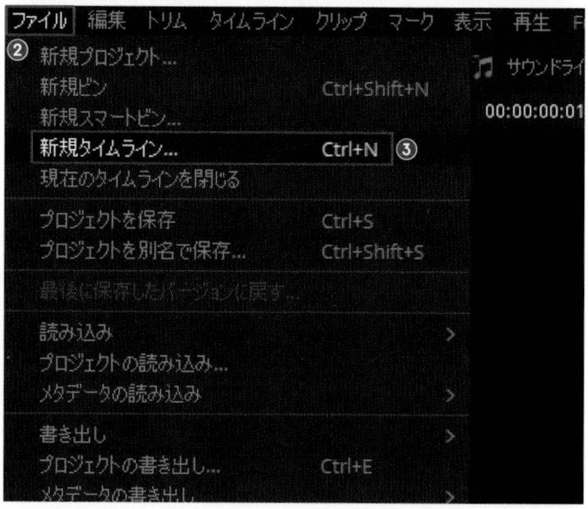

ここがPOINT

タイムラインは右クリックでも作成できる

ビンを右クリック→ [選択したビンで新規タイムラインを作成] をクリックでも [新規タイムラインを作成] ダイアログボックスを表示できます。

2 [新規タイムラインを作成] ダイアログボックスが表示されます。❹[タイムライン名] を入力します。ここでは「Lesson3」と入力します。❺[プロジェクト設定を使用] のチェックをはずします。

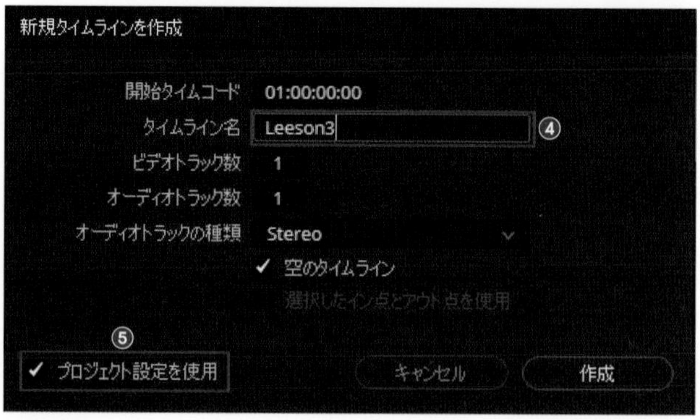

ここがPOINT

[プロジェクト設定] とは

[プロジェクト設定を使用] にチェックを入れると、[プロジェクト設定] で設定している内容のままタイムラインを作成します。[プロジェクト設定] は [ファイル] メニュー→ [プロジェクト設定] をクリックして表示される [プロジェクト設定] ダイアログボックスで確認できます。

③ ダイアログボックス上部にタブが表示されるので、❻[フォーマット]タブをクリックします。❼[タイムライン解像度]と❽[タイムラインフレームレート]を設定します。ここでは[1920 × 1080 HD]、[24]を選択します。最後に❾[作成]ボタンをクリックします。

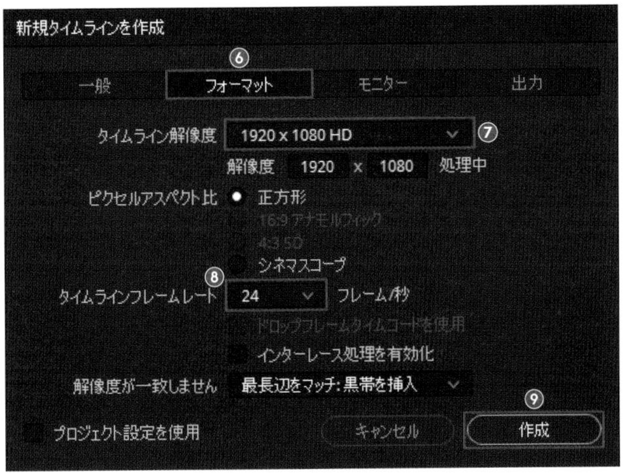

ここがPOINT

フレームレートはあとから変更できない

DaVinci Resolveでは、あとからタイムラインフレームレートを変更することができないので、いくつのフレームレートで作成するか最初に決めておきましょう。タイムラインフレームレートを変更したいときには、新たにタイムラインを作る必要があります。

ここがPOINT

動画のサイズを変えるには

自由なサイズで動画を作りたい場合は、[新規タイムラインを作成]ダイアログボックスの[タイムライン解像度]で[Custom]を選択して、[解像度]に横と縦のピクセル数を入力することで任意のサイズの動画を作成できます。

できた！ 「Timeline」ビンの中に❿タイムラインが作成されます。また、⓫ビデオトラックとオーディオトラックが表示されます。

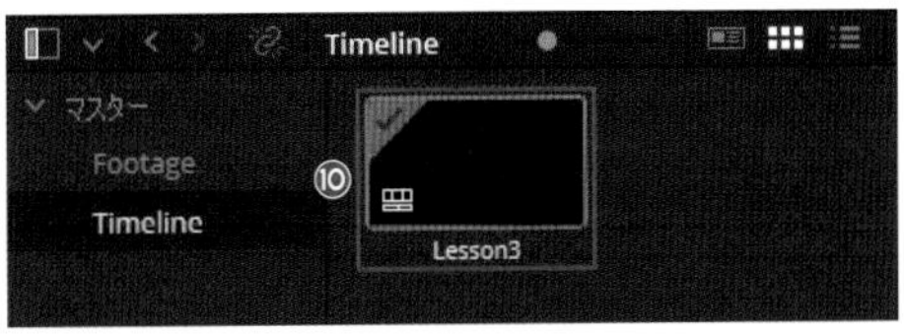

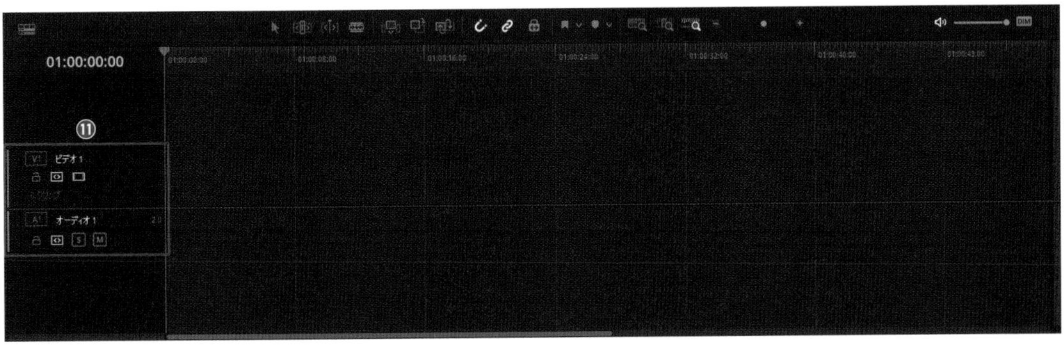

CHAPTER 4

LESSON 4

#クリップを配置

タイムラインにクリップを配置しよう

動画でもチェック!

https://dekiru.net/ydv_404

タイムラインにクリップを配置していきます。いろいろな配置方法があるので、やり方を覚えて効率よく作業していきましょう。

●クリップを選んでタイムラインに配置する

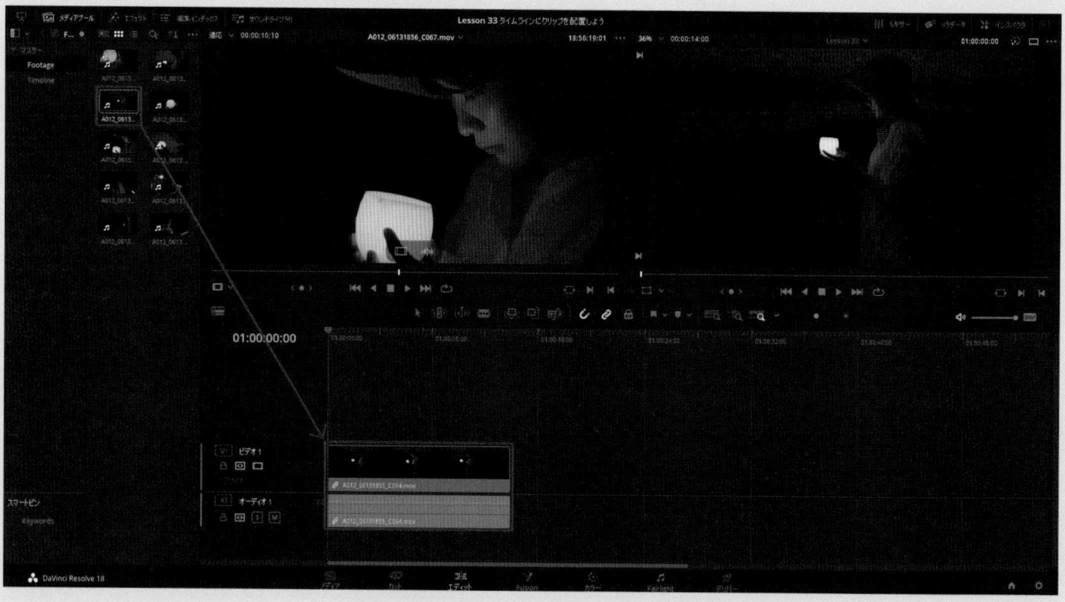

そのままクリップを配置する

ここでは全体の長さを見るためにフル尺でタイムラインに置いてみます。

1 クリップが入っている❶ビンを開き、配置したいクリップを❷タイムラインにドラッグします。

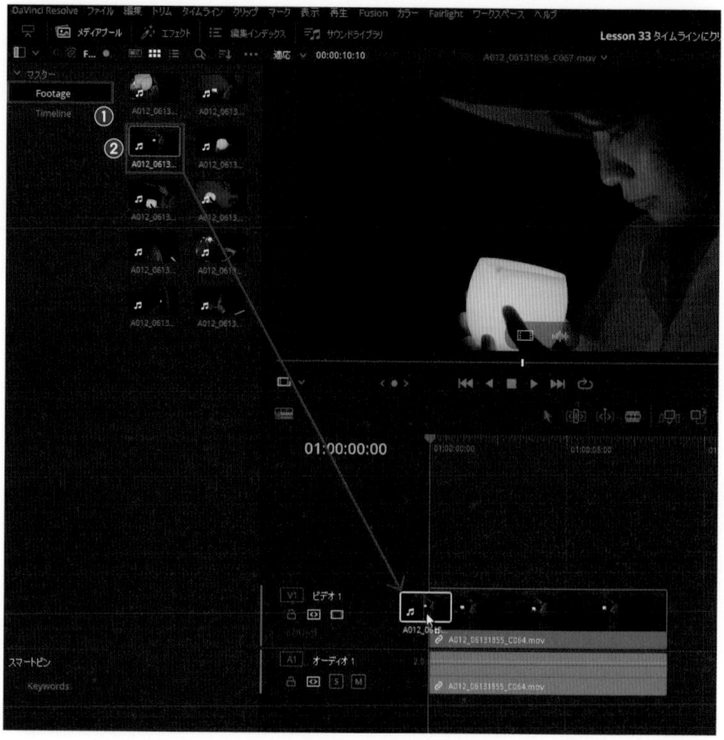

できた！ クリップが配置されました。

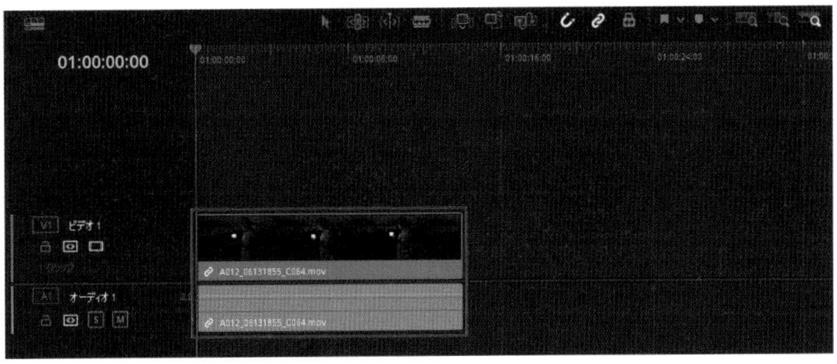

トリミングしてから配置する

クリップの全体尺をドラッグ&ドロップする場合、長すぎてほかのクリップと重なってしまうなど、わずらわしさが発生します。そのため、あらかじめプレビューで使いたい箇所を決めてトリミングしてから配置したほうがタイムラインの管理がしやすくなります。

1. 配置したい❶クリップをダブルクリックします。❷ソースモニターにクリップのプレビューが表示されました。

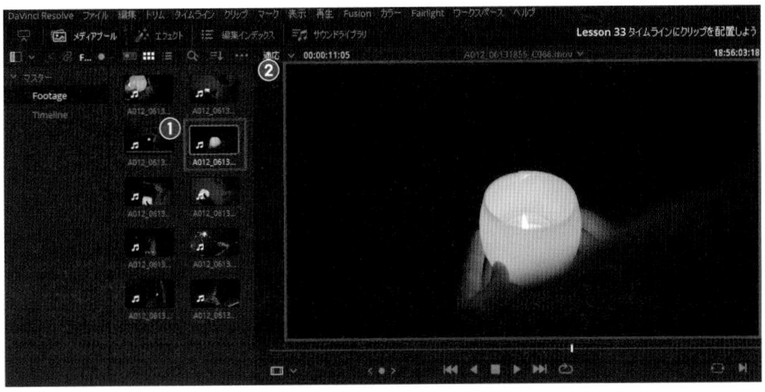

2. ソースモニターの❸再生ヘッドを動かしてイン点に設定したいフレームに合わせて、I キーを押します。クリップにイン点が設定されます。

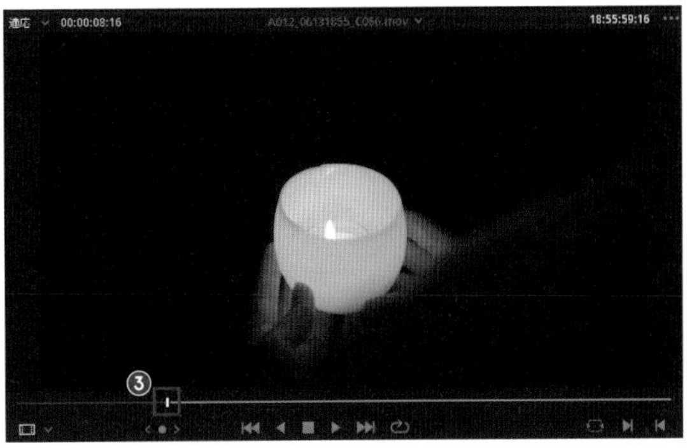

3. ❹再生ヘッドを動かしてアウト点に設定したいフレームに合わせて、O キーを押します。クリップにアウト点が設定されます。

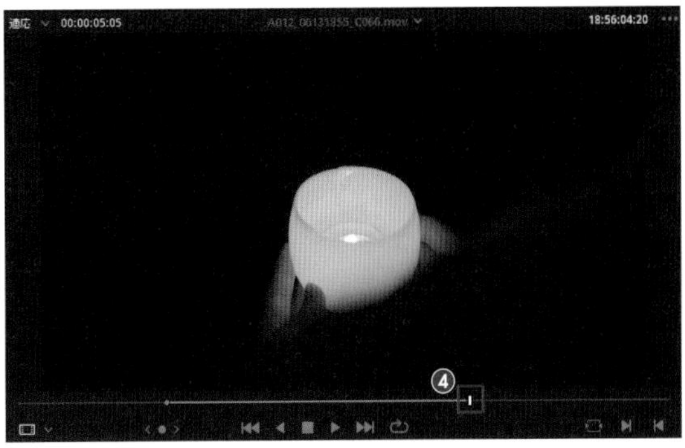

> ここがPOINT
>
> **イン点・アウト点の削除方法**
>
> 設定したイン点・アウト点を削除するには、画面上部のメニューの［マーク］から［イン点アウト点を削除］をクリックします。

4 ソースモニターの❺クリップをタイムラインにドラッグします。

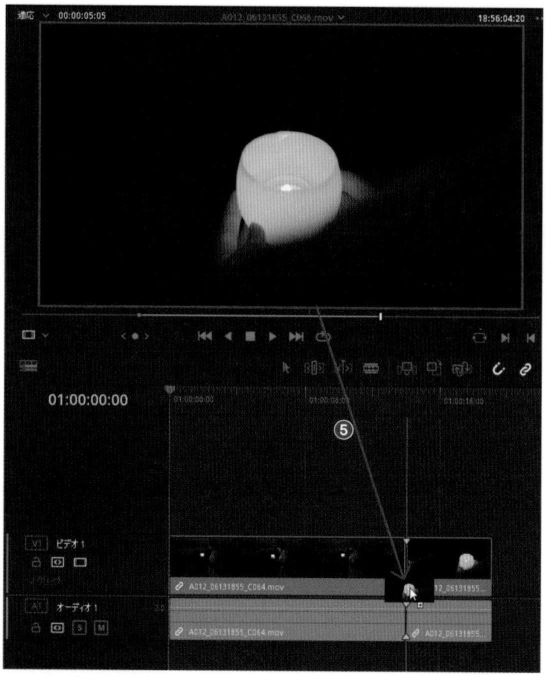

できた！ 設定したイン点とアウト点でトリミングされた状態でクリップがタイムラインに配置されました。

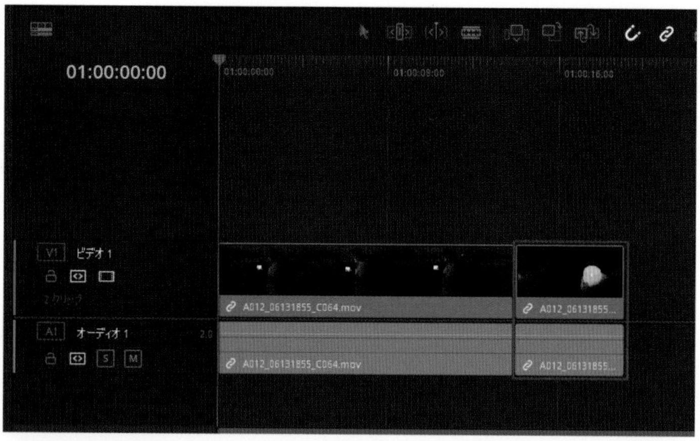

サムネイル上でトリミングしてから配置する

サムネイルでもイン点・アウト点を作ることができます。ざっくりとならここでも作業ができます。

1 配置したい❶クリップをクリックします。

② サムネイル上でマウスポインターを動かすと赤い線の❷再生ヘッドが動き、再生ヘッドの位置のフレームがサムネイルに表示されます。

③ イン点に設定したいフレームに再生ヘッドを合わせてIキーを押すと、❸イン点が設定されます。

④ 同様にOキーを押すと、❹アウト点が設定されます。

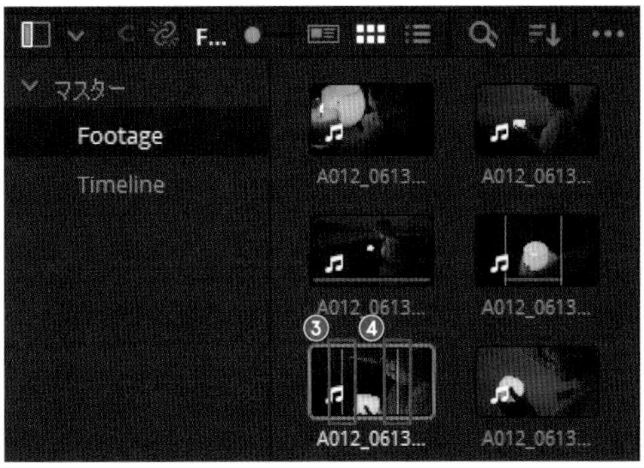

⑤ メディアプールからタイムラインに❺クリップをドラッグします。

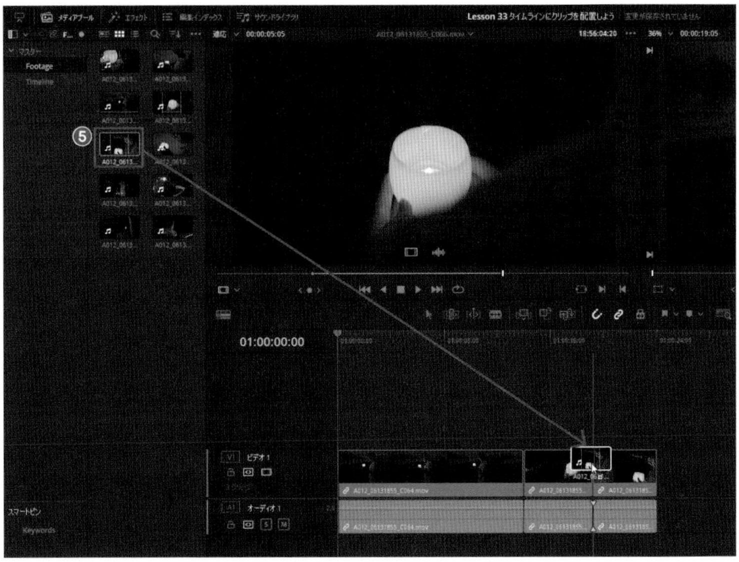

できた！ 設定したイン点とアウト点でトリミングされた状態でクリップがタイムラインに配置されました。

サムネイルの画面は小さいので、サムネイル上では大まかにイン点・アウト点を決めて、タイムラインで調整する必要があるでしょう。

タイムライン上でトリミングする

最終的に動画を作るのはタイムラインです。細かなトリミングや調整はここで作業します。

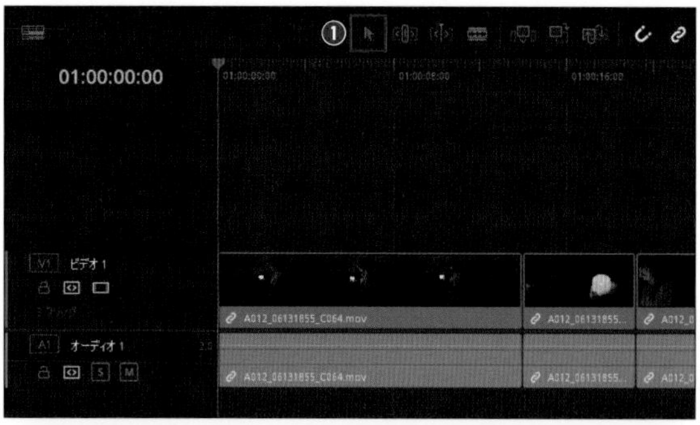

1 ❶[選択モード]を選択し、クリップの先頭にマウスポインターを合わせての形になった状態でイン点に設定したい位置まで❷ドラッグします。

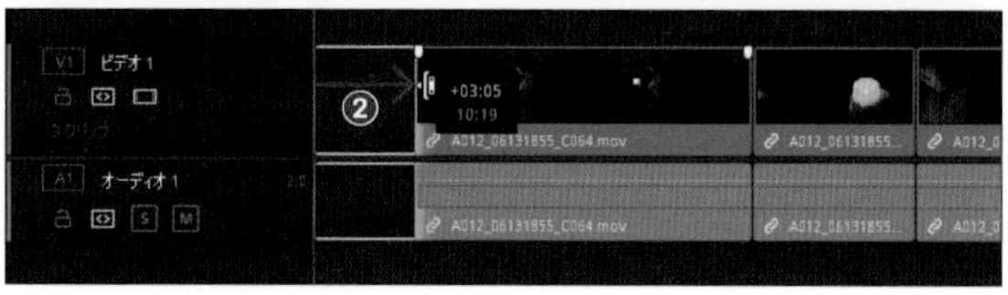

2 ドラッグした位置までクリップをトリミングできました。クリップの後ろにマウスポインターを合わせての形になった状態で❸ドラッグすることでアウト点も設定できます。

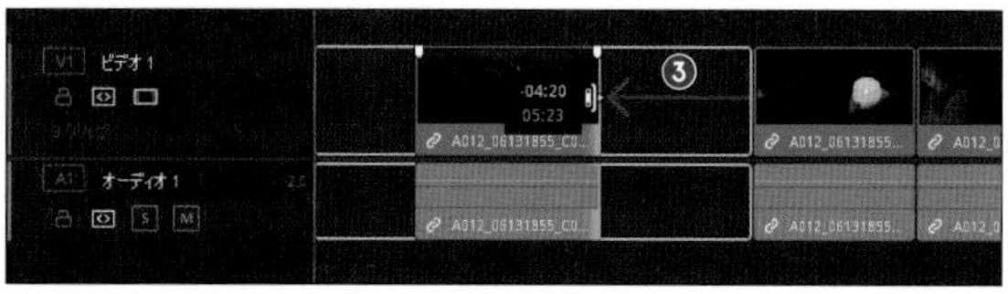

できた！ クリップをトリミングできました。

クリップを移動する

ストーリー展開やタイミングに合わせてクリップを入れ替えて組み立てます。

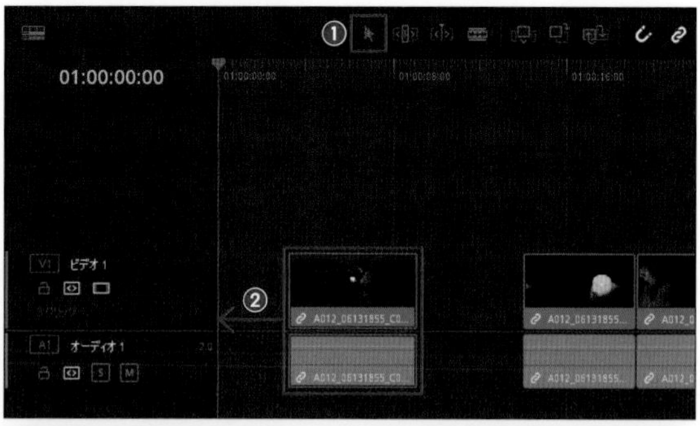

1 ❶[選択モード]を選択し、クリップを移動したい位置まで❷ドラッグします。

できた！ クリップを移動できました。

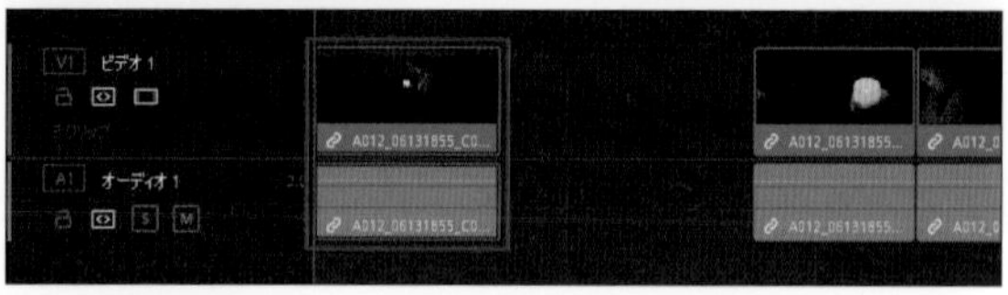

ここがPOINT

クリップをまとめて移動する

複数のクリップをまとめて移動したい場合は、タイプライン上をドラッグして複数選択します。

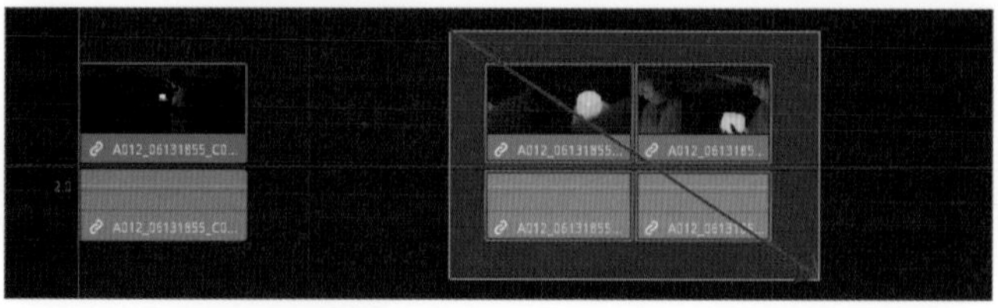

ギャップを削除する

クリップを移動したりトリミングをするとクリップとクリップの間に隙間（ギャップ）ができるので削除します。

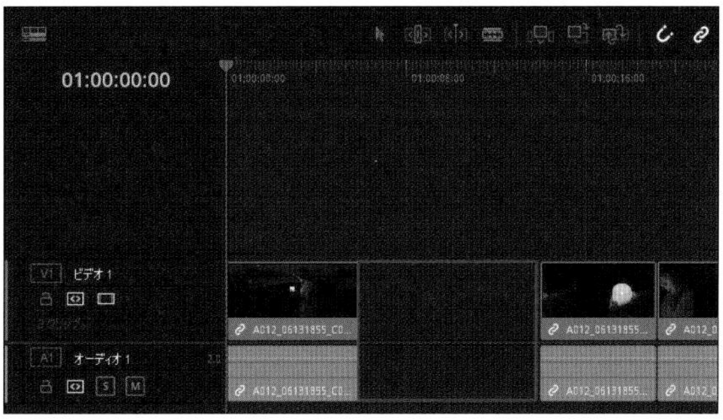

1. ❶［選択モード］を選択した状態で、削除したい❷ギャップをクリックします。

2. ギャップが白く表示されるので、その状態で Delete キー（Macでは ⌫ キー）を押します。

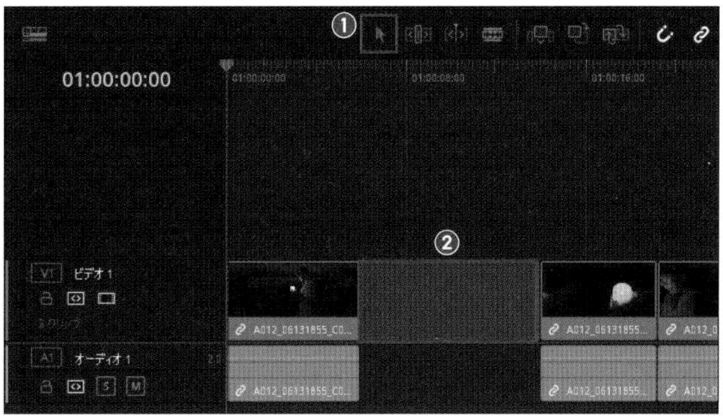

＼できた！／ ギャップが削除され、後ろにあったクリップが前につめられました。

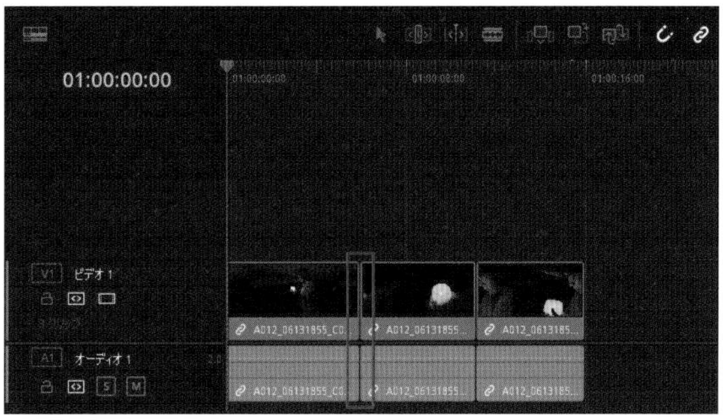

クリップは左詰めで隙間なくやっていくのが基本ですが、意図してギャップを空けることもあります。例えば、映像を暗転して音だけを使用するなどの演出ができます。

クリップを削除する

一旦タイムラインに配置したあと、不要なクリップを削除します。

1. ❶［選択モード］を選択した状態で、削除したい❷クリップをクリックして選択します。その状態で Back space キー（Macでは ⌫ キー）を押します。

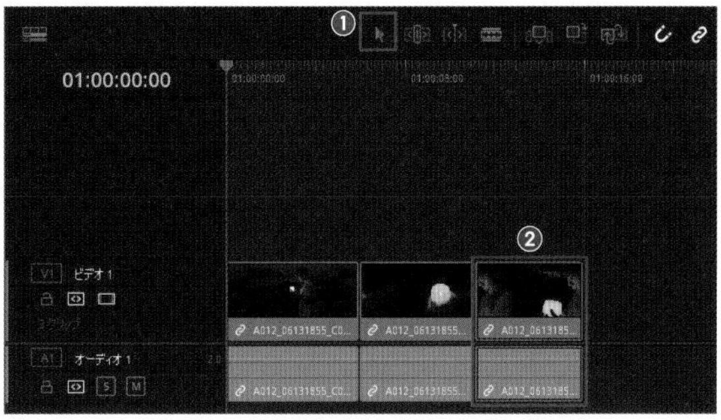

＼できた！／ クリップが削除されました。

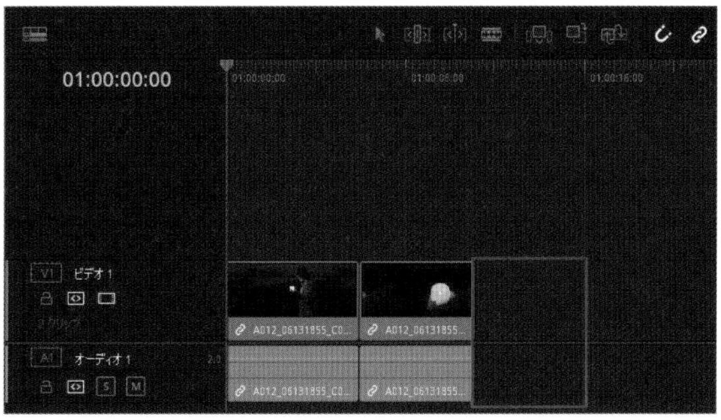

CHAPTER 4
LESSON 5

#ブレードツール

配置したクリップを分割・削除しよう

動画でもチェック!
https://dekiru.net/ydv_405

動画を分割する方法を解説します。クリップを分割することで、クリップとクリップの間に別の素材を差し込むなど、演出を加えることができます。

クリップを分割する

ここでは1つのクリップを分割します。

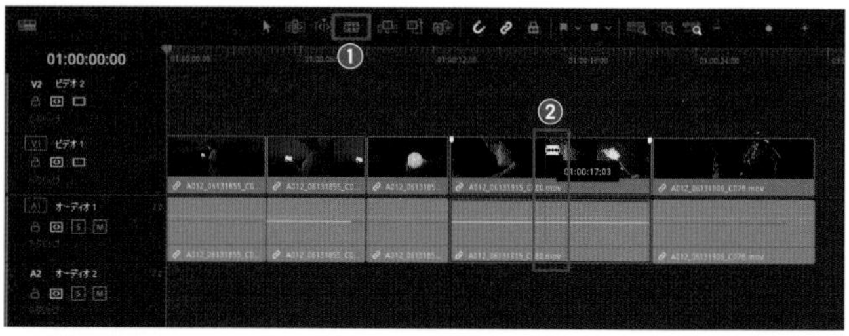

1 ❶[ブレード編集モード]をクリックしてオンにします。クリップを分割したい位置にマウスポインターを合わせて❷クリックします。

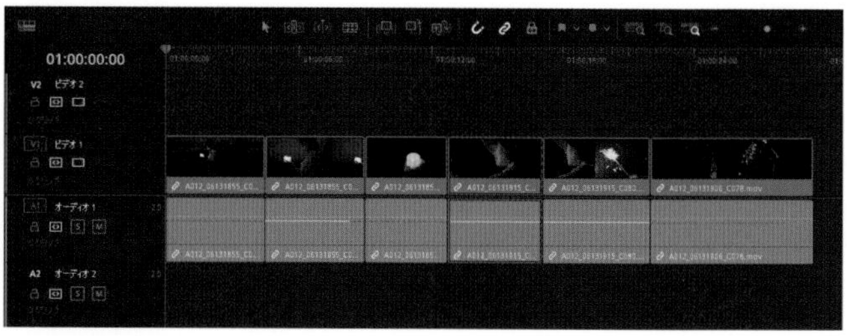

できた! クリックした位置でクリップが分割されました。

ギャップを作らずにクリップを削除

ここではギャップを作らないで不要なクリップを削除します。

1 ❶[選択モード]がオンの状態で削除したいクリップを❷クリックして選択し、Deleteキー(Macではshift+⌫キー)を押します。

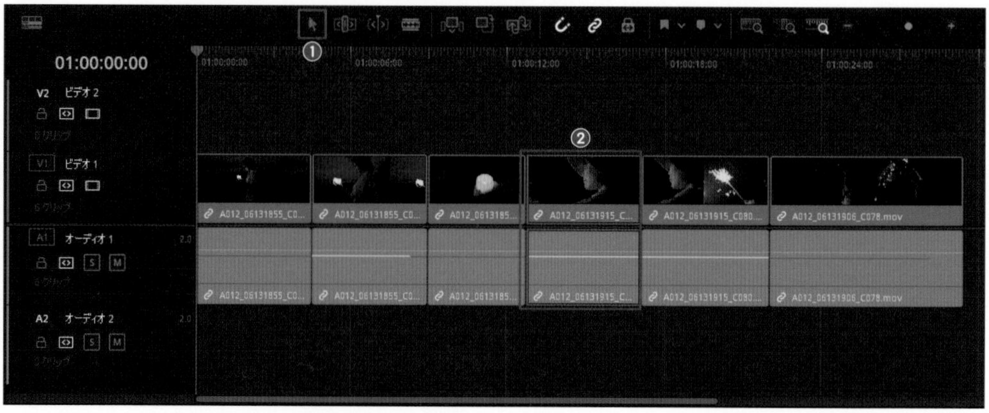

＼できた！／ 選択したクリップが削除され、右にあったクリップがつめられました。

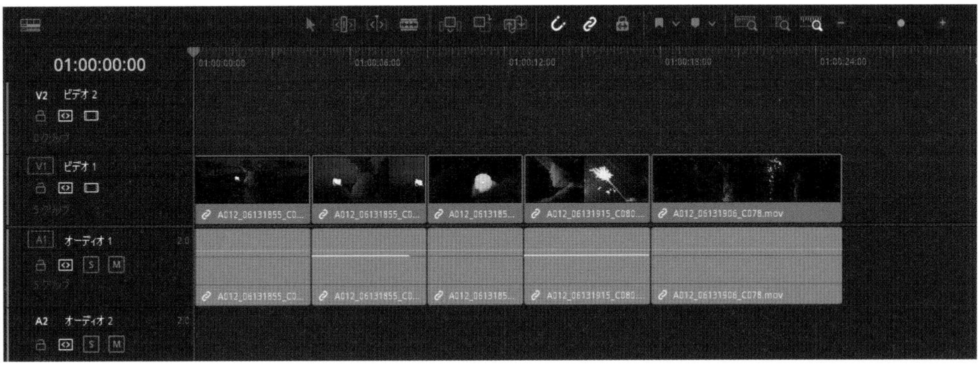

特定の範囲のクリップを削除する

Lesson 4ではクリップ全部を消す方法を紹介しましたが、イン点・アウト点を決めて特定の箇所だけを削除することもできます。

1 削除したい範囲の開始位置に❶再生ヘッドを移動し、[I]キーを押してイン点に設定します。

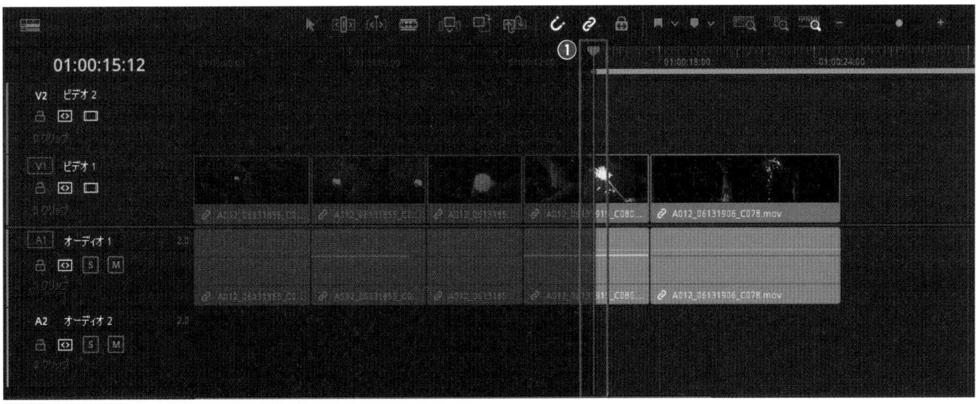

2 削除したい範囲の終了位置に❷再生ヘッドを移動し、[O]キーを押してアウト点に設定します。この状態で[Back space]キー（Macでは[⌫]キー）を押します。

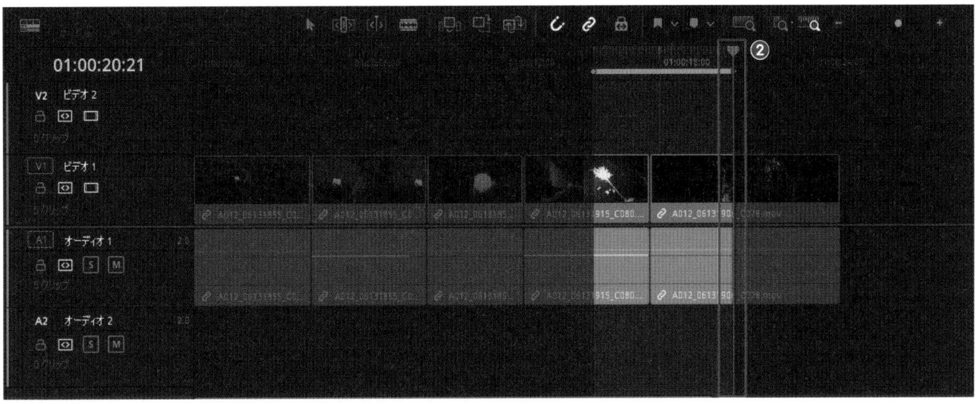

＼できた！／ イン点とアウト点の間が削除されました。

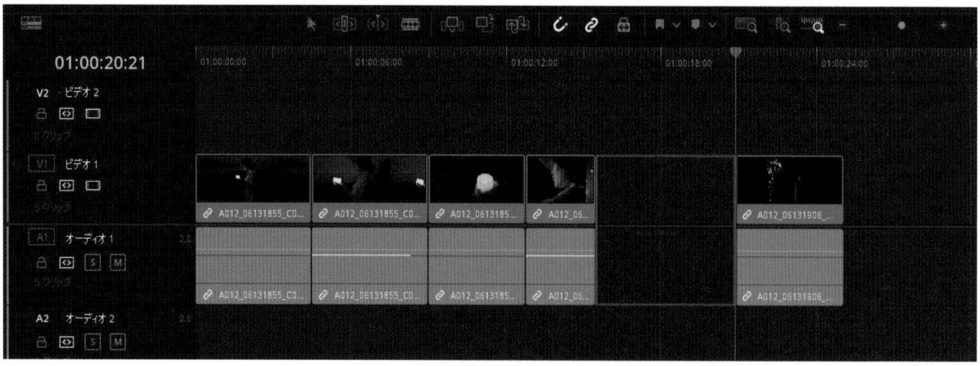

ここがPOINT

削除したくないトラックがあるときには

クリップが複数段で配置されている場合(左)、範囲に含まれるすべてのクリップが削除されます(右)。削除したくないトラックは[自動トラック選択]をオフにします。

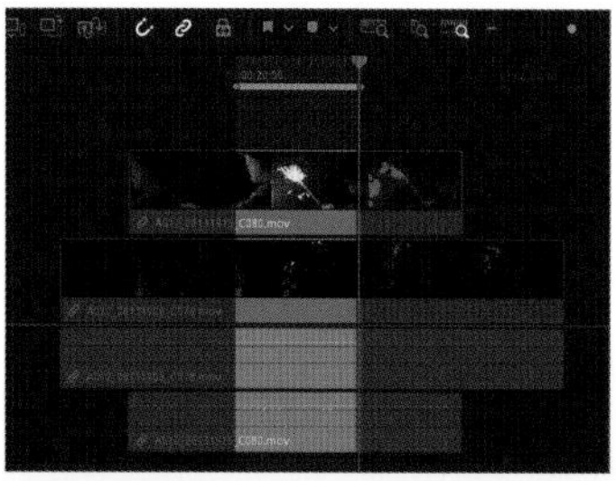

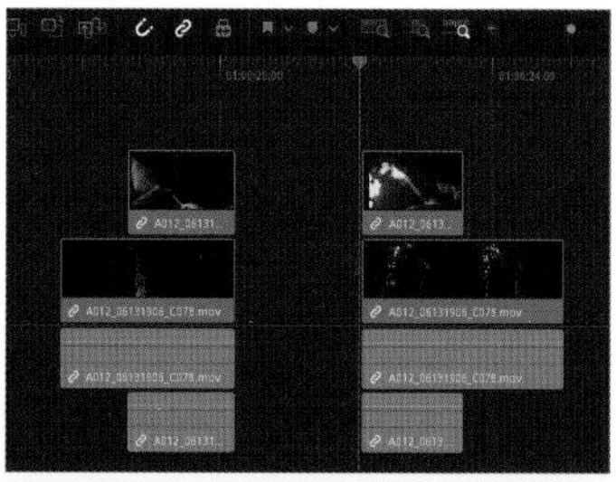

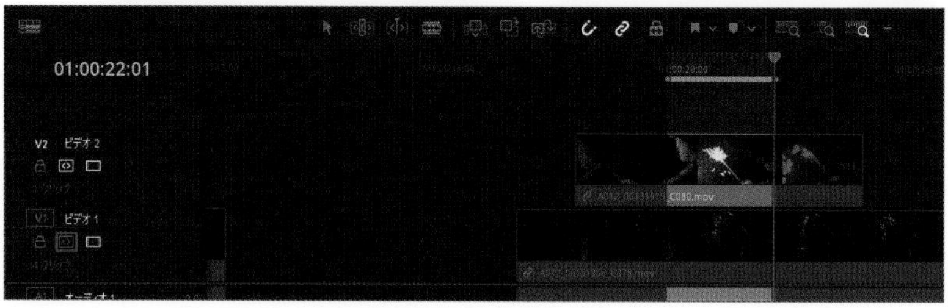

[ビデオ1]の[自動トラック選択]をオフにした状態

音と映像を切り分ける

映像と音を切り分けて編集したい場合は、リンクをはずすことで分けて削除や移動をすることができます。

1 ❶[リンク選択]をクリックしてオフにします。この状態で削除したい映像クリップまたはオーディオクリップをクリックして選択し、Back spaceキー(Macでは⌫キー)を押します。

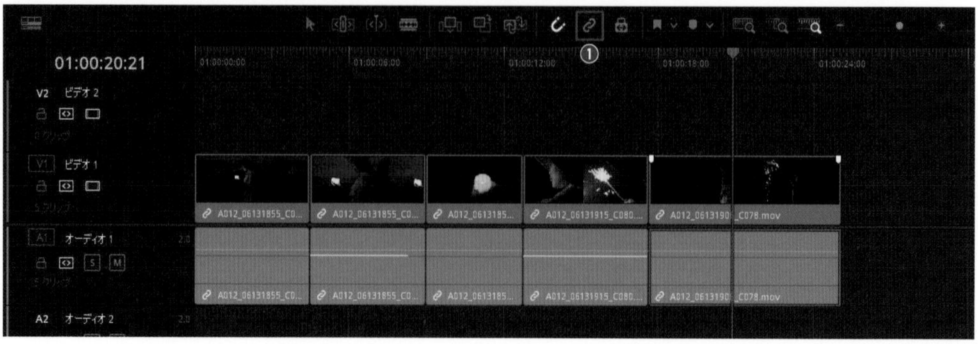

＼できた！／ 選択したクリップが削除されました。

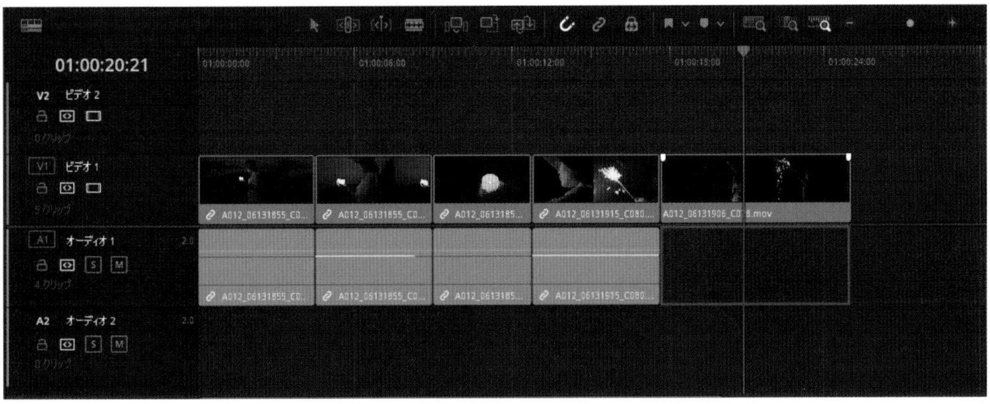

ここがPOINT

[リンク選択]を毎回オフにするのが面倒な場合は

Alt キー（Macでは Option キー）を押しながら選択すると、[リンク選択]がオフのときと同じ状態になります。

（もっと）知りたい！

● どんなときに音と映像を切り分けるの？

音はそのままで映像を早送りまたはスロー再生するときや、映像はそのままで前のクリップの音を延ばすなど、さまざまな演出に使用できます。

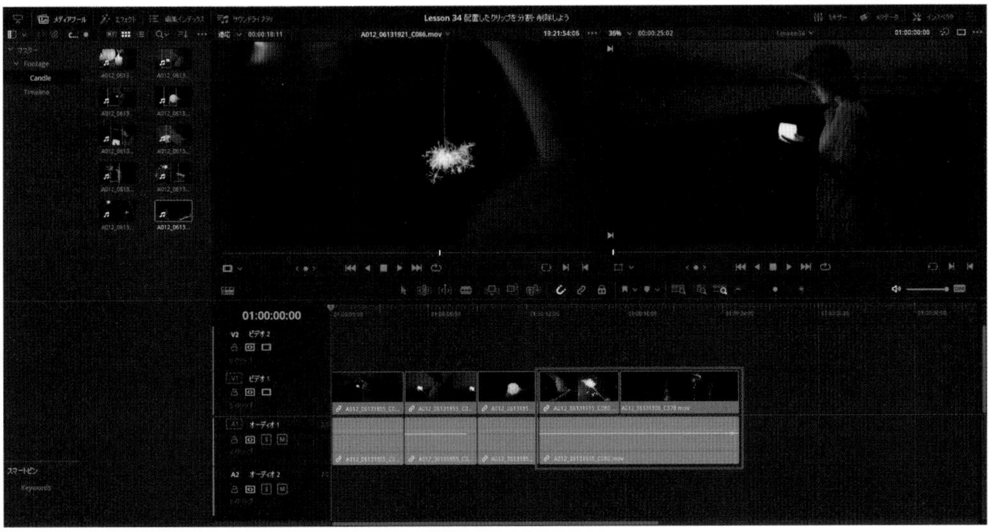

ここでは、花火のクリップに入っている音を削除して、1つ前のクリップに入っている音を花火のクリップまで延ばしています。

CHAPTER 4 LESSON 6

#プレビュー

タイムラインをプレビューしよう

動画でもチェック!
https://dekiru.net/ydv_406

ここで見る映像が出来上がりの映像になります。大きな画面に映してしっかり確認しましょう。

●動画はプレビューモニターで確認する

❶再生
動画を再生します。

❷停止
動画を停止します。

動画を最初から再生する

動画を最初から再生する、通常のプレビュー方法です。

1 ❶再生ヘッドを一番左に移動し、❷[再生]ボタンをクリックします。

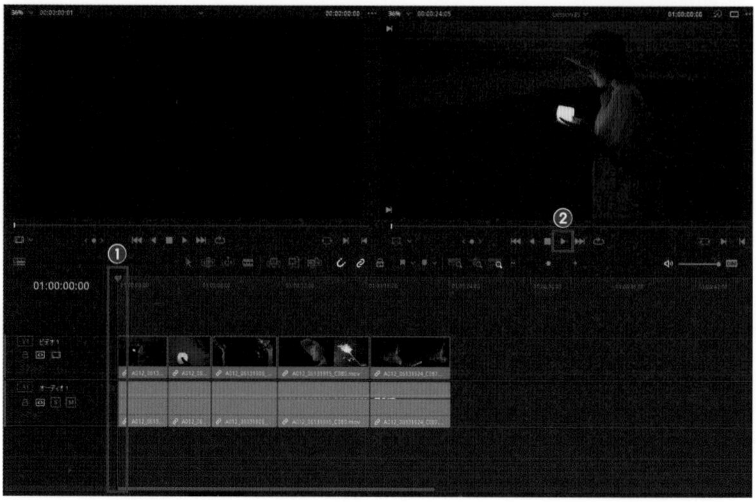

特定の範囲だけを何度も繰り返し再生する

動画の編集では確認のため、何回も見返すことがよくあります。そんなときには、イン点・アウト点を決めて再生するのが便利です。

1 再生したい範囲の❶開始位置をイン点、終了位置をアウト点に設定します。プレビューモニターの❷［ループ再生］をクリックしてオンにして Alt + / キーを押します。

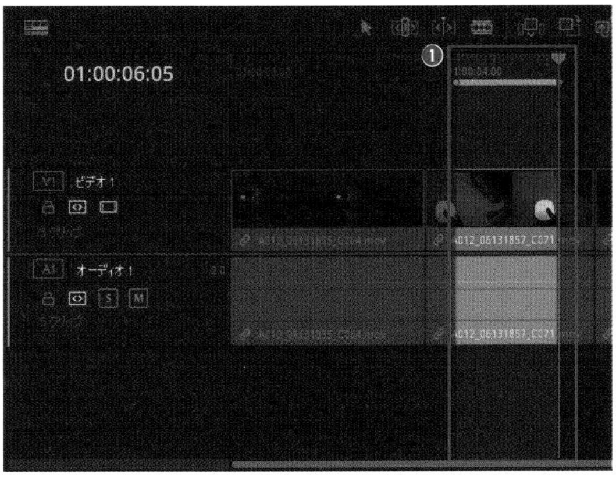

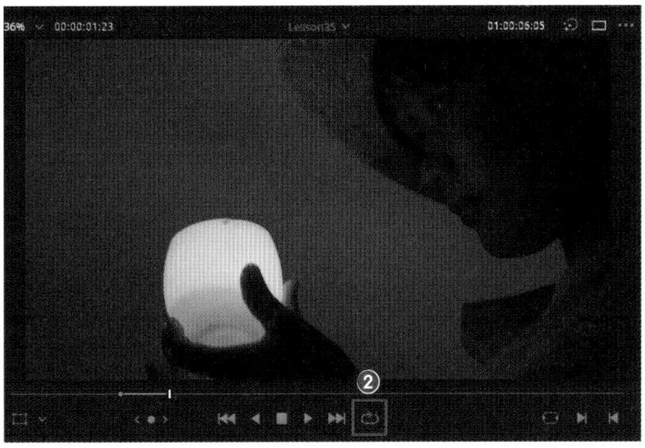

できた！ イン点とアウト点の範囲だけが繰り返し再生されます。

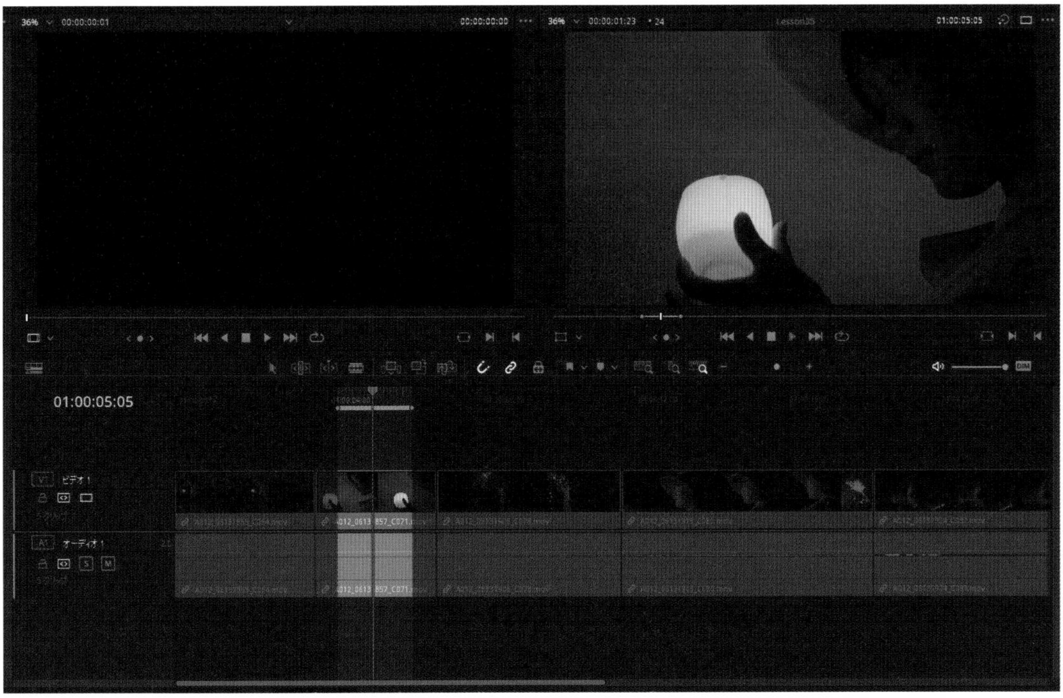

動画はできるだけ大きな画面で確認しましょう。Pキーまたは Ctrl + Fキー（Macでは Command + Fキー）で全画面表示にするのもおすすめです。

CHAPTER 4 LESSON 7

#インスペクタ

クリップを調整しよう

動画でもチェック!

https://dekiru.net/ydv_407

練習用ファイル 4-7

素材をズームしたり位置を変えたり回転させて水平をとったりなど、クリップに対してさまざまな調整を行います。

インスペクタを表示する

英語でInspectionとは検査や調査という意味があります。この「インスペクタ」ではクリップに対してさまざまな調整をすることができます。

1 画面右上の❶[インスペクタ]をクリックします。

2 [インスペクタ]が表示されるので、❷[ビデオ]をクリックします。ビデオクリップを調整するためのメニューが表示されます。

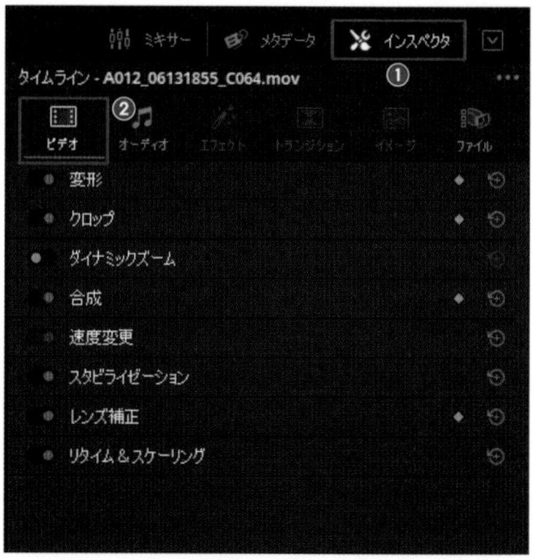

変形

ズームや回転などの調整ができます。ここではズームを行います。

1 ❶[ズーム]の数値を変更して大きさを変えます。

操作を取り消す場合は、右端の❷リセットマークをクリックします。

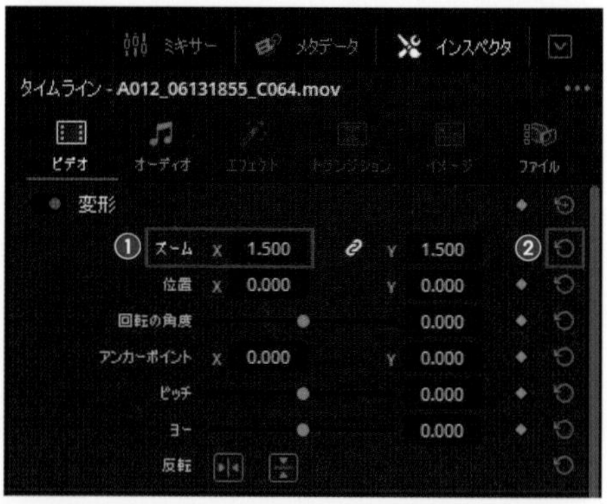

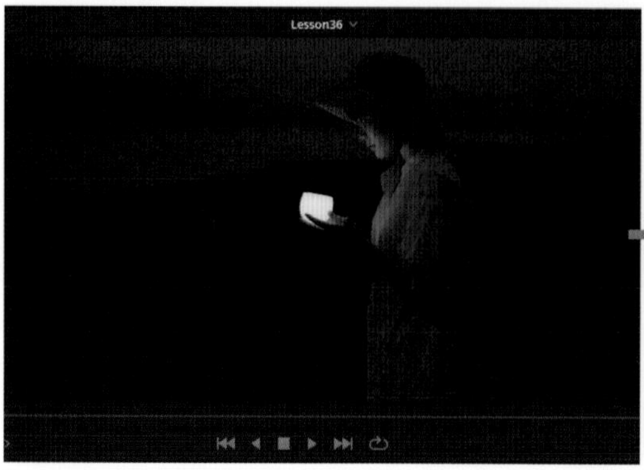

Before

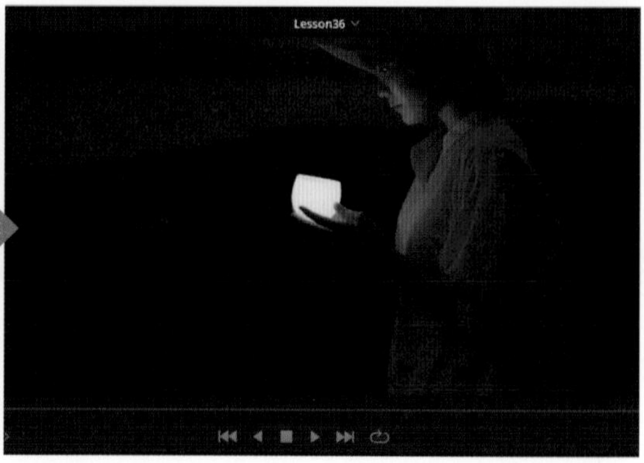

After

クロップ

映像の上下左右をカットすることができます。ここでは映像の左側をカットします。

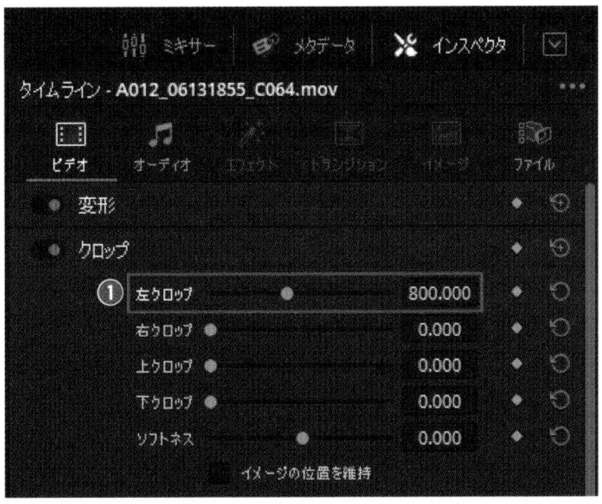

① ❶[左クロップ]の数値を変更してカットします。

Before

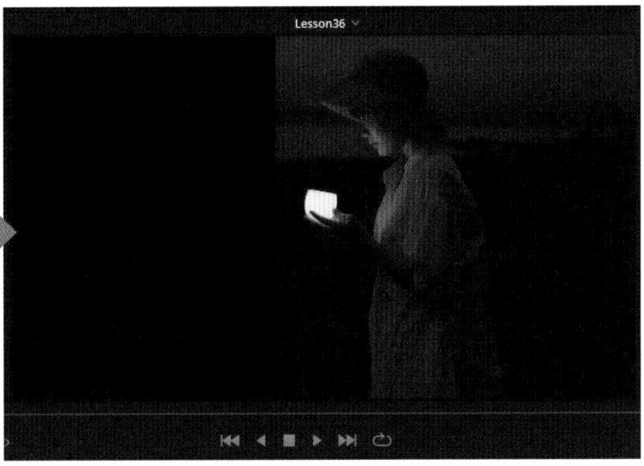

After

合成

画像同士を重ねたり、その重ね方を変更することができます。ここでは[スクリーン]モードを使い、下のクリップが見えるようにします。

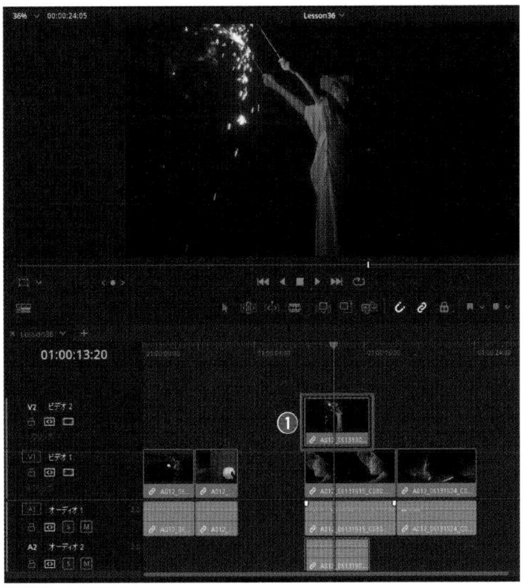

① ❶クリップを重ねたいクリップの上に移動します。

② 重ねたクリップの❷[合成モード]を[スクリーン]に変更します。

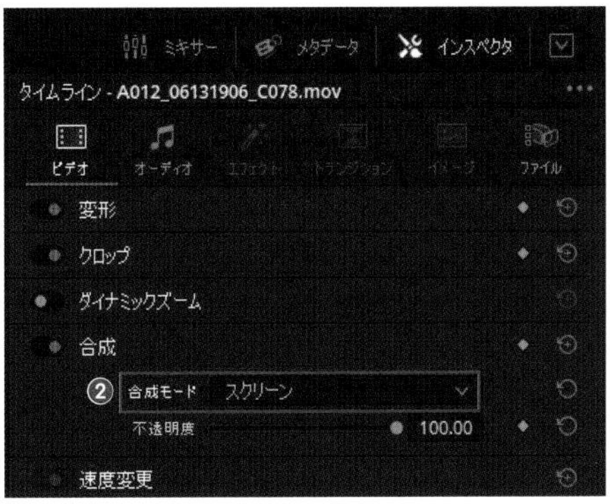

できた！ 下のクリップが透けて見えるようになりました。

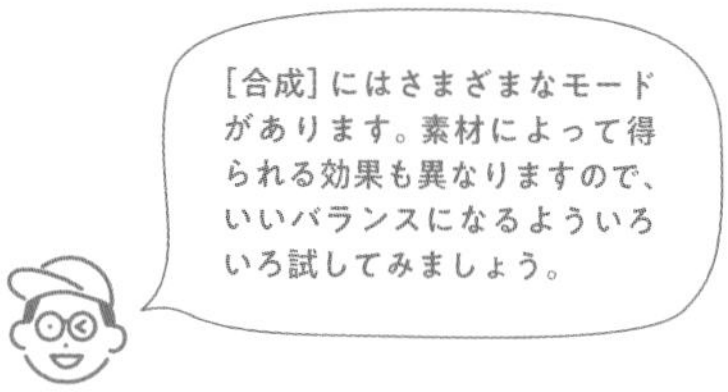
[合成]にはさまざまなモードがあります。素材によって得られる効果も異なりますので、いいバランスになるよういろいろ試してみましょう。

もっと知りたい！

● 有償版だとレンズ補正ができる

広角レンズを使用した撮影で、レンズによってはゆがみが発生することがあります。たとえばスマホやアクションカムで一番広い設定で画面の端を見てみると、ゆがみがわかると思います。特に電信柱やビルなど直線物のラインを見るとわかりやすいです。
これらの素材をインスペクタ内にある[レンズ補正]から[分析]を行うことでDaVinci Resolveが自動で解析して補正をしてくれます。
また、スライダーを動かすことで任意に補正具合を変えることもできます。

Before

After

CHAPTER 4 LESSON 8

#スタビライザー

動画の手ブレを補正しよう

動画でもチェック!
https://dekiru.net/ydv_408

練習用ファイル
4-8

最近のカメラやスマホには手ブレ補正機能がありますが、補正機能がない機種もあります。ここでは手ブレしたクリップの補正の仕方を学びましょう。

●スタビライザーで動画の手ブレを補正する

手ブレを補正する

スタビライゼーション(Stabilization)とは手ブレ補正のことです。ここではボタン1つで簡単に手ブレを補正します。

1 タイムラインで手ブレを補正したいクリップを選択します。❶[インスペクタ]をクリックして表示し、[ビデオ]タブの❷[スタビライゼーション]をクリックして開きます。[モード]から❸[遠近]を選択し、❹[スタビライズ]ボタンをクリックすると、分析が始まります。

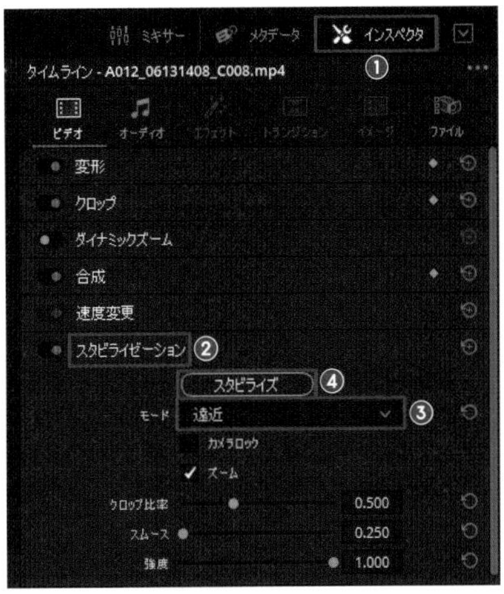

できた！ しばらく待つと補正が完了します。クリップを再生すると手ブレが補正されていることがわかります。

ここがPOINT

補正前の映像を確認するには

スタビライゼーションをオフにすると補正前の映像を確認できます。

モード

［スタビライゼーション］の3つのモード［遠近］［遠近なし］［縦横のみ］の違いを解説します。補正の仕上がりを見て使い分けましょう。

❶［遠近］

すべての要素（傾斜・パン・ティルト・ズーム・回転）を分析します。基本はこのモードをお使いください。

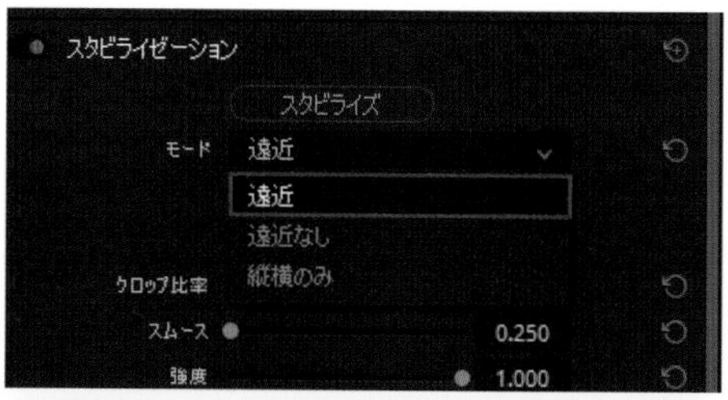

❷［遠近なし］

傾斜以外のすべての要素を分析します。［遠近］モードで不自然なゆがみが発生したときに適しています。

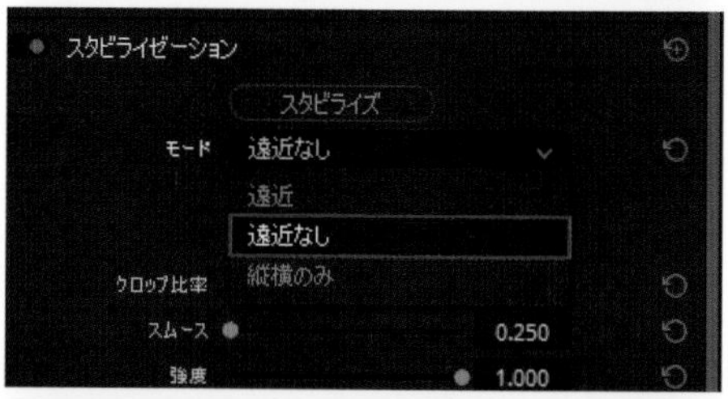

❸［縦横のみ］

水平・垂直の要素を分析します。縦横方向のブレのみの場合に最適です。

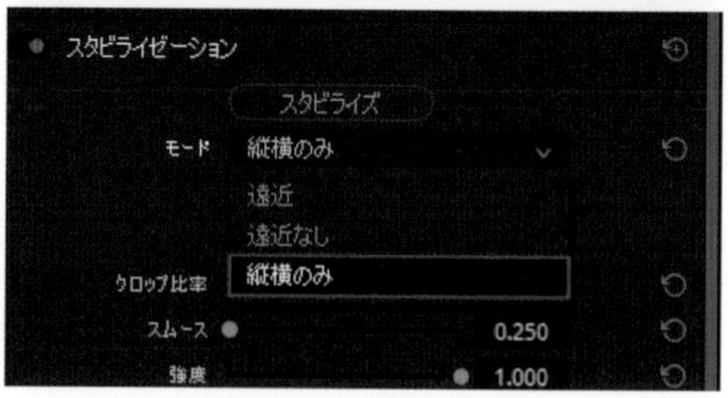

もっと 知りたい！

● Camera Gyroモード

DaVinci Resolve 18で、モードに新たに「camera gyro」というジャイロセンサーを使って補正するという機能が搭載されました。これは同社のカメラ、「Pocket Cinema Cameraシリーズ」などでBlackmagic RAWで撮影した場合に、カメラ内部のジャイロセンサーの情報がメタデータとして埋め込まれ、それをもとにDaVinciで補正をするという限られた場合に使える機能です。

カメラロック

カメラロックは手ブレを補正するというより、映像を三脚で撮ったかのように止める（ロックする）補正の仕方です。手ブレが激しいとうまくいかないことも多いですが、わずかな揺れなどでしたら、三脚撮影のようにうまく止めることができます。

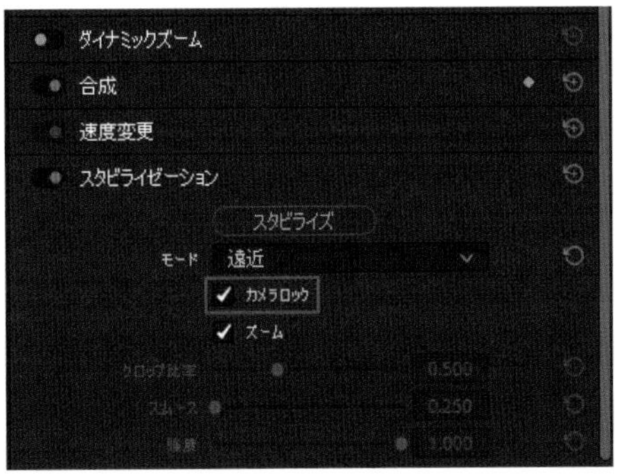

パラメータ

各パラメータを調整することもできます。クロップ比率（補正のために映像がどの程度まで切り取られることを許容するか設定できます）、スムース（なめらかさ）、強度（補正の強さ）を調整できます。

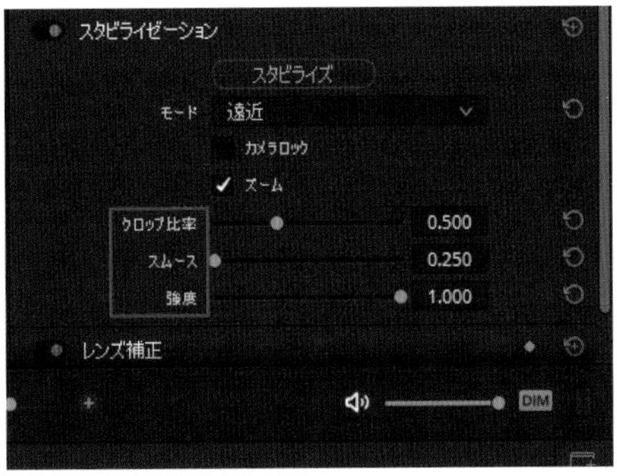

ここがPOINT

手ブレは悪ではない！

手ブレはそれ自体が映像の味となる場合もあり、必ずしも悪いものではありません。

補正はもとに戻すこともできるので、少しずつ調整してよい落としどころまで探しましょう。

CHAPTER 4 LESSON 9

#クリップのさまざまな挿入方法

クリップをさまざまな方法で挿入しよう

動画でもチェック！
https://dekiru.net/ydv_409

タイムラインに並んでいるクリップに別のクリップを挿入します。この操作を覚えておくと効率よく編集できるようになります。

クリップの挿入

ここでは再生ヘッドがある位置にクリップを割り込ませます。

1 メディアプールから挿入するクリップを選択し、ソースビューアに表示します。

ここがPOINT

もっと大きな画面で見るには

[インスペクタ]が表示されている場合は非表示にし、[デュアルビューアモード]にします。

2 ❶再生ヘッドを挿入したい位置に移動し、❷[クリップを挿入]をクリックします。

ここがPOINT

クリップの挿入位置がずれないようにするには

[タイムラインツール]にある[スナップ]をオンにすると、クリップとクリップの間にぴったり止まります。

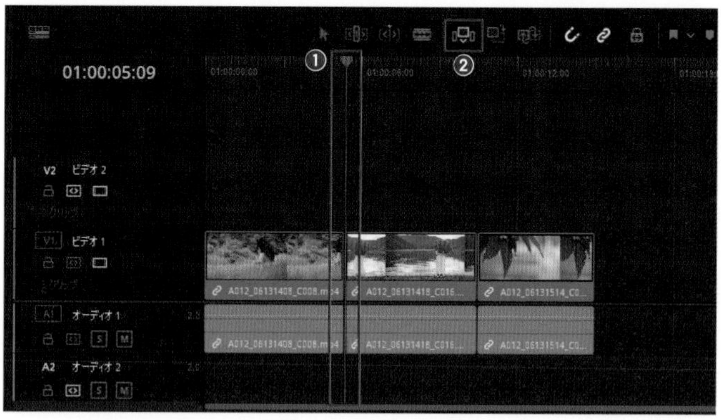

できた！ クリップが挿入されました。

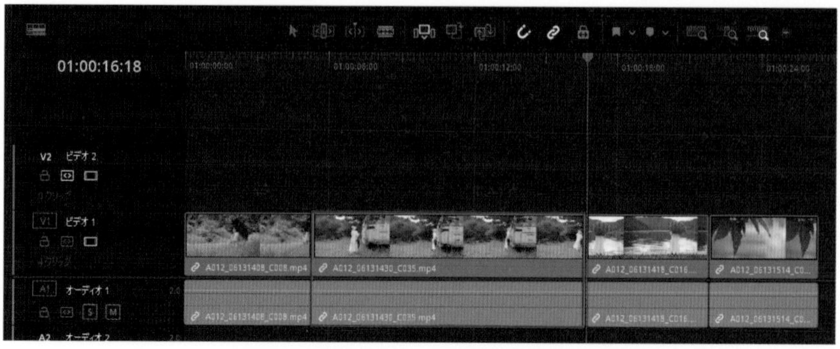

ここがPOINT

クリップの途中に挿入したい場合

クリップの途中に再生ヘッドがある状態でクリップを挿入した場合、もとのクリップが分断されて挿入されます。

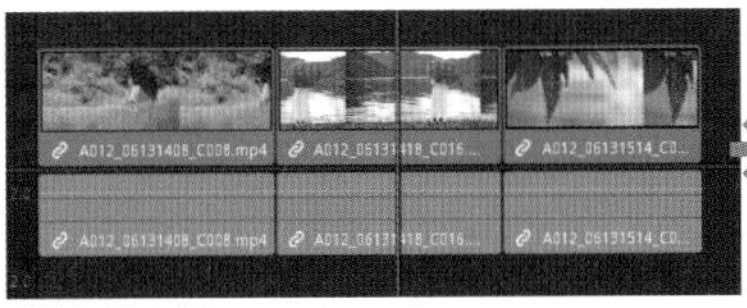

Before

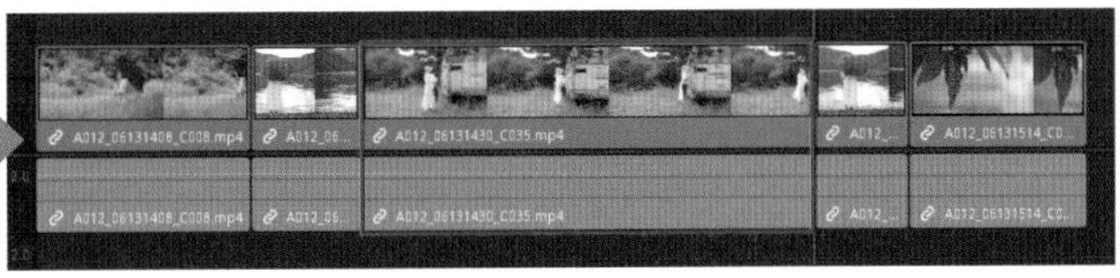

After

クリップの上書き

ここではもとのクリップの上に新しいクリップを重ねます。

1 メディアプールから挿入するクリップを選択し、ソースビューアに表示します。

2 ❶再生ヘッドを挿入したい位置に移動し、❷[クリップを上書き]をクリックします。

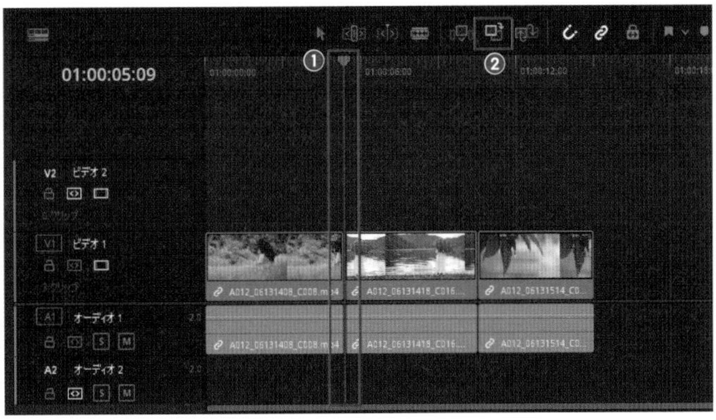

できた！ クリップが上書きされました。

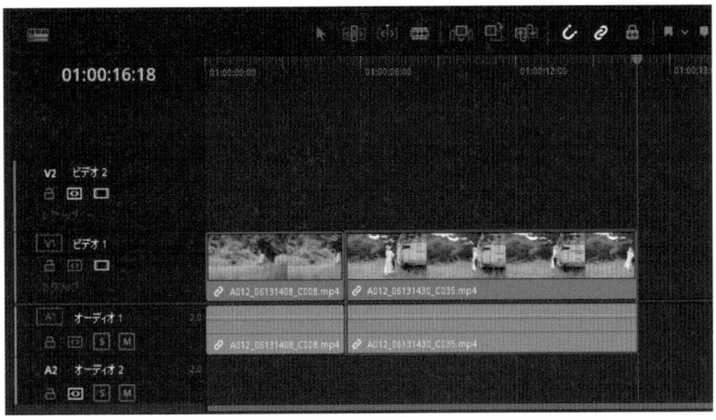

ここがPOINT

[上書き]と[置き換え]の違い

[上書き]は上書きする映像の尺がそのまま上書きされますが、[置き換え]はもとの映像の尺に合わせて映像が置き換わります。

クリップの置き換え

クリップを別のクリップに置き換えます。

1. メディアプールから挿入するクリップを選択し、ソースビューアに表示します。

2. ❶再生ヘッドを挿入したい位置に移動し、❷[クリップを置き換え]をクリックします。

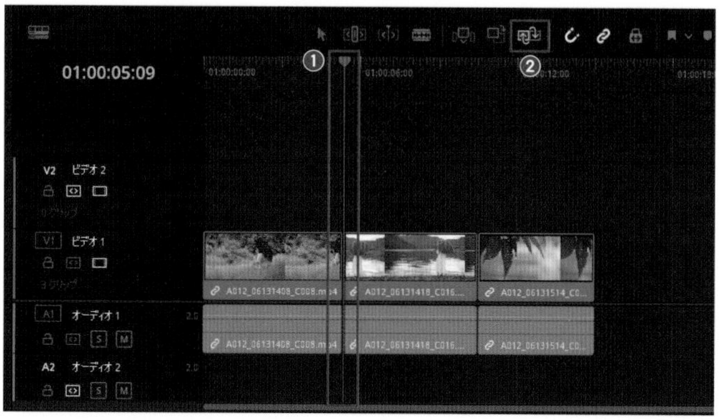

できた！ クリップが置き換えられました。

ここがPOINT

もっと細かく挿入する場所を決めるには

イン点・アウト点を設定して[挿入][上書き][置き換え]をすることもできます。
また、クリップの[ソースビューア]上でイン点・アウト点を決めて挿入することもできます。

ここがPOINT

特定のトラックが動かないようにするには

[自動トラック選択]をオフにします。

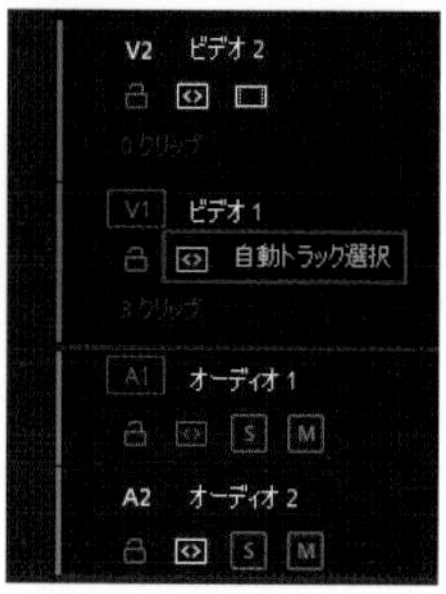

ここがPOINT

[ビデオ2]にクリップを挿入するには

[ビデオ2]の左にある[V2]をクリックし、[オーディオ2]も同様に[A2]をクリックします。その後、クリップを[ビデオ2]に挿入します。

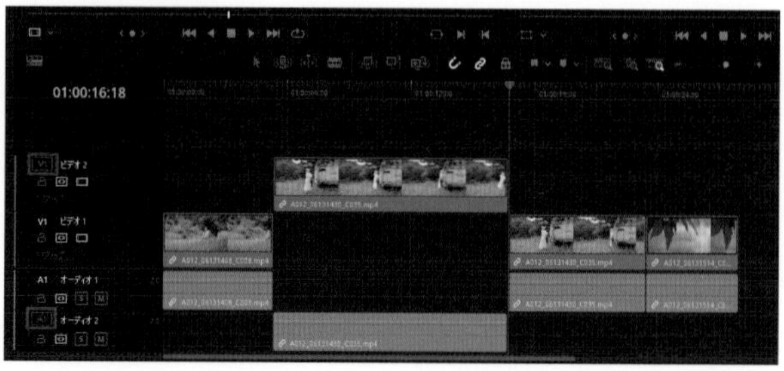

CHAPTER 4 LESSON 10

#クリップのさまざまな挿入方法

タイムラインビューアを使ってクリップを挿入しよう

動画でもチェック!
https://dekiru.net/ydv_410

Lesson 9でもクリップを挿入する方法を解説しましたが、ここではタイムラインビューアを使った方法をご紹介します。

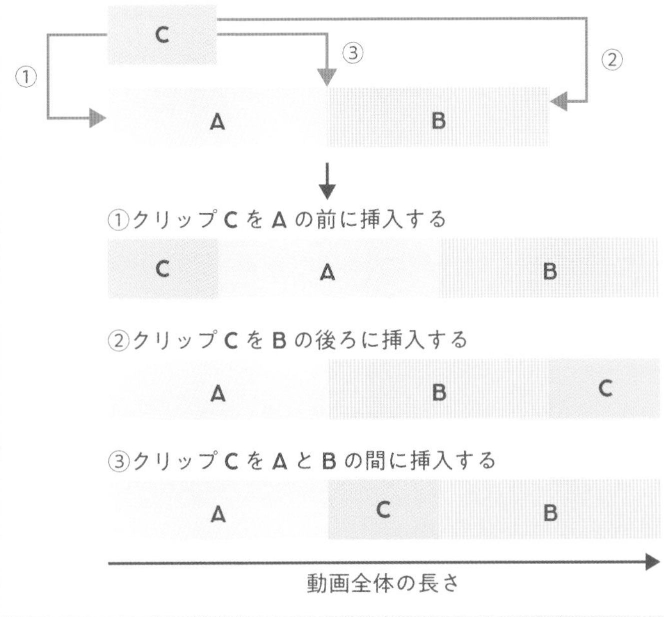

● **挿入**
新しいクリップを、シーケンス内の任意の位置に追加したい場合などに使います。
挿入された分だけ動画全体の尺は長くなります。

ビューアからビューアにドラッグ

ここではクリップをドラッグ&ドロップすることで挿入や上書きを行います。

1 挿入したい位置に再生ヘッドを移動する。

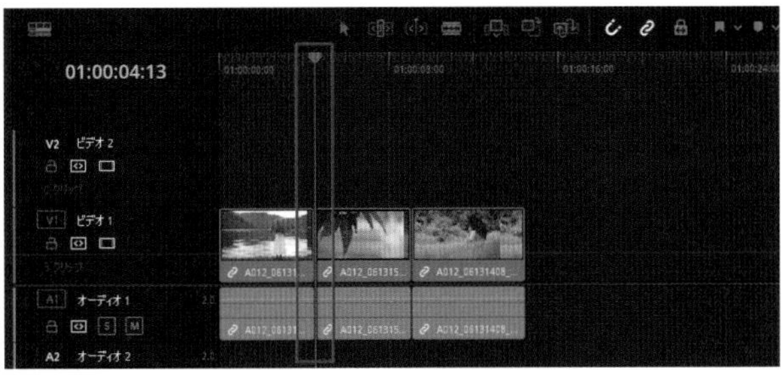

2 メディアプールから挿入するクリップを選択してソースビューアに表示します。ソースビューアからタイムラインビューアに❶ドラッグすると、挿入のメニューが表示されるので、挿入方法を選んでマウスポインターを合わせ、マウスのボタンから指を離します。ここでは❷[挿入]を選択しました。

できた！ 選択した挿入方法でクリップが挿入されました。

そのほかの挿入方法

ここでは［挿入］以外のメニューでイメージのしづらい［最上位トラックに配置］［末尾に追加］［フィットトゥフィル］［リップル上書き］について解説します。

❶［最上位トラックに配置］

1 ❶［最上位トラックに配置］を選択すると、ここで一番上に位置している❷［ビデオ2］にクリップが挿入されます。

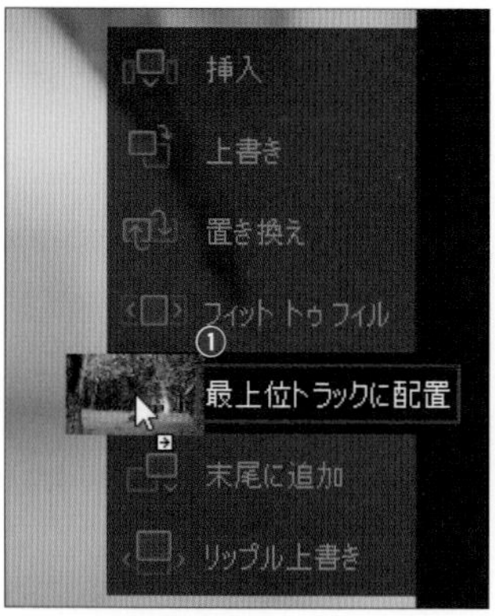

❷［末尾に追加］

1 ❶［末尾に追加］を選択すると、❷クリップの最後に挿入されます。

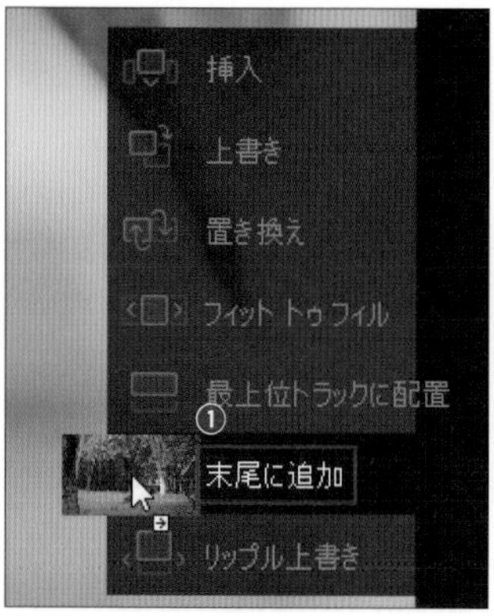

❸［フィットトゥフィル］

1 挿入するクリップの長さ（スピード）を伸長、あるいは短縮させて（早送りやスローにして）尺をフィットさせます。❶［フィットトゥフィル］を選択すると、もとの尺のサイズに合わせて❷新しいクリップが挿入されます。

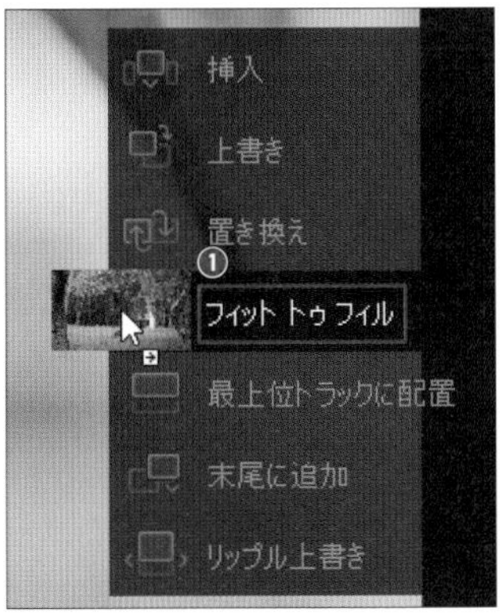

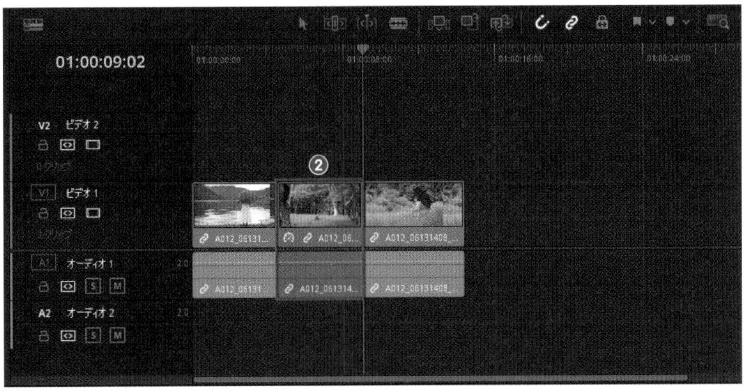

もとの尺より長いクリップを挿入する場合、挿入後のクリップの速度は速くなるので、プレビューで確認しながら調整しましょう。

❹［リップル上書き］

1 上書きをするクリップをリップル削除して、新しいクリップを挿入します。❶［リップル上書き］を選択すると、❷上書きしたクリップの尺の分だけ挿入されます。

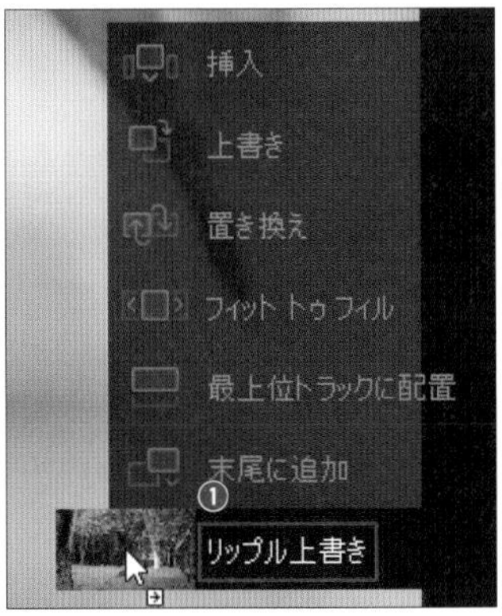

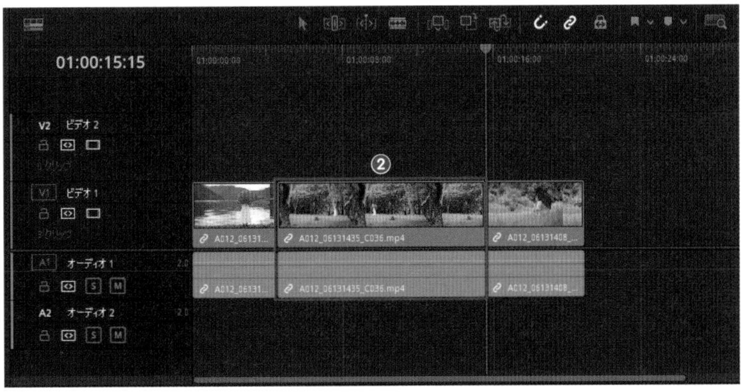

［フィットトゥフィル］と［リップル上書き］は使うのが少し難しいかもしれませんが、使えるようになると時短につながりますので、試してみてください。

ここがPOINT

［上書き］と［リップル上書き］の違い

［上書き］は挿入するクリップの長さが優先されるので、挿入クリップが長ければ後ろのクリップも上書きしてしまいます。［リップル上書き］は置き換えるクリップが優先されるので、後ろのクリップを削ることはありません。

もっと
知りたい！

三点編集

三点を基準にしてタイムラインに配置します。三点打つことで効率よくクリップやオーディオ素材を指定の場所にフィットさせて差し込むことができます。タイムライン上でイン点・アウト点を作って、ソースビューアにイン点だけ打てばしっかりフィットする機能です。

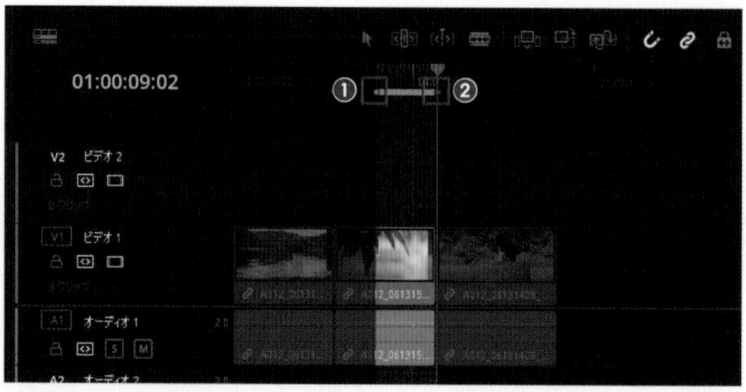

1 タイムライン上に❶イン点（1点目）と❷アウト点（2点目）を設定します。

2 ソースビューアに表示されているクリップに❸イン点（3点目）を設定します。

3 ❹［クリップを上書き］ボタンをクリックします。

できた！ タイムライン上のイン点からアウト点までの範囲が、クリップのイン点から同じ長さをトリミングした内容で上書きされました。

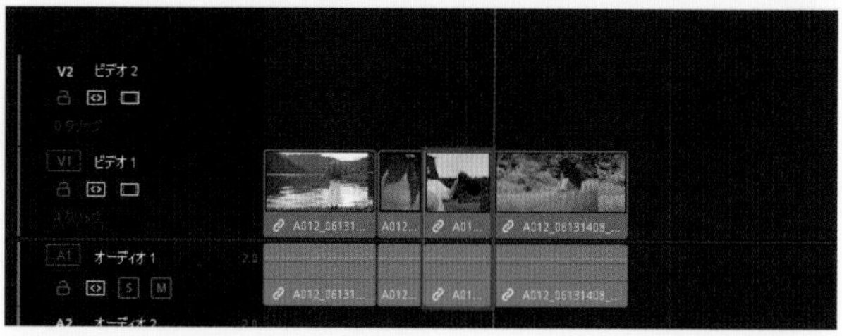

ここがPOINT

どこまで配置されるか知りたいときは

三点編集ではアウト点を打っていないので、どこまでがタイムラインに配置されるのかがわかりません。そんなときは、［表示］メニューの［プレビューマークを表示］をクリックします（左）。ソースビューア上に青い点が表示され、どこまでタイムラインに配置されるかがわかります（右）。この青い点はアウト点を変えても合わせて移動してくれるので便利です。

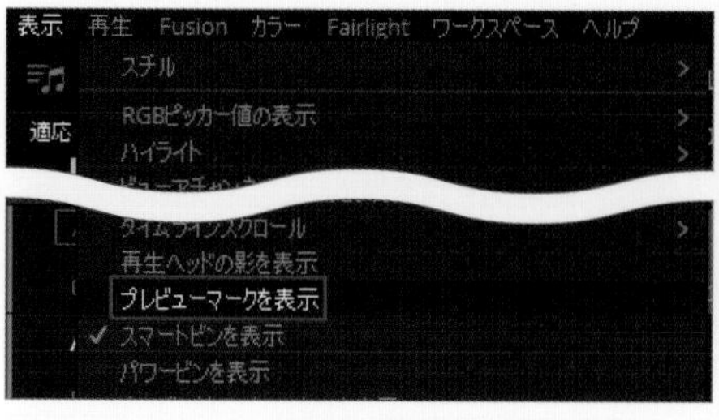

CHAPTER 4
LESSON 11

#トリム編集モード

さまざまなトリミング方法を学ぼう　トリム編集モード

動画でもチェック!
https://dekiru.net/ydv_411

トリム編集モードには、4つの機能があります。通常のトリミングでも同じようなことはできますが、これらを使うとさらに効率がよくなります。

[トリム編集モード]をオンにする

まずは編集モードを切り替えます。カーソルを置く位置によって4パターンの編集ができます。

1 ❶[トリム編集モード]ボタンをクリックしてオンにします。オンにするとカーソルの形がに変わります。

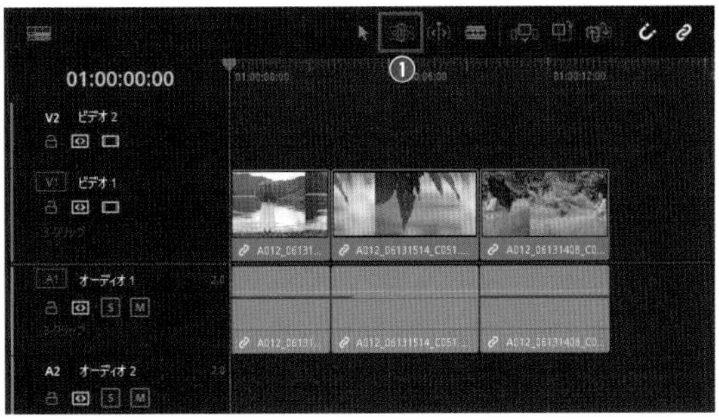

[ロール]

全体の尺は変えず、選択したクリップ間の編集点を左右に動かすことができます。

1 クリップとクリップの間に❶マウスポインターを合わせます。

2 になった状態で❷ドラッグします。

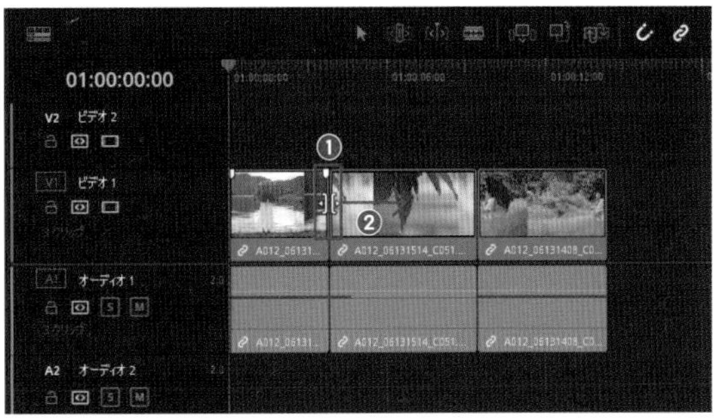

できた！ 全体の尺を変えることなく両側のクリップの編集点をずらすことができました。

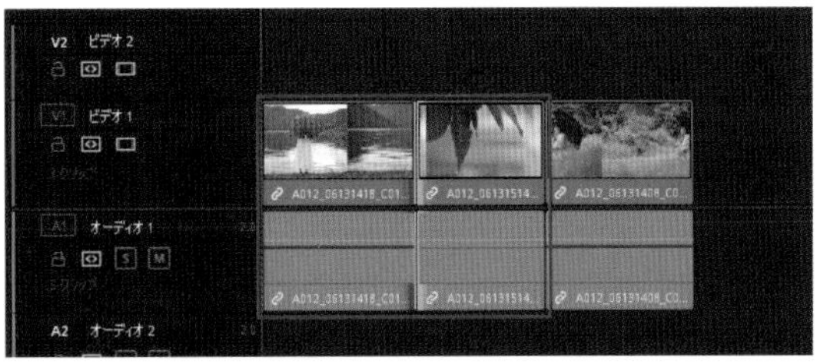

[リップル]

選択したクリップをトリミングする方法です。これにより、全体の尺も変わります。

1 クリップの端に❶マウスポインターを合わせます。

2 になった状態で❷ドラッグします。

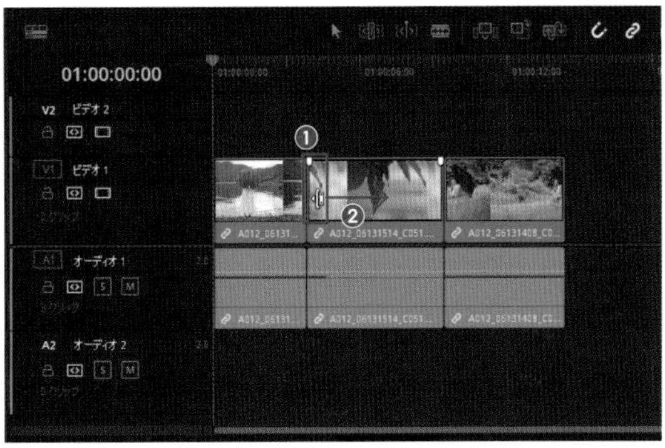

できた！ ギャップを作らずにクリップのトリミングをすることができました。

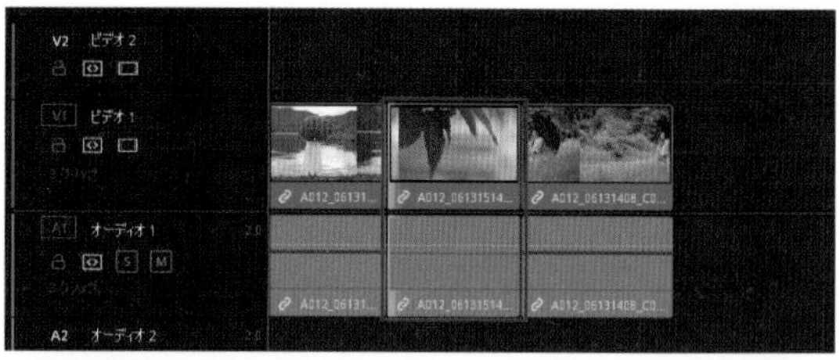

［スリップ］

選択したクリップの開始と終了のタイミングを変更することができます。全体の尺は変わりません。

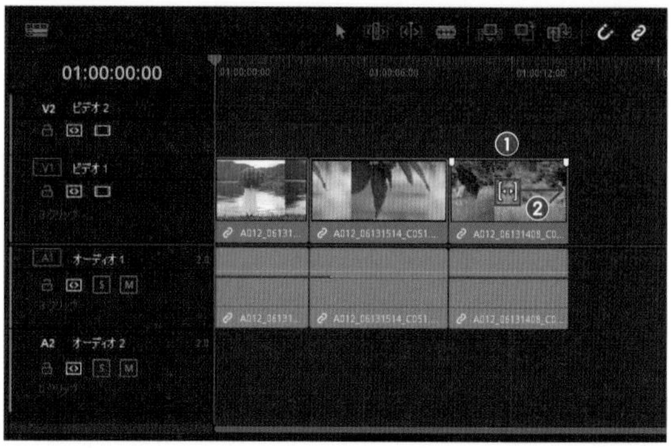

1 変更したいクリップに❶マウスポインターを合わせます。

2 になった状態で❷ドラッグします。

できた！ 全体の尺を変えることなく選択したクリップの編集点をずらすことができました。

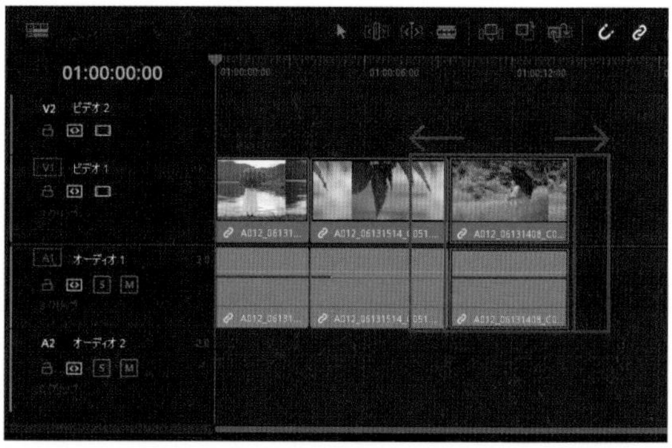

その場から動かずにクリップの使用箇所をスライドできる

ここがPOINT

サムネイルを表示させてわかりやすく

タイムラインツールにある［タイムライン表示オプション］の［ビデオ表示オプション］を［サムネイルビュー］にすると、サムネイルが表示され、編集がやりやすくなります。

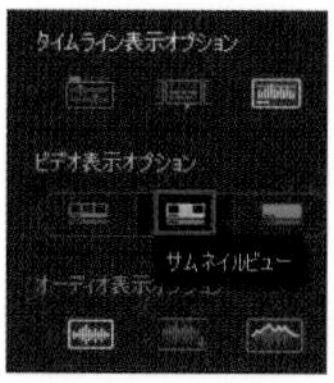

［スライド］

［スリップ］と似ていますが、選択したクリップの全体尺は変えず、左右のクリップをスライドさせます。

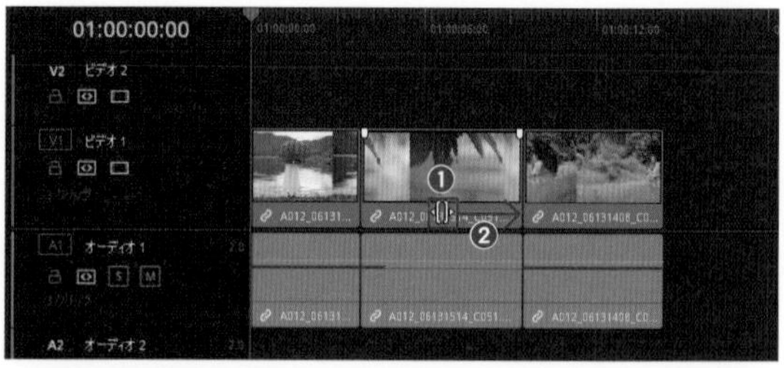

1 クリップの下部に❶マウスポインターを合わせます。

2 になった状態で❷ドラッグします。

できた！ 選択したクリップの左右のクリップの編集点をずらすことができました。

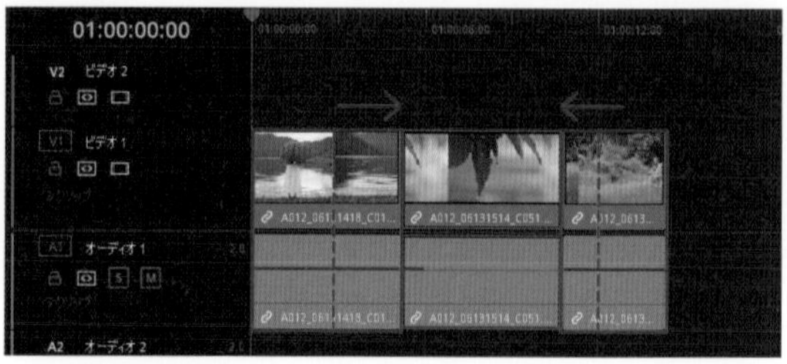

左右に位置をスライドできる

CHAPTER 4
LESSON 12

#ダイナミックトリムモード

さまざまなトリミング方法を学ぼう ダイナミックトリムモード

動画でもチェック!
https://dekiru.net/ydv_412

ここでは、映像を再生しながらトリミングします。[ダイナミックトリムモード]を選択した上で、[選択モード]か[トリム編集モード]を選んで行います。

[ダイナミックトリムモード]をオンにする

まずは編集モードを切り替えます。

1 ❶[ダイナミックトリムモード]ボタンをクリックしてオンにします。

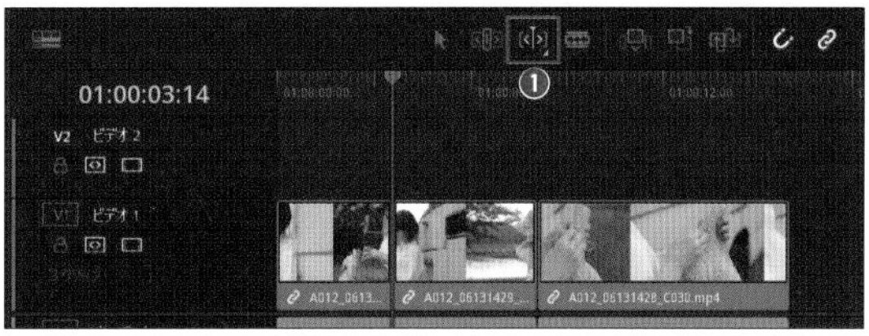

2 オンにすると表示が黄色に変わり、再生ヘッドも黄色になります。

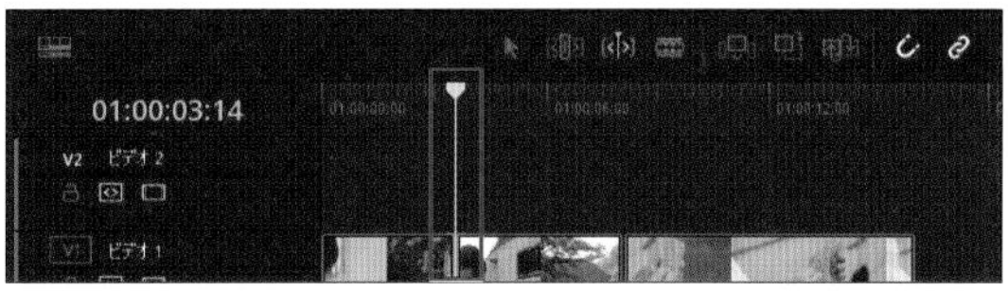

[選択モード]

ここでは、キーボードのJキー(逆再生)、Kキー(停止)、Lキー(再生)を使用して編集を行います。

1 ❶[ダイナミックトリムモード]ボタンがオンの状態で、❷[選択モード]ボタンをクリックしてオンにします。

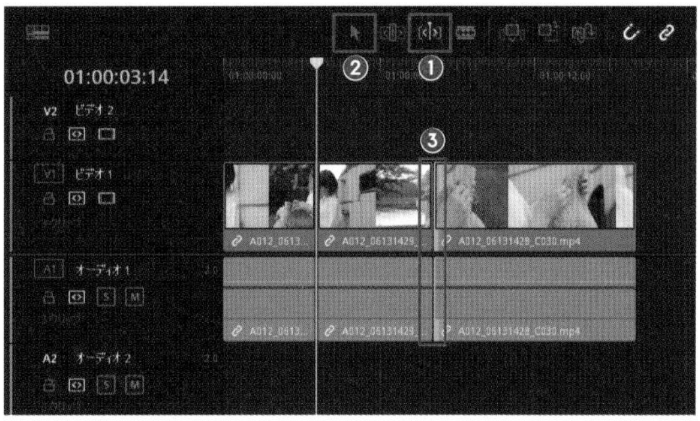

2 クリップの先頭をクリックすると❸緑色のラインが表示されるので、Lキーを押すと再生しながらトリミングが始まります。

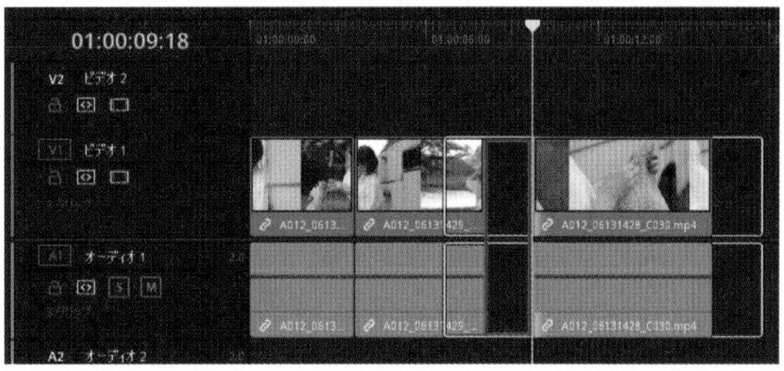

3 Kキーを押すと停止します。

4 トリミングした映像をもとに戻したいときにはJキーを押してからKキーを押すと停止します。

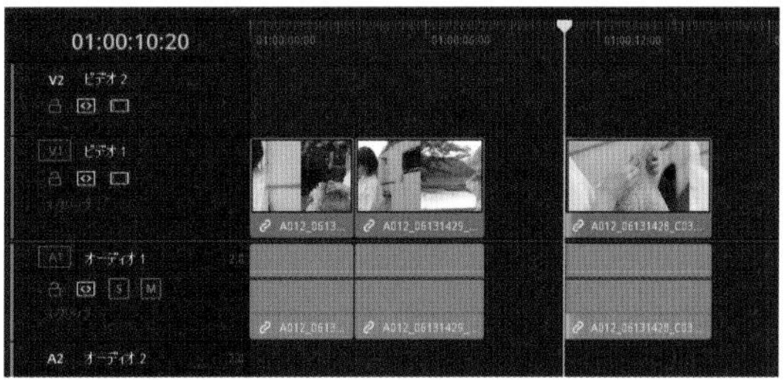

ここがPOINT

もっと速く作業をするには

Lキーや Jキーを2回連続して押すと倍速になります。

[トリム編集モード]

ギャップを作らずにリップル削除をしながらトリミングを行います。

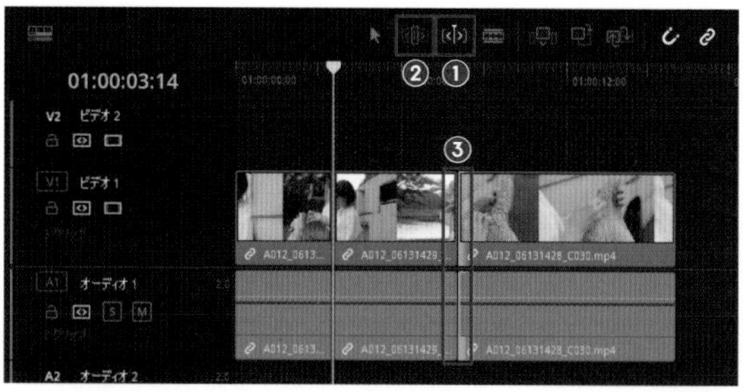

1. ❶[ダイナミックトリムモード]ボタンがオンの状態で、❷[トリム編集モード]ボタンをクリックしてオンにします。

2. クリップの末尾をクリックすると❸緑色のラインが表示されるので、Jキーを押すとギャップを作らずにトリミングが始まります。

3. Kキーを押すと停止します。

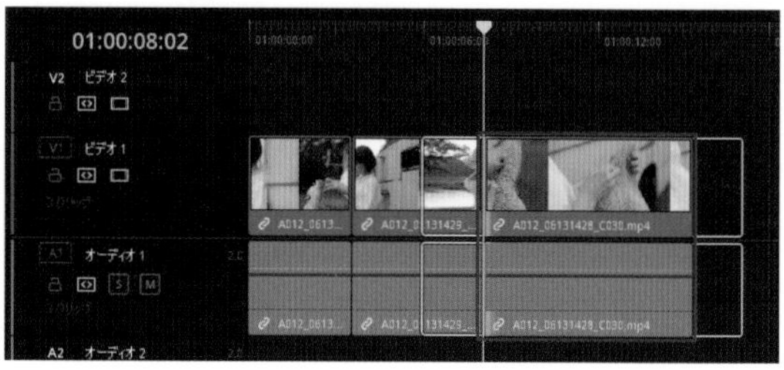

操作に慣れるまでに少し時間がかかるかもしれませんが、チャレンジしてみてください。

(もっと)
知りたい!

● クリップの表示カラー

クリップの表示カラーは変更することができます。それぞれ編集の意図に合わせて色を変えるとパッと見でわかりやすくなります。

1. 色を変更したいクリップを選択して右クリックします。

2. [クリップカラー]から変更したい色を❶選択します(ここでは[黄])。

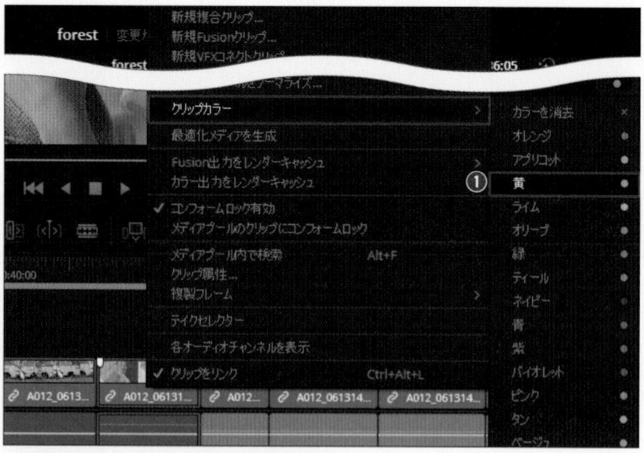

できた! クリップのカラーが変更されました。

CHAPTER 4 LESSON 13

#スワップ編集

さまざまな編集の方法を知ろう　スワップ編集

動画でもチェック!
https://dekiru.net/ydv_413

スワップ(swap)とは「交換する」という意味で、クリップとクリップを入れ替えることができます。ショートカットキーがとても便利なので覚えましょう。

クリップの入れ替え

ここではクリップを入れ替えます。通常の[選択モード]でも入れ替えることはできますが手間がかかるため、このやり方で行います。

1 Ctrl + Shift キーを押しながら移動したいクリップを選択し、そのまま移動先に❶ドラッグします。

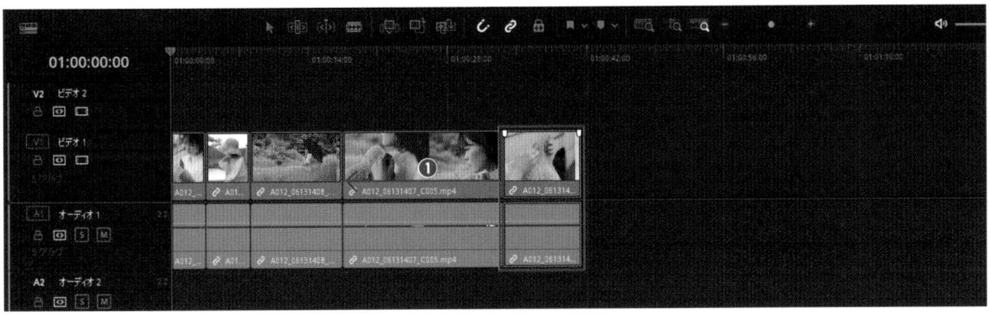

できた! クリップが入れ替わりました。

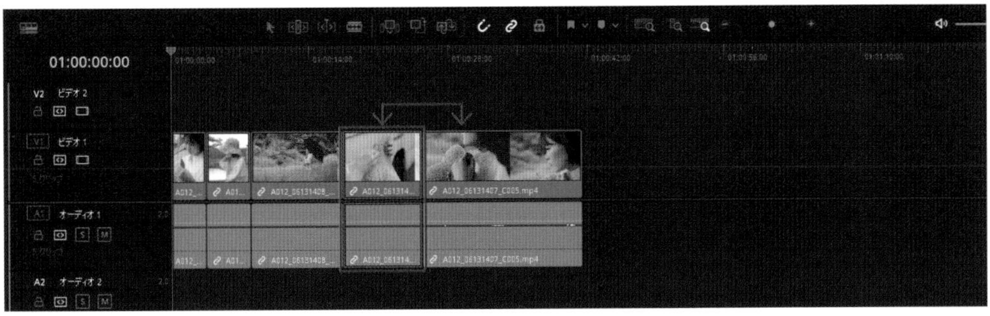

ここがPOINT

ショートカットキーがおすすめ!

ショートカットを使って入れ替えることもできます。Macでは Ctrl キーを Command キーに置き換えてください。

前のクリップと置き換え……Ctrl + Shift + , キー
次のクリップと置き換え……Ctrl + Shift + . キー

を使って入れ替えてみましょう。ショートカットキーはツールバーの[編集]からも確認することができます。

このショートカットキーは私もよく使います。おすすめです。

ここがPOINT

ぴったりきれいに入れ替えたい！

スワップ編集を行うときは、タイムラインツールにある［スナップ］をオンにしておくのがおすすめです。［スナップ］をオンにすると、入れ替えた先のクリップの境目にぴったりフィットします。

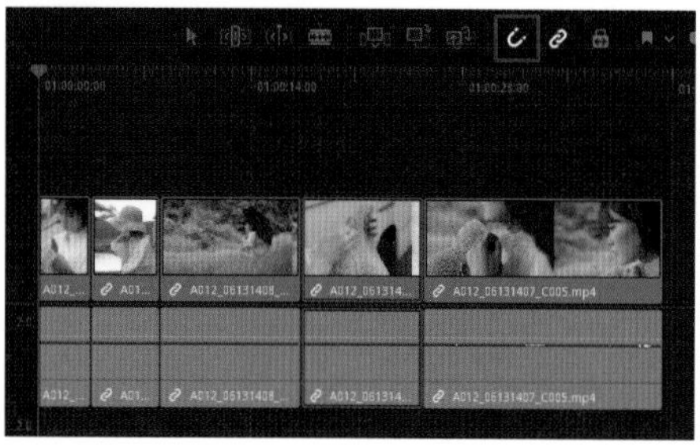

ここがPOINT

ドラッグの途中で入れ替えたらどうなるの？

クリップの境目までドラッグせず途中で入れ替えてしまうと、移動先にあるクリップを分割してしまうので気をつけましょう。もとのクリップも分割されて残ってしまいます。

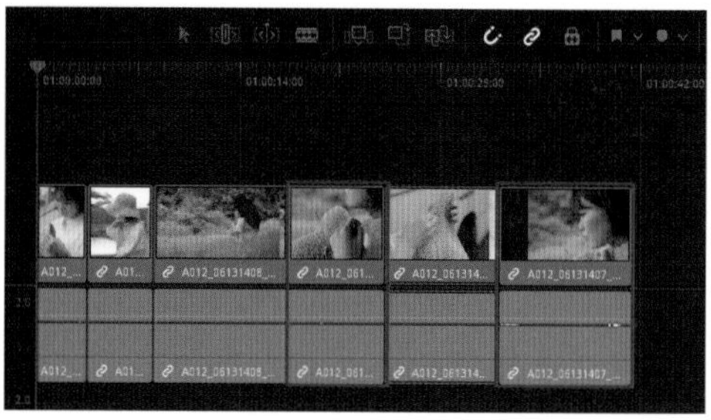

クリップが分割されて残っている状態

もっと
知りたい！

● これまでのショートカットキー一覧

DaVinci Resolveの操作効率がアップする便利なショートカットキーを紹介します。
※Windowsの表記になっています。Macの場合はCtrlキーはCommandキー、AltキーはOptionキーに置き換えてください。

●編集に関するキー操作

目的	キー操作
全画面で表示する	P／Ctrl＋F
イン点をマークする	I
イン点を削除する	Alt＋I
アウト点をマークする	O
アウト点を削除する	Alt＋O
直前の操作を取り消す	Ctrl＋Z

●クリップを操作する

目的	キー操作
再生する	L
逆再生する	J
停止する	K
前のクリップと置き換え	Ctrl＋Shift＋,
次のクリップと置き換え	Ctrl＋Shift＋.

CHAPTER 4
LESSON 14

#速度変更

クリップの速度を変更しよう

動画でもチェック!
https://dekiru.net/ydv_414

クリップの速度を速めることで映像の迫力を増したり、スローにして独特の雰囲気を出すなどの演出に使うことができます。ここではベーシックな速度変更の方法を解説します。

[速度変更]を開く

ここでは速度変更を行います。速度は[インスペクタ]から調整できます。

1 速度を変更したいクリップを選択します。

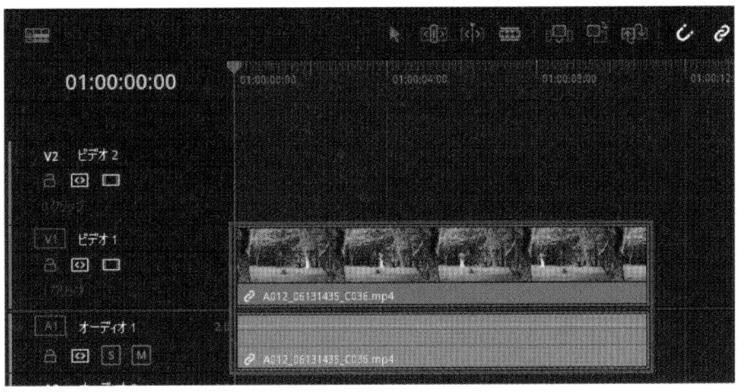

2 ❶[インスペクタ]をクリックして表示し、[ビデオ]の❷[速度変更]をクリックして開きます。

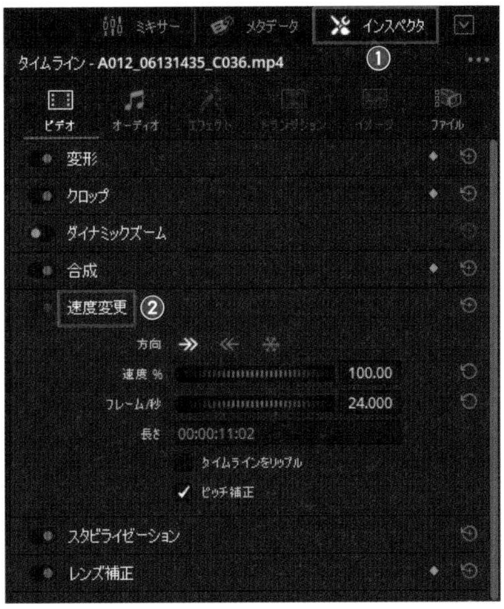

ここがPOINT

順再生と逆再生

順再生の右にある矢印をクリックすると、逆再生ができます。

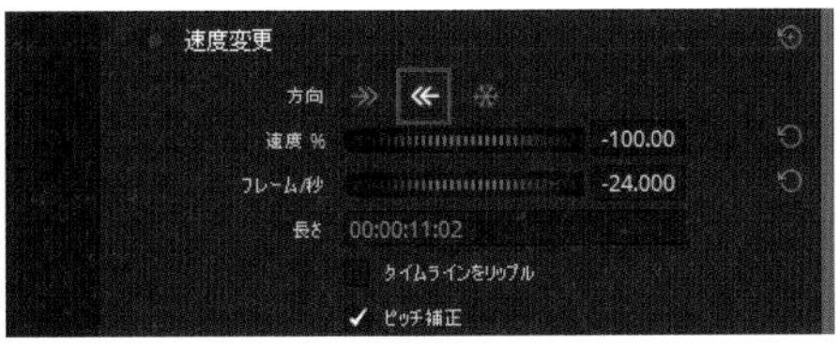

再生速度を変更する

早送りはどんな素材でもできますが、スローの場合は素材により、フレーム数に応じてなめらかさに違いが出ます。ここでは、早送りを行います。

1 ❶[方向]から再生の方向を選択し、❷[速度]に再生速度を設定します。ここでは「200」に設定します。

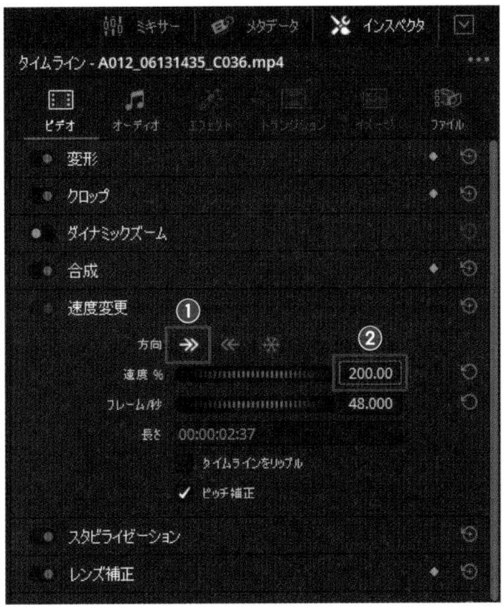

＼できた！／ クリップが2倍速で再生されるようになり、クリップ全体の尺が短くなりました。

Before

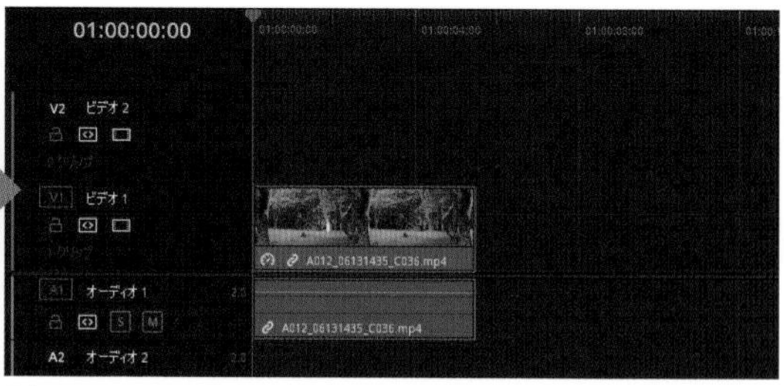

After

ここがPOINT

速度変更以外にできること

［速度変更］にある［タイムラインをリップル］にチェックを入れると、クリップの尺の変化に合わせてギャップができないように後ろのクリップが移動します。
［ピッチ補正］にチェックを入れると、再生速度を変化させたときに音声のピッチが変化しないように補正されます。

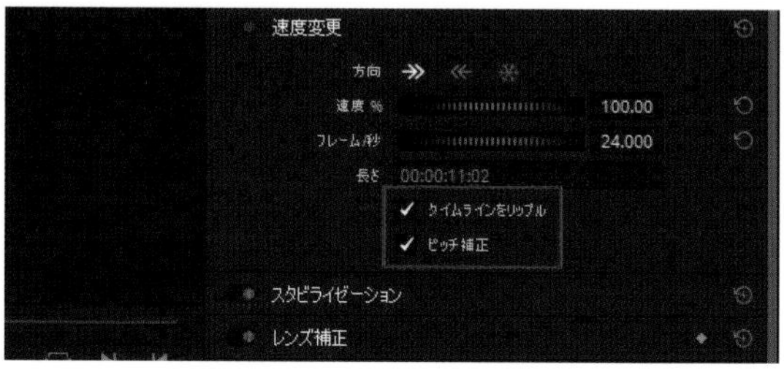

停止フレームを作成する

ここでは再生ヘッド以降を止めて静止画にする演出ができます。

1 停止したいフレームに❶再生ヘッドを合わせて、［速度変更］の❷フリーズアイコンをクリックします。

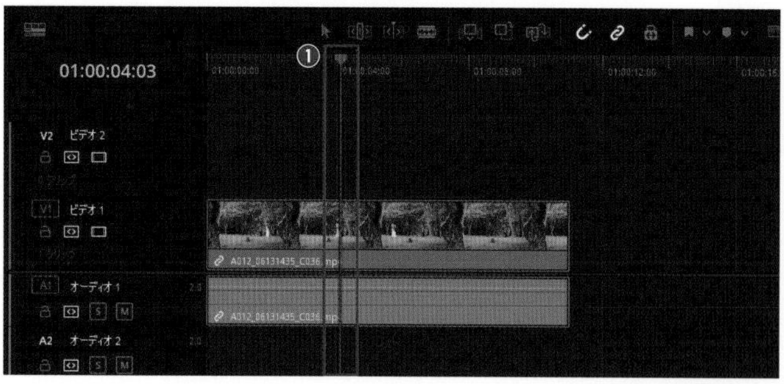

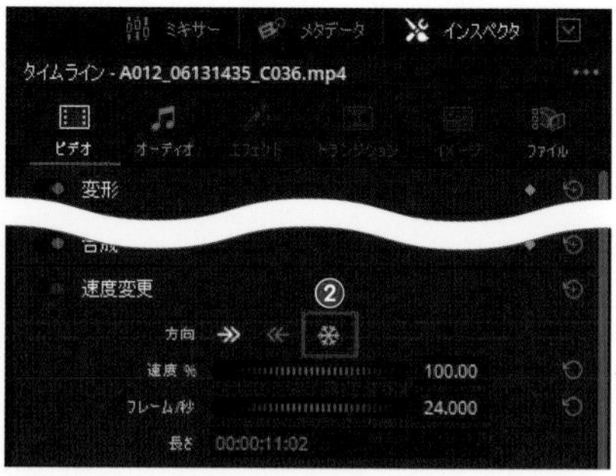

＼できた！／ 再生ヘッドがある位置でクリップが分割され、後ろ側のクリップは、再生ヘッドがあるフレームで停止した静止画になりました。

CHAPTER 5

エディットページAdvance編

このChapterでは、カット編集した素材に対してテキストを入れたり、
場面転換（トランジション）やさまざまなエフェクトの適用方法を解説しています。
しっかり学んで表現の幅を増やしていきましょう。

CHAPTER 5

LESSON 1

#インスペクタ

テキストを入れよう

動画でもチェック!

https://dekiru.net/ydv_501

練習用ファイル 5-1

映像には、タイトルやインタビュー字幕など文字要素を入れる箇所がいろいろあります。テキストの入れ方を覚えましょう。

●テキストを入れた画面

テキストを入れる

ここでは、[テキスト+]を使ってさまざまなスタイルのテキストを作ります。

1 ❶[エフェクト]をクリックします。

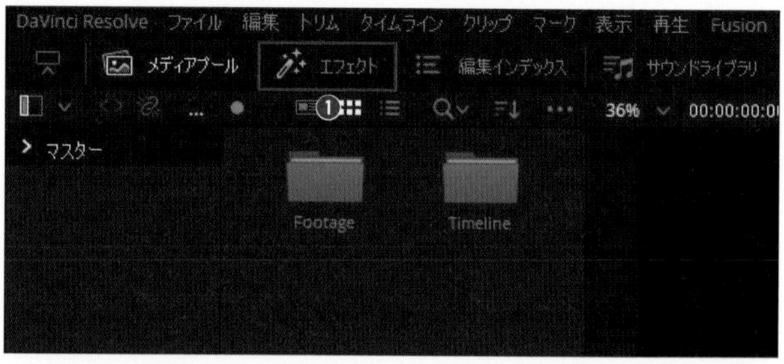

2 表示された[エフェクトライブラリ]で[ツールボックス]の❷[タイトル]をクリックします。[テキスト+]をタイムラインに❸ドラッグします。

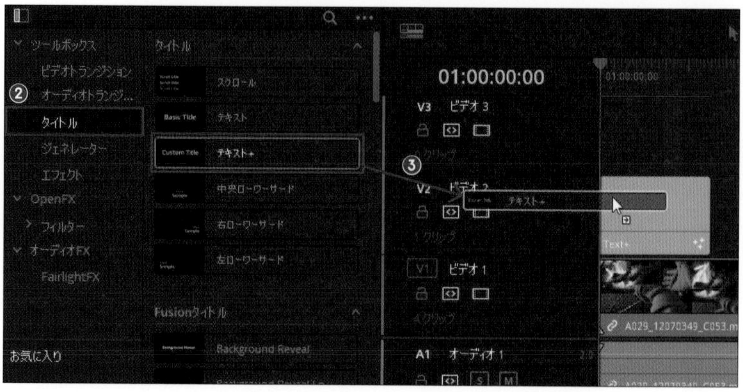

3 テキストクリップが配置されました。テキストクリップを選択した状態で❹[インスペクタ]をクリックして表示します。

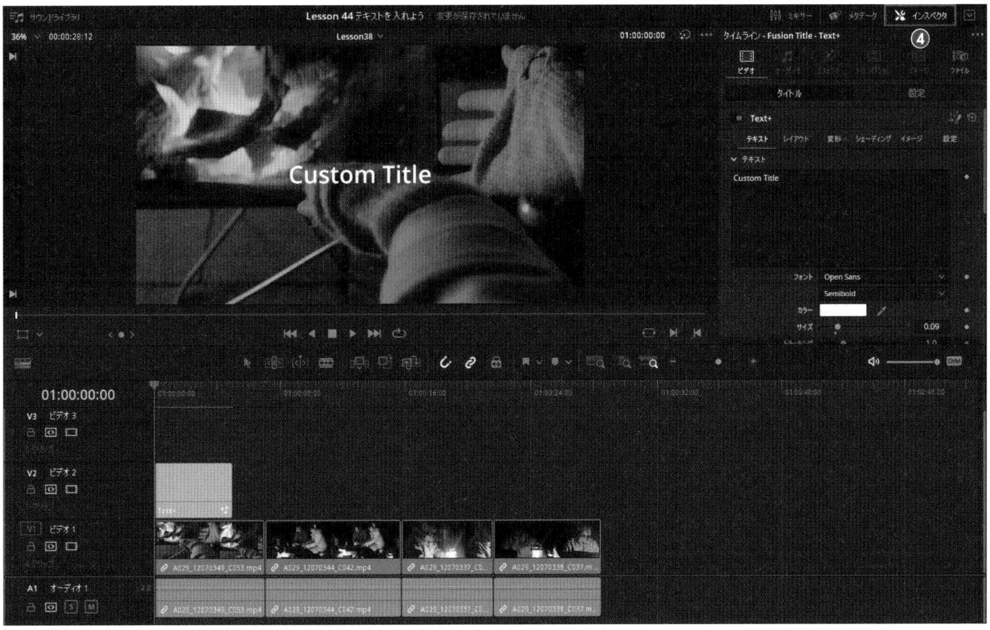

4 テキストボックスに入力されている「Custom Title」というテキストを削除して代わりのテキストを入力すると、動画上に入力したテキストが配置されます。

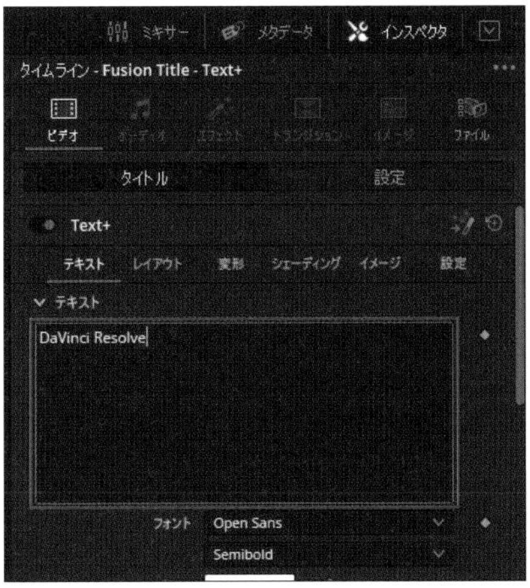

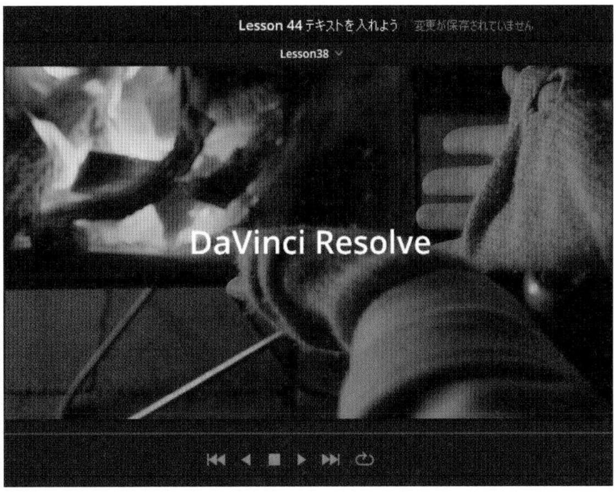

DaVinci Resolveで映像にテキストを入れる方法は、[字幕][テキスト][テキスト+]の3つです。基本的には[テキスト+]が新しいツールなので、こちらを使用すればいいと思いますが、[テキスト]のみでできることもあります。それぞれの違いを理解しましょう！各ツールの違いはこのあとのLessonで解説します。

[テキスト]タブの設定

ここでは、入力したテキストのサイズ、トラッキング、行間、文字列の方向などを調整します。

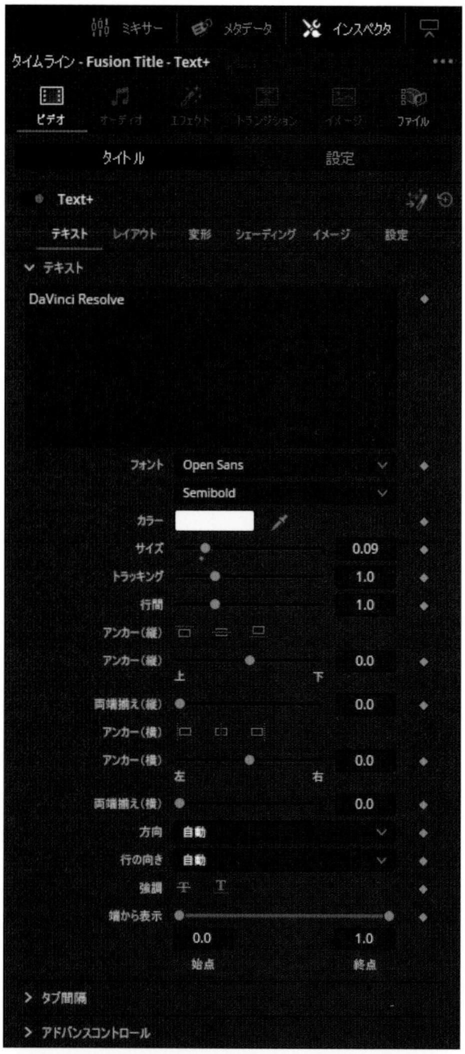

ここがPOINT

もとに戻したいときには

左のパラメータ名をダブルクリックして初期値に戻すことができます。

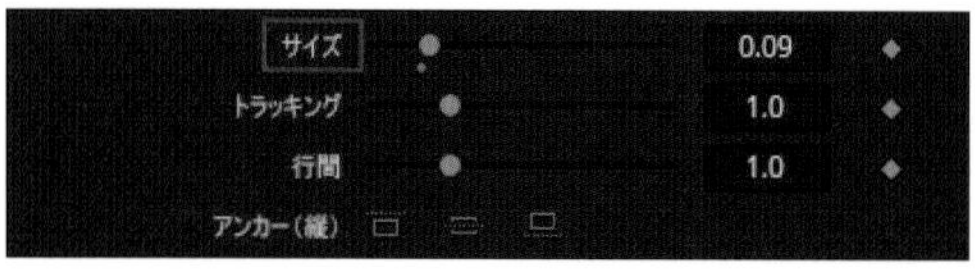

ここがPOINT

インスペクタを大きく表示する

[インスペクタ]の右の[拡大]をクリックすると、インスペクタを大きく表示できます。

シェーディングエレメントを適用する

ここでは、テキストに影をつけたり枠線をつけたりといったカスタマイズができます。

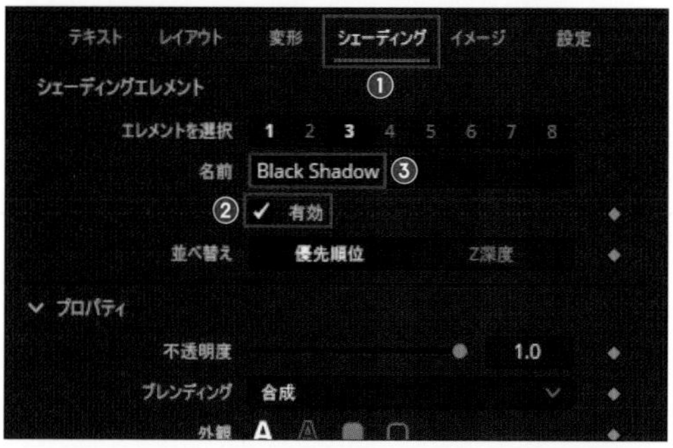

1 ❶[シェーディング]をクリックします。[シェーディングエレメント]から適用するエレメントの番号を選択し、❷[有効]にチェックを入れます。ここでは❸[Black Shadow]を選択します。

＼できた！／ 影がテキストに適用されます。

エレメントの設定

［シェーディングエレメント］では、あらかじめあるプリセットを設定できます。1〜4までは既存の効果が割り振られており、5以降は自由に効果を選ぶことができます。ここでは、1〜4までの表現を紹介します。

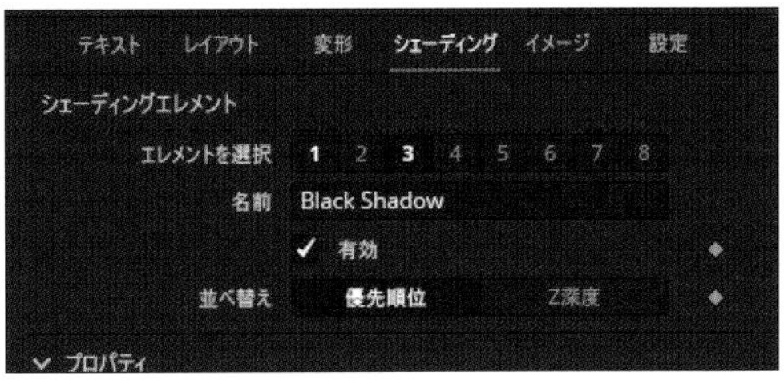

［1］White Solid Fill
文字の色を変えることができます。

［2］Red Outline
文字に枠線をつけることができます。

［3］Black Shadow
文字に影をつけることができます。

［4］Blue Border
文字の背景に座布団と呼ばれる四角や丸などを敷くことができます。

ここがPOINT

プリセットを変更するときには

一旦［有効］のチェックをはずしてから別のプリセットに変更できます。

各プリセットは色を変えたり効果がかかる場所を変えたりといった、さらに細かい調整が可能です。いろいろ触って試してみてください。

もっと知りたい！

● ［テキスト＋］と［テキスト］

［テキスト］は以前からある機能で、［テキスト＋］は、DaVinci Resolve 15から導入された新しいツールです。基本的には［テキスト］よりできることも圧倒的に多いため、［テキスト＋］を使用すればよいでしょう。しかし従来の［テキスト］にもメリットはあります。それは、［テキスト］では1文字ずつのサイズやカーニング（文字間隔）、色を変えることができることです。

CHAPTER 5
LESSON 2

#字幕

字幕を入れよう

動画でもチェック!

https://dekiru.net/ydv_502

練習用ファイル
5-2

テレビや映画でも日常的に見る字幕は、言語翻訳やコンテンツの理解度を上げるなどの意図で使われています。

●字幕を入れた画面

こういう時間は本当にかけがえのない物だと思う

字幕トラックの表示をオンにする

まずは、字幕を入力できるようにします。

1 ❶[タイムライン表示オプション]をクリックします。表示されたメニューで❷[字幕トラック]をクリックしてオンにします。

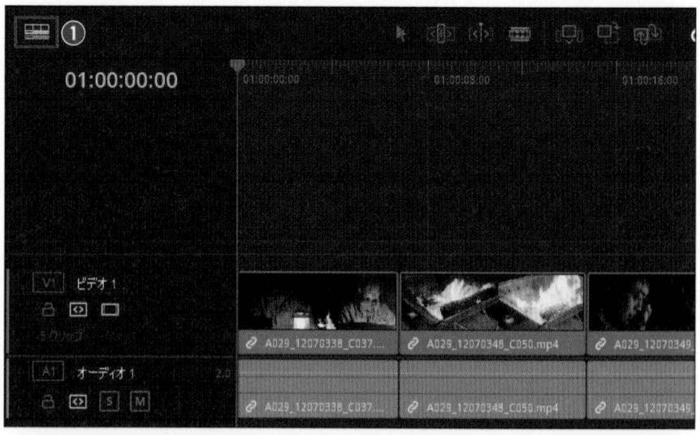

動画編集をしていくとタイムラインが埋まっていきます。そのため、字幕トラックを表示・非表示にできると便利です。

字幕クリップの配置

ここでは、字幕クリップをタイムラインに配置します。

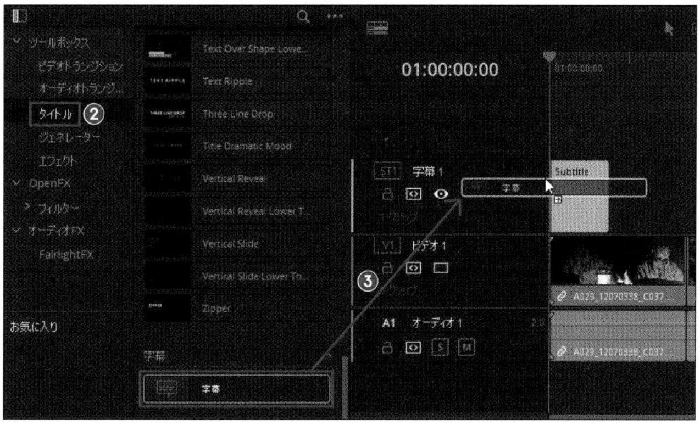

1 ❶[エフェクト]をクリックします。[ツールボックス]の❷[タイトル]を選択し、❸[字幕]をタイムラインにドラッグします。

2 タイムラインに字幕クリップが配置されます。

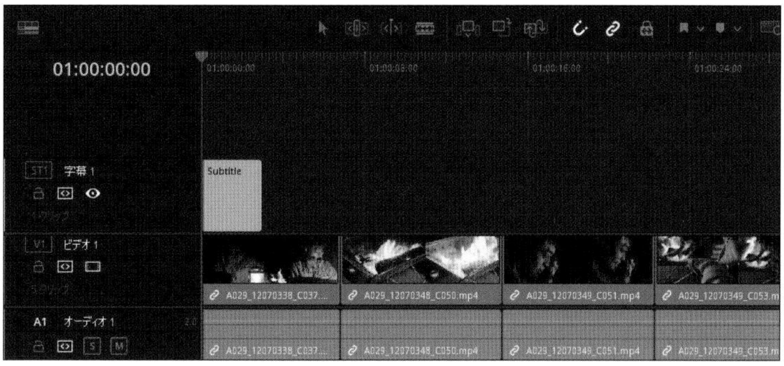

字幕の入力

字幕を入力します。

1 配置した字幕クリップを選択します。

2 ❶[インスペクタ]をクリックして表示します。[ビデオ]の❷[キャプション]を開き、テキストボックスに字幕のテキストを入力すると、入力したテキストがタイムラインビューアに表示されます。

字幕クリップを追加する

センテンスに合わせて字幕クリップを追加していきます。

1 ❶[ブレード編集モード]をクリックし、タイムラインのセンテンスを分けたい箇所で❷クリックします。

[ブレード編集モード]はBキーでも表示できます。

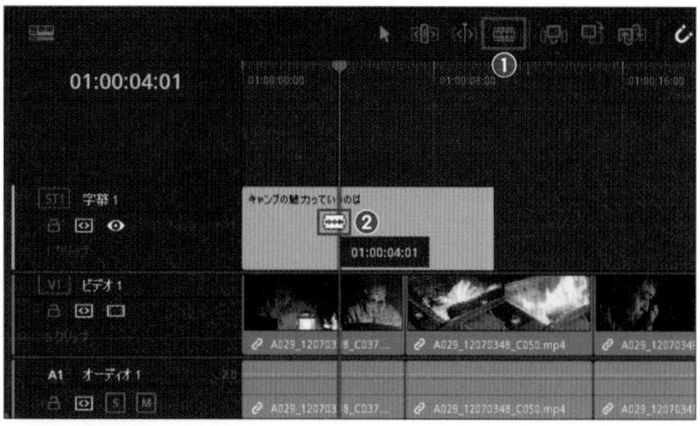

＼できた！／ 字幕が追加されました。

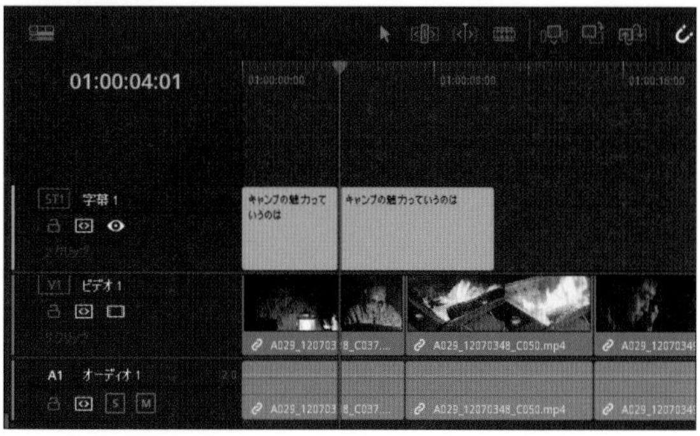

ここがPOINT

センテンスごとに管理する

[インスペクタ]の[キャプション]タブに字幕クリップが一覧で表示されるので、個々のテキストの修正や表示のタイミングを変えることが簡単にできます。

字幕クリップの右に文字数／秒数カウンタが表示されているので、確認しながら進めることができます。

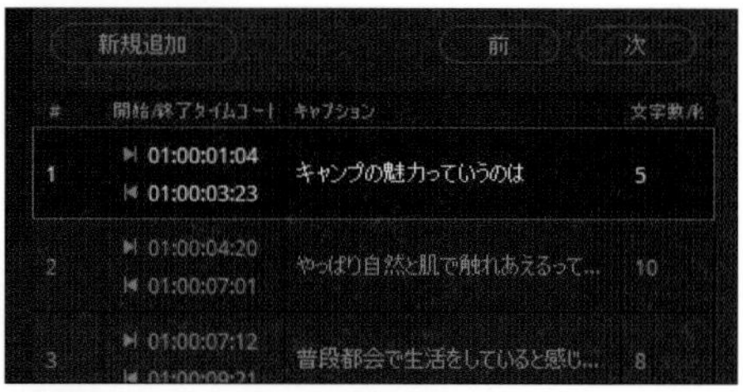

新規追加
前
次
#
開始/終了タイムコード
キャプション
文字数/s
1
01:00:01:04
01:00:03:23
キャンプの魅力っていうのは
5
2
01:00:04:20
01:00:07:01
やっぱり自然と肌で触れあえるって…
10
3
01:00:07:12
普段都会で生活をしていると感じ…
8

字幕のスタイル

[インスペクタ]の[スタイル]で字幕のスタイルを設定することができます。スタイルの設定方法は[テキスト＋]と同様ですが、[テキスト＋]ほどたくさんのスタイルをつけることはできません。

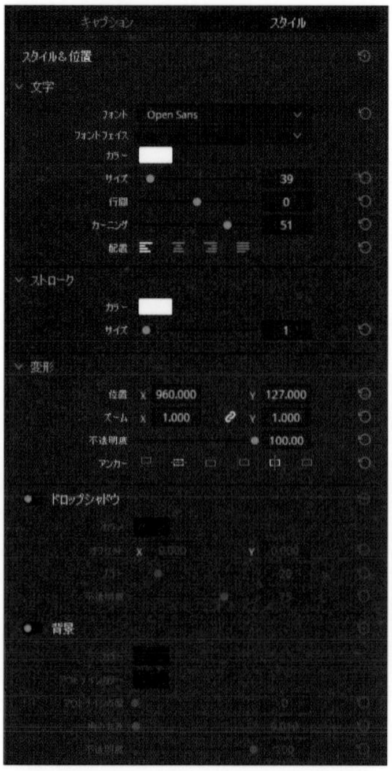

ここがPOINT

字幕と[テキスト＋]の違い

[テキスト＋]と異なり、字幕という性質上、フォントやサイズを一括で編集することができます。

CHAPTER 5 LESSON 3

#フェーダー

音量を調整しよう

動画でもチェック!
https://dekiru.net/ydv_503

練習用ファイル
5-3

映像の中で音の果たす役割はとても大きなものです。ここでは、聞きにくい部分を聞きやすくしていきます。

ミキサーを表示する

ミキサーで各クリップの音量を視覚的に判断して調整をしてみましょう。

1 画面右上の❶[ミキサー]をクリックします。

2 タイムラインの右側にミキサーが表示されます。

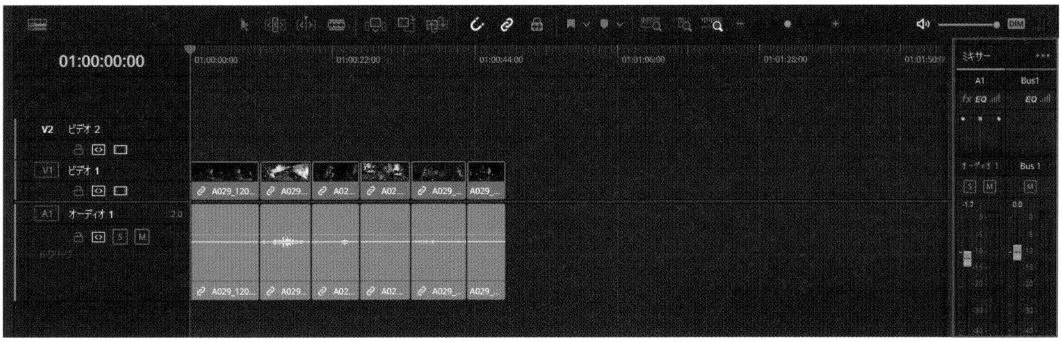

ミキサーの見方

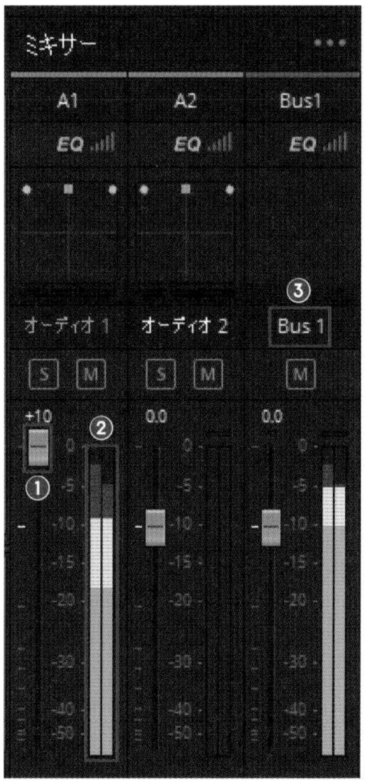

ここで、トラックの音量を確認します。

❶つまみ(フェーダー)
ここを上げ下げして音量を調整することができます。

❷オーディオメーター
緑・黄・赤の3色でdB(デシベル)表示しています。人の声は平均−12dB、サウンドエフェクトは−10dBから−30dB、音楽は−20dBから−30dBを目安にしてみましょう。

❸Bus(バス)
最終的な音量が表示されます。たとえば、1つのクリップにオーディオ1とオーディオ2を置いた場合、オーディオ1とオーディオ2の音がミックスされて最終的な音量としてここに表示されます。

トラック全体の音量を調整する

フェーダーを上げ下げして音量を調整します。

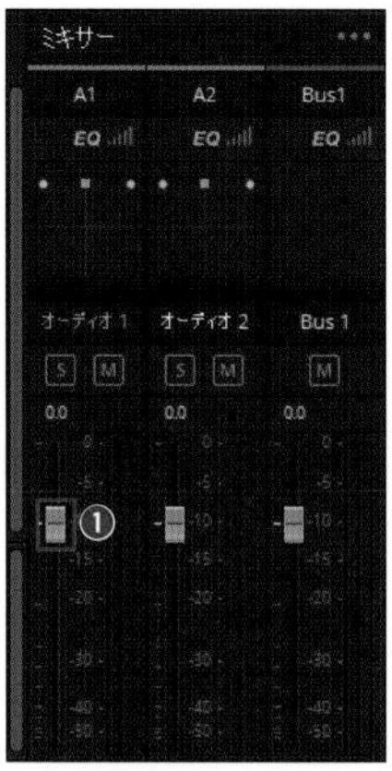

1. ［ミキサー］で音量を調整したいトラックの❶フェーダーを上げます。

＼できた！／ 再生すると、❷オーディオ1の音量が上がっていることを確認できます。

クリップの音量を調整する

ここでは、音量を調整して全体のバランスをとります。

1. 音量を調整するクリップを選択します。

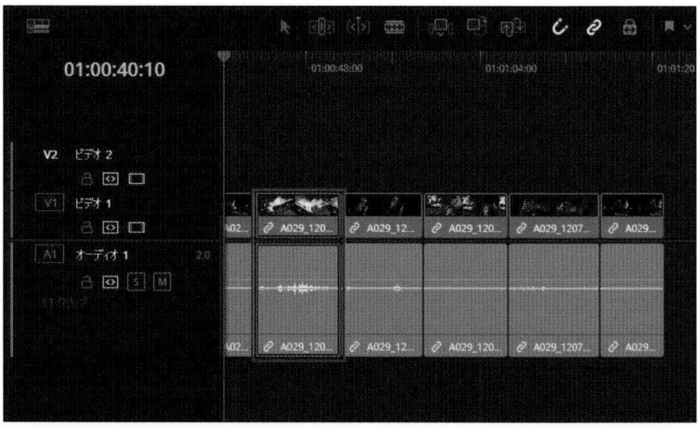

2. ［インスペクタ］を開き、❶［オーディオ］をクリックして表示します。❷［ボリューム］の数値を大きくします。

＼できた！／ 音量が大きくなり、クリップの音量の波形が大きくなります。

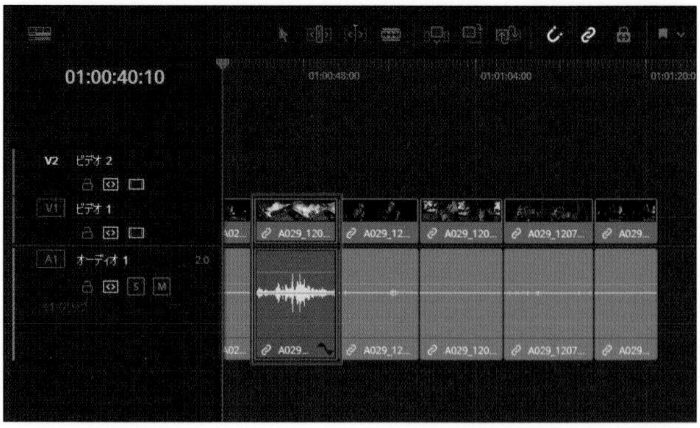

ここがPOINT

そのほかの音量の調整方法

オーディオクリップに表示されているラバーバンドをドラッグすることでも音量を調整することができます。

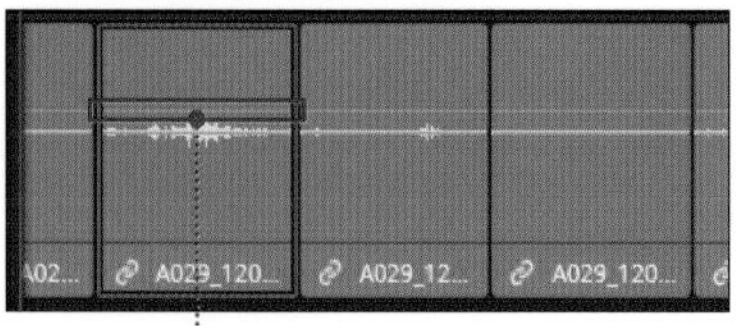

ラバーバンド

音量を部分的に調整する

部分的に音量が大きくなっている箇所を小さくしたり、小さい部分を大きくするなど、バランスをとります。

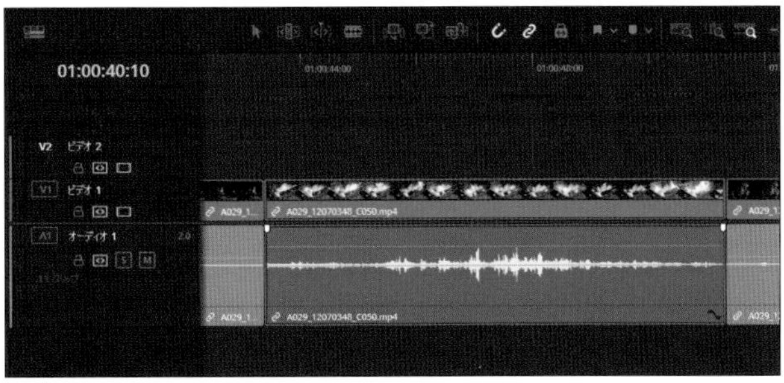

1. 音量を調整したいクリップのラバーバンド上を Alt キー(Macでは Option キー)を押しながらクリックすると、❶キーフレームが打たれます。

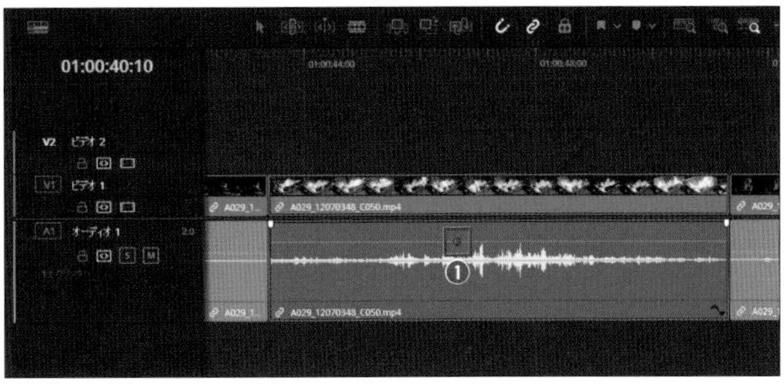

ここがPOINT

ラバーバンドを見やすくする

オーディオトラックの高さを広げたり、タイムラインの表示倍率を上げることでラバーバンドを大きく表示し、作業しやすくできます。

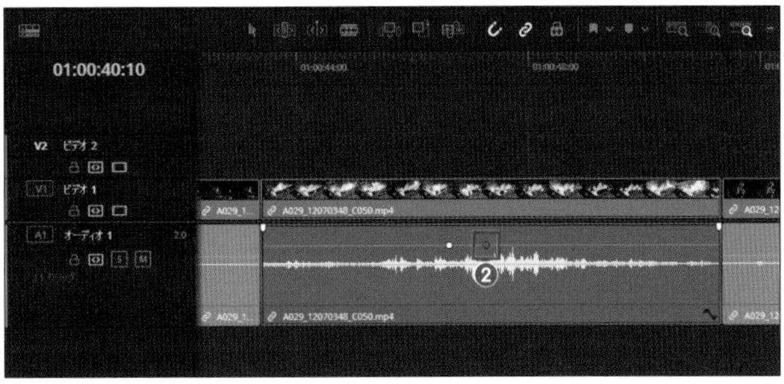

2. ラバーバンド上の別の箇所を Alt キー(Macでは Option キー)を押しながらクリックし、❷キーフレームをもう1つ打ちます。

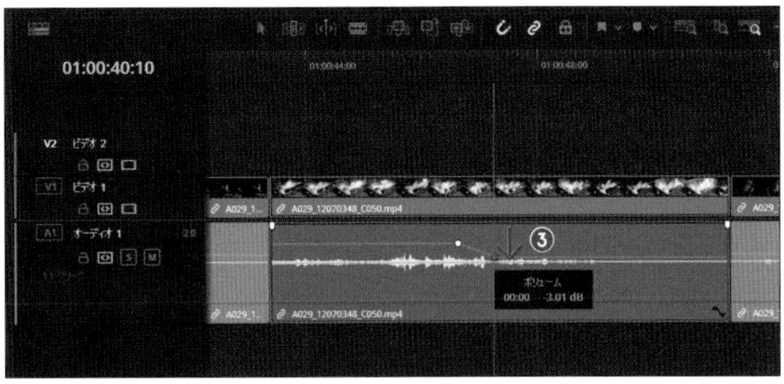

3. キーフレームの片方を下に❸ドラッグします。

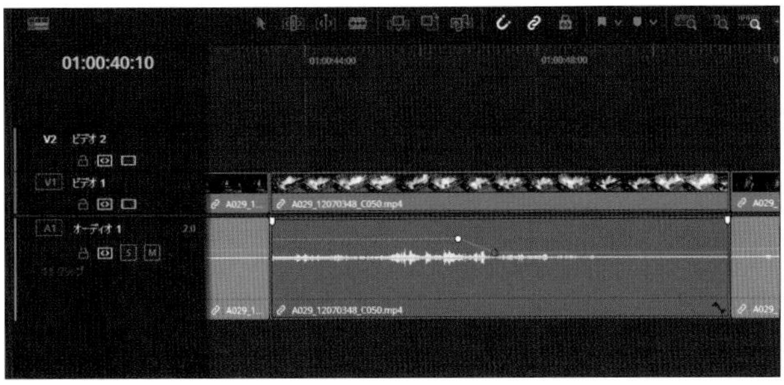

できた！ ラバーバンドがキーフレームの位置で曲がりました。再生すると、ラバーバンドが曲がっている部分から徐々に音量が小さくなっていくことを確認できます。

動画では音量の大小によって「びっくりさせない」ことがとても重要です。聞きやすい音声を目指しましょう。

CHAPTER 5
LESSON 4

#フェードイン　#フェードアウト

クリップをフェードさせよう

動画でもチェック!

https://dekiru.net/ydv_504

練習用ファイル
5-4

フェードイン／アウトは、映像の始まりと終わり、クリップ同士のつなぎ演出の1つです。マーカーを使って簡単に自然なフェードイン／フェードアウトを作ることができます。

●始まりと終わりを区切る演出を作る

フェードを設定する

どれくらいの長さを設定するかで印象が変わります。長さを試しながらやってみましょう。

1 マウスポインターをクリップの上に乗せると、クリップの上部両端に白いマーカーが表示されます。

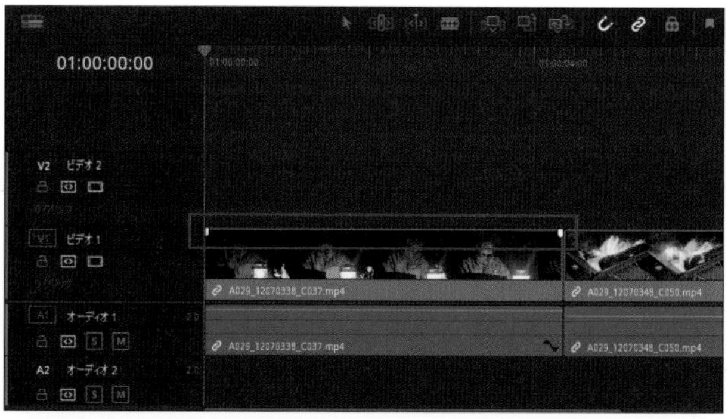

2 左のマーカーを右に❶ドラッグします。

できた！ ドラッグした長さの分だけフェードインが設定されました。

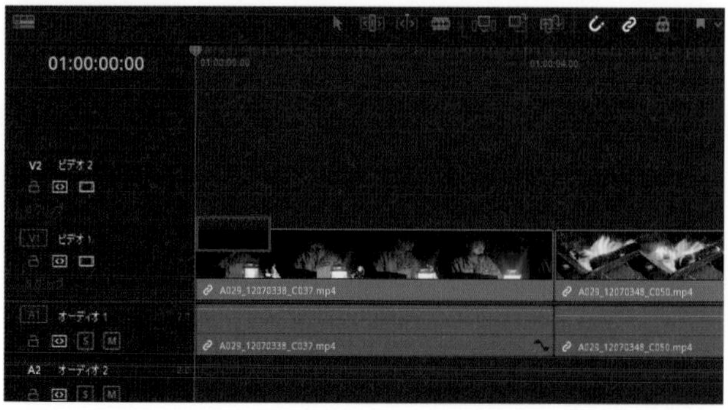

ここがPOINT

フェードアウトの設定方法

右のマーカーを左にドラッグすると
フェードアウトが設定されます。

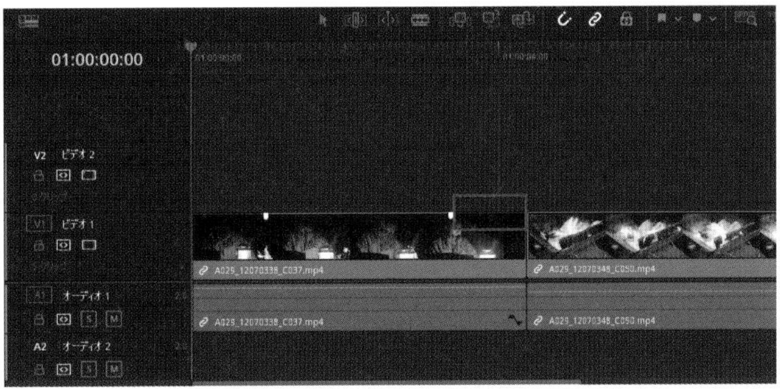

ここがPOINT

音量をフェードイン／アウトさせる

音声クリップについても同様にして
フェードイン／アウトを設定できます。

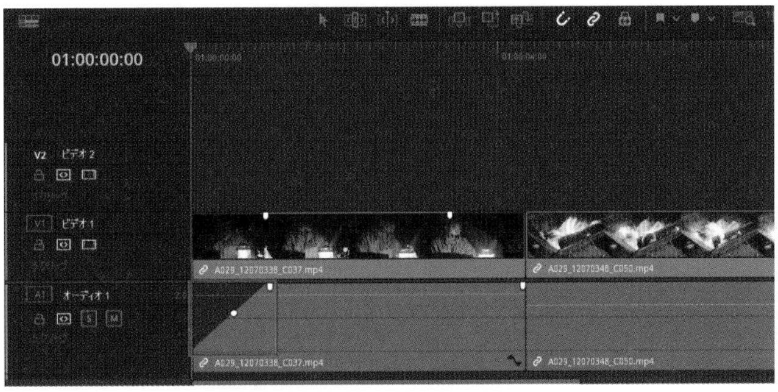

クリップとクリップの間でフェードイン／アウトさせると、2つのクリップが溶け合ったようなじゅわっとした演出を作ることもできます。

2つのクリップを重ねたフェードイン／アウトは［エフェクト］を使用して作ります。

もっと 知りたい！

● フェードに緩急をつける

音声クリップの場合、フェードイン／アウトを設定したときにラバーバンド上に白丸のマーカーが表示されます。このマーカーをドラッグすることでフェードの変化の緩急を調整することができます。

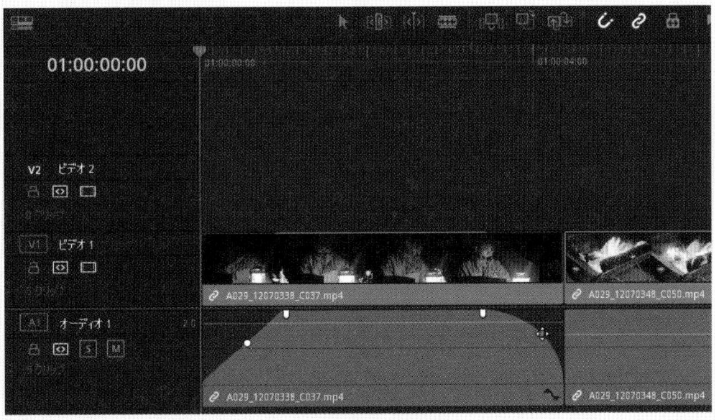

CHAPTER 5

LESSON 5

#トランジション

トランジションを適用しよう

動画でも チェック!

https://dekiru.net/ydv_505

練習用ファイル

5-5

トランジションとは場面転換の表現方法です。無数のやり方がありますので、ここではDaVinci Resolveにあらかじめ入っているプリセットを紹介します。

●トランジションの仕組み

フェード効果がクロスする（交わる）

クリップ同士をどのようにつなげるかによって、そのシーンの印象は大きく異なるものになります。瞬間的に切り替えればスピード感のある演出、前後のクリップが交差するように切り替われば溶け込んでいくような演出、といったように、見せたい場面によって切り替え効果を使い分けましょう。

クロスディゾルブの適用

ディゾルブ（溶ける）という効果を適用します。

クリップとクリップの間にかけると、前と後ろのクリップがブレンドされてふわっと切り替わります。

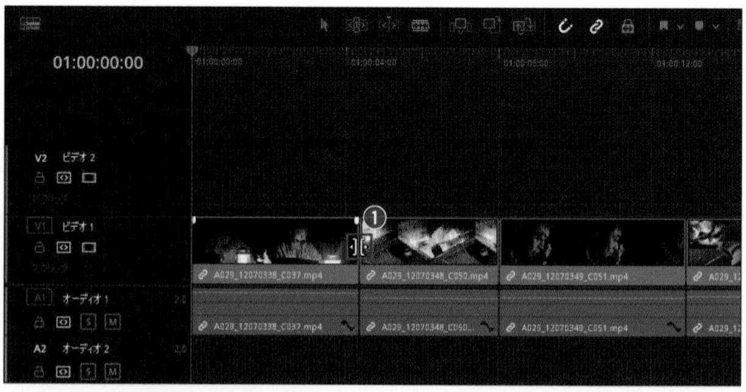

1. クリップの編集点にマウスポインターを合わせ、形が][になったところで❶右クリックします。

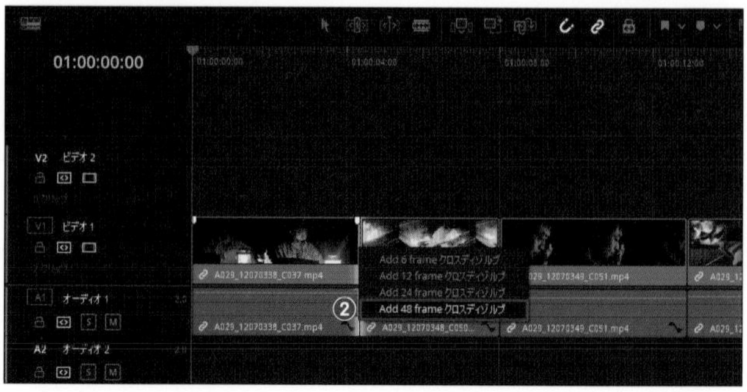

2. 表示されたメニューからトランジションを適用するフレーム数を選択します。ここでは❷［Add 48 frame クロスディゾルブ］をクリックします。

できた！ クロスディゾルブというトランジションが適用されました。

トランジションは音声にも適用されます。もしどちらか一方を削除したい場合は、Alt キー（Macでは option キー）を押しながら映像かオーディオ部分のトランジション箇所をクリックして Delete で削除することができます。

ここがPOINT

[トランジションを追加] が表示されたら

トランジションを適用するのに必要なフレームがない場合、クリップをトリミングして余剰尺を作ります。[トリム] をクリックすると自動でトリミングが行われます。

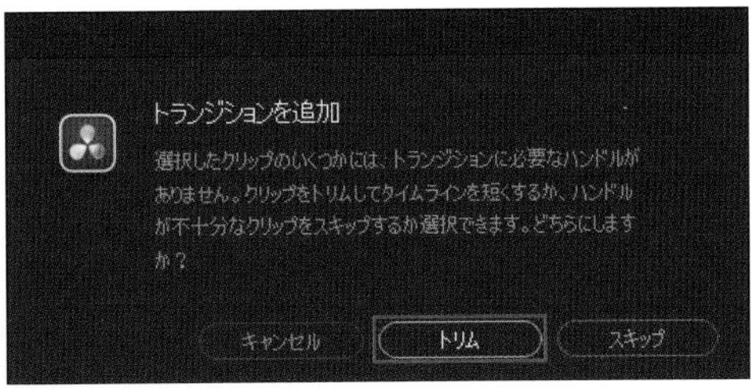

ここがPOINT

表示される色の違い

クリップの端をクリックすると、色がついて表示され、緑はトリミングされたフレームがあることを示し、赤はトリミングされたフレームがないことを示しています。

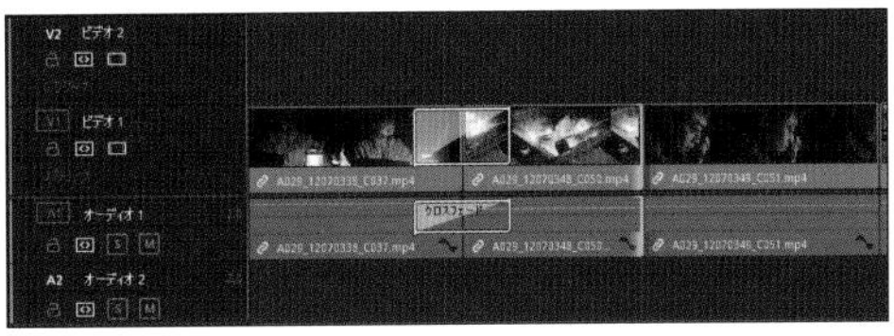

一般的なトランジションの適用

いろいろな種類があるので、プレビューして雰囲気に合うトランジションを使いましょう。

1 ❶[エフェクト]をクリックします。❷[ビデオトランジション]をクリックして表示し、使用したいトランジションを適用したい編集点に❸ドラッグします。

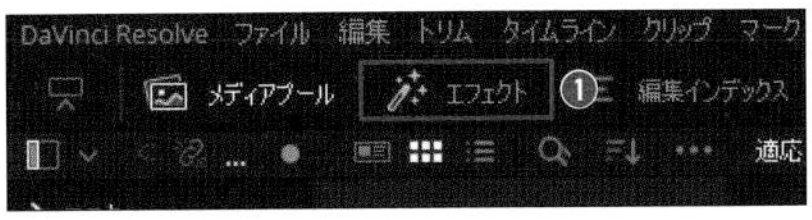

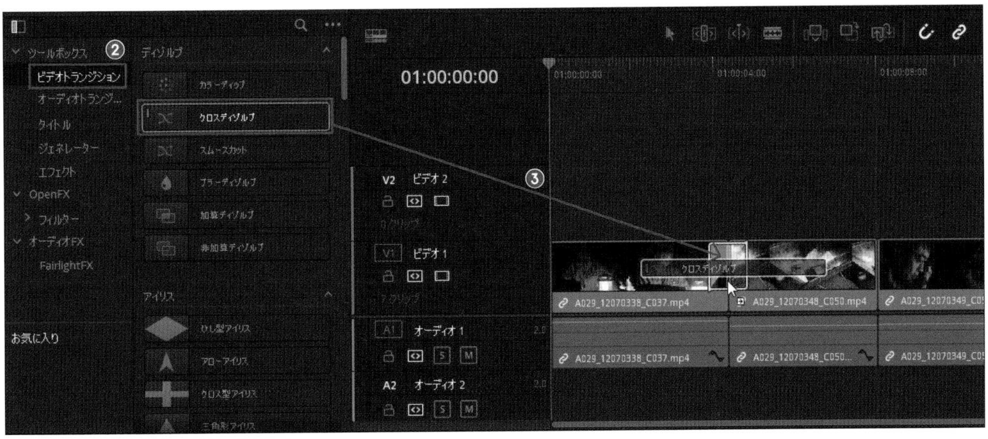

＼できた！／ トランジションが適用されました。

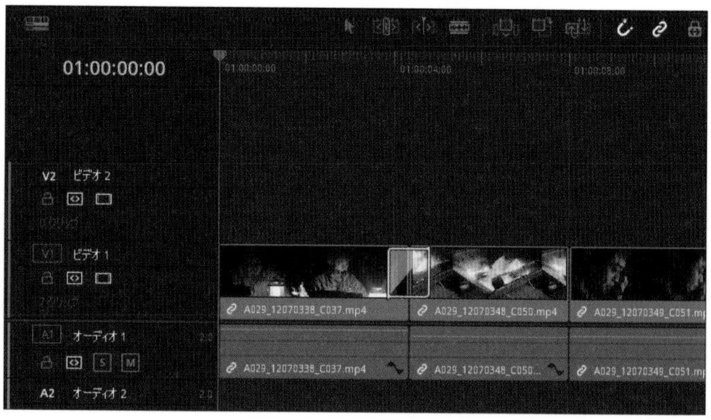

ここがPOINT

音声に適用するには

音声は［オーディオトランジション］にある［クロスフェード］をドラッグして適用します。音が不自然に聞こえる箇所に適用するとスムーズにつなぐことができます。

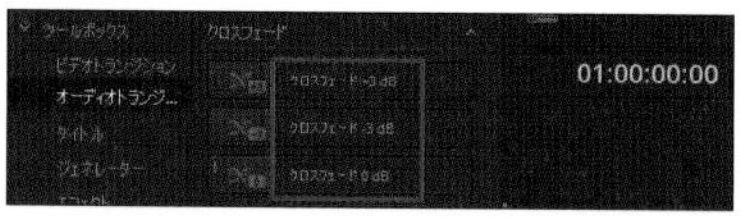

プリセットの中ではシンプルなクロスディゾルブがおすすめです。

ここがPOINT

トランジションのプレビュー

トランジション名の上をマウスポインターでなぞると、タイムラインビューアでそのトランジションのプレビューを見ることができます。

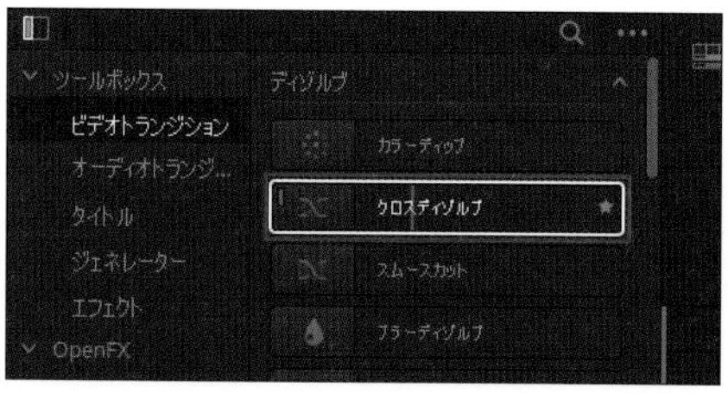

トランジションの削除

不要なトランジションは削除できます。

1. トランジションの部分をクリックして選択し、Delete キー（Macでは ⌫ キー）を押します。

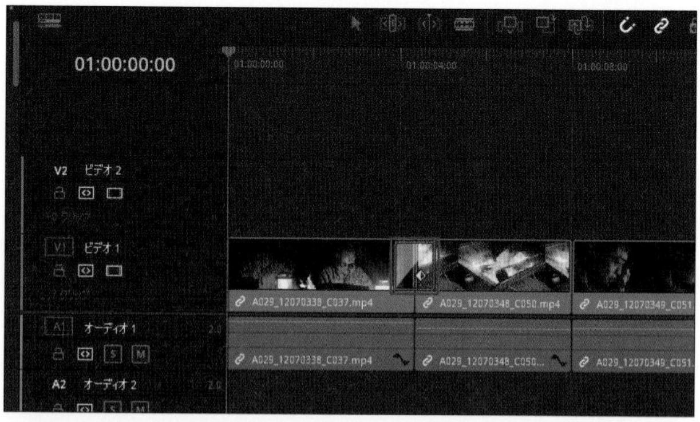

＼できた！／ トランジションが削除されました。

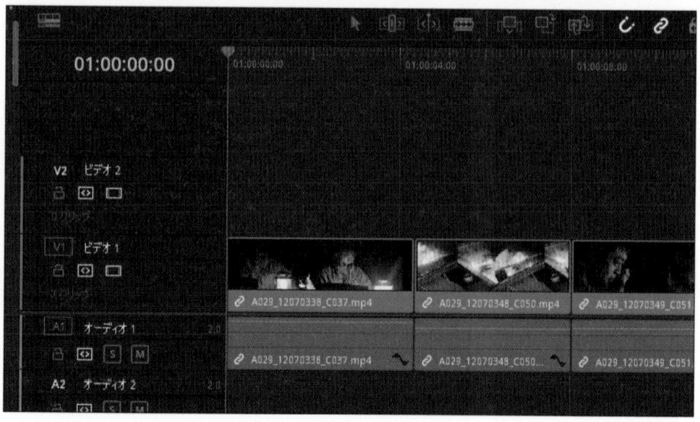

CHAPTER 5 LESSON 6

#ビデオトランジション　#エフェクトライブラリ

トランジションを調整しよう

動画でもチェック!

https://dekiru.net/ydv_506

練習用ファイル

5-6

トランジションは適用する長さで映像の雰囲気が変わるので、いろいろ試してみましょう。映像で使用するBGMの雰囲気やテンポ感などは調整する判断材料の1つだと思います。

トランジションの長さを変える

クリップの長さに合わせて長くしたり短くしたりできます。ここでは、感覚的に調整できます。

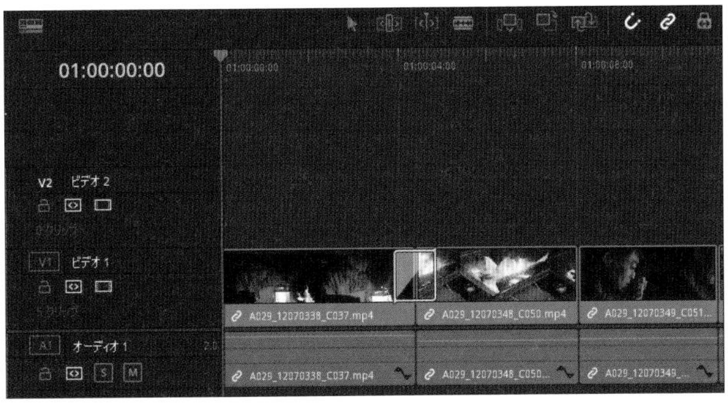

1 トランジションの端を❶ドラッグします。

できた！ トランジションの長さが変わりました。

インスペクタを開く

数値を見て調整できるので、コントロールしやすいです。全体的に揃えたいときに使えます。

1 ❶トランジションをクリックして選択します。

2 ❷［インスペクタ］をクリックして開き、❸［トランジション］をクリックします。

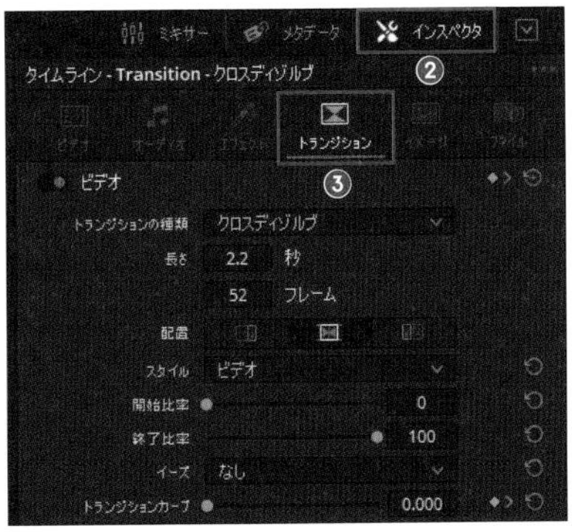

トランジションの設定

［インスペクタ］では細かい設定ができます。トランジションの種類によって設定項目が一部変わります。

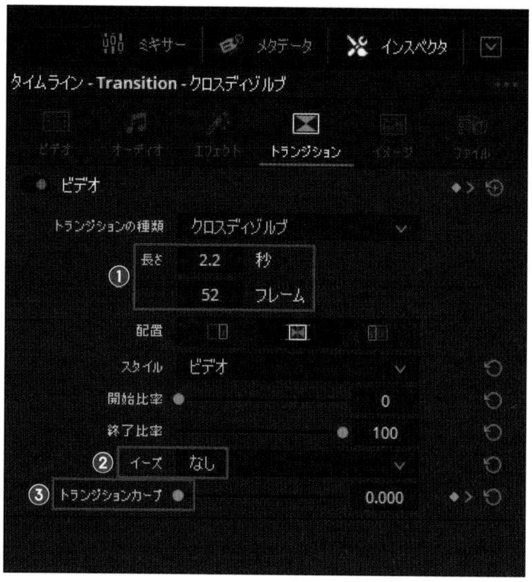

❶［長さ］
トランジションのかかる長さを秒とフレーム数で調整できます。

❷［イーズ］
Lesson 4の音声の緩急と同様に、トランジションの緩急を変更することができます。

❸［トランジションカーブ］
数値を変えることで動きを変化させることができます。

もっと
知りたい！

● カメラトランジションに挑戦しよう

DaVinci Resolveのトランジションをいくつか紹介しましたが、スマホカメラの撮り方を工夫してトランジションを作ることもできます。ご存じの方も多いと思いますが、撮影時に被写体側がカメラレンズを手で覆って、手をどかしたら次のカット（違う場所など）に移動しているなどという演出です。
カメラを上下左右に振るだけでもおもしろいトランジションを作ることができます。
たとえばカメラを下に振ってアウト（撮影ストップ）→次のカットで（撮影スタート）上から下に振ってインという流れでつないでもおもしろいでしょう。
（山などで）被写体が岩からジャンプする→着地に合わせてカメラを上から下に振る。（次は海でのカットで）着水する様子を上から下にカメラを振って撮る。これをつないでみると、ジャンプした場所は山なのに、着地したら海に一気に場面転換したという、とてもおもしろい動画を作ることができます。
DaVinci Resolve上での作業はクリップの配置だけなのでとても簡単です。
スムーズにカメラトランジションを行うには、アウト点とイン点のカメラを振った方向を統一することが大事です。この方向性さえつながっていれば、クリップをつないだときに、予期せぬおもしろさを生み出すことができます。上下左右だけでなく、カメラを回転させてアウト点とイン点をつなぐなど、ぜひ自由にいろいろ試してみてください。

●カメラを手で覆って作るトランジション

下の画像は、手で覆うタイプのトランジションの例です。

CHAPTER 5 LESSON 7

#エフェクト

エフェクトを使って表現を作ろう

動画でもチェック!
https://dekiru.net/ydv_507

練習用ファイル 5-7

すでに用意されているエフェクトがたくさんあるので、作品に合うエフェクトをいろいろ探してみましょう。

●エフェクトをかけた映像

エフェクトを適用する

ここでは、クオリティーの高いエフェクトがドラッグ&ドロップで簡単に適用できます。

1 ❶[エフェクト]をクリックして開き、[ツールボックス]の❷[エフェクト]をクリックします。エフェクトの一覧が表示されるので適用したいエフェクトをクリップに❸ドラッグします。ここでは、[Digital Glitch]を選択します。

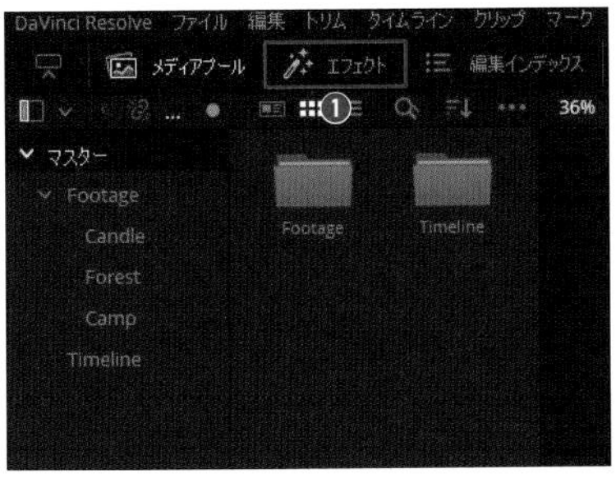

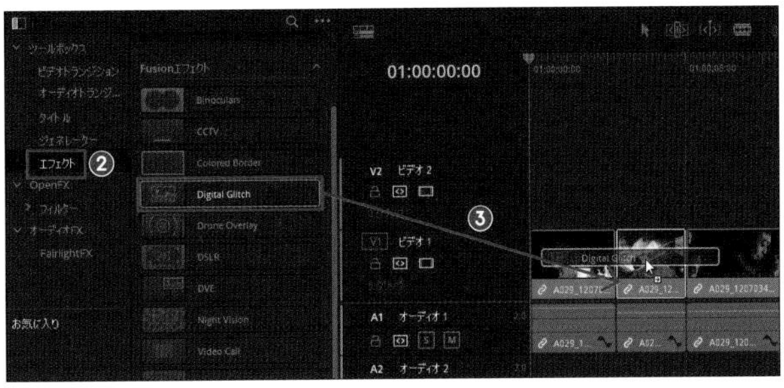

＼できた！／ エフェクトが適用されました。

Before

After

ここがPOINT

エフェクトのプレビュー

エフェクト名の上をマウスポインターでなぞるとタイムラインビューアにプレビューが表示されます。

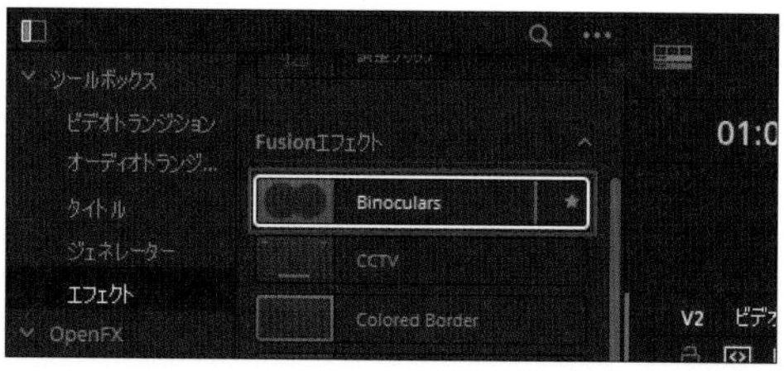

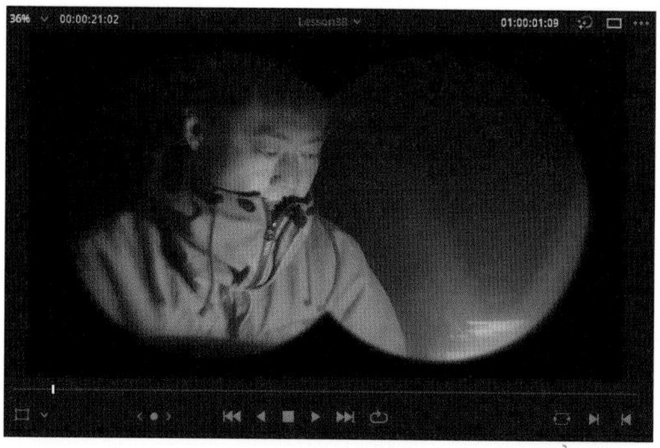

インスペクタの設定

細かい調整はインスペクタで行います。

1. エフェクトが適用されているクリップを選択した状態で、❶［インスペクタ］をクリックして開きます。❷［エフェクト］をクリックすると、エフェクトのインスペクタが表示されます。

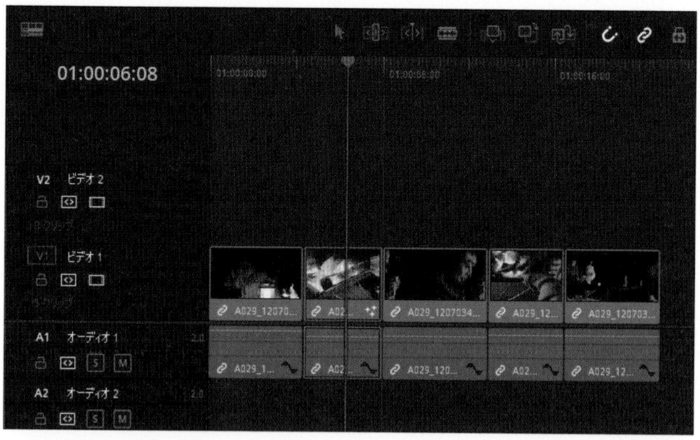

2. インスペクタを設定します。

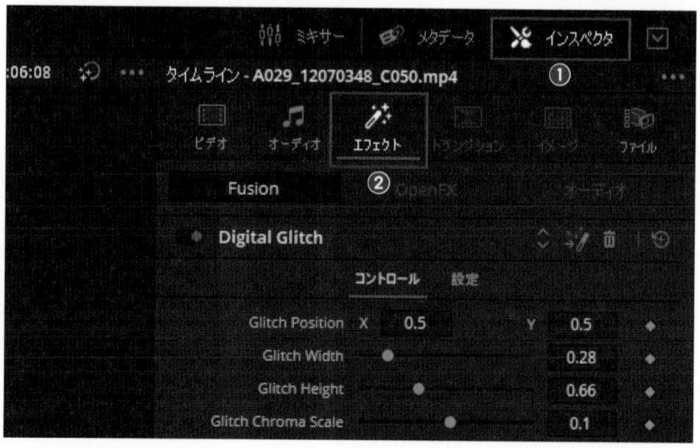

選択するエフェクトの種類によってインスペクタで設定できる項目は異なります。

複数のエフェクトの適用

複数のエフェクトをかけ合わせることもできます。かけ合わせることで違った表現が楽しめます。

1 173ページを参考に、❶[Video Camera]を追加します。

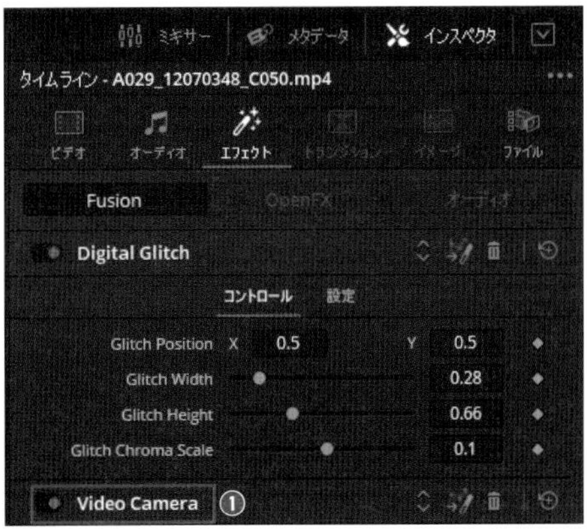

できた！ エフェクトが追加されました。

ここがPOINT

より細かい設定も可能

より細かい設定をしたい場合は[Fusion]ページで調整できます。

エフェクトの順番を変更する

エフェクトをかける順番によっては、効果が十分でない場合もあります。そんなときは、エフェクトの順番を入れ替えてみます。

1 エフェクト名の右にある❶矢印をクリックします。

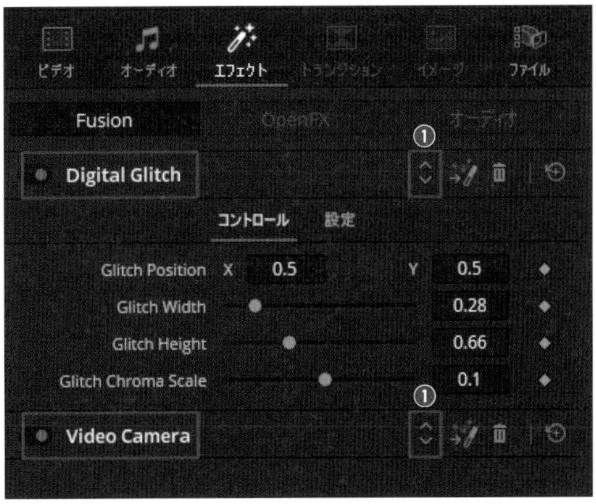

できた！ エフェクトの順番が入れ替わり、効果も変わります。

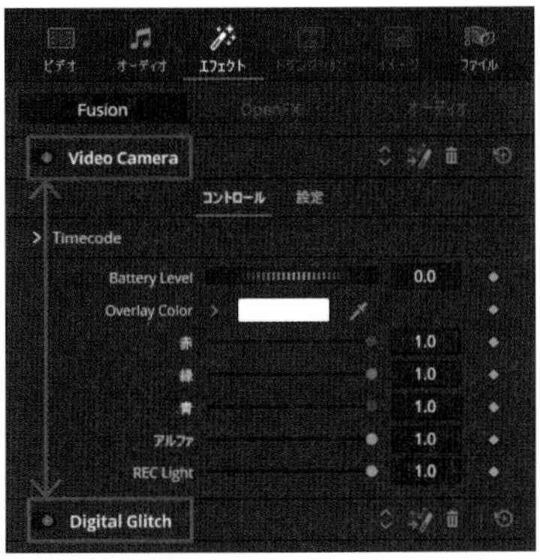

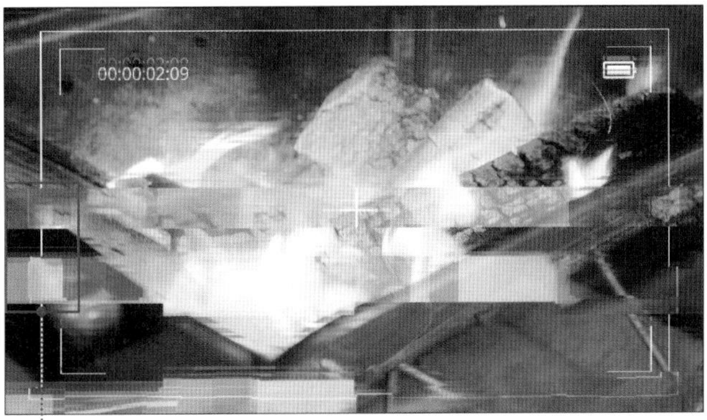

順番を変えたことで［Video Camera］のフレームにも［Digital Glitch］が適用された

ここがPOINT

プレビューが重いときは

プレビューが重たいときは、[再生]メニューの[レンダーキャッシュ]を[スマート]に設定すると、キャッシュが読み込まれたあとはプレビューが比較的スムーズになります。

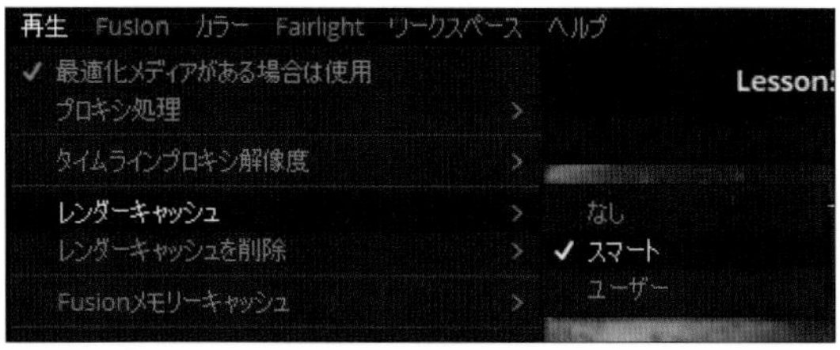

もっと知りたい！

● [Fusionタイトル]を使う

Lesson 1では[テキスト+]を使ってタイトルを作りましたが、同じ階層にある[Fusionタイトル]を使うと動きのあるオープニングを作ることができます。

1 [Fusionタイトル]から❶[Dark Box Text]を選択し、タイムラインに❷ドラッグ&ドロップします。

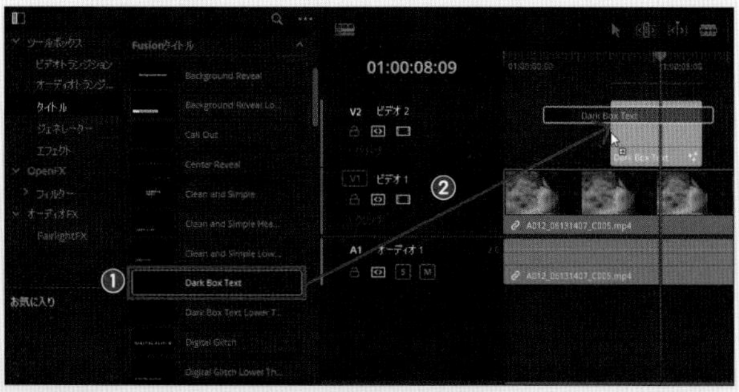

2 Lesson 1を参考に、[インスペクタ]でタイトルや色などを変更することができます。

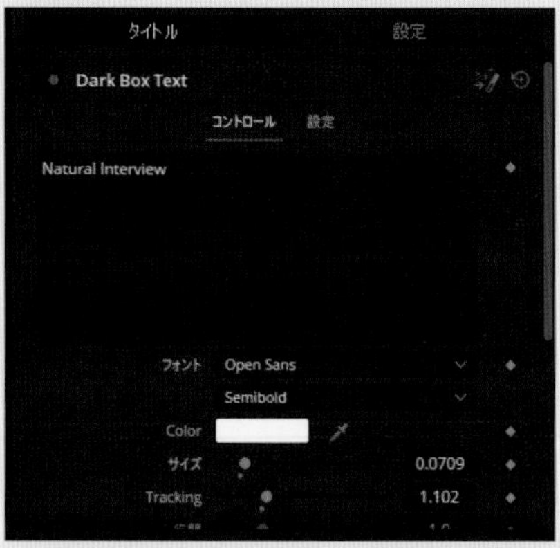

できた！ タイトルが適用されます。

CHAPTER 5 LESSON 8

#調整クリップ

調整クリップを活用しよう

動画でもチェック!
https://dekiru.net/ydv_508

練習用ファイル
5-8

調整クリップとは、同じエフェクトを複数のクリップに適用できるものです。PhotoshopやPremiere Proの調整レイヤーと同じものととらえるとよいでしょう。

調整クリップとは

クリップに直接エフェクトをかけるのではなく、クリップの上に置いてエフェクトをかけることでその下のクリップにもエフェクトがかかります。

調整クリップを配置する

ドラッグ＆ドロップで任意の箇所に任意の長さの調整クリップを配置します。

1 ❶[エフェクト]をクリックして[エフェクトライブラリ]を表示します。

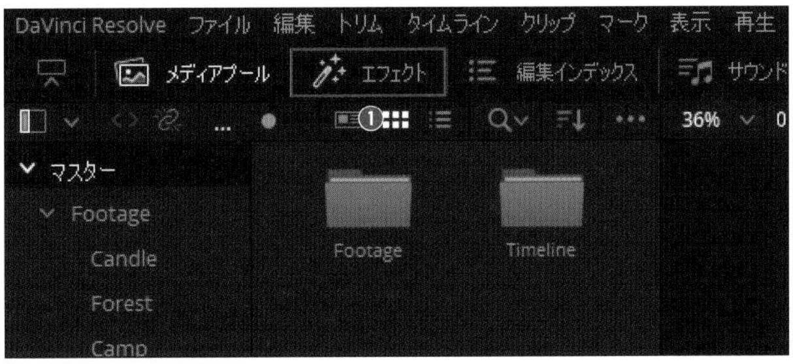

2 [ツールボックス]の❷[エフェクト]をクリックし、❸[調整クリップ]をタイムラインにドラッグします。ここでは2つのクリップにまたがって配置します。

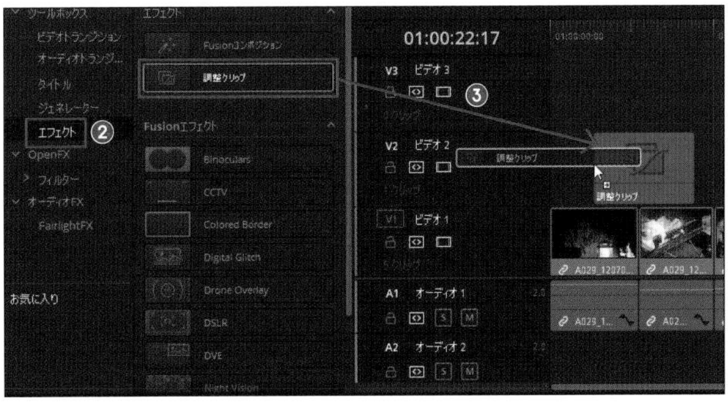

できた! 調整クリップが配置されます。

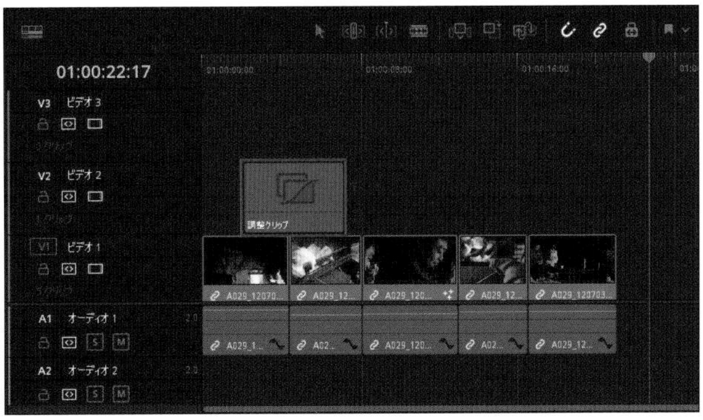

調整クリップにエフェクトを適用する

ここでは、エフェクトを1つかけてみますが、複数のエフェクトをかけることも可能です。

1 適用したいエフェクトを［エフェクト］から調整クリップに❶ドラッグします。ここでは［Digital Glitch］を選択します。

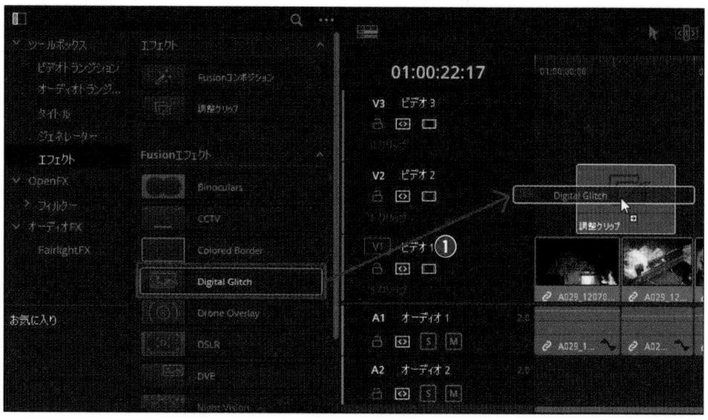

＼できた！／ 調整クリップの下にある部分にだけエフェクトが適用されます。

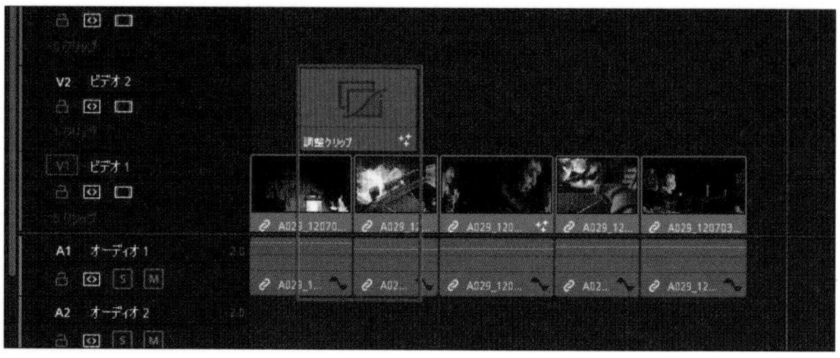

調整クリップはドラッグで移動したり長さを変えることもできるので、とても便利に使うことができます。

ここがPOINT

調整クリップも調整できる

調整クリップは［インスペクタ］による調整も可能です。［ズーム］や［回転］などさまざまな表現ができます。

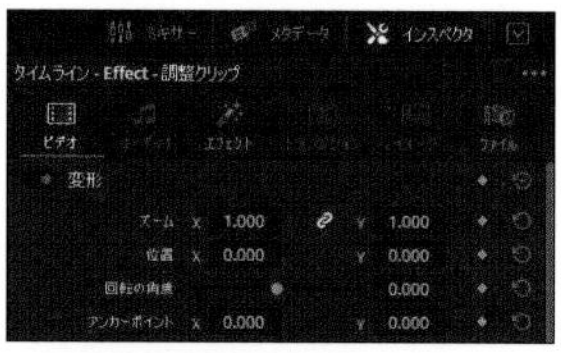

もっと知りたい！

● ［DSLR］と［Digital Glitch］でトランジションの効果を作る

調整クリップを使って複数のエフェクトを組み合わせると、おもしろい演出ができます。ここでは［DSLR］と［Digital Glitch］で独特な効果を作りました。

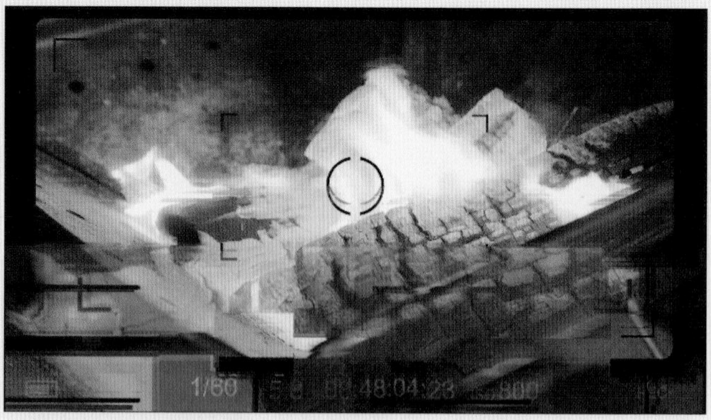

ここがPOINT

トランジションはコピーできる

作ったトランジションは、Altキー（MacではOptionキー）を押しながらカーソルを任意の場所までドラッグすると、別の場所でも同じように使うことができます。

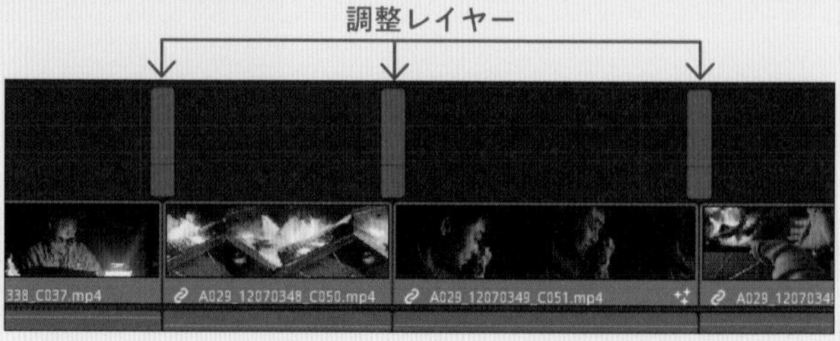

CHAPTER 5
LESSON 9

#キーフレーム

素材を動かしてみよう

動画でもチェック!
https://dekiru.net/ydv_509

練習用ファイル
5-9

画角を調整したり不要な映り込みを避けたり、またズームなどの演出で視覚的な没入感などを演出できます。キーフレームを使って素材を動かすやり方を覚えましょう。

●素材を動かして徐々にズームアップした映像を作る

動きの始点を設定する

動きを作るには最低2点の指示が必要です。スタートとなるところにキーフレームという印を必ず打ちます。

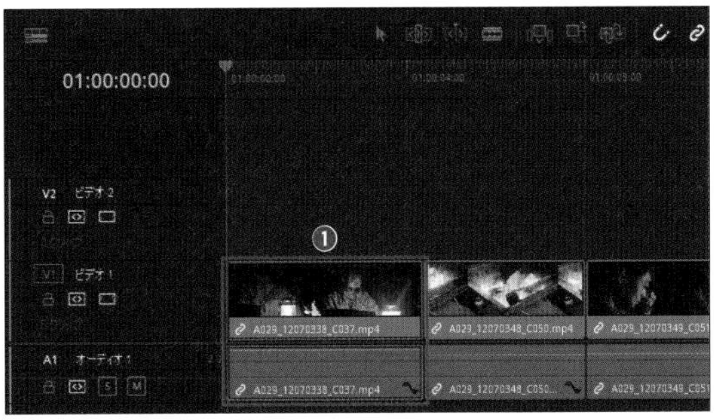

1. 再生ヘッドを動きの始まりに設定する位置に移動します。動きを設定する❶クリップをクリックして選択します。

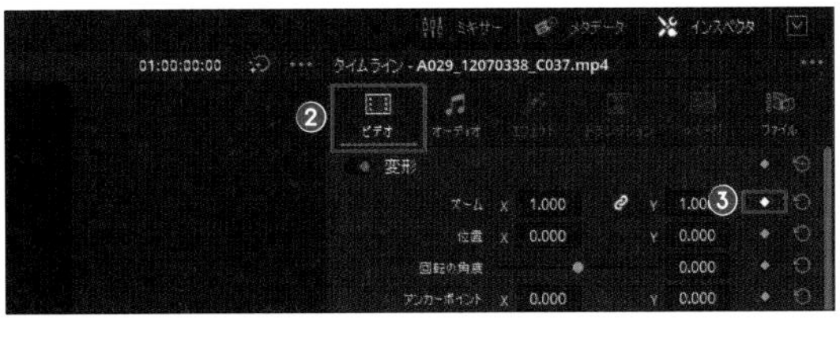

2. ［インスペクタ］の❷［ビデオ］を表示し、変化させたい項目の右側にある❸キーフレームボタンをクリックしてキーフレームを打ちます。ここでは［ズーム］の数値を変化させて徐々に拡大していく動きを設定するので、［ズーム］の右側のボタンをクリックします。

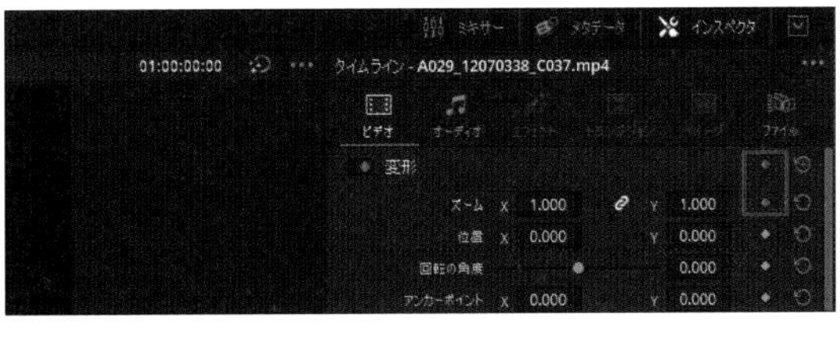

3. キーフレームが打たれると、ボタンが赤くなります。

動きの終点を設定する

動きが着地するポイントにキーフレームを打ちます。

1. 再生ヘッドを動きの終わりに設定する位置に移動します。

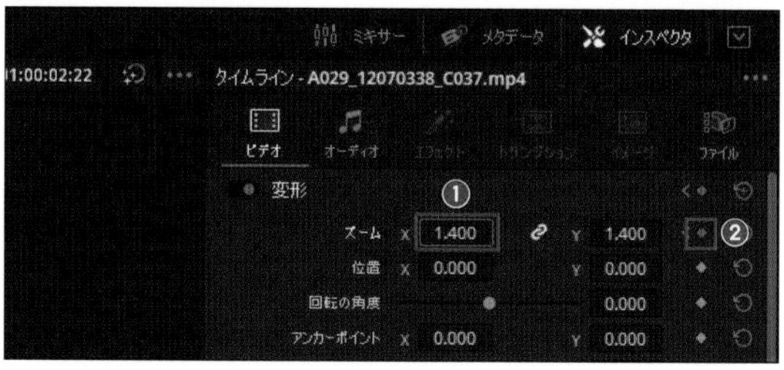

2. [インスペクタ]で❶[ズーム]の値を変更します。ここでは「1.400」にして拡大の動きにします。

3. 値を変更すると、右側のボタンが赤くなり、自動的に❷キーフレームが打たれます。

できた！ 再生すると、1つ目のキーフレームの値から2つ目のキーフレームの値まで徐々に変化していく動きになっていることがわかります。

キーフレームの位置の調整

キーフレームはマウスでドラッグして動かすことができます。もう少し速く動いてほしいなどの場合は、あとから調整ができます。

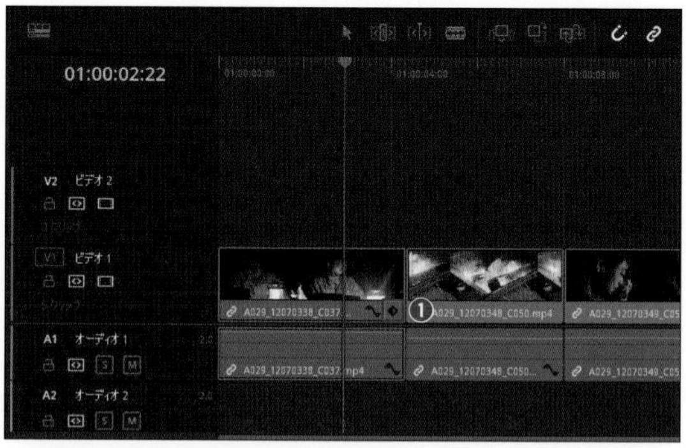

1. タイムラインのクリップに表示された❶キーフレームトラックボタンをクリックすると、キーフレームがタイムライン上に表示されるようになります。

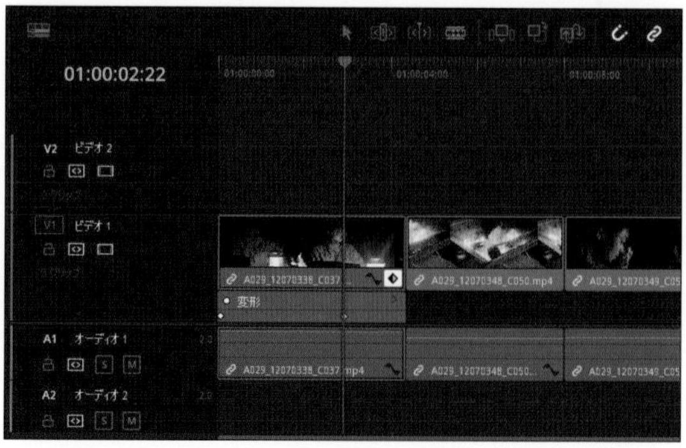

② キーフレームはドラッグすることで位置を移動できます。

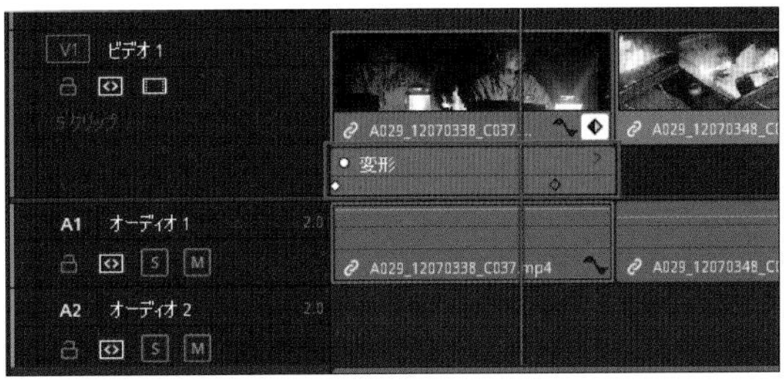

カーブエディターによる調整

キーフレームを打つと効果のスピードは一定ですが、カーブエディターを使うとスピードに緩急をつけることができます。

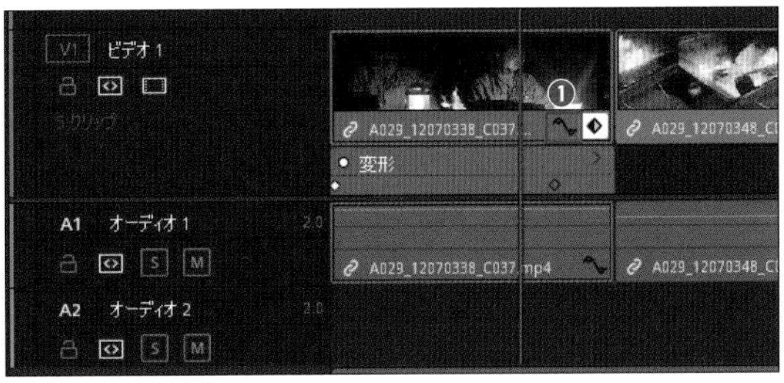

① クリップに表示された❶カーブエディターボタンをクリックすると、カーブエディターが表示されます。

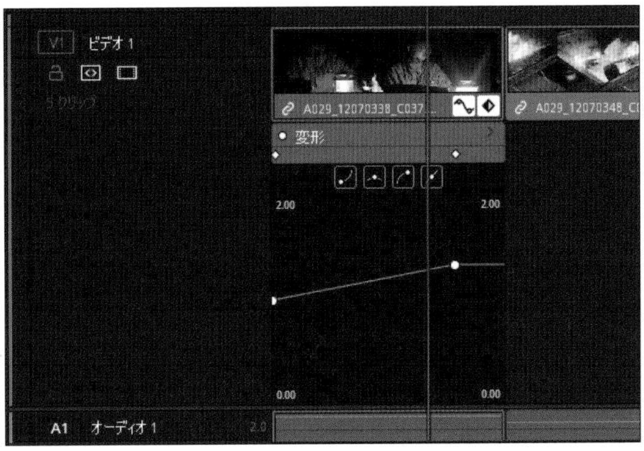

② カーブエディター上に表示された1つ目の❷キーフレームをクリックして選択し、カーブエディター上部にある4つのベジェボタンのうち❸凹んだカーブのボタンをクリックします。

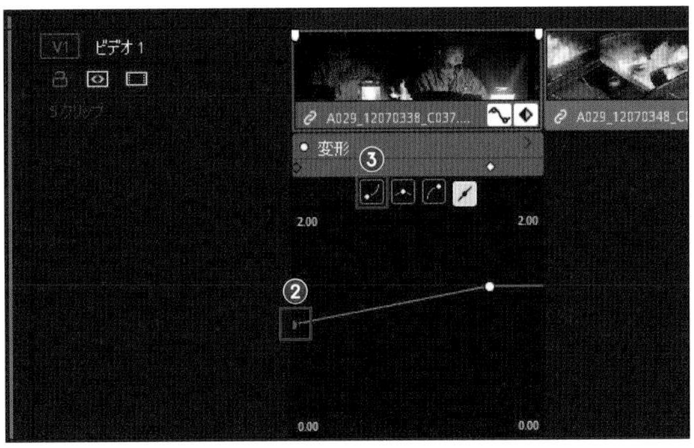

③ キーフレームにハンドルが表示され、グラフにカーブがかかります。

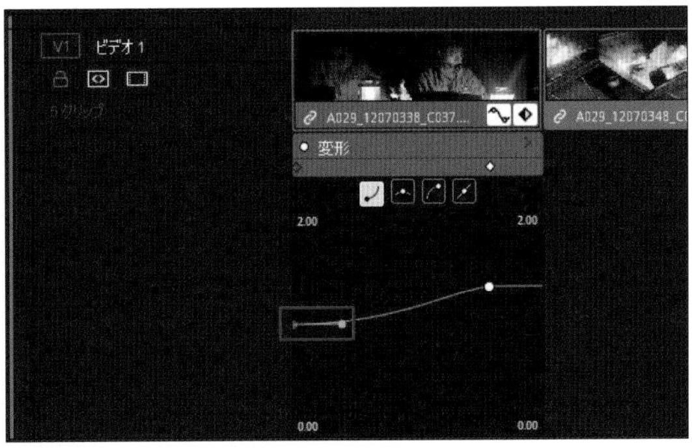

4 2つ目の❹キーフレームをクリックして選択して、❺膨らんだカーブのボタンをクリックします。

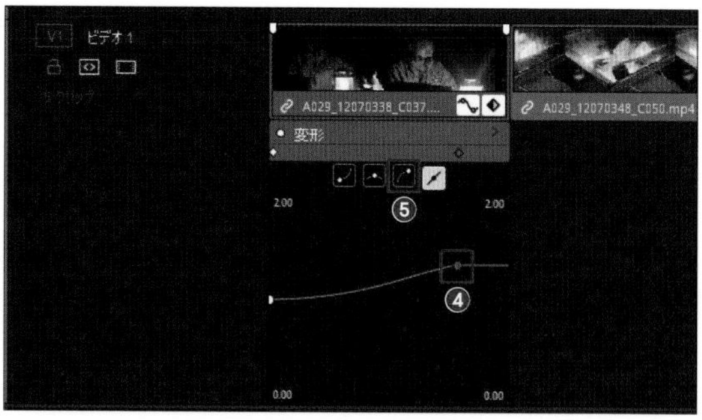

5 2つ目のキーフレームにもハンドルが表示され、カーブがかかります。

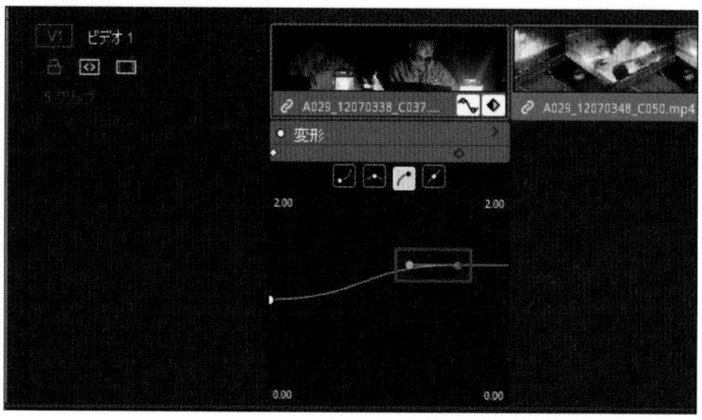

6 ハンドルをドラッグして傾きや長さを変えることで変化の緩急を調整できます。

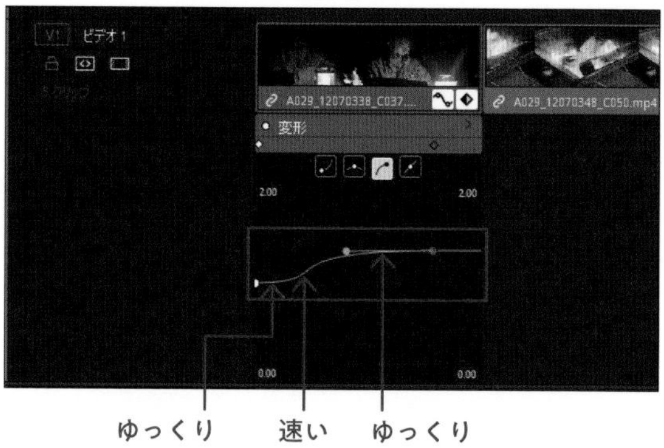

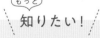

カーブエディターはとても奥が深く、モーショングラフィックスなどではアニメーションの出来に大きく影響します。

もっと
知りたい！

● [位置]を選択するとどうなる？

本Lessonでは[ズーム]で拡大しましたが、[位置]を使うとトランジションのような効果を作ることができます。2つのクリップの重なる点を作り、画像を切り替えたいところに[位置]のキーフレームを打ちます。次に重ねている下の映像が見えるまで[X](横軸)の数値を上げます。これで再生すると映像が右に流れて切り替わる効果を作ることができます。

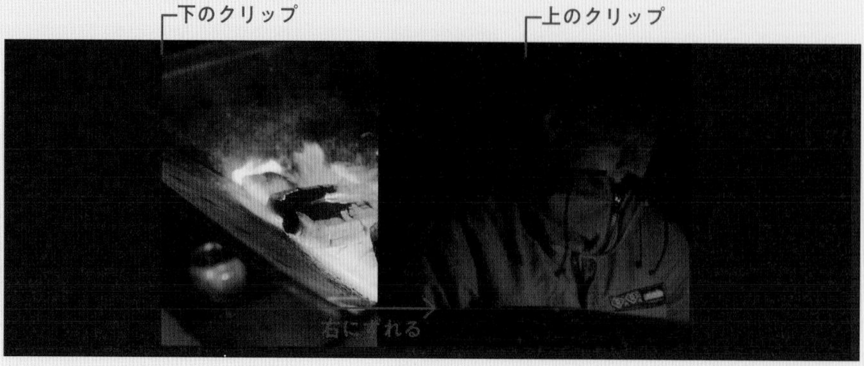

CHAPTER 5 LESSON 10

#速度変更

クリップを部分的に速度変更しよう

動画でもチェック！
https://dekiru.net/ydv_510

練習用ファイル 5-10

映像には展開の緩急をつけることでとてもダイナミックになります。Chapter 4のLesson 14ではクリップ全体の速度を変更する方法を解説しましたが、ここでは部分的に行います。

●一部分だけ速度変更する

リタイムカーブを表示する

速度を変更するためのリタイムカーブを表示します。

1. 速度を変えたいクリップを右クリックし、❶［リタイムカーブ］をクリックします。

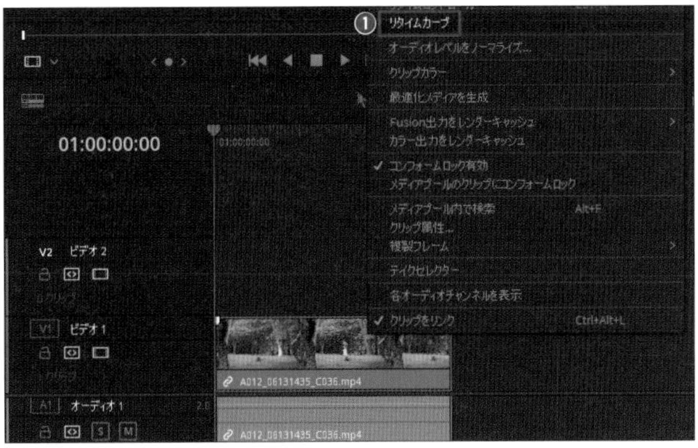

2. ［リタイムカーブ］が表示されます。

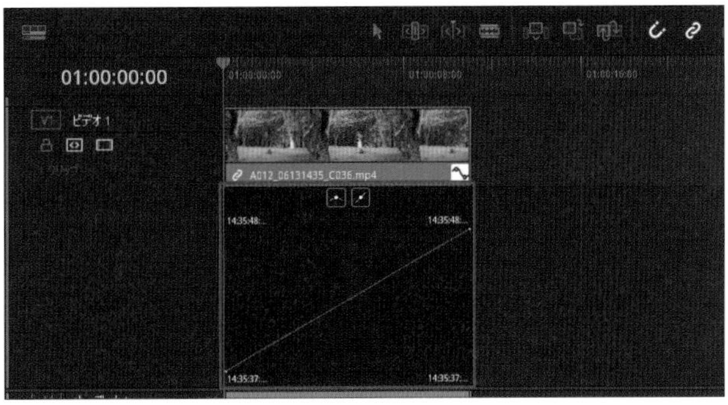

ここがPOINT

非表示にするには

リタイムカーブの表示を閉じるときは、クリップの右下のカーブボタンをクリックします。

速度カーブを表示する

速度を表すカーブを表示します。

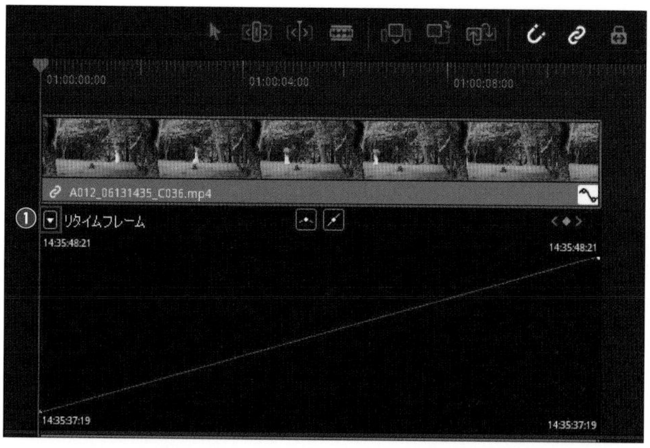

1 左上の❶[リタイムフレーム]の左の[▼]をクリックします。

ここがPOINT

文字が表示されないときは

[リタイムフレーム]の文字が表示されていない場合は、タイムラインを拡大すると表示されます。

2 表示されたメニューで❷[リタイムフレーム]のチェックをはずし、❸[リタイム速度]にチェックを入れます。

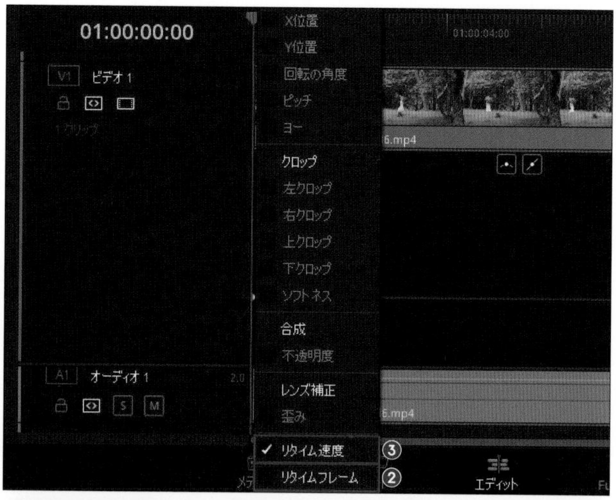

3 速度を表すカーブが表示されます。

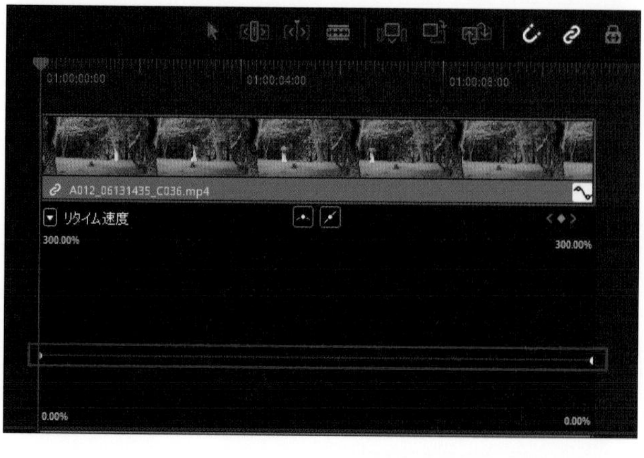

速度に変化をつける

ここでは、任意の箇所のスピードを速くします。

① 速度を変えたい部分の最初の位置に再生ヘッドを移動して、❶キーフレームボタンをクリックしてキーフレームを打ちます。

② 最初の位置にキーフレームが打たれました。

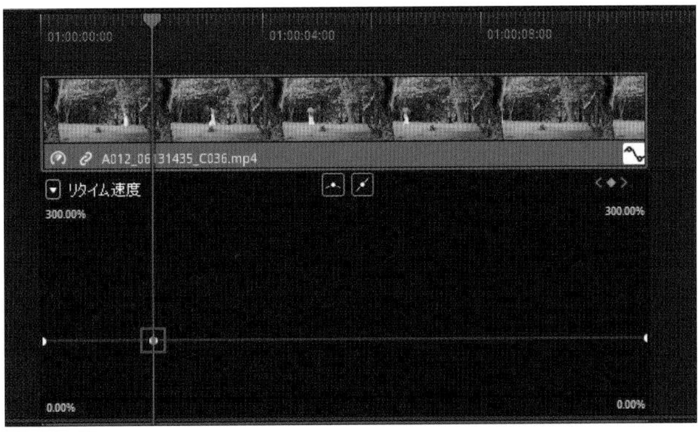

③ 速度を変えたい部分の終わりの位置に再生ヘッドを移動して、❷キーフレームボタンをクリックしてキーフレームを打ちます。

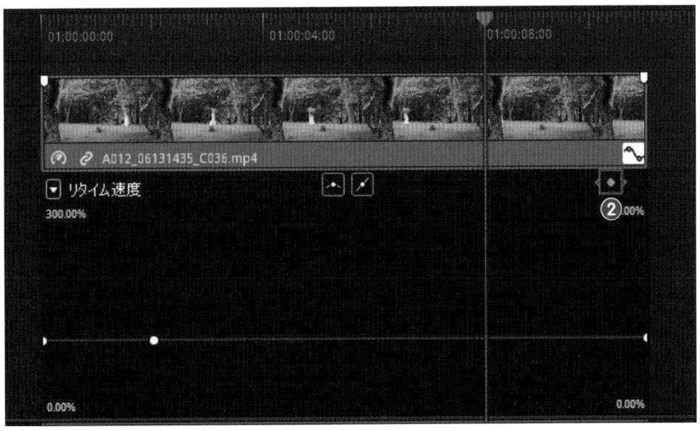

④ 終わりの位置にキーフレームが打たれました。

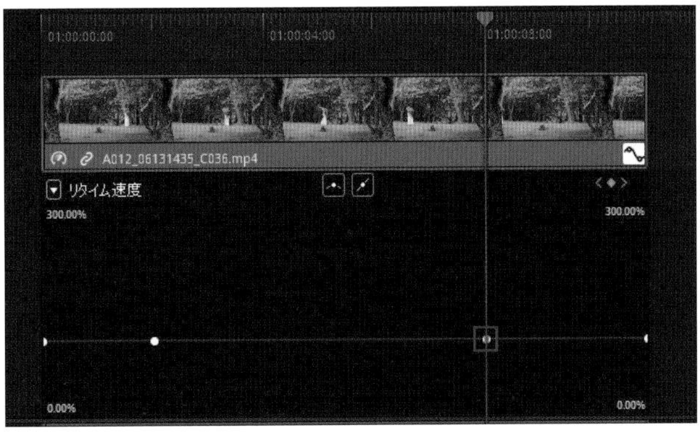

Altキー（MacではOptionキー）を押しながらグラフ上をクリックすることでもキーフレームを打つことができます。

⑤ 2つのキーフレームの間のグラフにマウスポインターを合わせて上に❸ドラッグします。

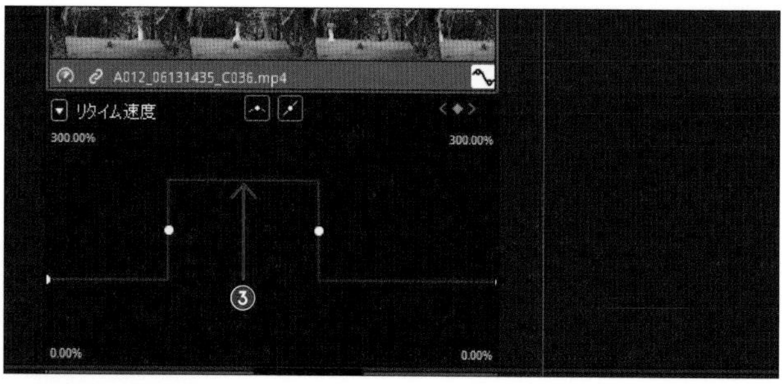

＼できた！／ グラフの形が変化し、2つのキーフレームの間だけ再生速度が上がります。

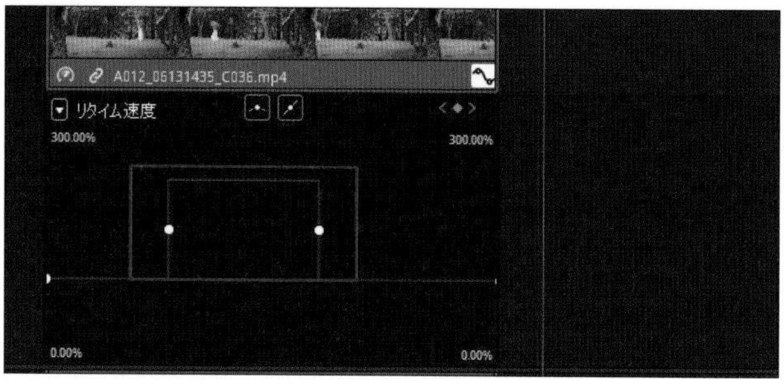

ここがPOINT

グラフが見切れてしまったら

グラフの高さが見切れてしまった場合は、上部左右に表示されている値を左右にドラッグするとスケールを変更することができます。

ここがPOINT

スピードを遅くするには

下にドラッグするとスローモーションにすることができます。

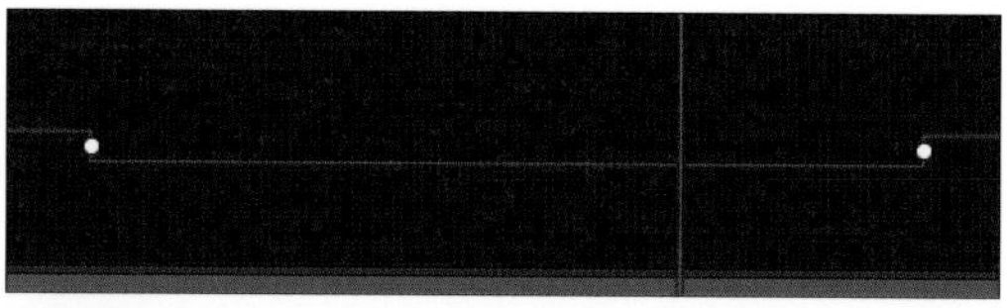

速度の変化をなめらかにする

このままでは直線的な速度変化のため、さらに加工してなめらかなベジェ曲線にしていきます。

① ❶キーフレームをクリックして選択し、グラフ上部にあるベジェボタンのうち❷曲線ボタンをクリックします。

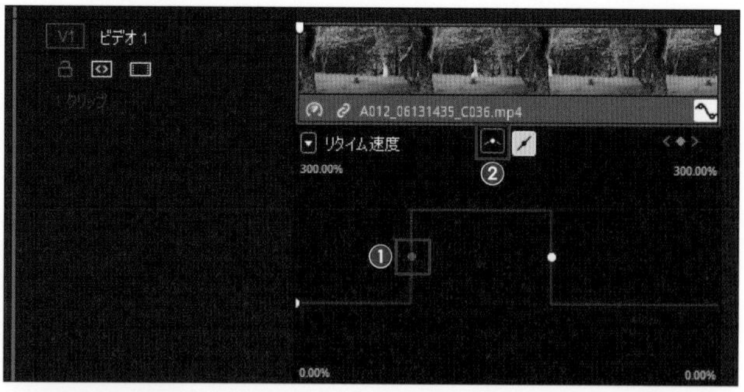

② キーフレームにハンドルが表示され、前後のグラフがなめらかなカーブに変化します。

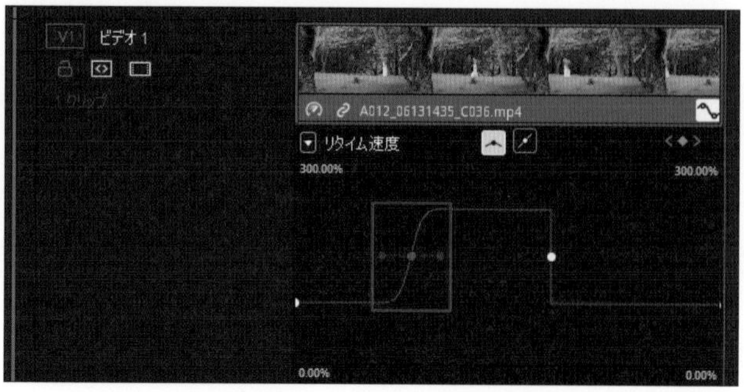

動きの表現に正解・不正解はありません。なめらかな緩急がついた動きが似合うものもあれば、緩急がない直線的な動きが合うものもあります。いろいろと試行錯誤してみましょう！

③ もう一方のキーフレームも同様に選択し、❸曲線ボタンをクリックします。

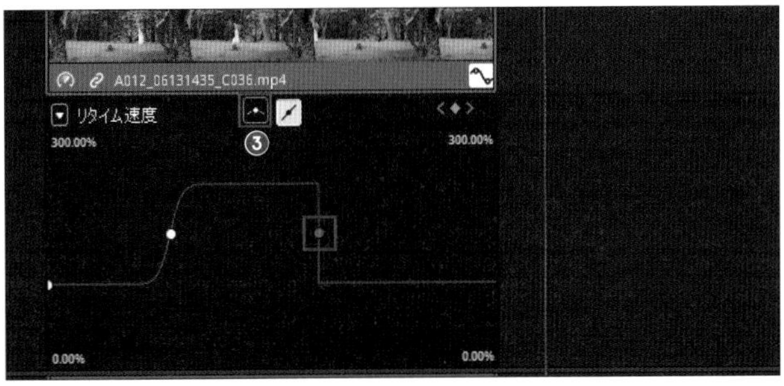

＼できた！／ こちらのキーフレームにもハンドルが表示され、前後のグラフがなめらかなカーブに変化します。

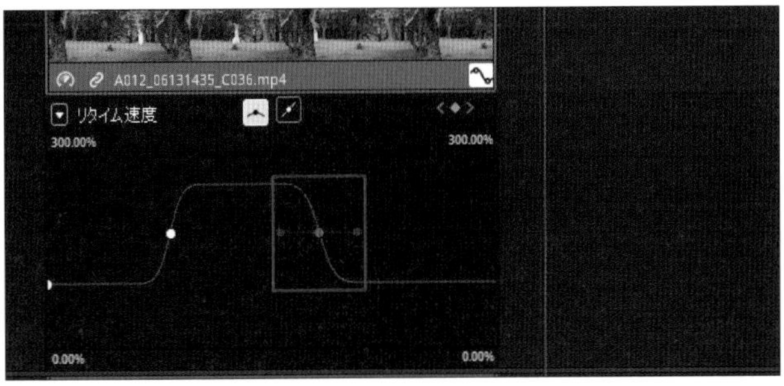

再生すると、速度がなめらかに変化するようになったことがわかります。

ここがPOINT

カーブの角度を調整する

ハンドルをドラッグして調整することで、グラフの曲がり具合を調整することができます。

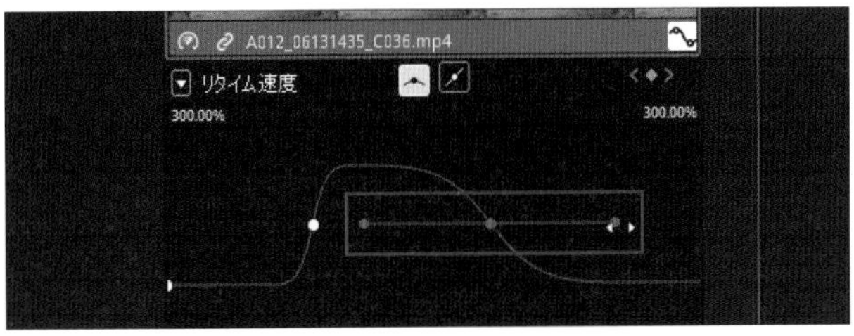

ここがPOINT

キーフレームを一括で削除する

クリップを右クリックして❶［リタイムコントロール］をクリックし、クリップ上に表示された❷［▼］をクリックして❸［クリップをリセット］を選択するとキーフレームをすべて削除できます。

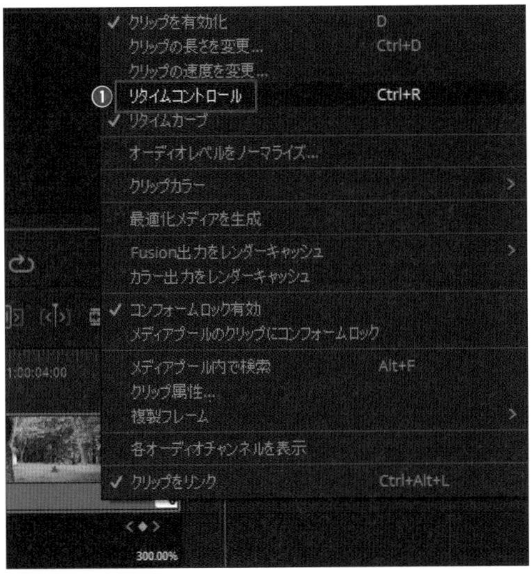

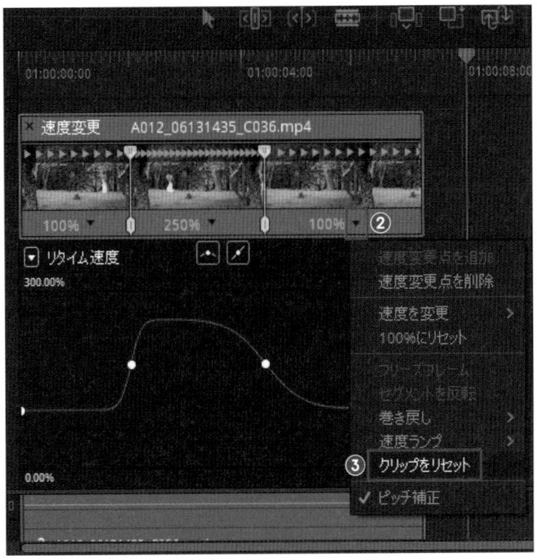

COLUMN

DaVinci Resolve Studio（有償版）でできること②

Chapter 2末のコラムで記載した、DaVinci Resolve Studio（有償版）についてですが、せっかくだからもう少し有償版で使える具体的な機能をいくつかご紹介させていただこうと思います。
もちろんここですべて書き切ることは難しいので、いくつか無料版との大きな違いをかいつまんで下に記載してみます。

●高度なノイズリダクションが使える（カラー）

有償版で昔から変わらず定評のあるツールの1つが、クリップについているノイズを除去するツールです。時間的、空間的観点から不要なノイズをクリーンアップすることができます。

●オブジェクトマスク（マジックマスク）

DaVinci Resolve 18から新しく搭載されたオブジェクトマスクという機能があります。これまで特定箇所を抽出したい場合は、ウィンドウツールを使って、それをトラッキングするというマニュアル処理をしていました。オブジェクトマスクは、DaVinci Neural Engine（AI）がすべて自動でその処理をしてくれるという画期的な機能です。
操作は簡単で、選択したい対象物をビューア上でドラッグしてあげるだけです。
選択した箇所はこれまで同様に、色や明るさを変えたり、モザイクをかけたりすることが可能です。

対象をドラッグするだけで自動選択される

色が変更された

CHAPTER 6

カラーページ Basic編（カラーコレクション）

DaVinci Resolveの最大の魅力の1つであるカラー作業の基礎的な解説です。
映像のクオリティーを大きく左右するのがカラーでもあるので、
しっかり使い方を覚えて活用してみましょう。

CHAPTER 6
LESSON 1

#画面構成

カラーページの画面構成

動画でもチェック!
https://dekiru.net/ydv_601

DaVinci Resolveの大きな特徴であるカラー作業に入ります。動画編集に慣れていない人には見慣れないページだと思いますので、まずは各部の名称と機能を確認しましょう。

❶メニューバー
ページ共通のDaVinci Resolveの操作コマンドが表示されています。

❷インターフェイスツールバー(左)
ギャラリー、LUT、メディアプールを選択することができます。

❸インターフェイスツールバー(右)
タイムライン、クリップ、ノード、エフェクトなどを調整することができます。

❹メディアプール、ギャラリー、LUT
メディアページやエディットページで取り込んだ素材を確認できます。

❺ビューア
選択しているクリップのプレビューができます。

❻ノードエディター
ノードを組み合わせてノードツリーを作成し、多彩な効果を表現することができます。

❼オンスクリーンコントロール
ビューアを表示する際のコントロールメニューを選択することができます。

❽トランスポートコントロール
ビューアの再生・停止、前・後ろの編集点に移動、ループなどを選択できます。

❾クリップ
タイムラインに並んでいるクリップが表示されます。ここでカラー作業をしたいクリップを選びます。

❿タイムライン
エディットページのタイムラインが簡易的に表示されます。

⓫レフトパレット
カラーホイールなどのカラーバランスを調整する機能が備わっています。

⓬センターパレット
カーブ、カラーワーパーやトラッカーといったカラー調整機能が備わっています。

⓭スコープなど
選択している映像の波形が表示されます。

ビューアを大きく表示する

ビューアを大きく表示したほうが作業がやりやすくなります。使わない機能は非表示にしておきましょう。

1 インターフェイスツールバーの各パネル表示をクリックしてオフにします。

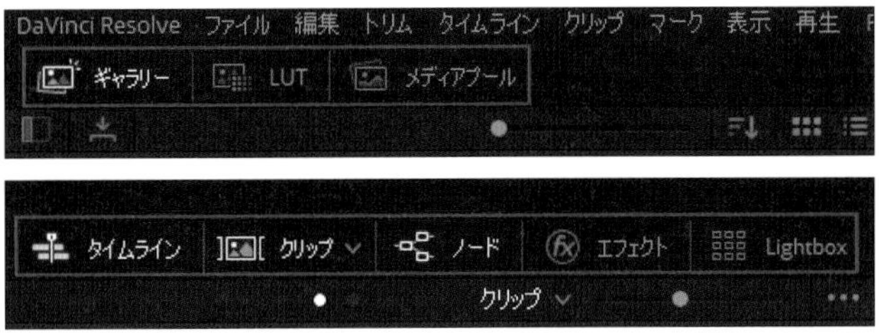

＼できた！／ 非表示になり、ビューアが大きく表示されました。

ここがPOINT

各エリアを大きく表示する

これまでのページと同様に、各エリアの端をドラッグすることでもエリアの表示を大きくすることができます。

DaVinci Resolveの大きな特徴の1つということもあり、カラーページはとても多機能です。各ツールの具体的な使い方はこのあとのLessonで解説します。

CHAPTER 6 LESSON 2

#カラーコレクション　#カラーグレーディング

カラー作業のワークフローを理解しよう

動画でもチェック！

https://dekiru.net/ydv_602

カラー作業に正解はありませんが、基本的な流れは同じです。ここでは2つの作業の意味を知りましょう。

●カラー作業の大きな流れ

カラーコレクションで色の補正を行ってから、カラーグレーディングで着色し、世界観を作っていきます。

カラーコレクション

コレクションとは英語で「correction（正す）」という意味です。全体をざっくり見て、明るさや彩度などを調整し、バランスをとります。

クリップに対していきなり色を変えていくことはあまり行いません。まずは補正からスタートしましょう。

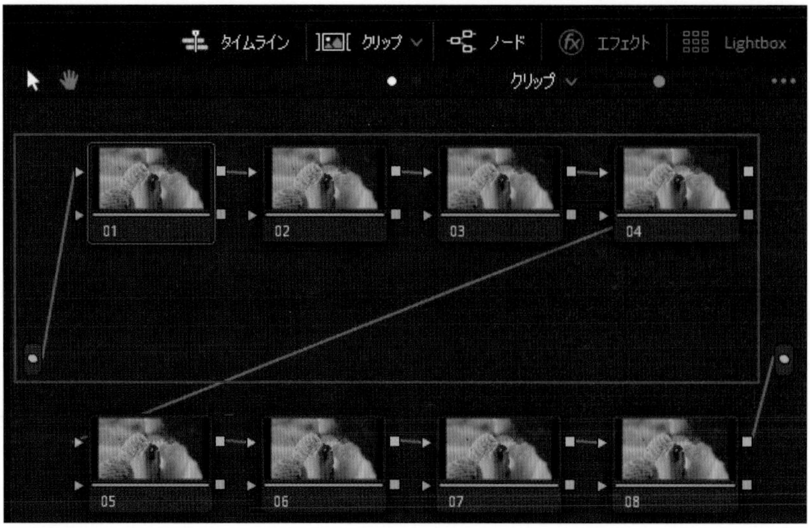

ノードを作り、前半でカラーコレクションを行うイメージ

カラーグレーディング

カラーグレーディングは、自由に色をつけて世界観を作っていく着色作業です。カラーコレクションで補正されたクリップに対して、色を変えたり明るさを変えたりします。

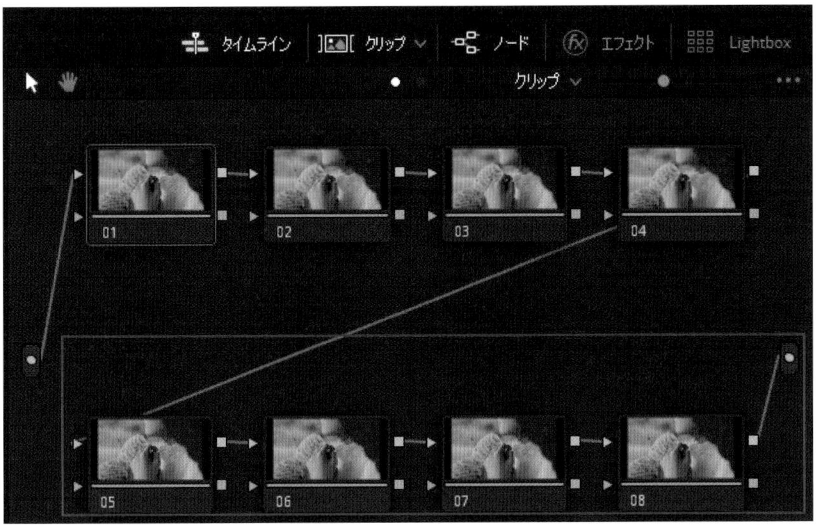

ノードを作り、後半でカラーグレーディングを行うイメージ

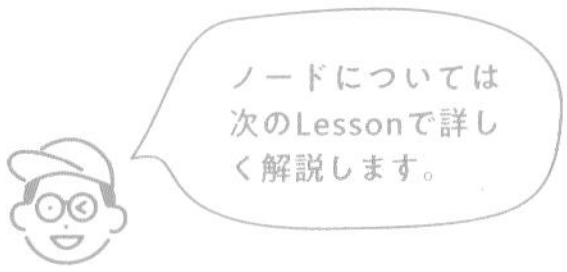

ノードについては次のLessonで詳しく解説します。

クリップをサムネイル表示する

クリップがたくさんある場合は、一覧をサムネイル表示すると、全体の色味を確認しやすくなります。

1 インターフェイスツールバー（右）にある❶[Lightbox]をクリックします。

できた！ クリップの一覧がサムネイル表示されました。

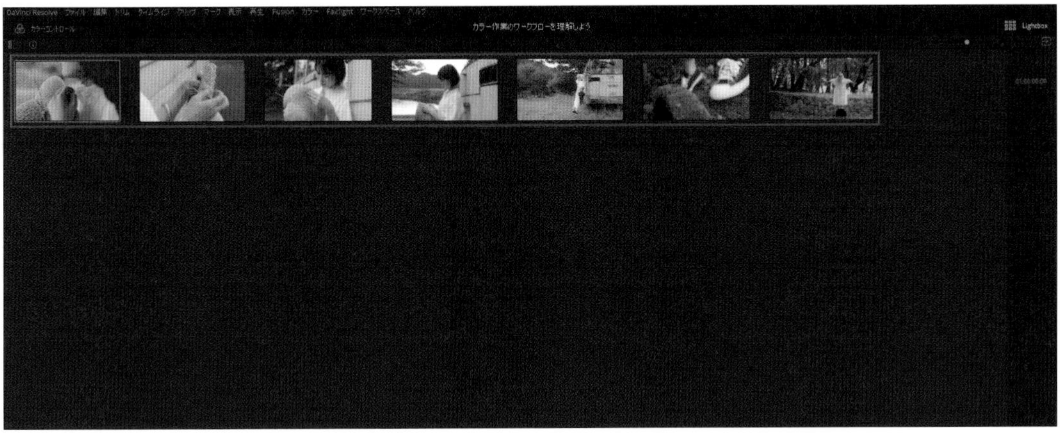

CHAPTER 6

LESSON 3

#ノードの追加　#ノードの削除

ノードについて知ろう

動画でもチェック!

https://dekiru.net/ydv_603

カラー作業では、ノードをいくつも作って効果や加工をしていきます。1ノードでたくさんの作業をするのではなく、複数に分けて作業をすることで効率よく編集ができます。

●ノードエディターの名称と機能

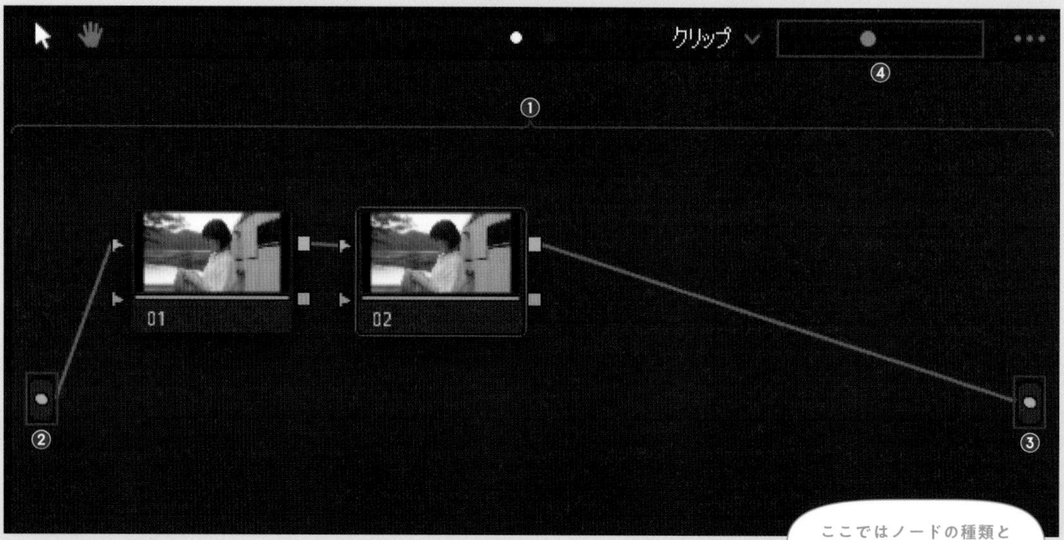

ここではノードの種類と操作の基本を紹介します。

❶ノードツリー
ノードとノードが接続してツリー状になり、効果や加工を作ります。

❷ソース入力
加工前の最初の状態を表します。

❸ノードツリー出力
各ノードで調整したあとの最終形を表します。

❹スライダー
ここを左右に動かしてノードの大きさを変えることができます。

ノード(node)とは、節や接点を意味します。ノード同士をつなげて効果を作ります。

ここがPOINT

1ノードにつき1作業が目安

1つのノードにいろいろな要素を詰め込んでしまうと、明るさや彩度のBefore→Afterが見たいときに正確に見ることができないため、細かく作業内容を分けていくのがおすすめです。

ここがPOINT

ノードはドラッグして配置できる

ノードは上下左右にドラッグして配置することができます。ノードは増えていきますので、作業しやすいように適宜動かしましょう。

ノードの追加

ノードを追加することで、いろいろな作業をそれぞれのノードに割り当てていきます。何の作業をしているかわかりやすくします。

1 ノードを追加したい位置の1つ前にあるノードを❶右クリックします。

2 ❷[ノードを追加]にマウスポインターを合わせ、表示されたメニューから追加するノードの種類を選んでクリックします。ここでは❸[シリアルノードを追加]をクリックします。

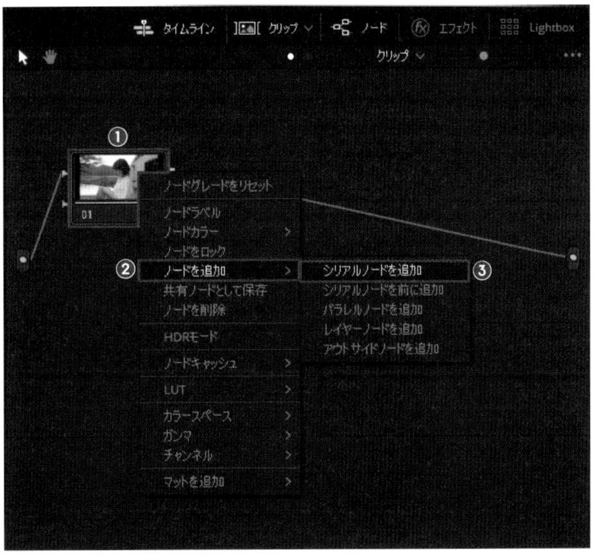

できた！ ノードが追加されました。

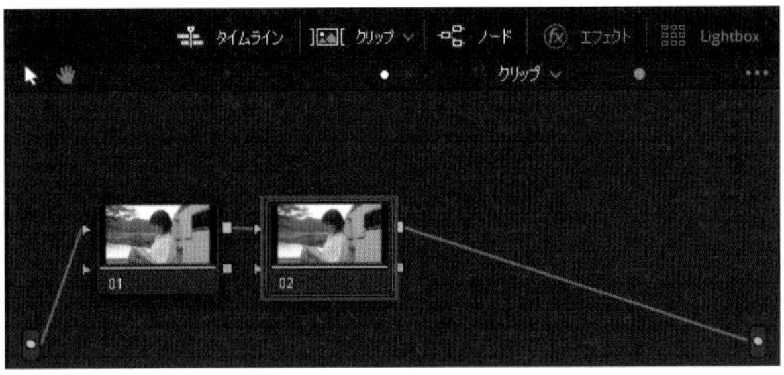

ノードの種類

基本はシリアルノードですが、それ以外の種類のノードを使うことで効果が変わります。各ノードの違いを知りましょう。

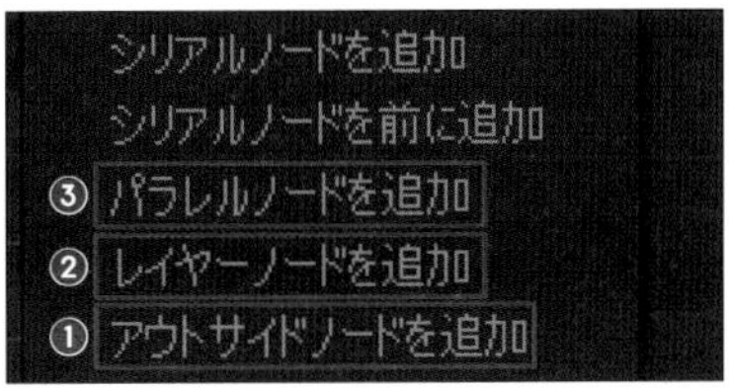

特定のカラーを調整する方法は、このあとのLessonで解説します。
基本はノードとノードを直線的につなぐシリアルノードを使います。

❶アウトサイドノード

選択したノードの調整された部分以外（アウトサイド）を表示します。
たとえば、01のノードで肌の色を選択すると、01は肌の色や麦わら帽子の色が抽出され、02ではそれ以外の色が表示されます。

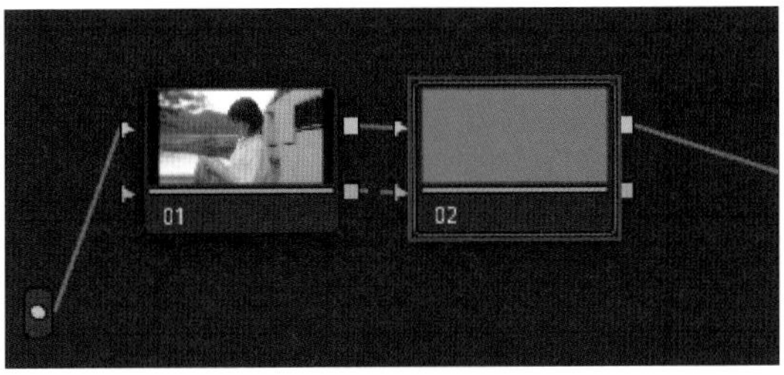

アウトサイドノードが追加された状態

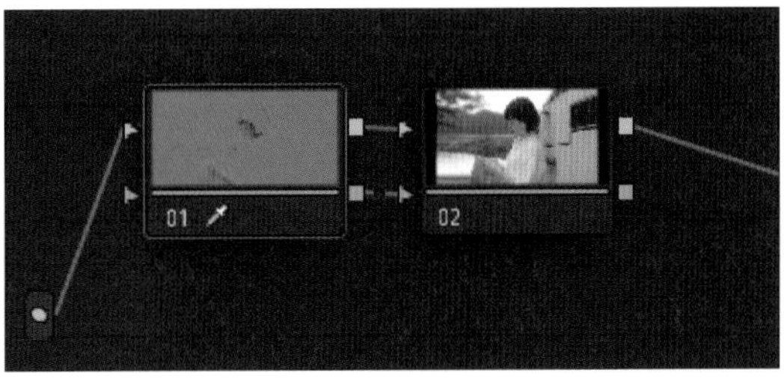

01では肌の色が表示され、02ではそれ以外の色が表示された状態

❷レイヤーノード
ノードが上下に並列して配置されます。01と02で行った加工が[レイヤーミキサー]に集約され04に表示されます。たとえば、02で肌の色を抽出し、01で全体の色を変えると、その状態が表示されます。

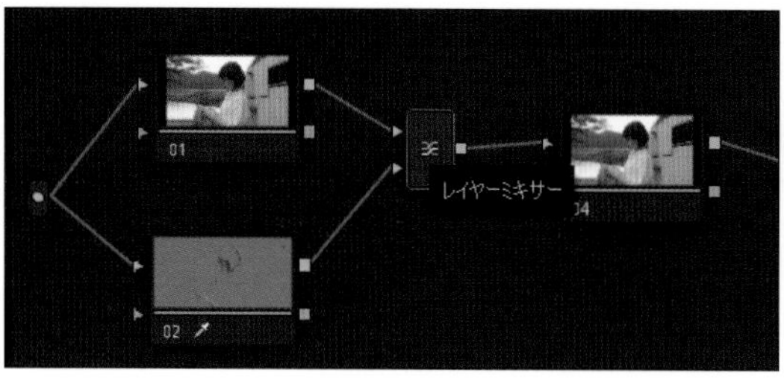

レイヤーノードが追加された状態

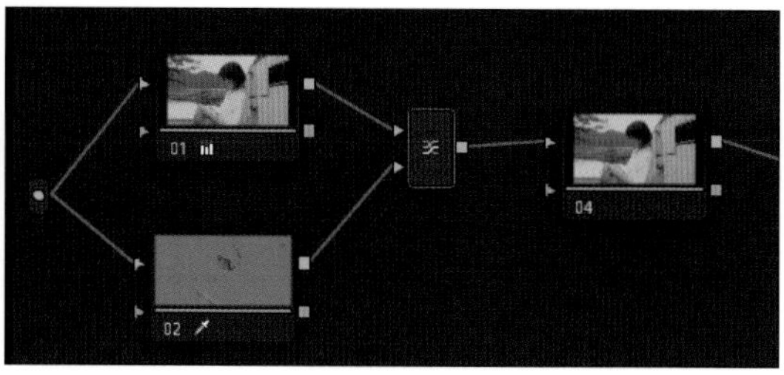

02で肌の色を表示し、01で全体の色を青くした状態

❸パラレルノード
ノードが上下に並列に配置されるのはレイヤーノードと同じですが、パラレルノードでは、01と02の効果を完全に切り離すのではなく、それぞれの効果がブレンドされた状態になります。効果は[パラレルミキサー]に集約され、04に表示されます。たとえば、レイヤーノードと同じ加工をした場合、04の肌も青みがかっているのがわかります。

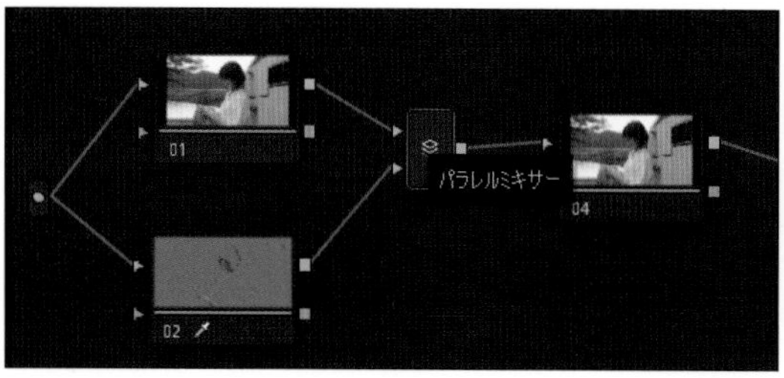

パラレルノードが追加された状態

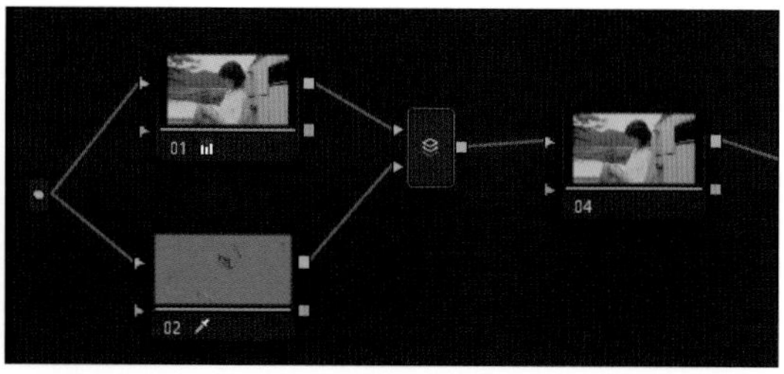

04の肌の色にも青がのった状態

ノードに名前をつける

何の作業をしたかわかるように「コントラストを調整」などのように名前をつけます。

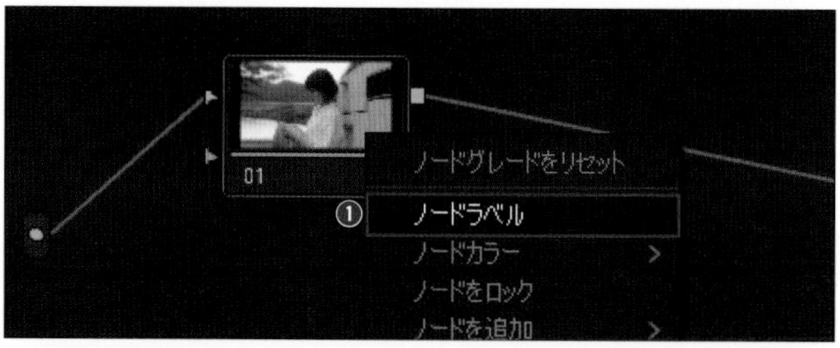

1. ノードを右クリックし、❶[ノードラベル]をクリックします。

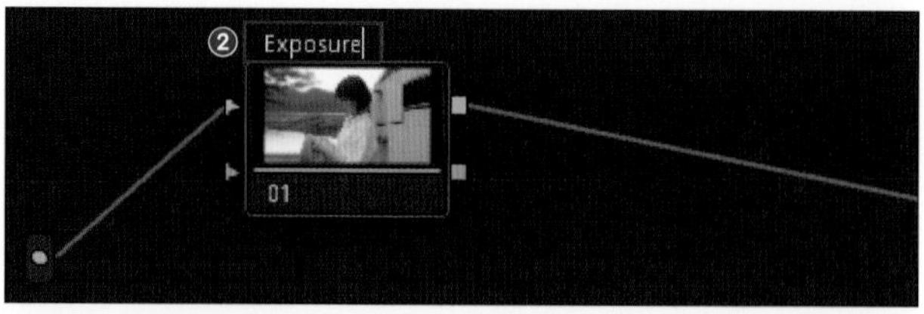

2. ノードの上にテキストを入力できる状態になるので、名前にしたいテキストを入力し、Enter キーを押します。ここでは❷「Exposure」と入力しました。

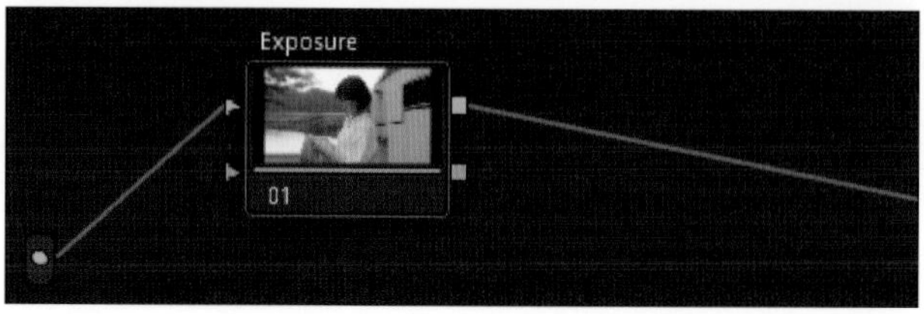

できた！ ノードに名前がつきました。

作業の効率化になるので、ノードには名前をつける癖をつけましょう。

CHAPTER 6 LESSON 4

#カラーホイール

明るさを調整しよう カラーホイール

動画でもチェック！
https://dekiru.net/ydv_604

練習用ファイル
6-4

DaVinci Resolveではカラーホイールを使用して明るさや色味を変えます。撮影素材によっては白飛びや黒つぶれしている箇所を修正することもできます。

●カラーホイールで明るさを調整する

調整前のクリップ

調整後のクリップ

●パレードスコープの名称と機能

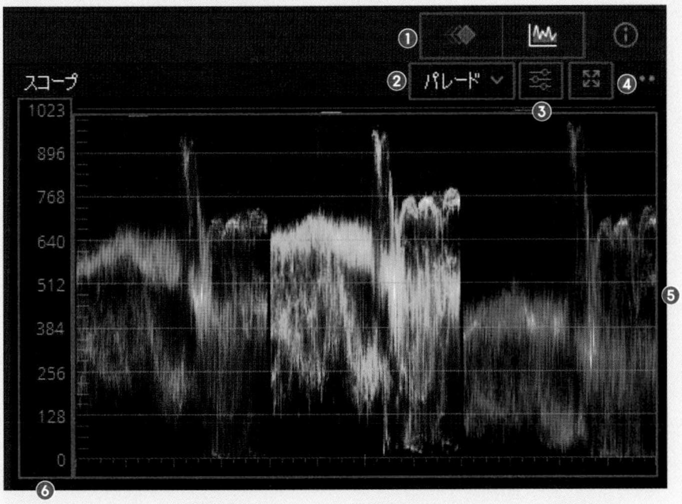

さまざまな調整の仕方を覚えましょう。

❶キーフレーム／スコープ
キーフレームとスコープを切り替えます。

❷パレード／波形／ベクトルスコープ／ヒストグラム／CIE色度
5種類のスコープを切り替えます。

❸設定
スコープやグリッドの明るさを調整できます。

❹拡大
スコープを拡大して表示します。シングルビュー、デュアルビューなどの表示形式を選択できます。

❺RGB波形
クリップのカラー情報がRGB形式の波形で表示されます。

❻輝度
カラーの明暗が0から1023までの数値で表示されます。0より下は黒つぶれ、1023より上は白飛びの状態を表しています。

スコープを確認する

カラーの調整は感覚に頼るのではなく、スコープを見て明るさの状態を把握します。

1 ❶[スコープ]をクリックします。

ビューアだけを見て作業してしまうと意図しない結果になってしまうことがあります。しっかりスコープで確認することが大切です。

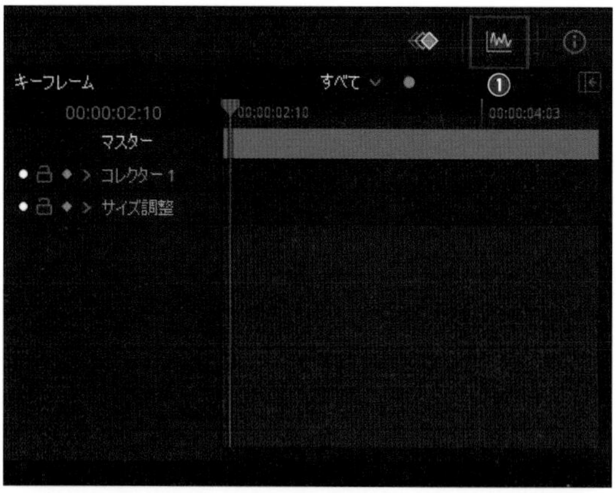

2 クリップの色の状態がスコープに表示されます。

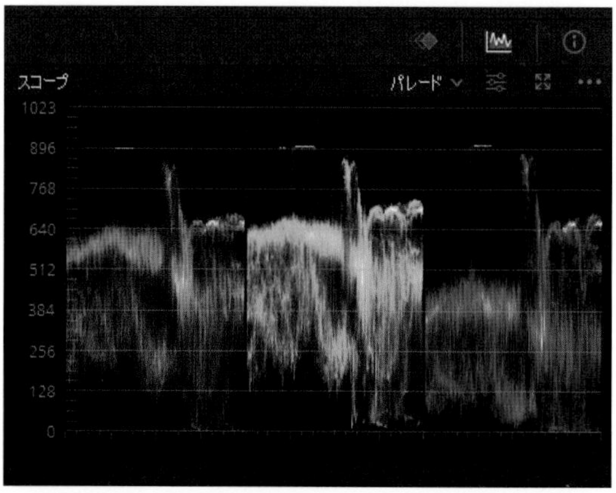

ここがPOINT

パレードスコープが表示されていない場合は

[パレード]が表示されていない場合は右上のメニューから選択して表示します。

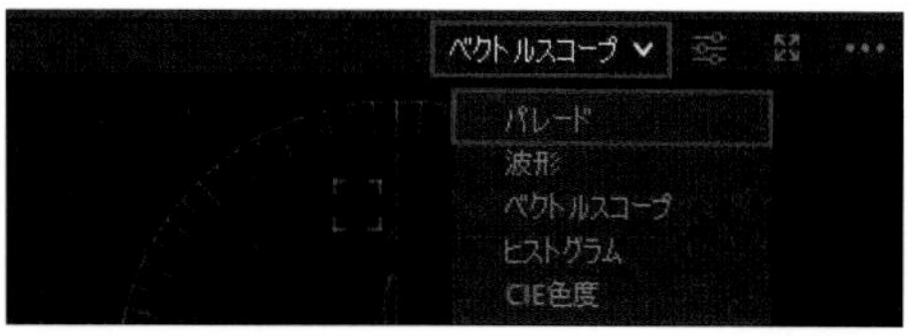

パレードスコープの初期設定

波形がクリップのどこを表しているのかわかりやすくするために、クオリファイアーの設定をしておきましょう。

1 ❶[…]をクリックし、❷[クオリファイアーのフォーカスを表示]をクリックしてオンにします。

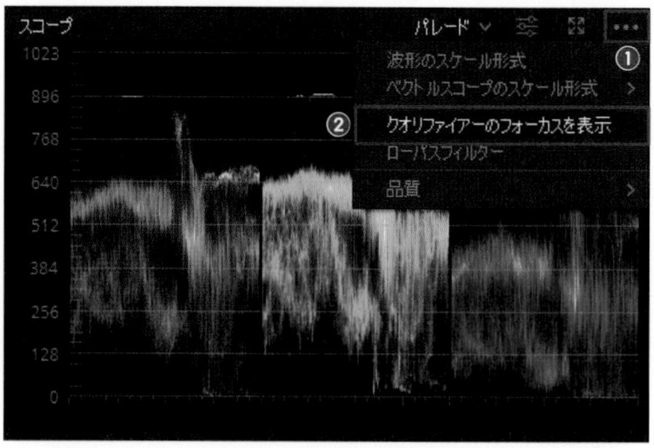

2 ビューアの映像(赤い傘)にマウスポインターを合わせると、その場所がパレードスコープに丸で表示されます。

ビューアの映像

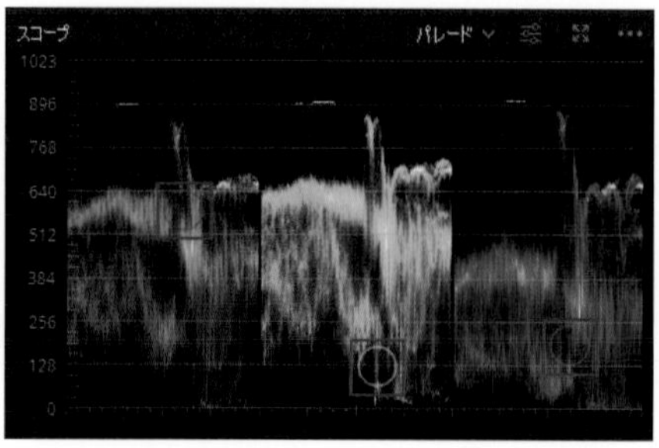

パレードスコープに丸で表示される

ここがPOINT

ビューアとパレードスコープの表示

ビューアに合わせてパレードスコープのR（レッド）、G（グリーン）、B（ブルー）の波形が表示されます。右の画像の波形を見ると、真ん中より右、女性の白い服のカラーが強く出ていることがわかります。

ビューア

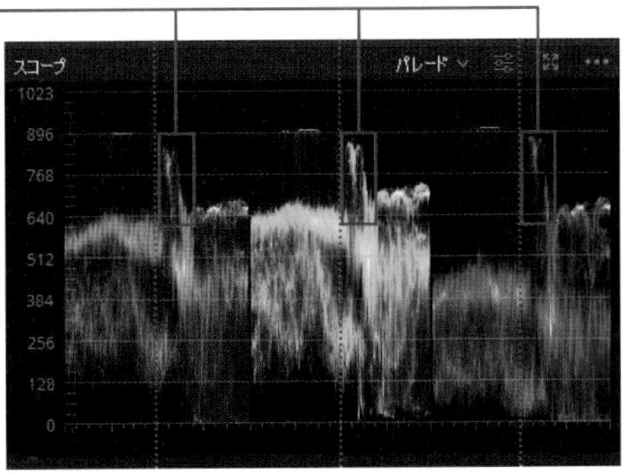

パレードスコープ

もっと知りたい！

スコープの拡大表示

各グラフには特徴があるので、それぞれをうまく活用していきましょう。「波形」はRGBだけではなく白色の輝度も重なって表示されているので、クリップ全体がどういう色味や明るさの状況なのかがわかりやすいです。
「ベクトルスコープ」は彩度や色相がわかりやすいツールです。彩度が高い箇所は円の外側に向かって強く伸びます。またベクトルスコープ表示で［設定］から［スキントーンインジケーター］を表示すると肌色の調整に役立ちます。「ヒストグラム」はRGBの各値を数値的に見ることができます。

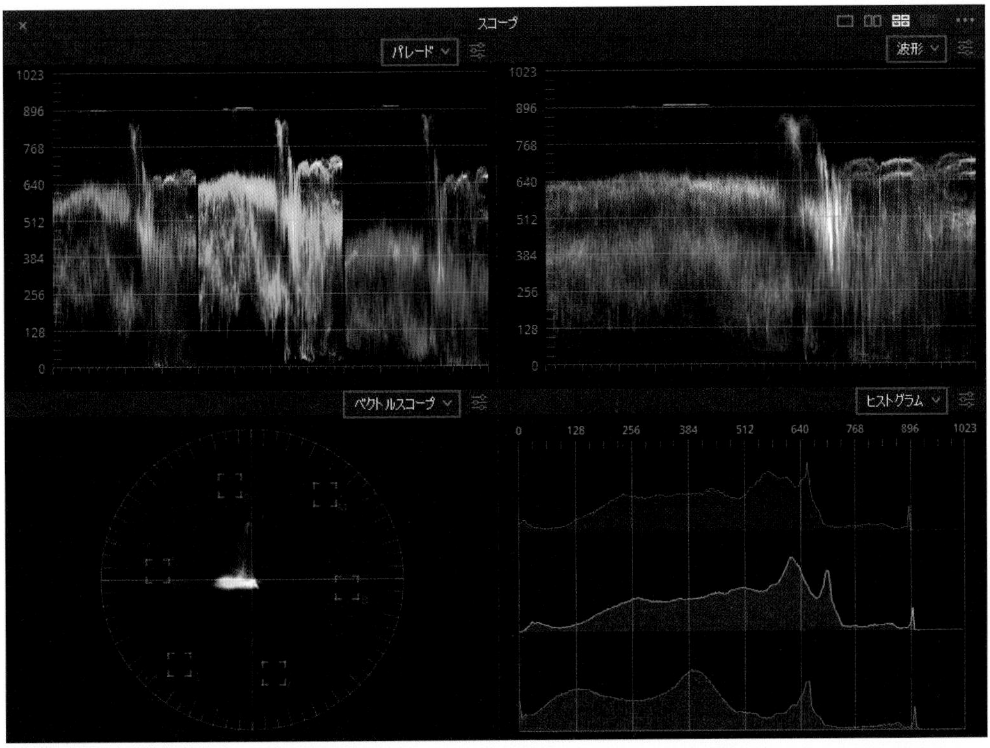

クワッドビュー

プライマリーカラーホイールの名称と機能

カラー作業でよく見かける代表的なツールであるホイール。それぞれのホイールの機能を理解して、上下左右と動かして色を作っていきましょう。

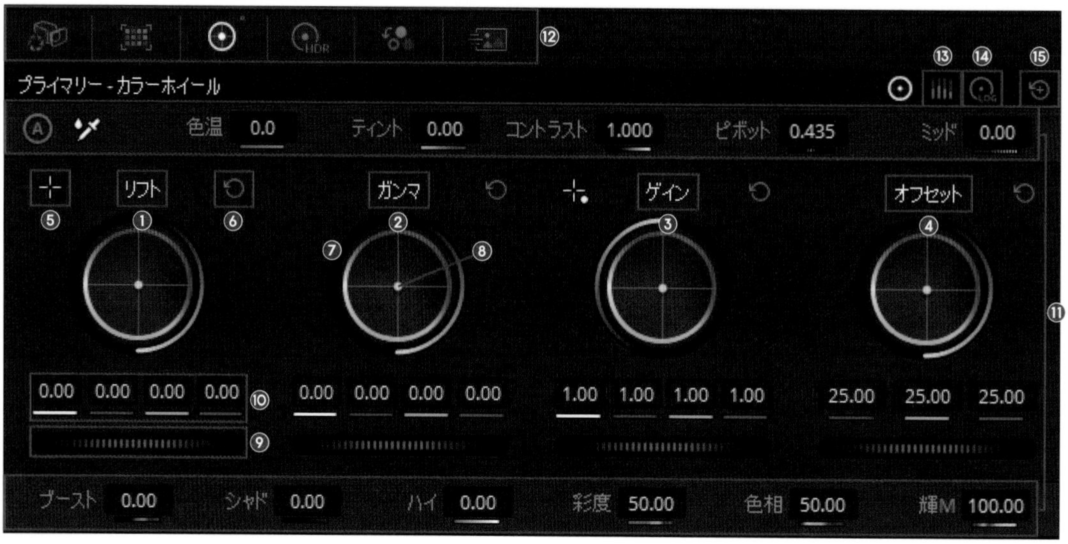

❶リフト
暗部のエリアのYRGB値を同時(あるいは個別)に調整します。

❷ガンマ
中間部のエリアのYRGB値を同時(あるいは個別)に調整します。

❸ゲイン
明部のエリアのYRGB値を同時(あるいは個別)に調整します。

❹オフセット
リフト・ガンマ・ゲインのそれぞれのコントラストを維持したまま、YRGB値を調整することができます。

❺ブラック/ホワイトポイントピッカー
ポイントピッカーでクリップの中にある白(あるいは黒)を選択することで、自動的に白レベル(黒レベル)を調整してくれる機能です。

❻リセット
各ホイールでの調整をリセットします。

❼色相(色相環)
色相を円環に配置したカラーホイールが表示されています。

❽カラーバランス
ここをドラッグして色味の調整を行います。

❾マスターホイール
マスターホイールは、リフト・ガンマ・ゲイン各ホイールのYRGB値を同時に調整することができます。

❿YRGBパラメータ
カラーホイールを動かすと、その際の各YRGBの値が表示されます。直接数値を左右にドラッグあるいは入力することでYRGBを個別に調整することも可能です。

⓫調整コントロール
色温度やコントラストなどさまざまなパラメータの数値を調整することができます。

⓬パレット切り替えボタン
カメラRAW、カラーマッチ、RGBミキサーなどのパレットに切り替えることができます。

⓭カラーバー
カラーバーに切り替えることができます。

⓮Logホイール
Logホイールに切り替えることができます。

⓯すべてリセット
カラーホイール内のすべての調整をリセットします。

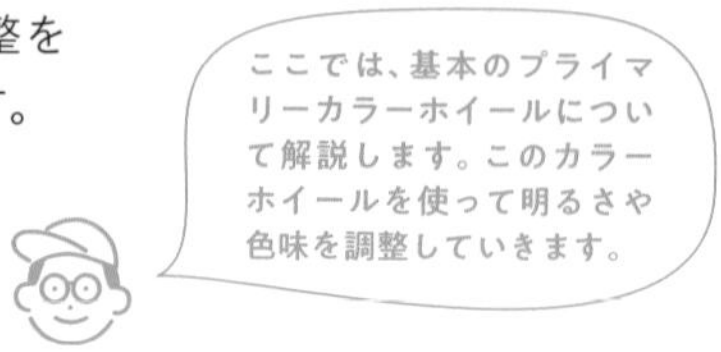

ここでは、基本のプライマリーカラーホイールについて解説します。このカラーホイールを使って明るさや色味を調整していきます。

カラーホイールで明るさを調整する

右の映像の、暗くなっている箇所を回避するように、[マスターホイール] を使って全体的に明るさを上げてみます。

1 [オフセット] の❶ [マスターホイール] 上を少し右にドラッグします。

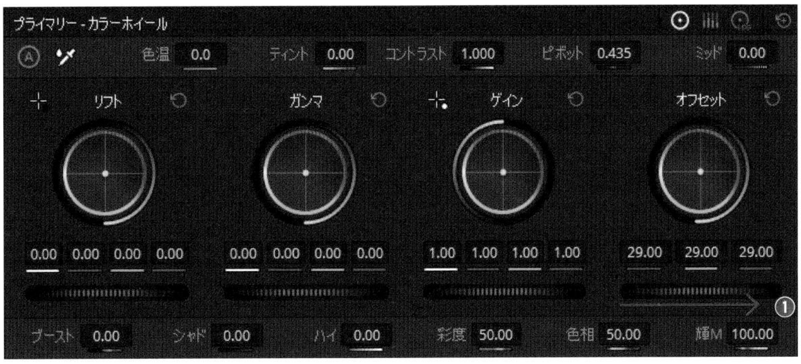

できた！ 少し明るくなり、バスの陰の部分の重たさが軽減されました。

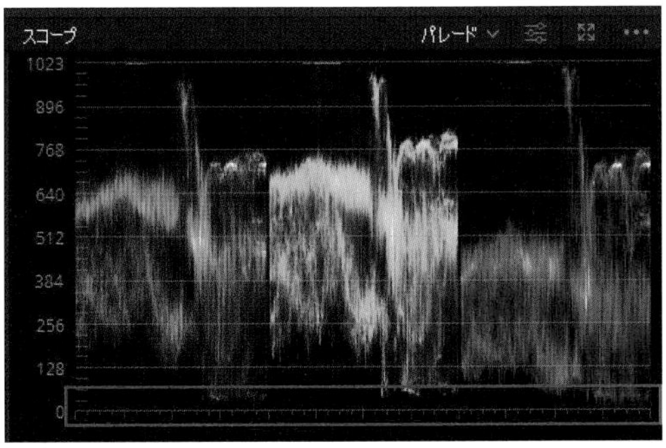

バスの陰の部分の重たさが軽減された状態

調整後のクリップ

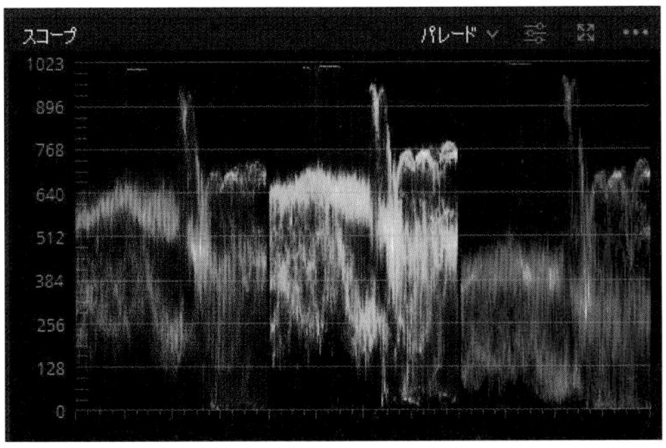

調整前のパレードスコープ

カラー作業はミリ単位の動きで結構変わります。

ここがPOINT

調整したクリップはノードで確認できる

調整したクリップのノードにマウスポインターを合わせると、調整の内容が表示されます。何も調整していない場合は、[カラーコレクションなし]と表示されます。

ここがPOINT

Before→Afterを見るには

ノードの番号を❶クリックすると、調整効果が非表示になり、ビューアには調整前の映像が表示されます。再度クリックすると調整が表示されます。ノードを選択して Ctrl + D キー(Macでは Command + D キー)でもオン・オフを確認できます。

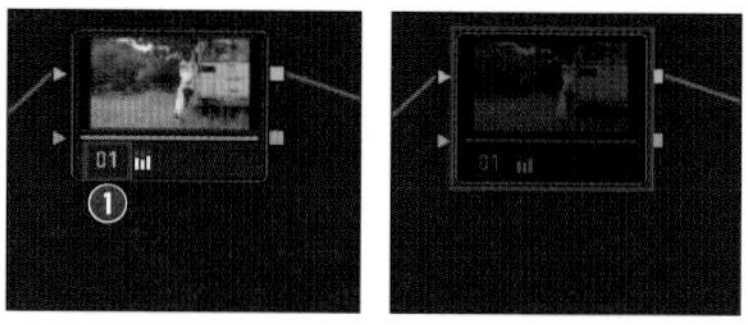

ここがPOINT

複数のノードのBefore→Afterを見るには

ビューアの上部にある[カラーグレードとFusionエフェクトをバイパス]をクリックすると、複数のノードの調整効果を非表示にすることができます。

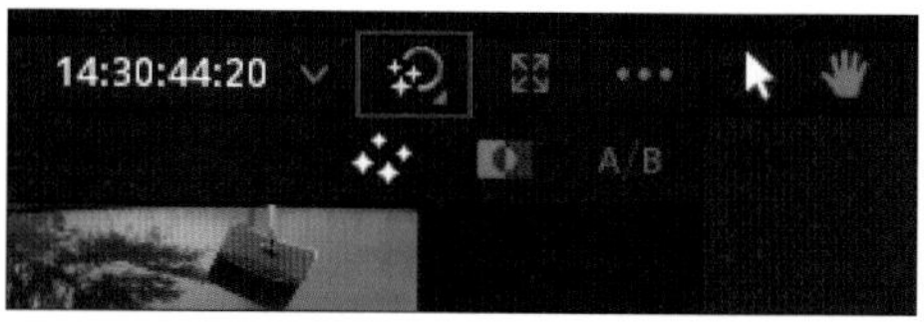

もっと
知りたい!

● カラーバーとLogホイール

カラーバーはホイールの形がバーになったものです。マスターホイールの使い方はカラーホイールと同じです。
Logホイールはカラーホイールとは動作が異なり、Logホイールの場合は、たとえばシャドウ部、ハイライト部のみ限定的に調整をすることができます(詳しくは動画で解説しています)。

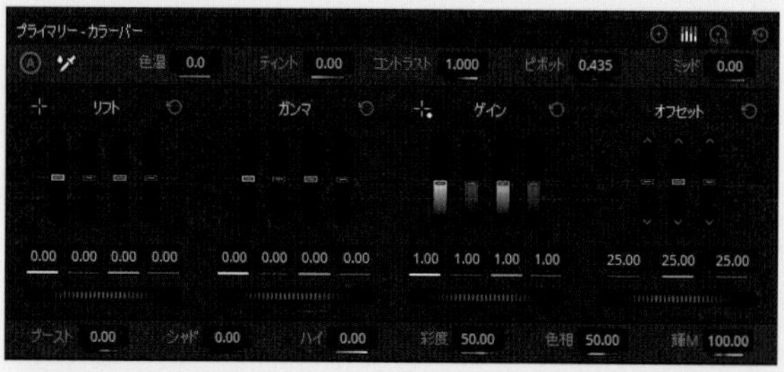

カラーバー

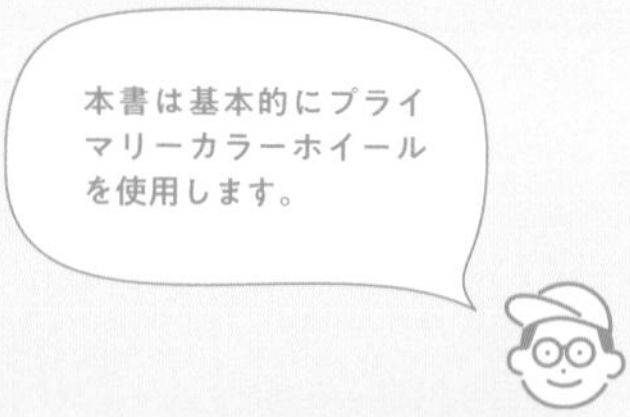

本書は基本的にプライマリーカラーホイールを使用します。

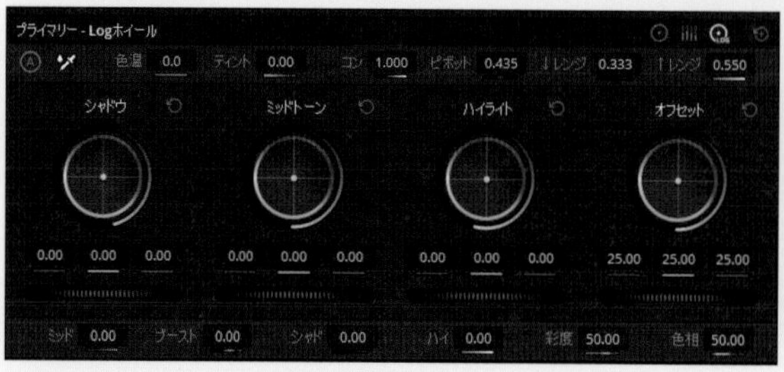

Logホイール

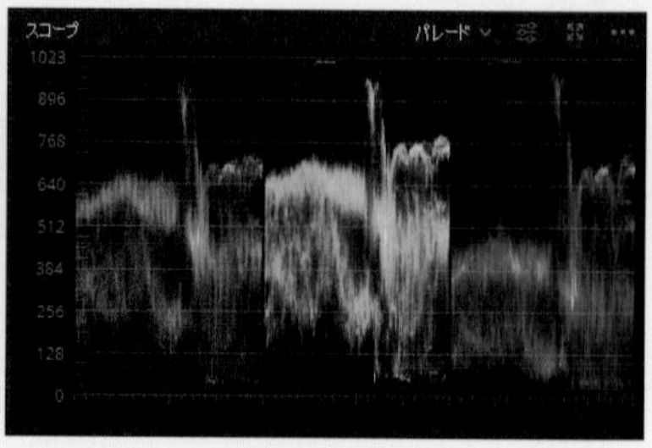

Logホイールで調整した状態

CHAPTER 6 LESSON 5

#カーブ

明るさを調整しよう　カーブ

動画でもチェック！
https://dekiru.net/ydv_605

練習用ファイル
6-5

カーブは、YRGBに対しての変化をピンポイントでアプローチできるのが特徴です。基礎的な機能なので覚えましょう。

●カーブで明るさを調整する

調整前のクリップ

調整後のクリップ

●カーブの名称と機能

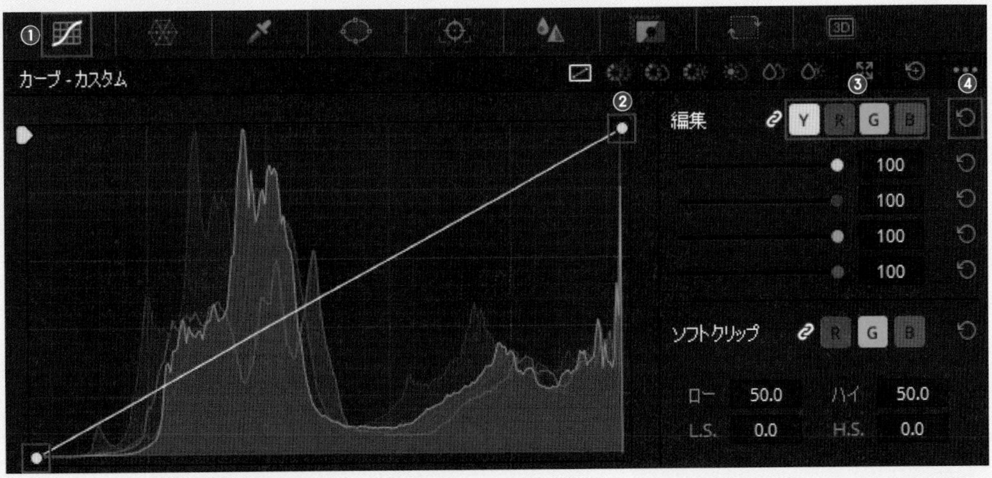

❶カーブ・カスタム
カーブを用いて色味の調整を行います。

❷左下がリフト（暗部）、右上がゲイン（明部）を表しています。

❸輝度・赤・緑・青
全選択されているとYRGBすべてに対して動作しますが、たとえばYだけ、Rだけを選択すると、YRGBそれぞれを個別に動作させることができます。

❹リセット
それぞれの調整をリセットします。

ここがPOINT

ガンマ（中間層）を調整するには

カーブの線の上をクリックすると点が打たれます。この点をドラッグして中間層を調整することができます。

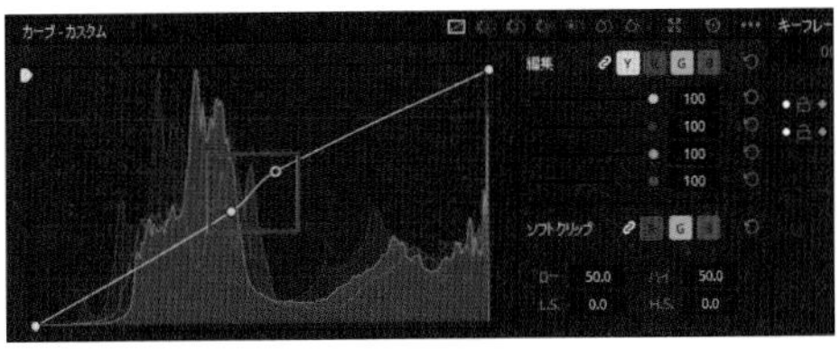

カーブで明るさを調整する

ここでは、白飛びをなくし、輝度（明るさ）のレベルを全体的に下げます。

① ❶[Y]をクリックします。

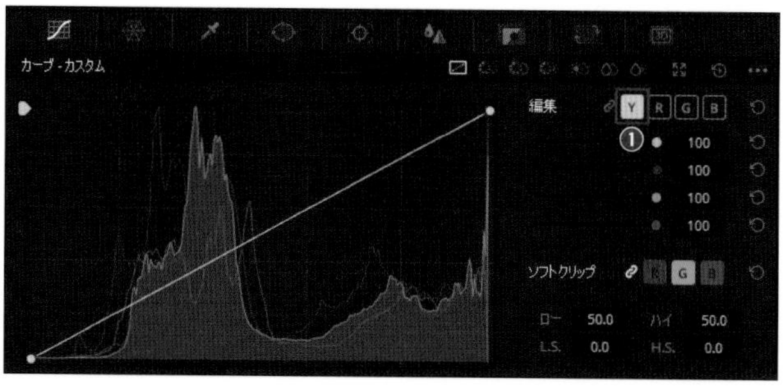

② カーブ右上のポイントを少し下に❷ドラッグします。

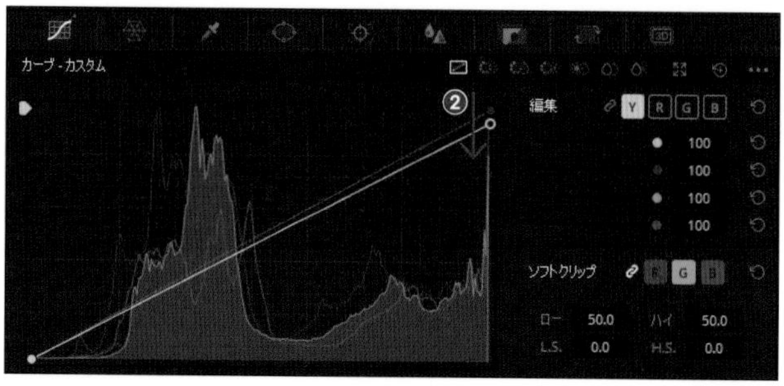

③ カーブ左下のポイントを少し右に❸ドラッグします。

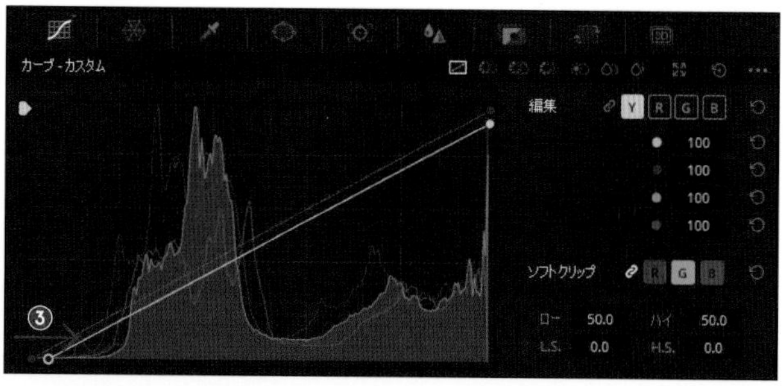

あまり急激なカーブにすると映像が破綻するかもしれません。なるべく負荷をかけないように気持ちやさしく調整してみましょう。

できた！ 白飛びをなくし、輝度のレベルが全体的に広がるような形に補正されました。

Pキーで全画面表示して確認できます。

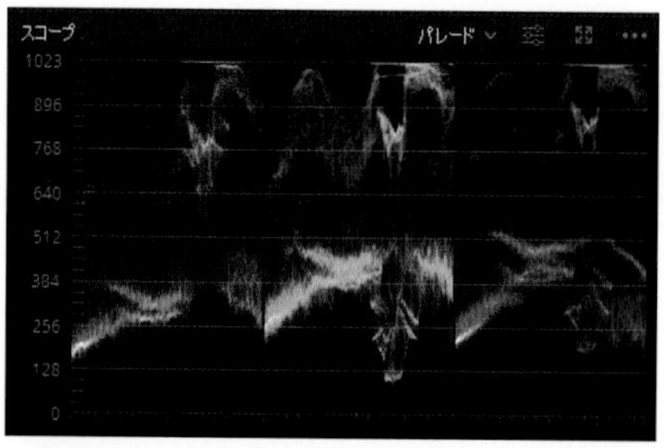

調整前のスコープ

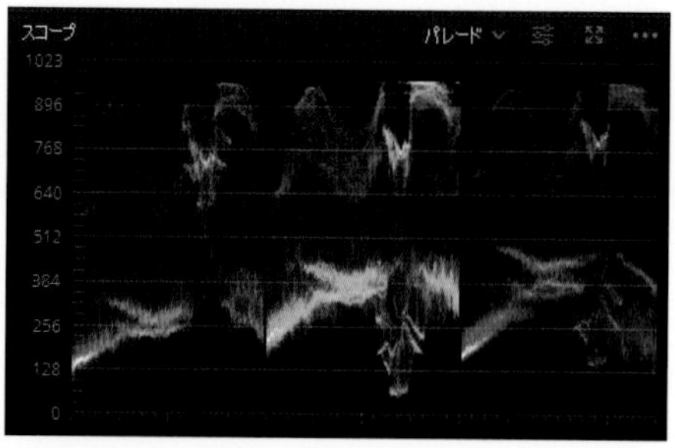

調整後のスコープ

調整前のクリップ

調整後のクリップ

CHAPTER 6 Lesson 6

#ホワイトバランス

ホワイトバランスを調整しよう

動画でもチェック！
https://dekiru.net/ydv_606

練習用ファイル 6-6

ホワイトバランスとは撮影あるいは編集環境での光の色を補正して、白を白と見せる、人間の目で見た世界観に近づけるといった作業です。

●ホワイトバランス

ホワイトバランスがとれていないとき

ホワイトバランスがとれているとき

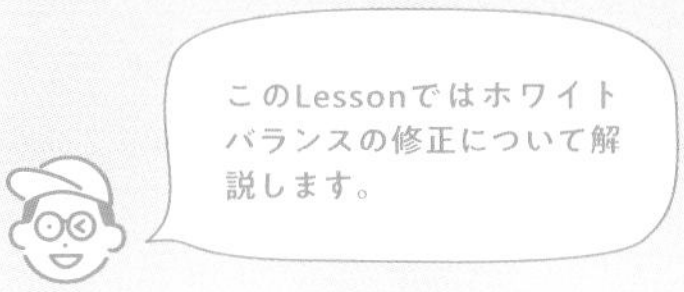

このLessonではホワイトバランスの修正について解説します。

ノードを整理する

ここでは、ホワイトバランスだけを調整したいので、ノードを分けて整理します。

1. Lesson 4、5を参考に露出を調整し、Lesson 3を参考にノードに「Exposure」という名前をつけます。

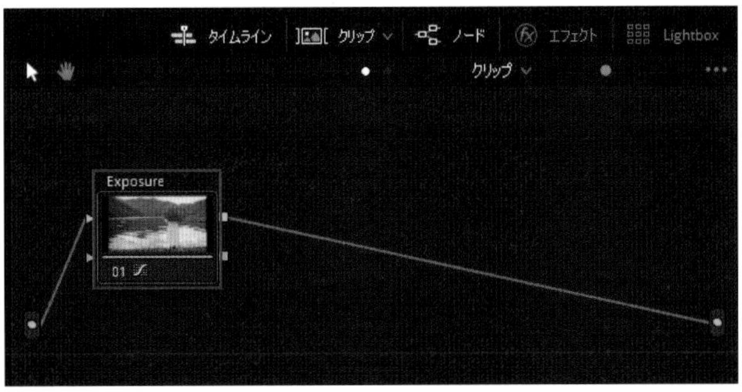

2. 同じくLesson 3を参考にシリアルノードを追加し、新しく追加されたノードに「WB」という名前をつけます。

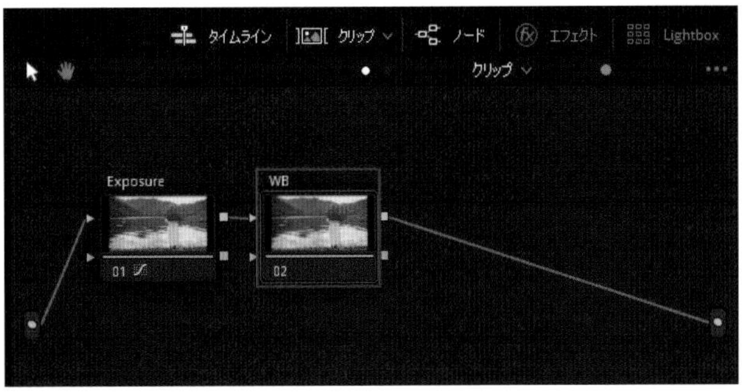

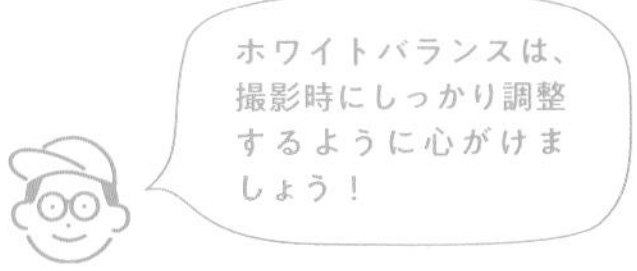

ホワイトバランスは、撮影時にしっかり調整するように心がけましょう！

ホワイトバランスを確認する

映像の中に白いものがあればそれをポイントにして調整します。このクリップにおいて白いものが白く映っているか確認します。

1 ビューア左下の❶スポイトアイコンをクリックして❷[クオリファイアー]を選択します。

白いものがないときは、ほかの物で自然な色をポイントにしたり、人物の肌の色をポイントにして調整してみましょう。

2 ビューアに表示された動画の白い部分にマウスポインターを合わせます。

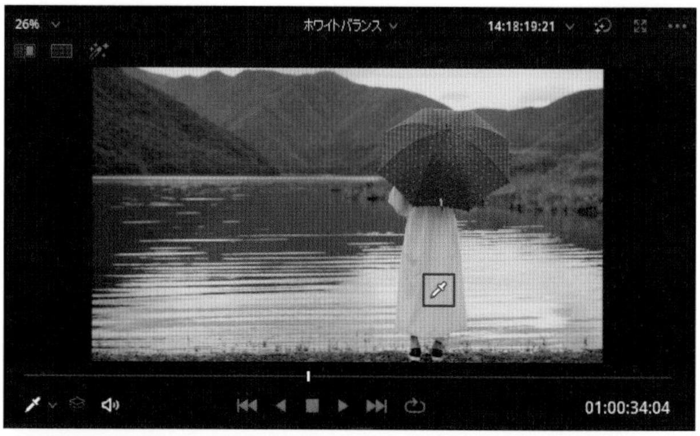

ここがPOINT

スコープで確認できないときは

[クオリファイアーのフォーカスを表示]が選択されているか確認しましょう。

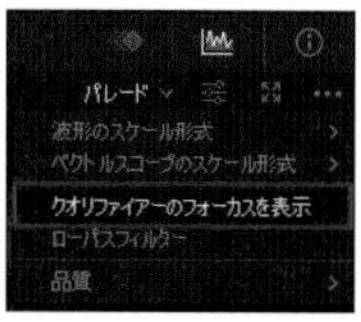

できた！ スコープ上にマークが表示され、マウスポインターを合わせている位置のホワイトバランスを確認できます。

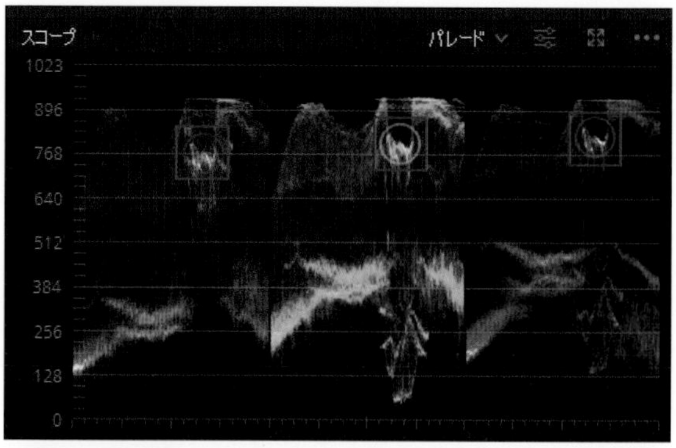

青が若干強く出ていることがわかります。

ピッカーでホワイトバランスを調整する

ホワイトバランスは自動で調整することもできます。

1 ❶[ホワイトバランス]のピッカーをクリックします。

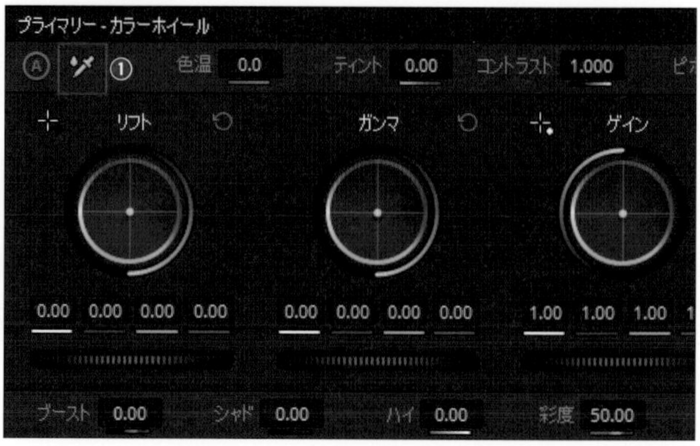

2 ホワイトバランスを調整したい箇所をモニター上で❷クリックします。

ここがPOINT

確認時に便利なショートカットキー

[P]キーで全画面表示し、[Ctrl]＋[D]キー（Macでは[Command]＋[D]キー）で、Before→Afterを切り替えて確認できます。

できた！ クリックした位置をリファレンスとしてホワイトバランスが自動的に調整されます。

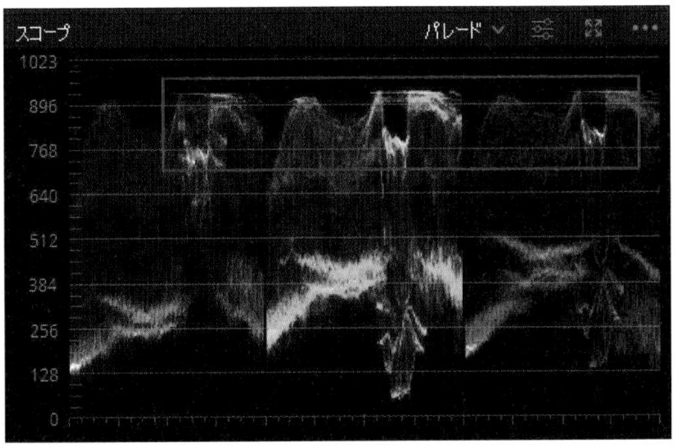

調整前のスコープ

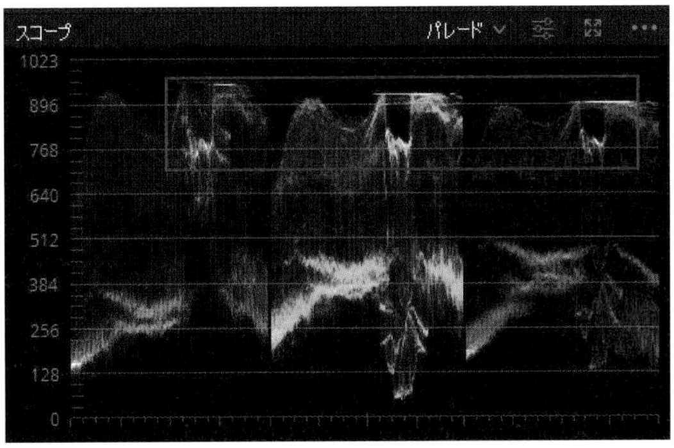

調整後のスコープ

調整前のクリップ

調整後のクリップ

［色温（いろおん）］でホワイトバランスを調整する

色は「色温度」という数値で表すことができます。ここでは、全体に対して調整できます。

1 カラーホイールの［色温］の数値上を右に❶ドラッグします。

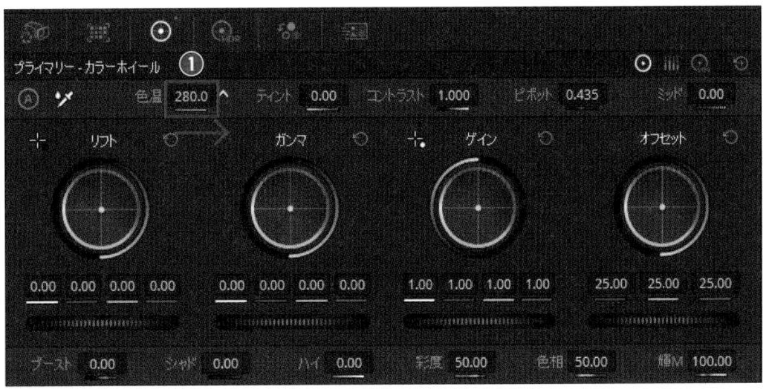

＼できた！／ ホワイトバランスが調整されます。

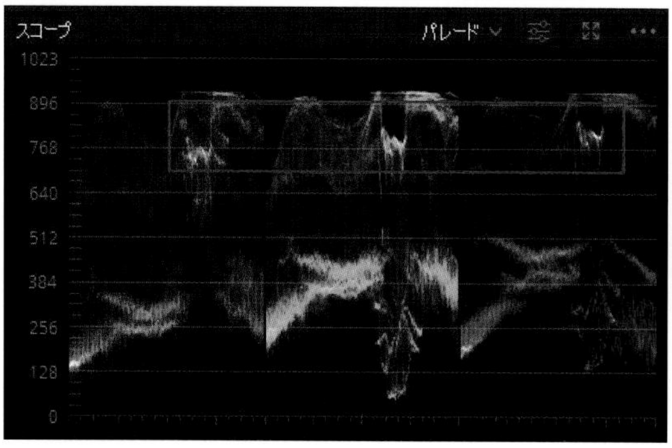

調整前のスコープ:青が強く出ている

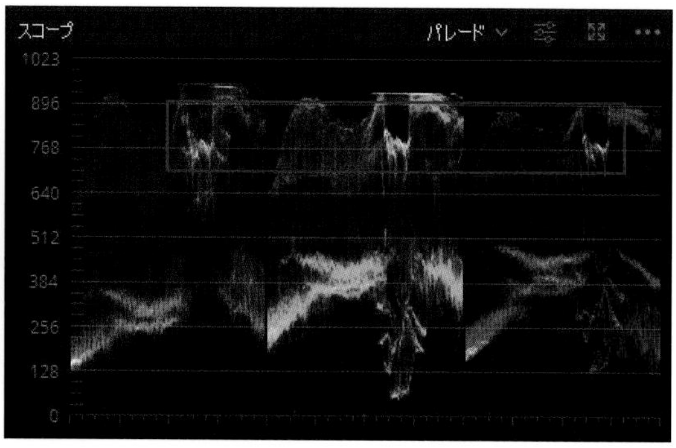

調整後のスコープ:青が調整された状態

調整前のクリップ

調整後のクリップ

もっと 知りたい！

● カラーホイールやカーブでもホワイトバランスを調整できる

[色温度]や[ティント]といった機能は全体に対しての調整になり、任意の箇所を調整したいときは、カラーホイールやカーブを使って調整します。ここでは、強く出ている青をカーブで調整する方法を紹介します。

カーブは慣れるまで難しく感じるでしょう。練習して身に付けていきましょう。

1 [編集]の❶[解除]をクリックして、リンクをはずします。

2 ❷[B]をクリックします。

3 線の上に数か所点を打ち、その点を❸ドラッグして調整します。

ここがPOINT

点は数か所打つ

1点だけだと点から下のエリアすべてが調整されてしまうので、調整範囲をロックするための2点目を打ちます。

4 最後に❹[R]をクリックして赤も調整して完成です。

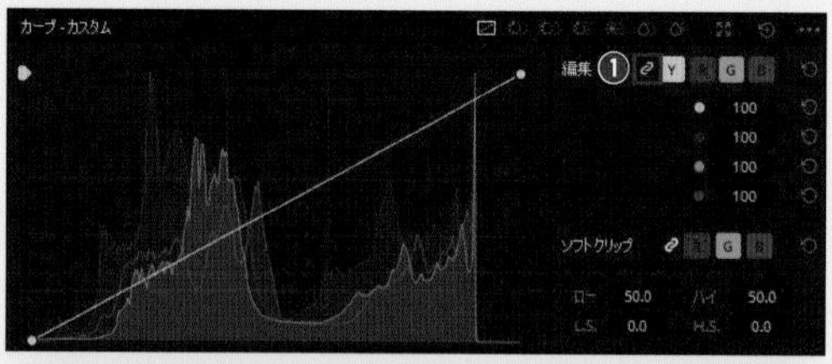

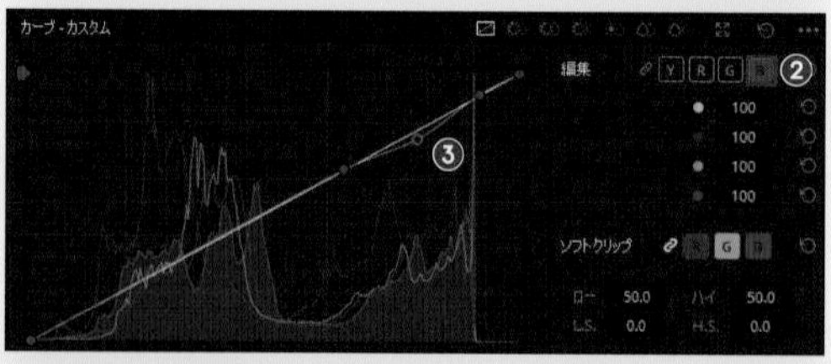

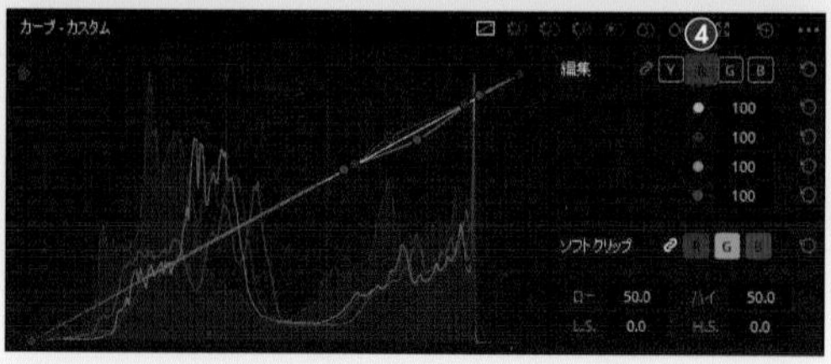

CHAPTER 7

カラーページ Advance編（カラーグレーディング）

DaVinci Resolveでは、さまざまなツールを駆使して特定の範囲を選択することで
人物のスキントーンを調整したり、オブジェクトを際立たせたり、
なじませたりすることができます。
細部にこだわることで格段に映像クオリティーは上がります。

CHAPTER 7
LESSON 1

#さまざまなカーブ

さまざまなカーブを駆使する

動画でもチェック!
https://dekiru.net/ydv_701

練習用ファイル
7-1

Chapter 6でカーブを使った明るさの調整を紹介しましたが、カーブには複数の種類があります。ここではいくつかのカーブの使い方を解説します。

● [色相vs色相]のBefore→After

Before
傘が赤い状態

After
傘が青くなった状態

[色相vs色相]で調整する

[色相vs色相]では、選んだ色相に対して色相を変更することができます。

1 ❶[カーブ]を選択し、❷[色相vs色相]ボタンをクリックしてカーブを変更します。

2 ビューア左下の❸[∨]をクリックし、❹[クオリファイアー]を選択します。

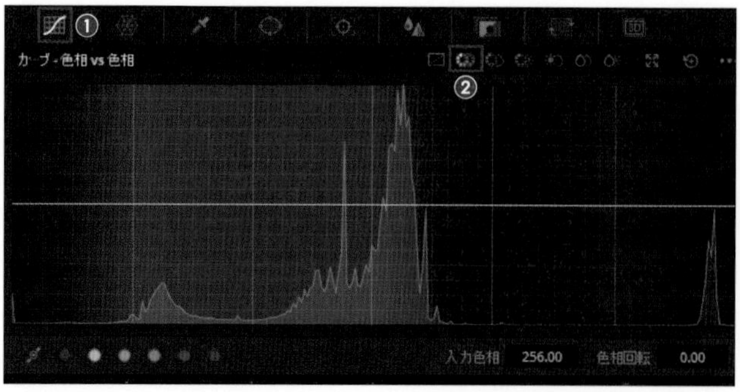

3 ビューア上で色を調整したい場所を❺クリックします。ここでは傘をクリックします。

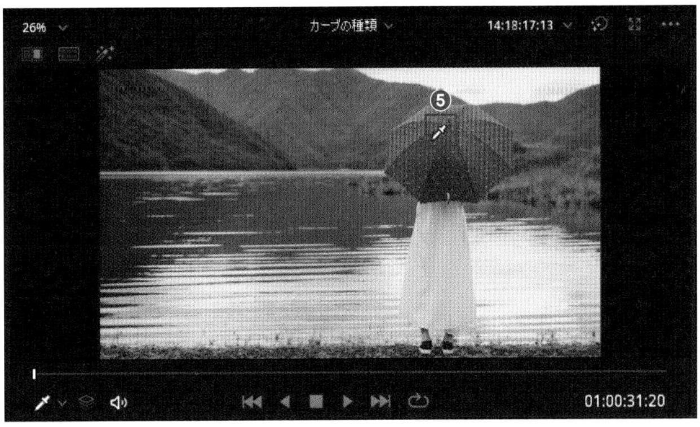

4 カーブ上に3つの点が打たれます。

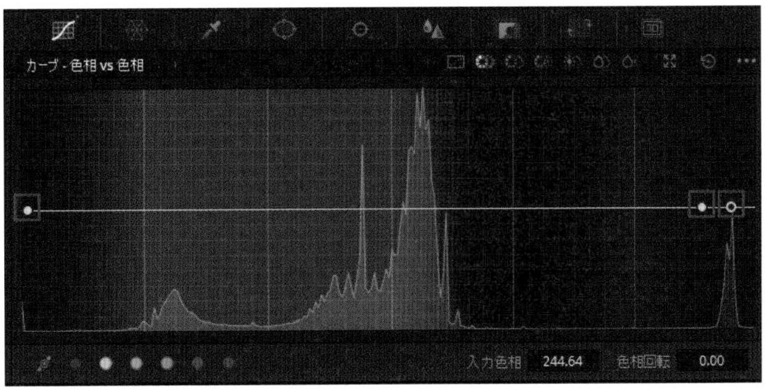

選択した傘のポイントは、ヒストグラムの真ん中の黒点を中心に左（紫）、右（赤）という色域のエリアで表示されています。

5 カーブに打たれた点のうち、真ん中の点を上下に❻ドラッグすると傘の色が変わります。

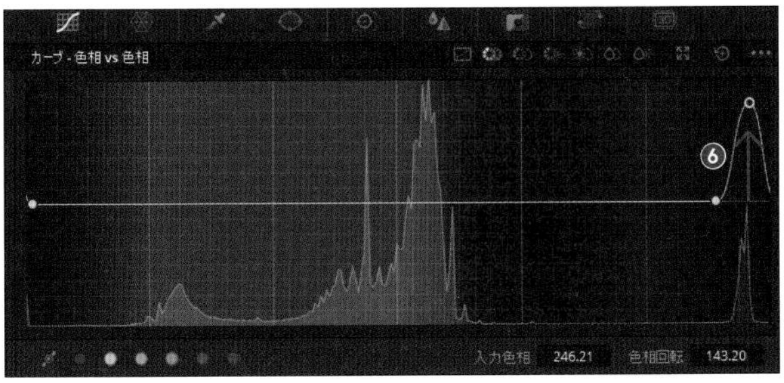

6 ビューアを見ながらエッジなどがきれいになるように両側の点を左右に❼ドラッグして色を変える範囲を調整します。

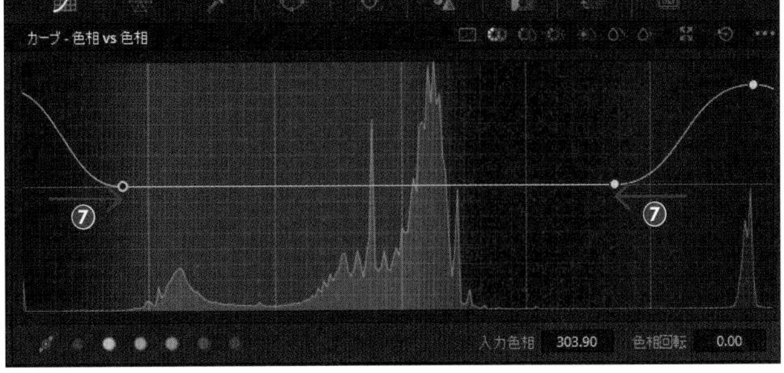

選択した範囲が狭いとエッジにもとの色が残ることがあるので、きれいに調整しましょう。

できた！ 傘の色がきれいな青に変更されました。

さまざまなカーブ

そのほかのカーブの特徴を解説します。

［色相vs色相］

選んだ色相に対して色相を変更します。

傘の色を青に変更した状態

［色相vs彩度］

選んだ色相に対して彩度を変更します。

傘の彩度を上げた状態

［色相vs輝度］

選んだ色相に対して輝度を変更します。

傘の輝度を上げた状態

［輝度vs彩度］

選んだ輝度に対して彩度を変更します。

選択した箇所全体の彩度を上げた状態

［彩度vs彩度］

選んだ彩度に対して彩度を変更します。

背景の彩度を下げた状態

［彩度vs輝度］

選んだ彩度に対して輝度を変更します。

傘の輝度を変更した状態

CHAPTER 7
LESSON 2

#ショットマッチ　#スチル

クリップのトーンを揃えよう

動画でもチェック！
https://dekiru.net/ydv_702

練習用ファイル
7-2

複数のクリップを通して見たときに色味が異なるクリップがある場合に、そのクリップの色味をほかと揃えてあげましょう。

●右のクリップの色味が左のクリップの色味と合った状態

クリップを並べて表示する①

参照とするクリップと色味を調整するクリップを見比べて作業できるように、参照するクリップをスチル画像として保存します。

1 ビューア上で右クリックし、❶[スチルを保存]をクリックします。

2 ❷[ギャラリー]に保存したスチル画像が表示されます。

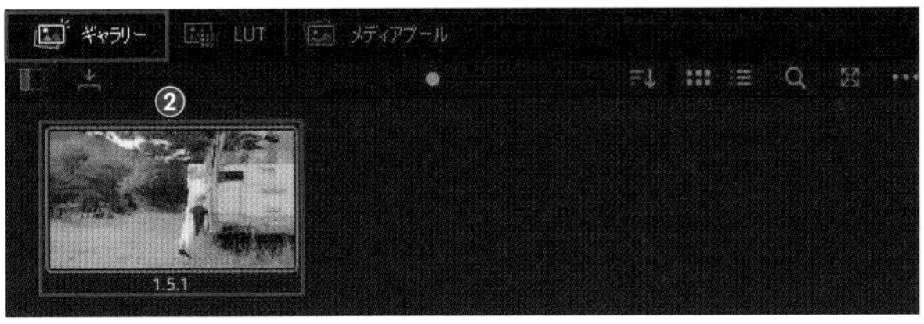

ここがPOINT

[ギャラリー]が表示されていないときは

[ギャラリー]が表示されていない場合は[ギャラリー]をクリックして開きます。

＼できた！／ ❸［イメージワイプ］をクリックします。ほかのクリップを選択するとビューアが分割されて表示されます。

ワイプでは画像の切れ目を左右に動かすこともでき、また画像上部で上下や斜めなどにも分割して確認することができます。

クリップを並べて表示する②

分割して見比べるのがわかりにくい映像の場合は、こちらの方法でクリップを並べてみましょう。

1. 並べて表示したいクリップを❶Ctrlキー（MacではCommandキー）を押しながらクリックして複数選択します。

2. ❷［分割スクリーン］をクリックし、ビューア右上の❸［∨］をクリックして❹［選択したクリップ］を選択します。

＼できた！／ 選択したクリップがビューアに並べて表示されます。

ショートカットキーPで全画面表示にしてプレビューできます。

クリップの色味をマッチさせる

基準となるクリップの色味の情報を調整したいクリップにマッチさせます。

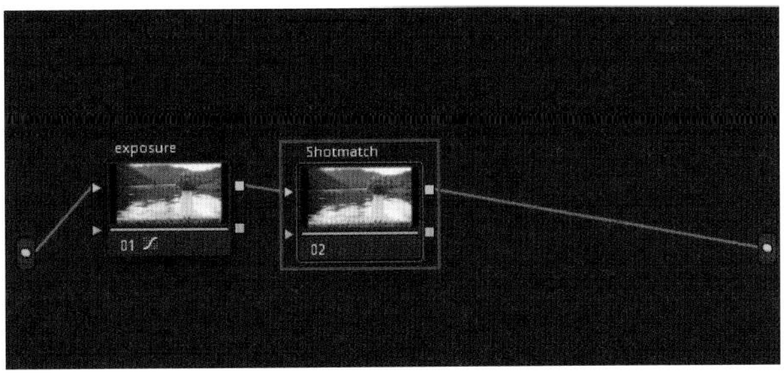

① Chapter 6のLesson 3を参考に、新しいシリアルノードを追加します。

② 色調を調整したいクリップを選択した状態で、色味の基準とするクリップのサムネイルを右クリックし、❶［このクリップにショットマッチ］をクリックします。

＼できた！／ クリップの色味が基準のクリップに合わせて調整されます。

Before

After

ここがPOINT

ショットマッチのあとは微調整をしよう

ショットマッチだけで色味がばっちり決まらないことも多くあります。そんなときはショットマッチのあとで、ホイールやカーブを動かして微調整するとよいでしょう。

もっと
知りたい！

基準とするクリップにフラグで目印をつける

作業の目印となるように、基準とするクリップにフラグをつけるとわかりやすくなります。

1 色味の基準にするクリップの上で右クリックします。❶[フラグ]にマウスポインターを合わせ、表示されたメニューからフラグとして設定する色を選択します。ここでは❷[フクシア]を選択します。

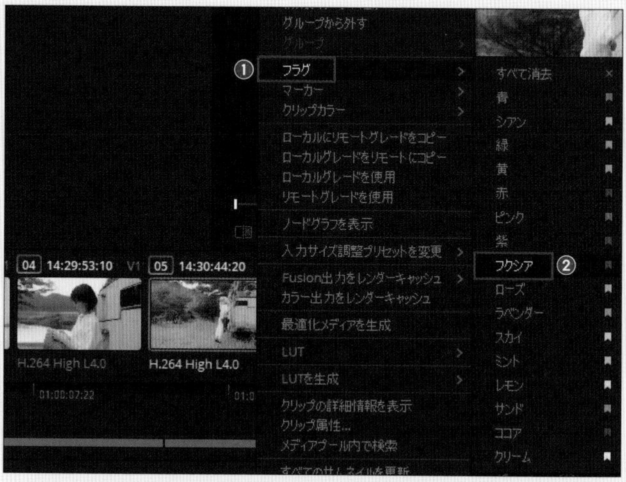

できた！ クリップのサムネイルの左上に選択した色のフラグが表示されます。

ここがPOINT

フラグとマーカーの違い

フラグの下に[マーカー]がありますが、これはクリップに対してではなく、タイムライン上の任意の場所に目印を打つことができます。

CHAPTER 7 LESSON 3

#クオリファイアー

特定の色を選択して調整しよう

動画でもチェック!
https://dekiru.net/ydv_703

練習用ファイル 7-3

クオリファイアーというツールを使うことで特定の箇所を選択して色や明るさを変えることができます。人の肌の調整や特定のオブジェクトの調整などでよく使われる機能です。

●傘の色味を調整した状態

調整したい部分を選択する

ここでは傘の色を調整していきます。

1 Chapter 6のLesson 3を参考に、新しいシリアルノードを追加します。

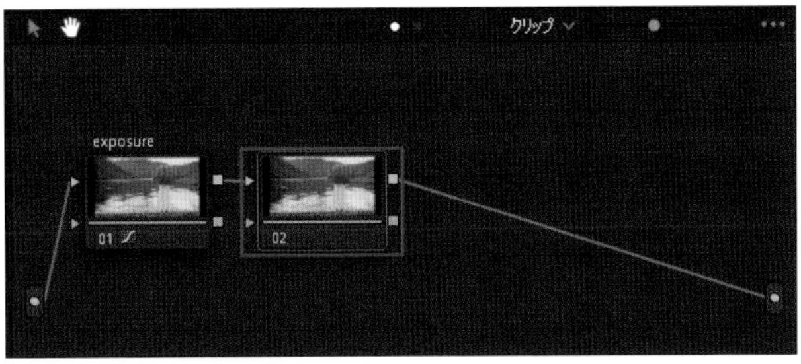

2 ❶［クオリファイアー］をクリックして表示します。

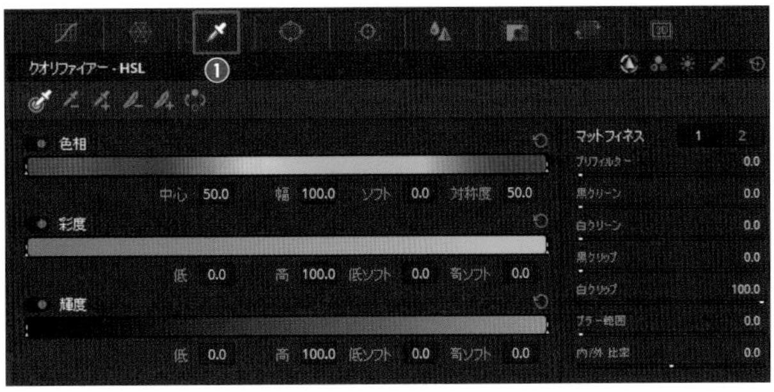

3 ❷[ハイライト]をクリックし、ビューア上で色を調整したい箇所を❸クリックします。

4 クリックした箇所と色が類似している部分が選択され、それ以外の部分がグレーで表示されて見えなくなります。

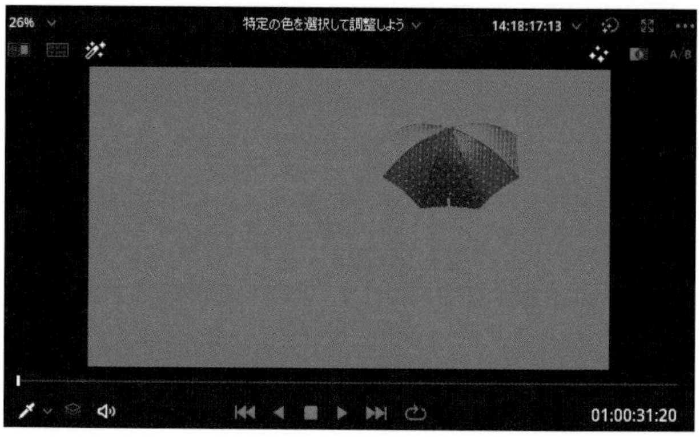

ここがPOINT

[ハイライト]をオフにする

[ハイライト]をオフにするとグレーの部分も見えるようになります。

選択範囲を調整する

ビューアを見ながら[クオリファイアー]の[色相][輝度][彩度]を調整します。

1 ❶[輝度]の[高]の値の上を右に❷ドラッグして、数値を上げます。選択範囲が広がります。

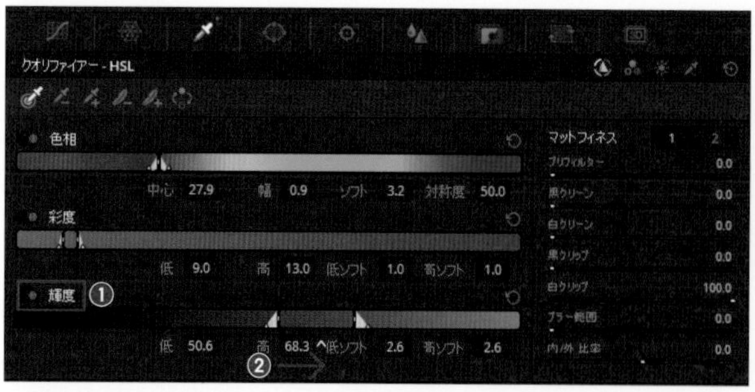

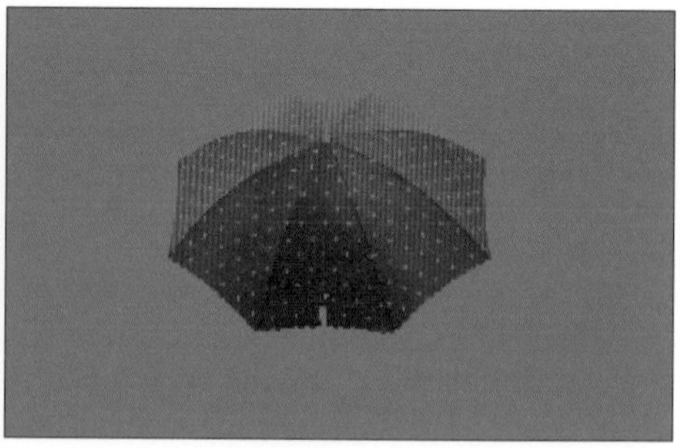

2 ❸[色相]の[幅]の値の上を右に❹ドラッグして、数値を上げます。選択範囲がさらに広がります。

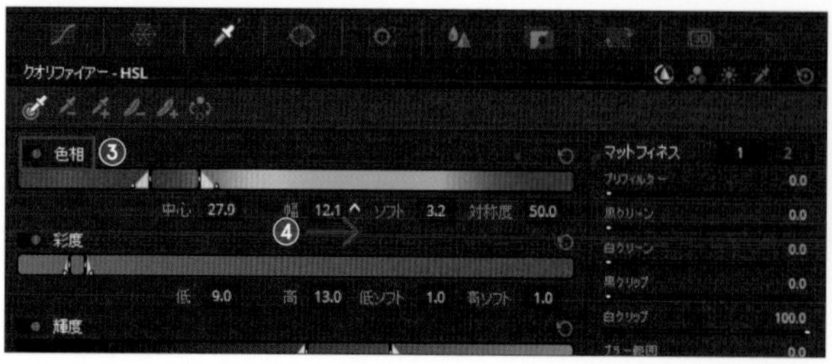

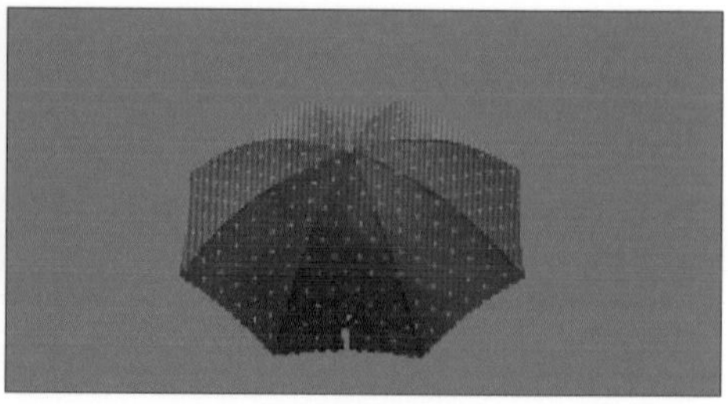

3 ❺［彩度］の［低］の値の上を左に❻ドラッグして、数値を下げます。選択範囲が広がり、きれいに選択されます。

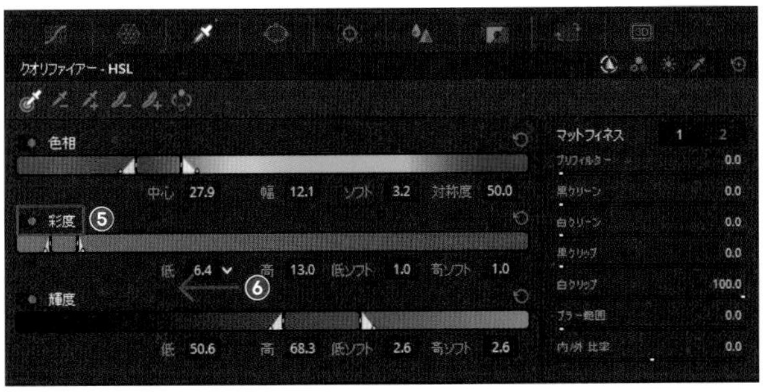

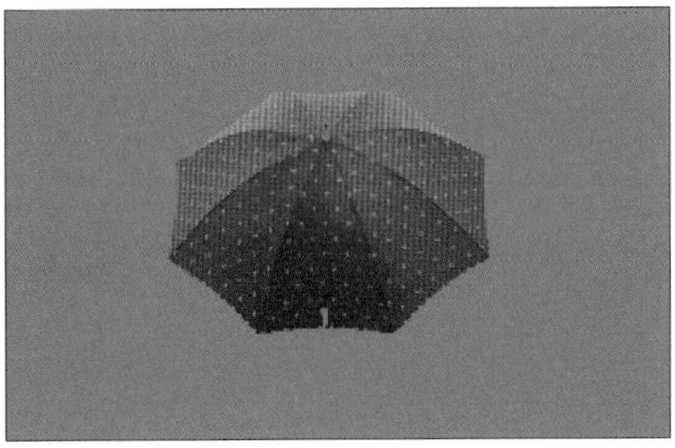

ここがPOINT

［色相］［彩度］［輝度］調整のポイント

［色相］［彩度］［輝度］をそれぞれオン／オフして選択範囲の変化を見ることで、どこにどれが影響するのか、そしてどれを調整すればよさそうか見当をつけることができます。

ここがPOINT

［マットフィネス］とは

マットフィネスの項目では選択範囲の調整をすることができます。たとえばよく使う［黒クリーン］［白クリーン］では選択範囲の黒の部分（白の部分）のノイズのようにチラチラしている選択をきれいにしたり、［ブラー範囲］を動かすことで選択範囲にブラーをかけることもできます。［内/外 比率］を使うと、選択している範囲から内（外）に拡大縮小ができます。

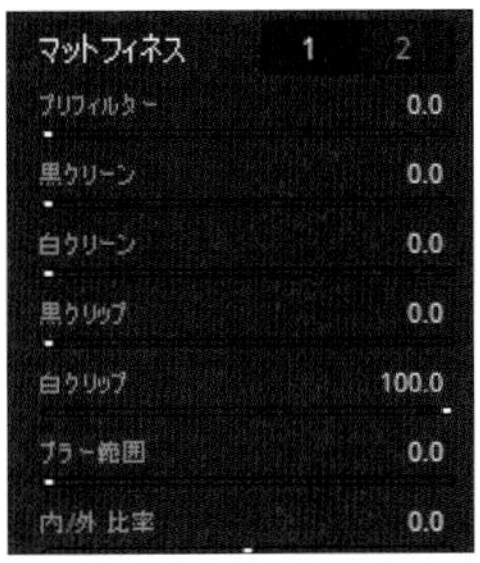

色を調整する

先ほど選択した範囲の色相を変えてみましょう。ここではカラーホイールで調整を行います。

1 調整したい箇所を選択した状態で、［カラーホイール］の❶［ゲイン］の中央の丸を右下に❷ドラッグします。選択した部分だけ色が変わります。

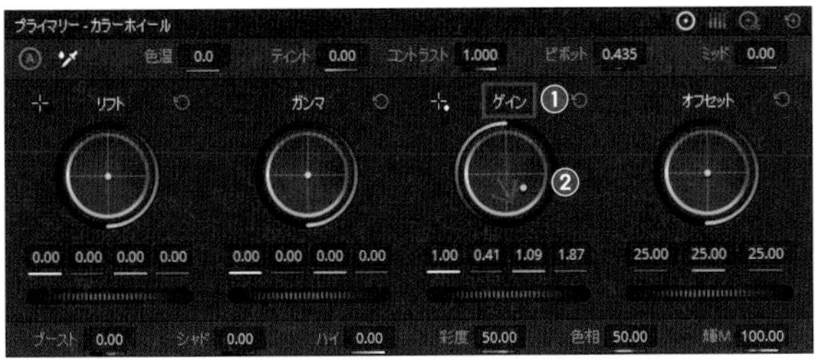

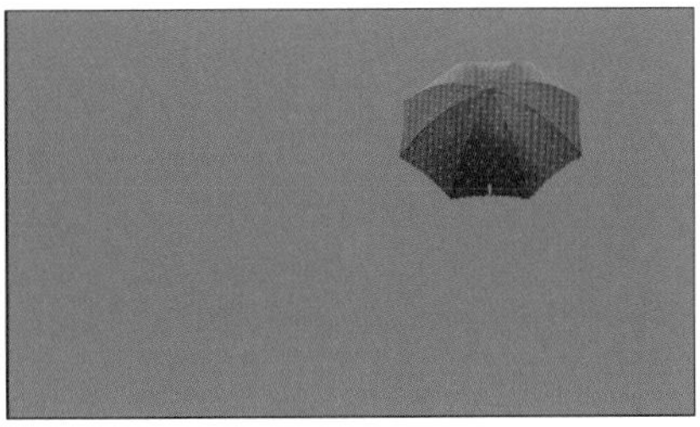

2 クリップを再生しても、同じ色の部分だけ色が変わっていることがわかります。

選択した範囲は色相や彩度・輝度で選んでいるので、再生ヘッドを動かしても、その選択範囲の色相や彩度・輝度などが、光などの影響や障害物など、何かしらの影響で変わらない限り追従してくれます。

もっと
知りたい！

レイヤーノードを使う

通常のシリアルノードは直線ですが、レイヤーノードを追加するとノードが並列に並び、それが統合されて1つの映像になります。1つのクリップを分離させてアプローチすることができます。

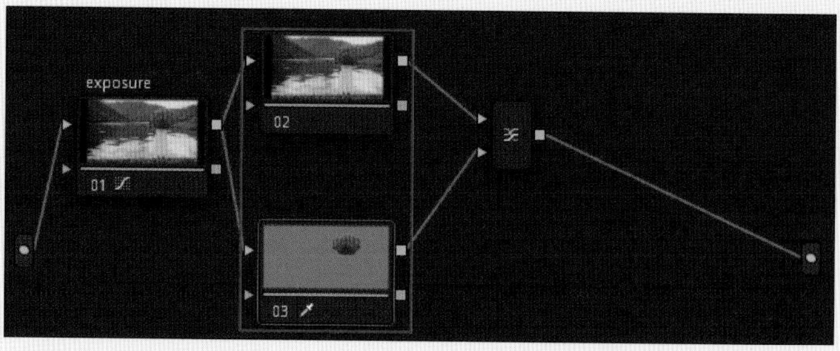

下のクリップで傘を選択し、上のクリップではそれ以外を選択している状態

レイヤーノードではスキンと背景を分離させてカラー作業を行うことがあります。
ここではもともと夕日前くらいの時間に撮影した素材を、レイヤーノードで肌の色と背景に分離させて、少し緑がかった、ミュージックビデオなどで出てきそうな見た目にしてみました。
もちろん夕日らしさを増長することも可能です。

Before

レイヤーノードで肌と背景に分離させた状態

After

CHAPTER 7
LESSON 4

#ウィンドウ

特定の箇所を選択して調整しよう

動画でもチェック!
https://dekiru.net/ydv_704

練習用ファイル
7-4

Lesson3ではクオリファイアーを使って特定箇所を選択しましたが、今回はペンツールを使って特定箇所を選択調整します。クオリファイアーでうまくできない場合にも有効です。

●洋服の色を変えた状態

ペンツールを選択する

ここでは、[ウィンドウ]を使って洋服を選択します。

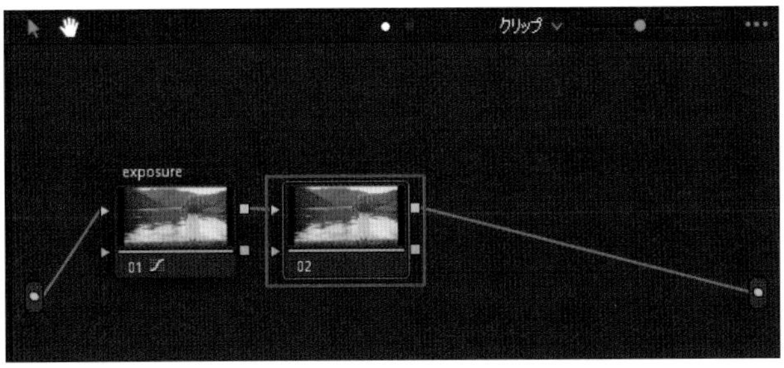

1. Chapter 6のLesson 3を参考に、新しいシリアルノードを追加します。

2. ❶[ウィンドウ]をクリックします。

3. ❷ペンツールのアイコンをクリックします。

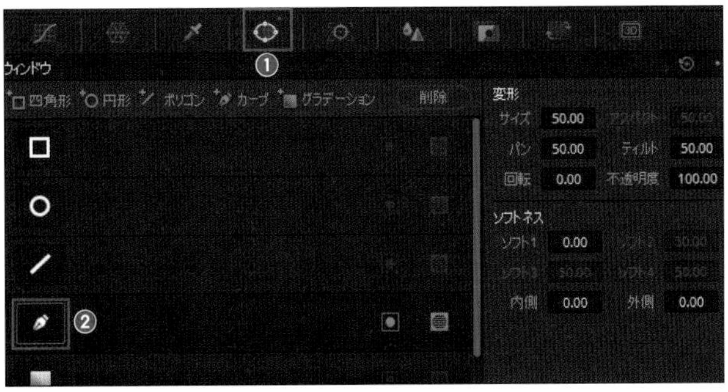

ペンツールで選択範囲を作成する

ペンツールで洋服を囲っていきます。

1 ビューア上で選択したい範囲の縁を❶クリックすると、最初の点が打たれます。

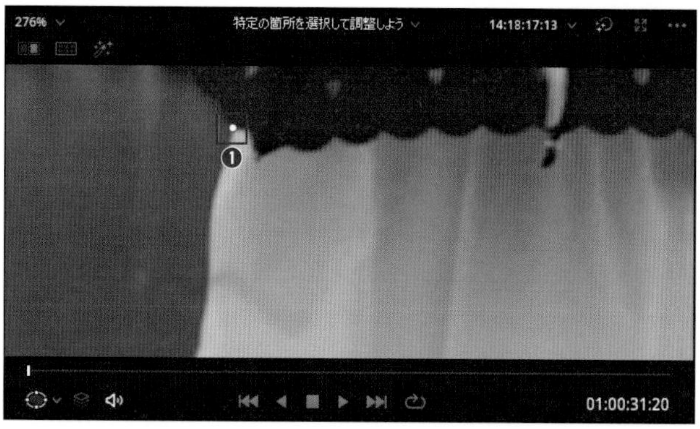

2 選択したい範囲の縁に合わせて次の点を❷クリックすると、最初の点と直線で結ばれます。

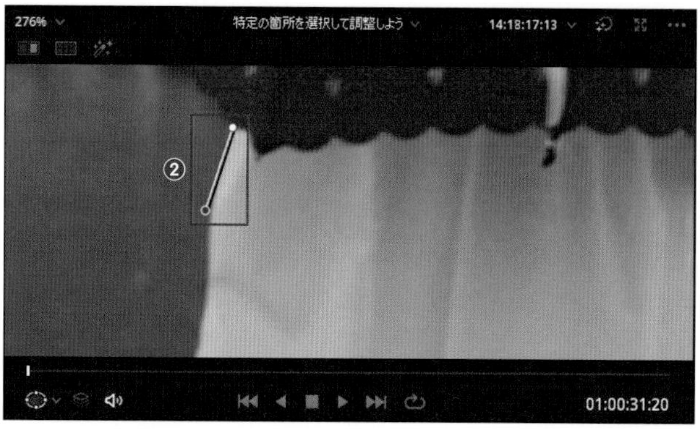

ここがPOINT

ビューアを拡大する

ビューアを拡大すると作業しやすくなります。マウスを使っている方はマウスの真ん中のスクロールホイールで拡大することができます。

ペンツールは慣れるまで時間がかかるかもしれません。あきらめないでチャレンジしてください。

この曲線のことを「ベジェ曲線」といいます。

3 さらに次の点を❸クリックし、そのままドラッグすると前の点との間が曲線で結ばれます。

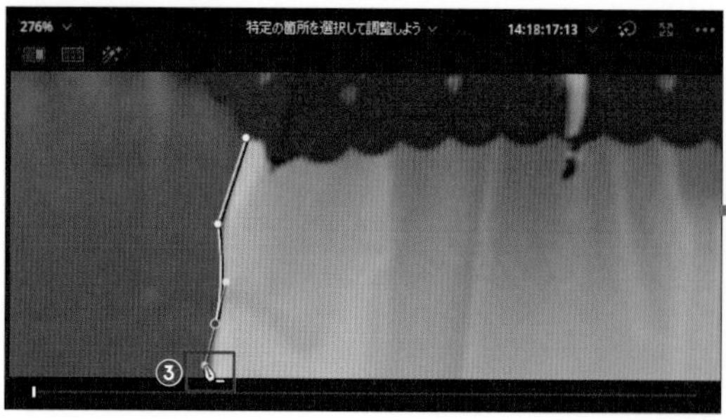

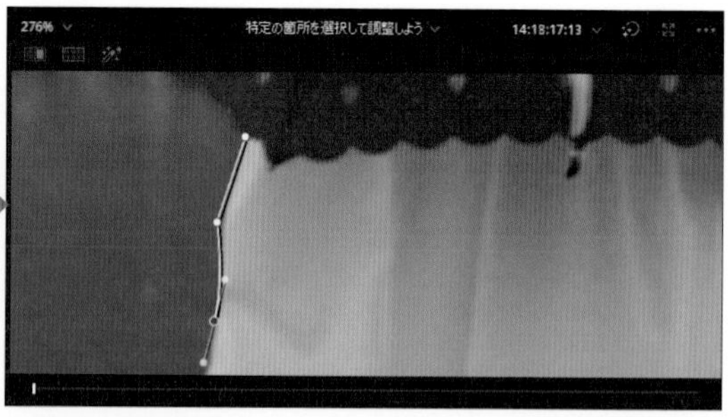

4 直線でつなぎたいところはクリック、曲線でつなぎたいところはクリックのあとドラッグという操作を繰り返しながら選択したい範囲を囲んでいきます。

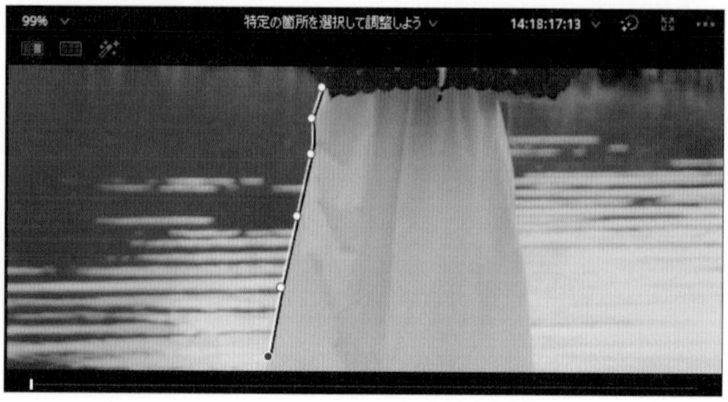

5 1周してきて最初の点を❹クリックすると、選択範囲が作成されます。

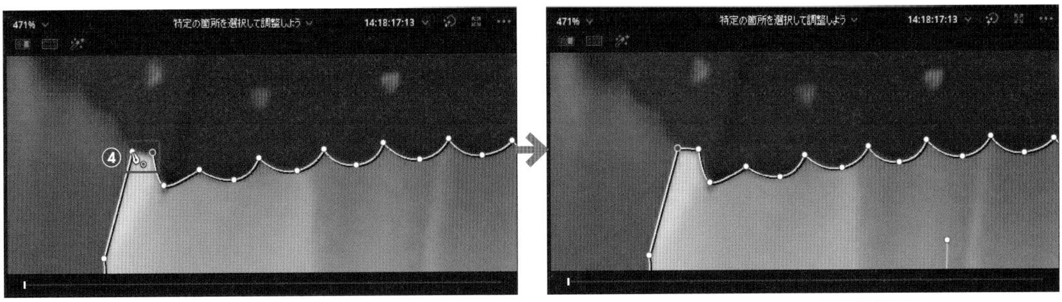

ちゃんと選択できているかは［ハイライト］をオン・オフ（Shift＋Hキー）して確認しましょう。

6 選択範囲が作成された状態でカラーホイールなどで色を調整すると、選択した部分だけ色を変えることができます。

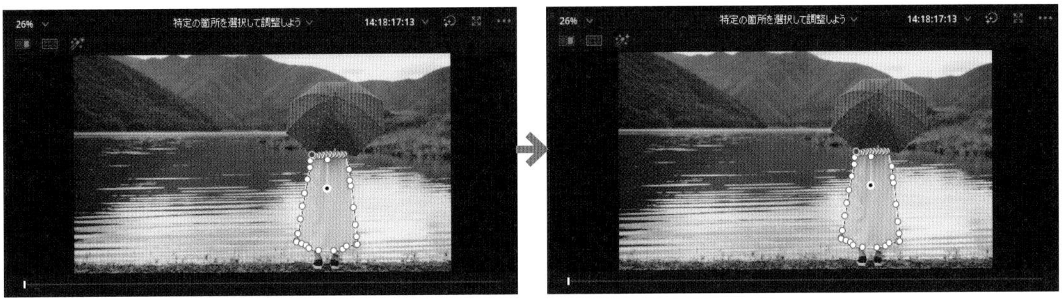

選択範囲の縁を調整する

選択範囲はそのままではやや不自然になるため、ぼかしてなめらかにします。選択範囲をなめらかにするには、［ソフトネス］の数値を変えることで調整します。

❶［ソフト1］の数値を上げると選択範囲の周りの色がやんわりとなめらかになります。

❷［外側］の数値を上げると選択範囲の外に色がにじむ感じになります。

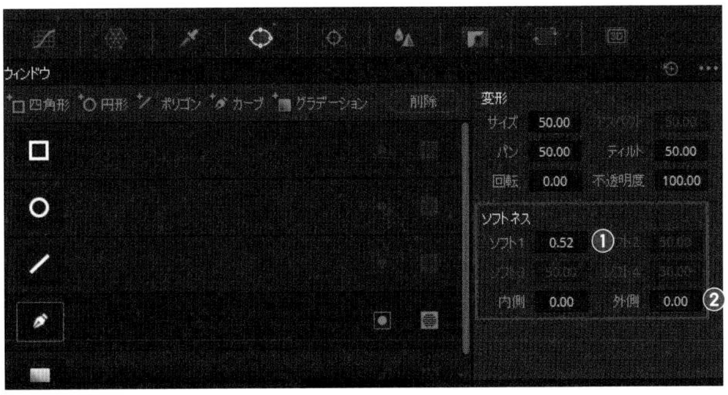

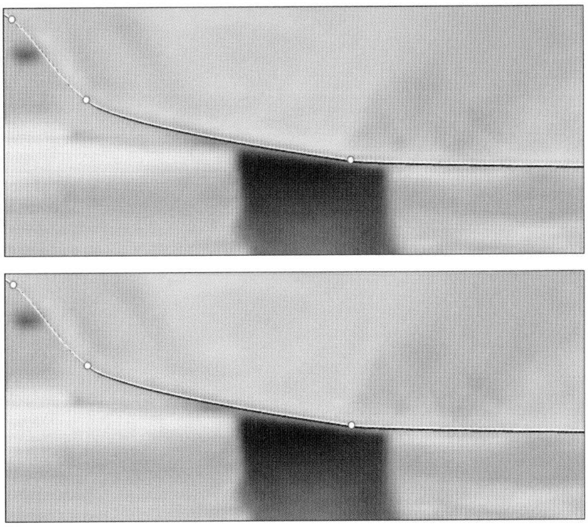

［ウィンドウ］のツール

特定の範囲を選択するためにはペンツール以外にもさまざまなツールがあります。それぞれを駆使してうまく活用してみましょう。

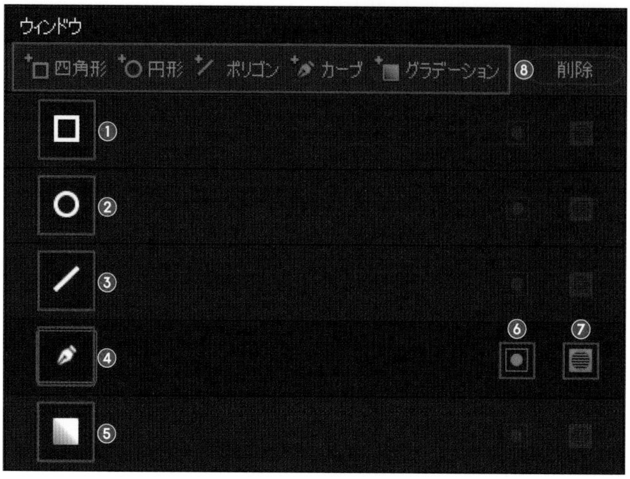

❶四角形
選択範囲を四角で選択することができます。

❷円形
選択範囲を円形で選択することができます。

❸ポリゴン
選択範囲を多角形の形に変形させて選択することができます。クリック時は四角形。

❹カーブ
選択範囲をペンツールを使って選択することができます。

❺グラデーション
選択範囲にグラデーションをかけることができます。

❻選択範囲の反転
選択範囲を反転させることができます。

❼選択範囲のオンオフ
選択範囲を解除することができます。

❽ウィンドウの追加
ここをクリックすると同じノード上で新しいウィンドウを追加することができます。

同じ作業であれば1つのノードで複数作ってもよいのですが、別の加工をする場合は、別のノードを作ったほうがよいでしょう。

もっと 知りたい！

● ポリゴンで多角形に選択する

ポリゴンを使用すると多角形に選択することができます。

CHAPTER 7 LESSON 5

#トラッカー

特定の箇所をトラッキングしよう

動画でもチェック!
https://dekiru.net/ydv_705

練習用ファイル 7-5

Lesson 4で範囲を選択しただけでは、映像を再生して対象物が動くと選択範囲がずれてしまいます。ここでは選択範囲をトラッキング（追従）する方法を解説します。

選択範囲を作成する

ここでは、車のテールランプを選択し、トラッキングを行います。

1 Chapter 6のLesson 3を参考に、新しいシリアルノードを追加します。

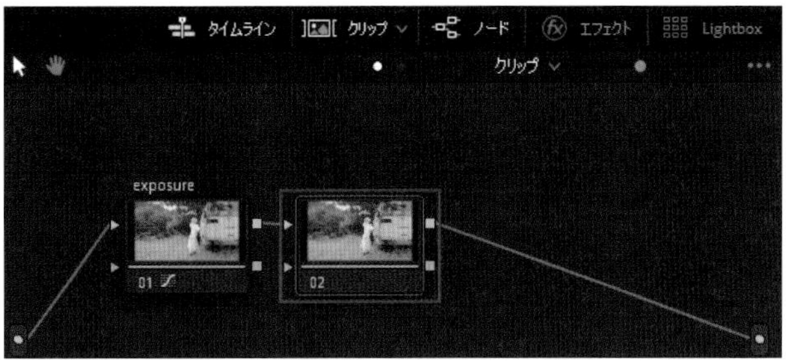

2 クリップの先頭に再生ヘッドを合わせます。

3 ❶[ウィンドウ]をクリックして、四角形のアイコンを❷クリックします。

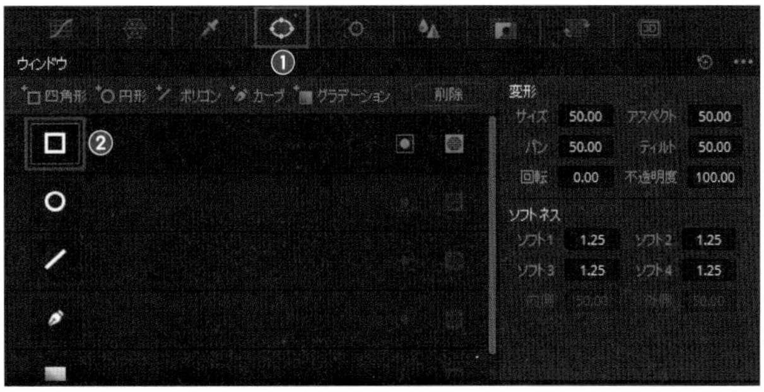

4 ビューア上に作成された四角形の選択範囲を、トラッキングしたい箇所に合わせます。

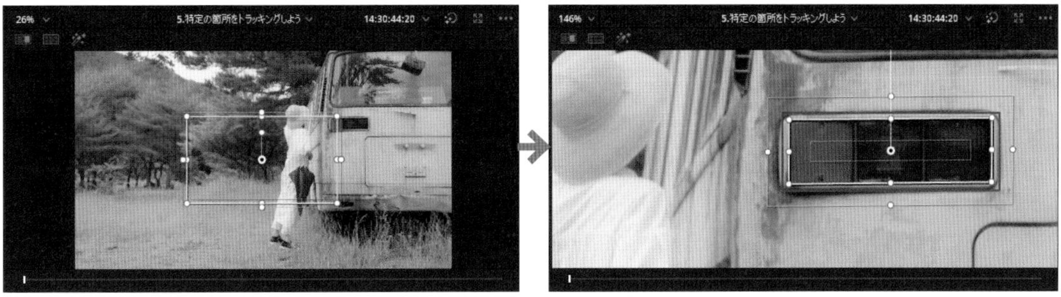

トラッキングを設定する

選択範囲をトラッキングします。

1. ❶[トラッカー]をクリックします。❷[順方向にトラッキング]をクリックします。

ここがPOINT

トラッキングの解析方法

トラッキングの解析方法には、[パン][ティルト][ズーム][回転][3D]があります。これらは解析する素材の動きに応じてどれを適応させるかということですが、基本的にすべてチェックが入っている状態でかまいません。

ここがPOINT

解析の方向

解析の方向は、[順方向にトラッキング][逆方向にトラッキング][1フレームを順方向にトラッキング][順方向&逆方向にトラッキング]があります。

2. トラッキングの解析が行われます。

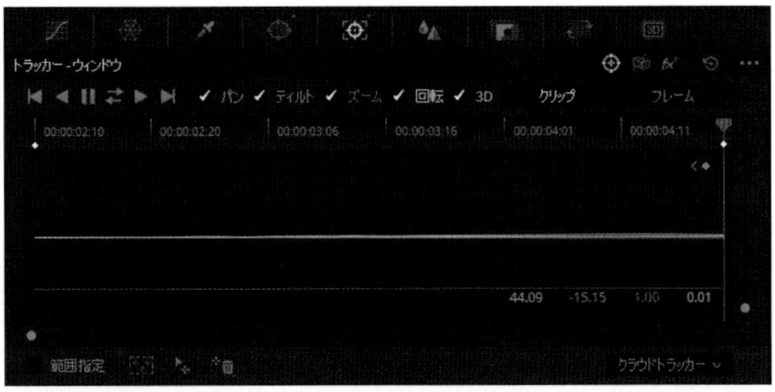

3. 解析が終わってから再生すると、選択範囲が対象に合わせて移動するようになっています。

もっと知りたい!

● **トラッキングがうまくいかなかったとき**

トラッキングがうまくいかないこともあります。そんなときは、[クリップ]から[フレーム]に切り替えて手動でウィンドウを調整しましょう。

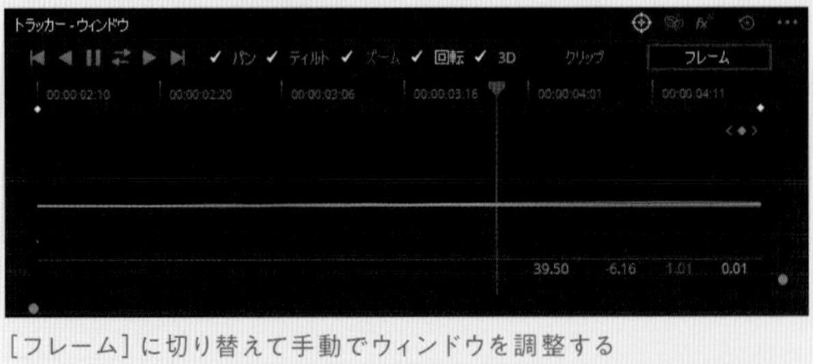

[フレーム]に切り替えて手動でウィンドウを調整する

CHAPTER 7
LESSON 6

#モザイク

映したくないものをぼかそう

動画でもチェック!
https://dekiru.net/ydv_706

練習用ファイル
7-6

不要な物が映り込んでしまったり、企業ロゴや車のナンバーなど映したくないものがある場合、この方法でぼかしたりモザイクをかけたりすることができます。

●モザイクがかかった状態

選択範囲をぼかす

ここでは人物の顔を選択し、ぼかしていきます。

1 Chapter 6のLesson 3を参考に、新しいシリアルノードを追加します。

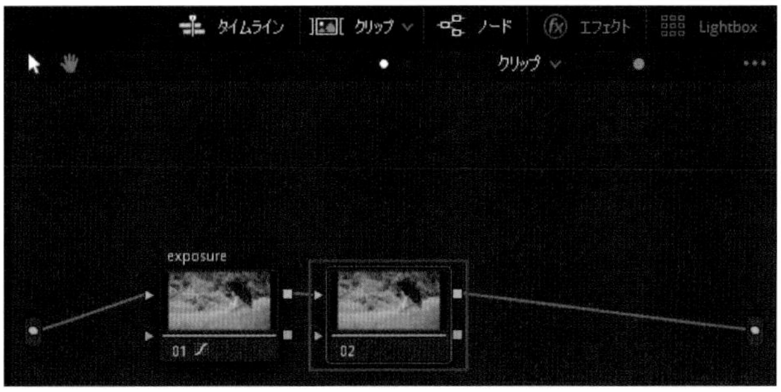

2 ［ウィンドウ］の❶円形アイコンをクリックします。

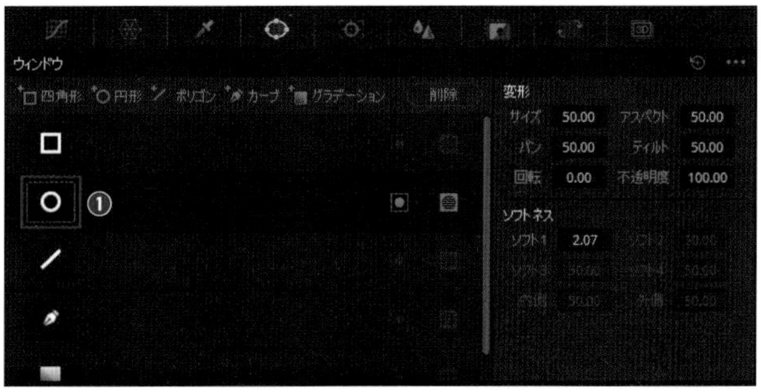

③ ビューア上に表示された円形の選択範囲をぼかしたい対象に合わせます。

④ Lesson 5を参考に、対象の動きに合わせて選択範囲がトラッキングするようにしておきます。

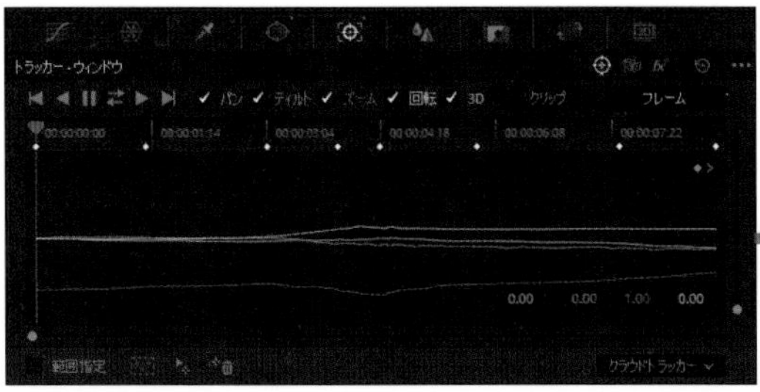

⑤ ❷[ブラー]をクリックします。❸[範囲]のバーを上にドラッグします。

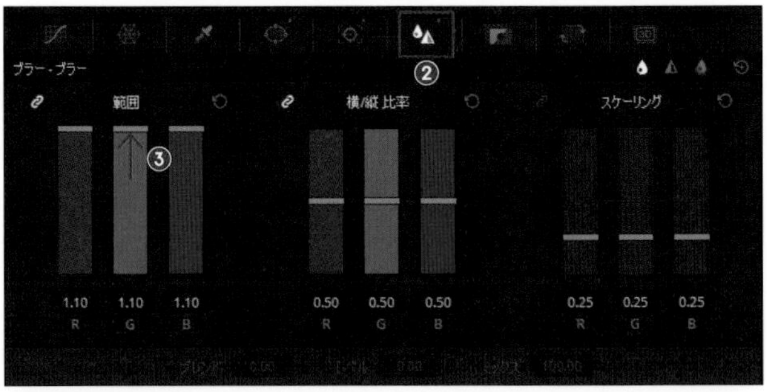

ここがPOINT

[範囲]を下げるとどうなるの？

[範囲]を下げると映像がシャープになります。強く出すぎると不自然になるので注意しましょう。

＼できた！／ 選択範囲にぼかしがかかります。

[ブラー]はモザイクほど強くなくぼかしをかけることができます。映像の雰囲気に合わせて[ブラー]なのかモザイクなのか選択するとよいでしょう。

選択範囲にモザイクをかける

続いて、人物の顔にモザイクをかけます。

1 ぼかす場合と同様に対象を選択し、対象の動きに合わせて選択範囲がトラッキングするようにしておきます。

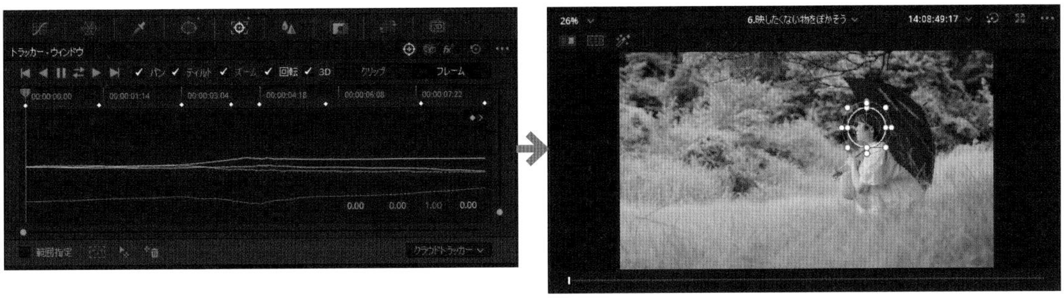

2 ❶[エフェクト]をクリックします。

3 表示された[ライブラリ]から❷[ブラー(モザイク)]をクリックし、選択範囲を作成したノードに❸ドラッグ&ドロップします。

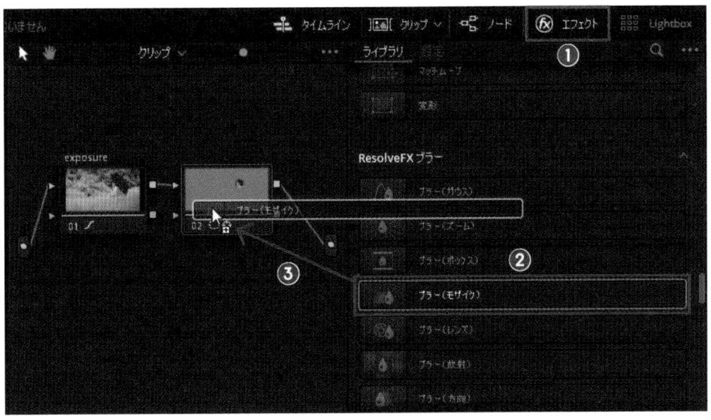

できた！ 選択範囲にモザイクがかかります。

モザイクの設定はあまり細かい目の状態にすると、モザイク効果が薄まってしまうので、バランスを見ながら適用しましょう。

モザイクの設定

[設定]をクリックすると、モザイクの形状やピクセルの粒度を変更することができます。[ピクセル数]はピクセルの粒度、[セルの形状]はセルの形、[エイリアス]は物と物の境界をなめらかにすることができます。

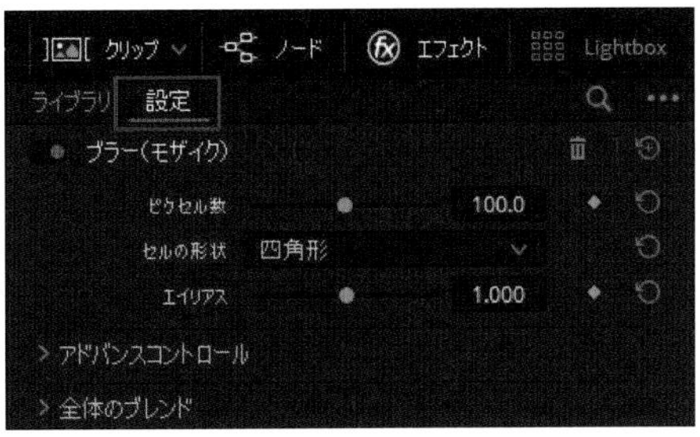

もっと
知りたい！

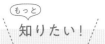

前のノードのアルファ情報（透明）を引き継ぐ

ウィンドウなどを使って特定の部分を選択した場合、そのアルファ情報（透明な情報）を別のノードに引き継ぐことができます。アルファ状態を維持したまま、追加したノードで別作業をしたり別エフェクトをかけたりすることができます。

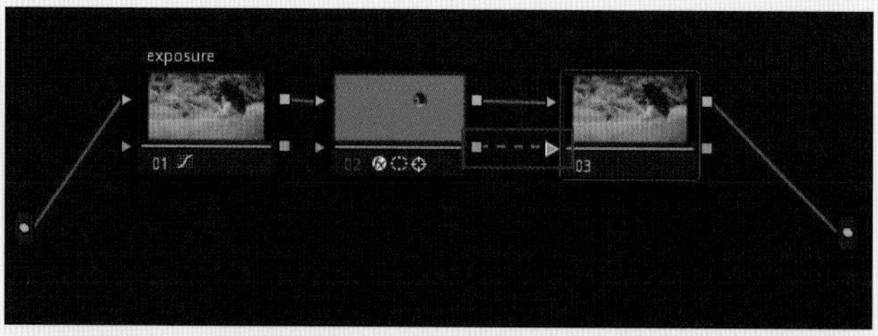

① 02と03の青い線をつなぎます。

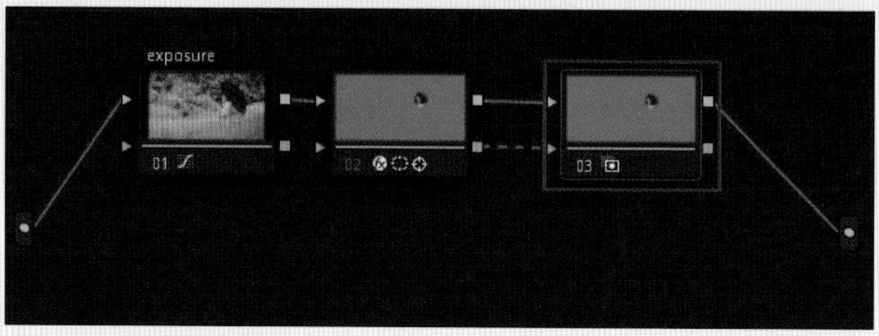

できた！ 03にデータが引き継がれました。

CHAPTER 7
LESSON 7

#カラーワーパー

カラーワーパーを使って色を調整しよう

動画でもチェック！
https://dekiru.net/ydv_707

練習用ファイル
7-7

カラーワーパーとはDaVinci Resolve 17から登場した機能です。特定の色相・彩度・輝度を直感的に調整できるのが大きな特徴です。

●選択した色味を調整した状態

Before

After

[カラーワーパー]を表示する

[カラーワーパー]を表示すると、六角形の中に色相が表示されます。六角形の中にある白いもやが、選択しているクリップの色相と彩度を表しています。

1. Chapter 6のLesson 3を参考に、新しいシリアルノードを追加します。

2. ❶[カラーワーパー]をクリックして表示します。

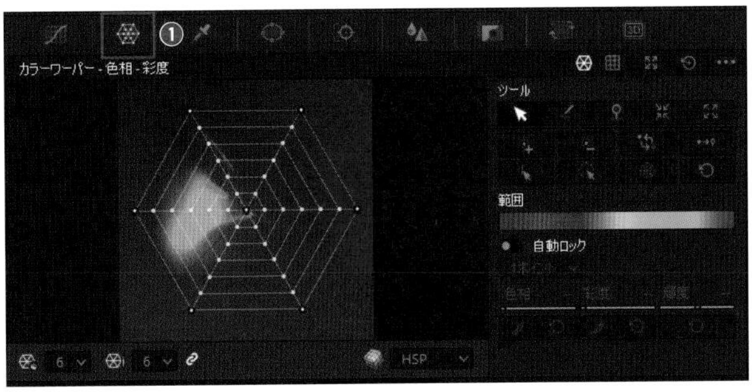

[カラーワーパー]はとても便利な機能なのでぜひ使ってみてください。

［カラーワーパー］の概要

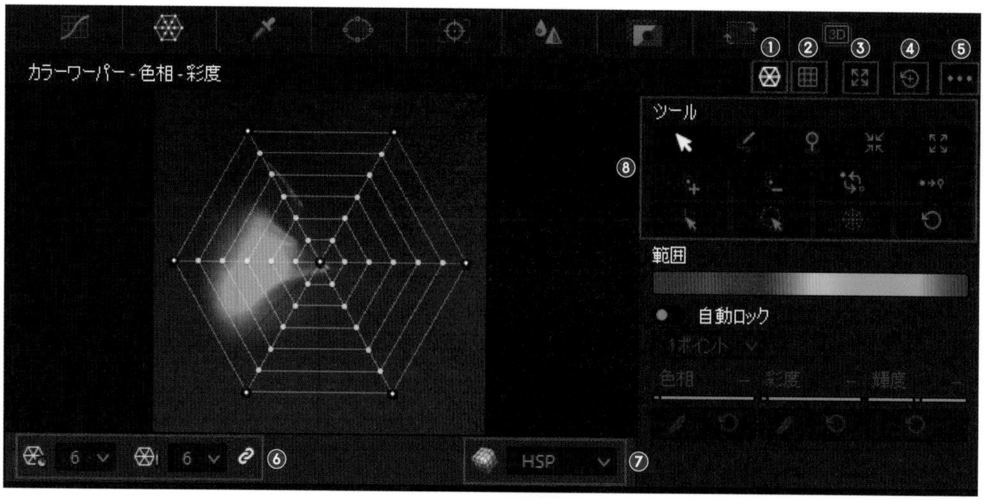

❶［色相－彩度］
［色相-彩度］の調整グリッドを表示することができます。

❷［クロマ-輝度］
［クロマ-輝度］の調整グリッドを表示することができます。

❸拡大
カラーワーパーを拡大することができます。

❹すべてリセット
調整した色味をリセットすることができます。

❺設定
スコープの設定メニューを表示できます。

❻グリッド数を変更
六角形を八角形や十二角形に変更することができます。

❼色域のモードを変更
クリップのカラー作業をする際のカラースペースを選択できます。

❽ツール
範囲を選択したりピンで固定するなどのツールが収納されています。

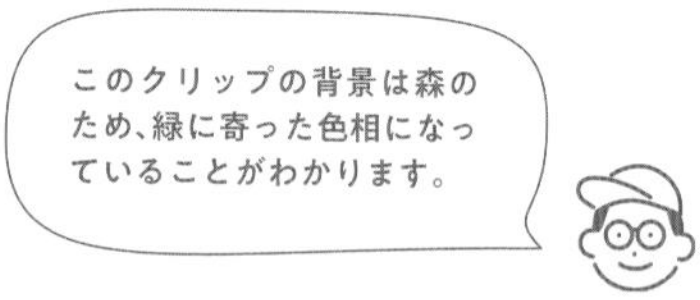

このクリップの背景は森のため、緑に寄った色相になっていることがわかります。

特定の色味を調整する

ここでは芝生の色を調整します。

1 ビューア左下の❶［V］をクリックして、❷［クオリファイアー］を選択します。

② ビューア上で色を調整したい箇所を❸クリックします。

赤色の点を外側に移動させると彩度が濃くなります。

③ ［カラーワーパー］上の対応するポイントが赤色で表示されるので、ビューアを確認しながら赤色の点を❹ドラッグします。

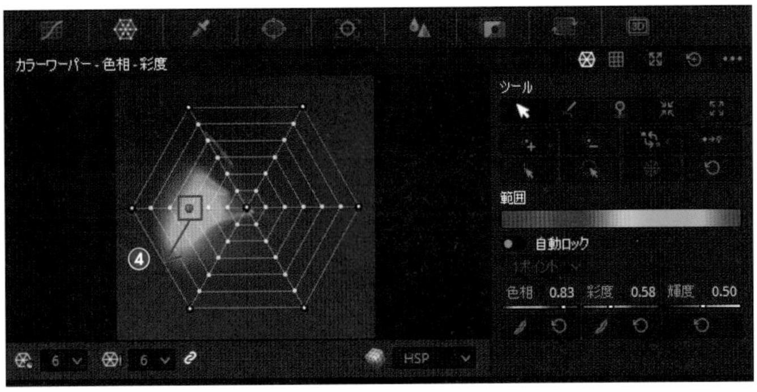

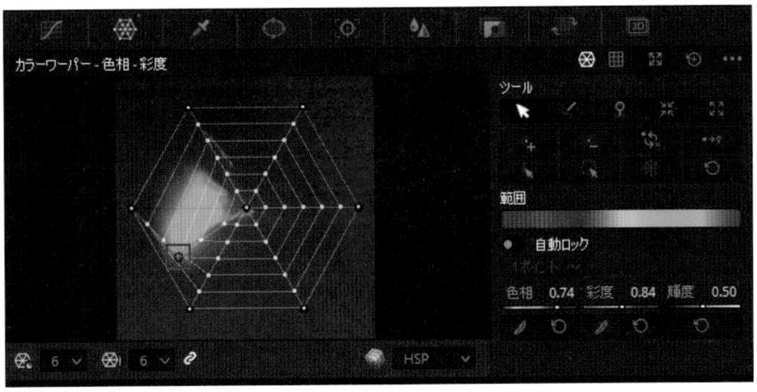

ここがPOINT

最も近い色味が表示できる

［クオリファイアー］を選択した状態でビューア上にマウスポインターを乗せるだけでも、その部分の色味に最も近いポイントが黄色で囲まれて表示されます。

ここがPOINT

ビューア上でも調整できる

ビューア上でクリックし、そのままドラッグしても［カラーワーパー］を使った調整ができます。

④ 選択した色の色味を調整できました。

Before

After

CHAPTER 7
LESSON 8

#ビネット

ビネットを使って映像に没入感を追加してみよう

映像の演出でよく使われる表現方法を紹介します。ここでは代表的な演出の1つである「ビネット」という効果を解説します。

動画でもチェック!
https://dekiru.net/ydv_708

練習用ファイル
7-8

●ビネットを適用した状態

Before

After

ビネットとは

ビネットとは、映像の中心以外の光量を落とすことで映像に没入感をもたらす効果のことをいいます。カメラの世界では「ケラレ」とも呼ばれます。

ビネットは、視聴者の目線をコントロールするテクニックとしてよく使われます。

[ビネット]を適用する

ビネットは、[エフェクト]から簡単に適用することができます。

1. Chapter 6のLesson 3を参考に、新しいシリアルノードを追加します。

2. ❶[エフェクト]をクリックして表示し、虫眼鏡アイコンを❷クリックします。

3 表示された検索ボックスに❸「ビネット」と入力します。

4 検索結果として表示された[ビネット]を適用するノードに❹ドラッグ&ドロップします。

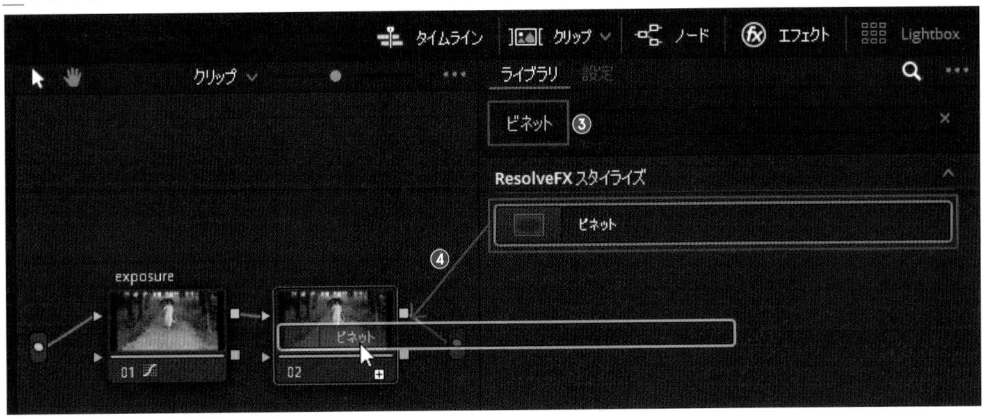

できた! クリップに[ビネット]が適用されました。

Before

After

[ビネット]の設定

[ビネット]を適用すると[設定]が表示されます。ここで各パラメータを調整することができます。

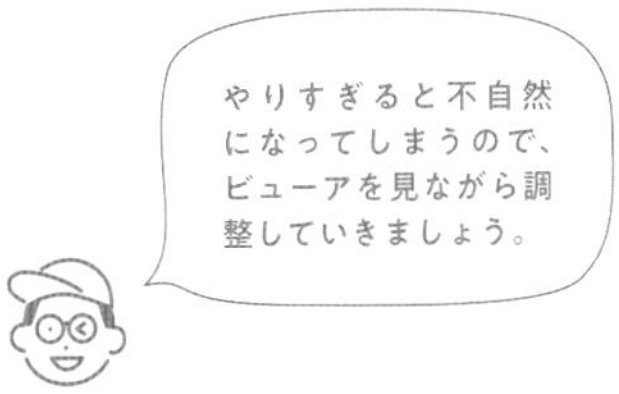

やりすぎると不自然になってしまうので、ビューアを見ながら調整していきましょう。

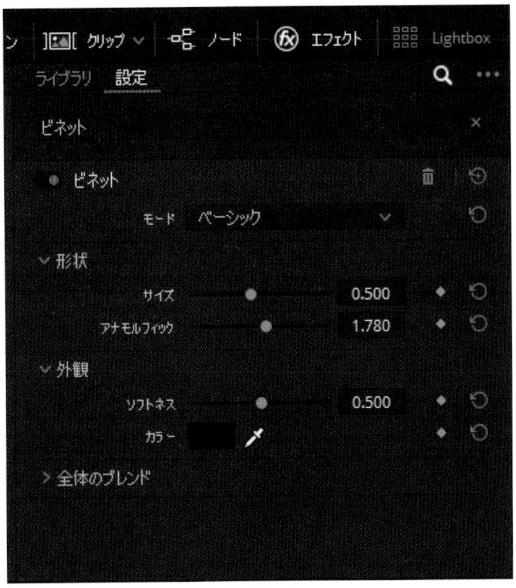

CHAPTER 7 LESSON 9

#エフェクト　#カラーコンプレッサー

カラーコンプレッサーを使って画を修正しよう

動画でもチェック!

https://dekiru.net/ydv_709

練習用ファイル 7-9

カラーコンプレッサーもエフェクトの一種です。選んだ箇所の色を圧縮することでおもしろいカラー表現を作ることができます。

●カラーコンプレッサーで色を調整した状態

Before

After

カラーコンプレッサーとは

コンプレッサー（compressor）とは「圧縮する」という意味であり、選択した箇所の色味を指定するほかの色に圧縮して表現することができます。

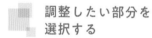

調整したい部分を選択する

ここでは、芝生の茶色い部分を緑が生い茂るように調整します。

1. Chapter 6のLesson 3を参考に、新しいシリアルノードを追加します。

② Lesson 4を参考に[ウィンドウ]のペンアイコンを❶クリックして色を調整したい部分をざっくり選択します。

③ ❷[ソフトネス]の数値を上げて境界部分をぼかします。

④ Lesson 3を参考に、[クオリファイアー]で色を調整したい部分を選択します。

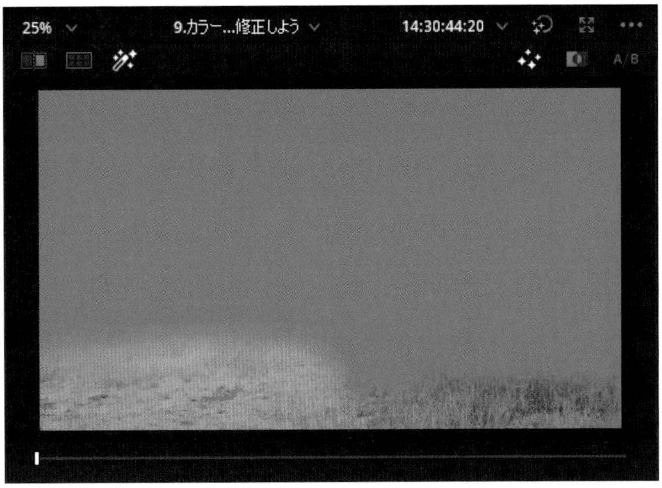

[カラーコンプレッサー]を適用する

芝生に[カラーコンプレッサー]を適用します。

① ❶[エフェクト]をクリックして表示し、虫眼鏡アイコンを❷クリックします。

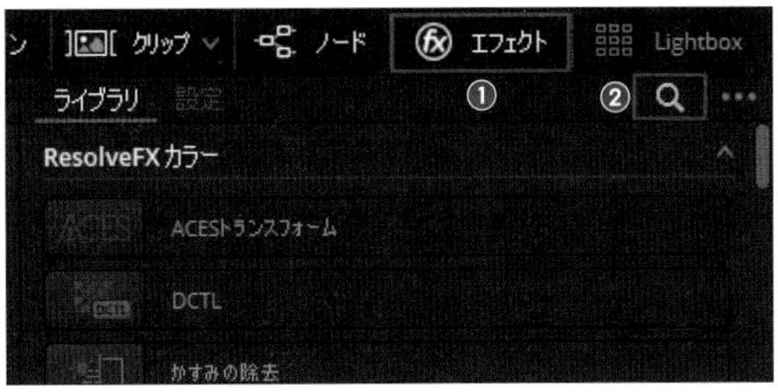

② 表示された検索ボックスに❸「カラーコンプレッサー」と入力し、検索結果として表示された[カラーコンプレッサー]を選択範囲を作成したノードに❹ドラッグ&ドロップします。

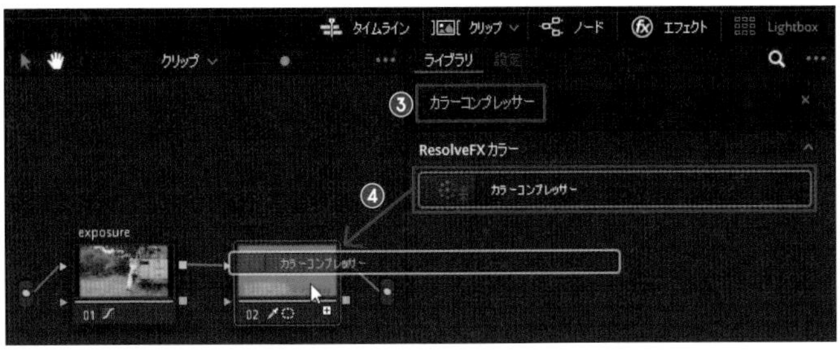

できた！ クリップに[カラーコンプレッサー]が適用されます。

目的の色味に近づける

目的の色味にするために各パラメータを調整します。

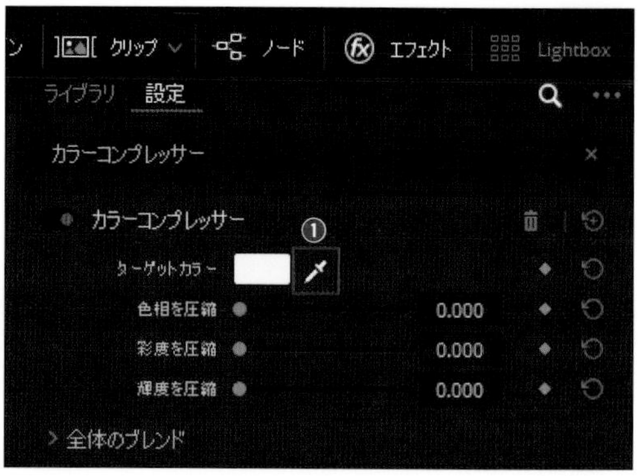

1 ❶[ターゲットカラー]のスポイトアイコンをクリックします。

2 ビューア上で近づけたい色味の部分を❷クリックします。

3 ビューアで色の変化を確認しながら❸[色相を圧縮][彩度を圧縮][輝度を圧縮]の数値を上げます。

4 ❹[全体のブレンド]をクリックして開き、❺[ブレンド]の数値を調整します。

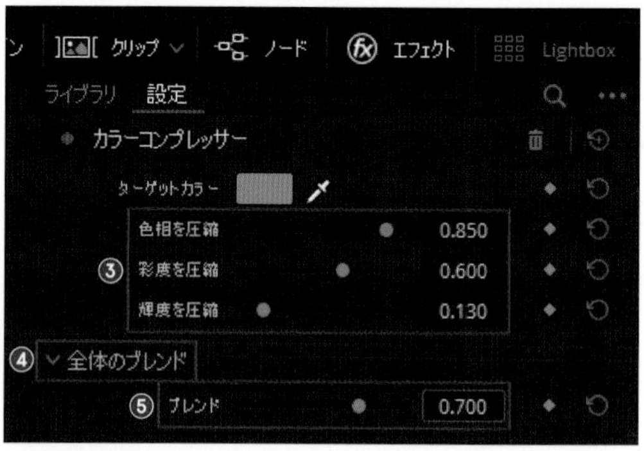

できた! 選択した部分の色味を調整することができました。

Before

After

CHAPTER 7 LESSON 10

#エフェクト #グロー

光を追加してフワッとエアリーな演出をしよう

動画でもチェック！

https://dekiru.net/ydv_710

練習用ファイル 7-10

撮影時に特定のレンズフィルターを使って光をやわらかく撮ることがありますが、今回はDaVinci Resolve上で光をやわらかくする演出を紹介します。

●グローのBefore→After

Before

After

[グロー]を適用する

[グロー]というエフェクトを使ってエアリーな雰囲気を作ります。

1 Chapter 6のLesson 3を参考に、新しいシリアルノードを追加します。

2 ❶[エフェクト]をクリックして表示し、虫眼鏡アイコンを❷クリックします。

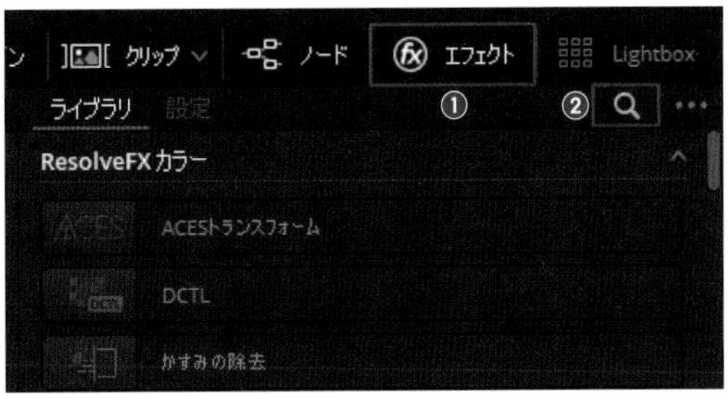

3 表示された検索ボックスに❸「グロー」と入力し、検索結果として表示された[グロー]を適用するノードに❹ドラッグ＆ドロップします。

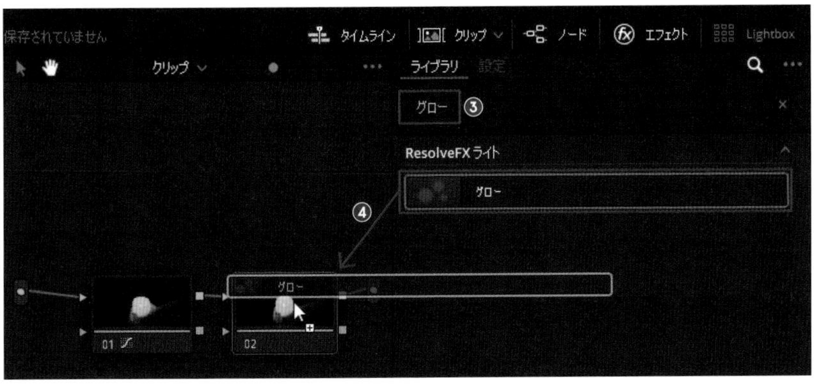

＼できた！／ クリップに［グロー］が適用されます。

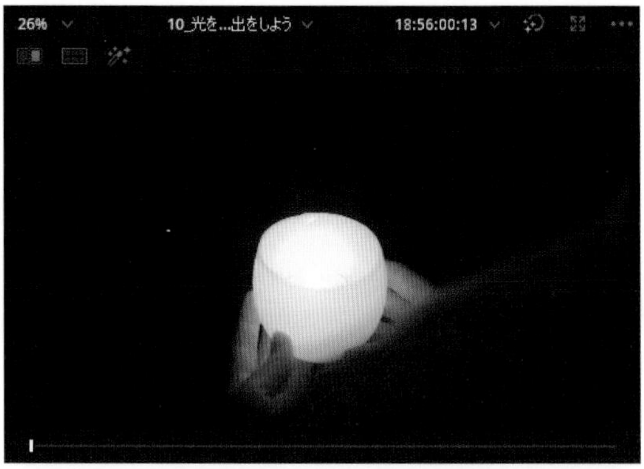

ろうそくの火がぼんやりしてろうそくの縁もやわらかくなりました。

［グロー］の調整

細かい調整は各パラメータで行います。

1. ビューアを確認しながら、❶［明るさのしきい値］、［形状＆拡散］の［拡散］［横/縦比率］、［カラー＆合成］の［ゲイン］［ガンマ］、［全体のブレンド］の［ブレンド］などを調整します。

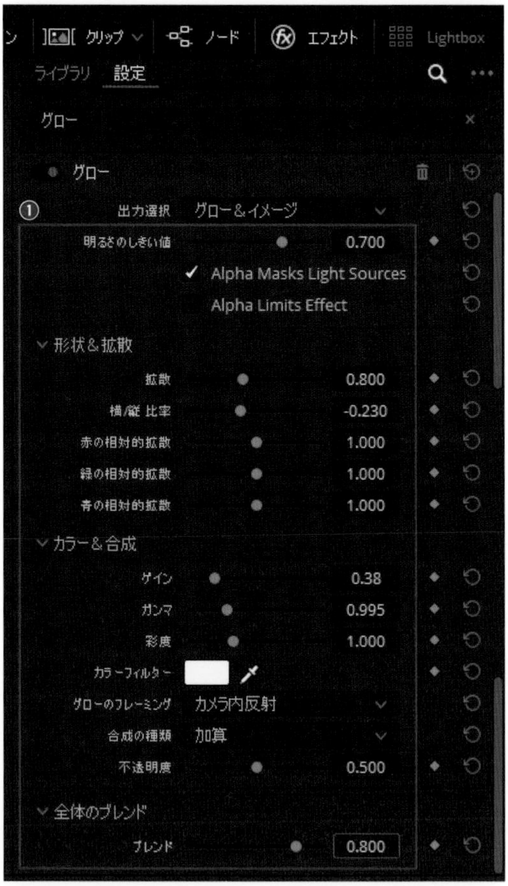

まずは［明るさのしきい値］を少しずつ下げて適用範囲を探ってみましょう。範囲が決まったら、あとは［拡散］の数値で光の広がり具合を調整しましょう。

［出力選択］を［グローのみ］にすると適用範囲がわかります。

＼できた！／ ［グロー］を調整できました。

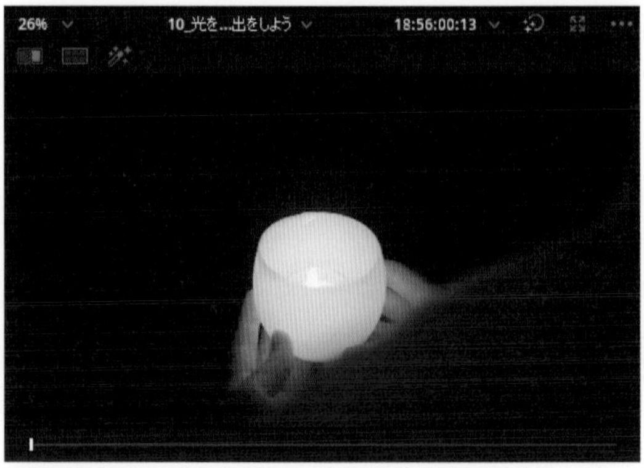

白飛びを修正する

白飛びが気になる場合は、3つ目のシリアルノードを追加し、ハイライトを下げることで修正します。

1 Chapter 6のLesson 3を参考にシリアルノードを追加します。

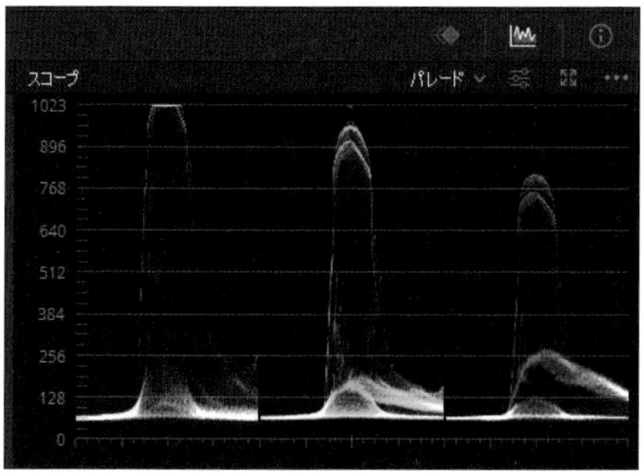

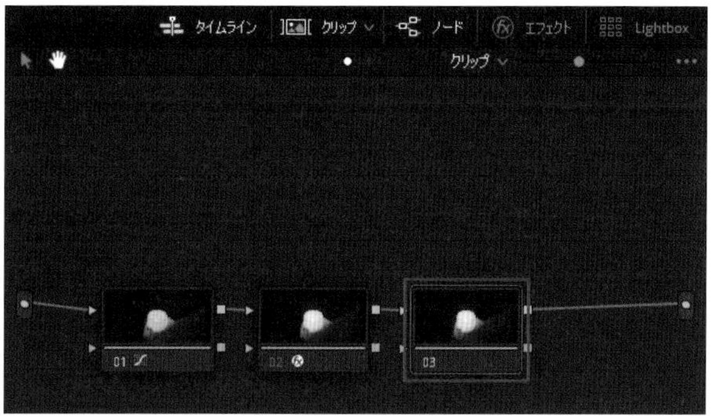

2 ❶［Logホイール］をクリックして表示し、［ハイライト］のマスターホイール上を❷左にドラッグして下げます。

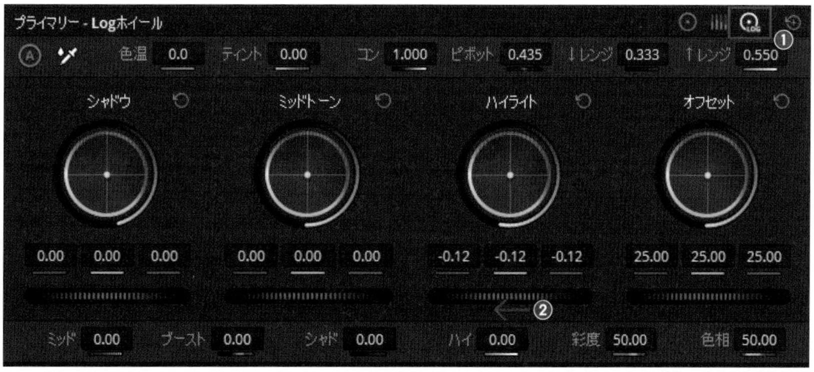

ここでは［Logホイール］を使うことでハイライト部分だけを調整することができます。

＼できた！／ 白飛びが解消されました。

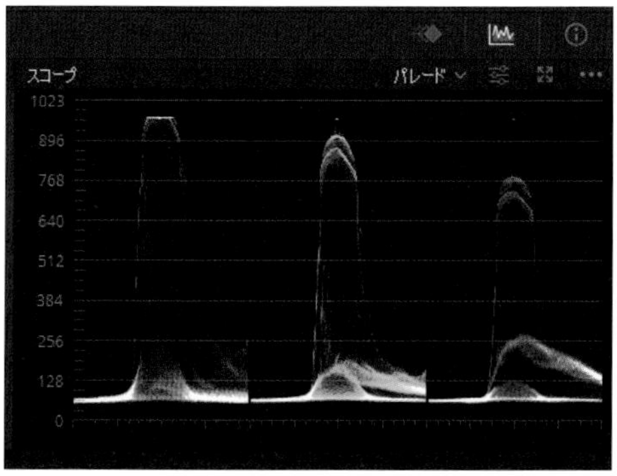

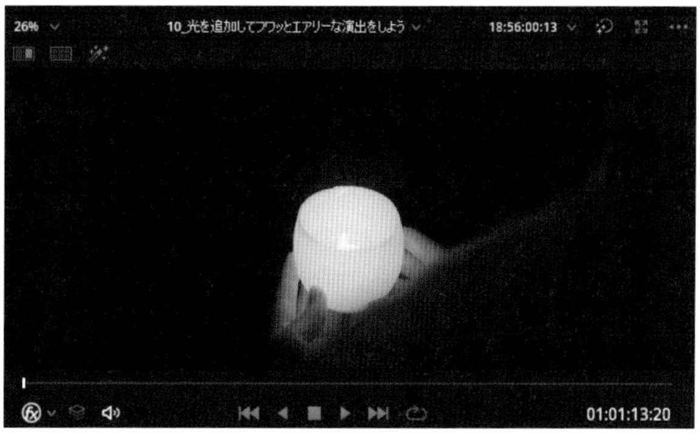

CHAPTER 7 LESSON 11

#Log #Raw

LogやRaw映像を加工してみよう

動画でもチェック！
https://dekiru.net/ydv_711

練習用ファイル
7-11

最近のカメラでは通常の撮影モードのほかに、LogやRawといった階調豊かな撮影モードで映像を撮ることができます。これらのモードで撮影したときの加工作業について触れていきます。

●RCMを適用した状態

Before

After

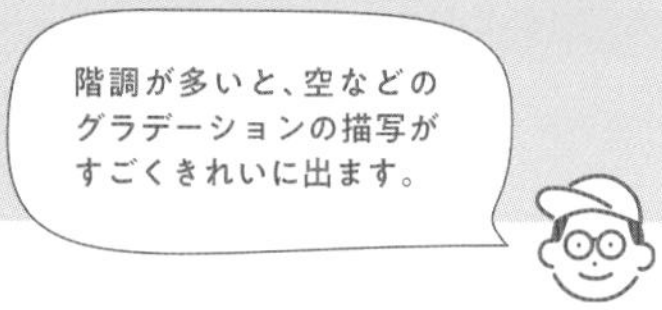

階調が多いと、空などのグラデーションの描写がすごくきれいに出ます。

LogやRawとは？

ここでは書ききれないほど説明が必要な内容ではありますが、Rawとは写真の世界ではおなじみですが「未加工」、つまりカメラのセンサーで受けた光や色の情報をそのまま記録します。ファイルサイズは重く、ソフトウエアでの加工が必要となります。
Logとは簡単にいうと、フィルム撮影のような表現の特性を持った記録形式で、Rawと同じようにカラーグレーディングに適した広いダイナミックレンジで撮影が可能です。

RCMを適用する

RawやLog素材を扱う場合は、カラー加工が必要となりますが、DaVinci ResolveではResolve Color Management（RCM）と呼ばれる機能を使うことで効率よく処理をすることができます。なお、本書ではLUTは使用していません。

1 画面右下の❶［プロジェクト設定］をクリックします。

2 ［プロジェクト設定］ダイアログボックスの❷［カラーマネージメント］タブを開き、［カラーサイエンス］に❸［DaVinci YRGB Color Managed］を選択します。［自動カラーマネージメント］にチェックを入れ、［カラー処理モード］に❹［SDR］、［出力カラースペース］に❺［SDR Rec.709］を選択して、❻［保存］をクリックします。

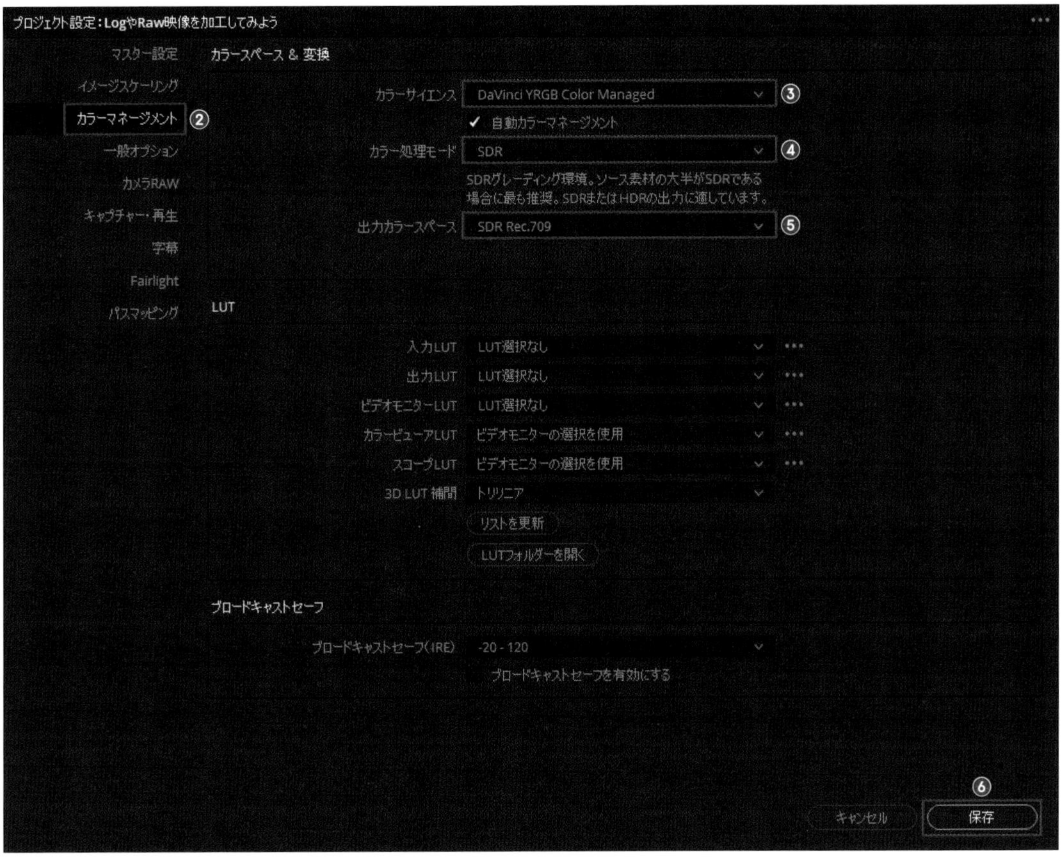

＼できた！／ RCMが適用されました。

Before

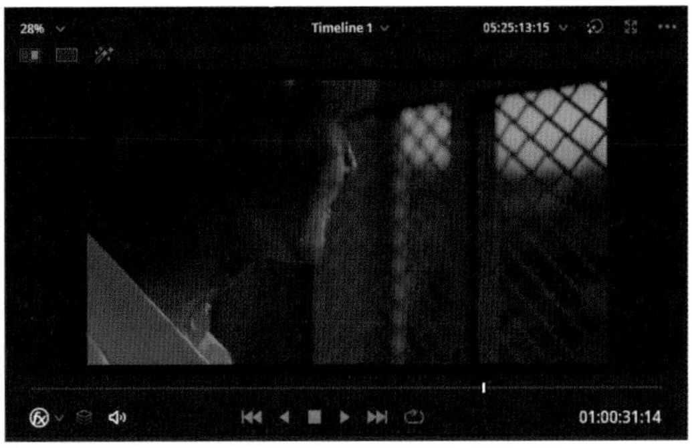

After

CHAPTER 7
LESSON 12

#チャレンジ

一通りカラコレ、カラグレをやってみよう

動画でもチェック!
https://dekiru.net/ydv_712

練習用ファイル
7-12

次は一通り簡易的ではありますが、素材のカラーコレクション、カラーグレーディングをしてみます。

今までのレッスンを振り返って試してみよう

今までのLessonでは、カラーコレクションやカラーグレーディングのいくつかのツールについて解説してきました。
それらを駆使して、サンプルクリップをお好みで加工してみましょう！

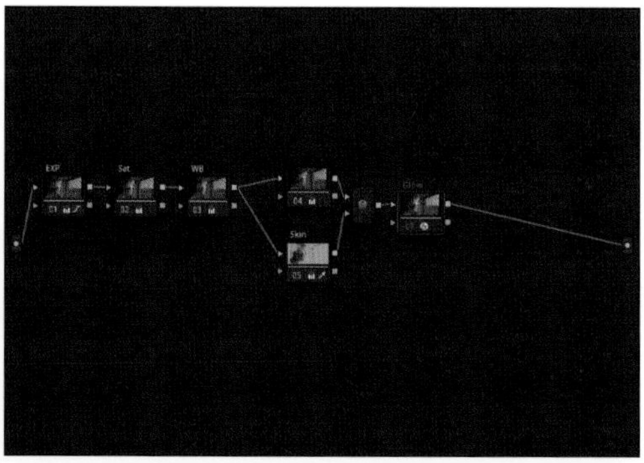

RCMを適用する

まずは前LessonのRCMを適用してみましょう。色調やコントラストが加工されます。

カラーコレクション作業 露出調整

新規シリアルノードを作成して、カーブやホイールを駆使して明るさをお好みで調整しましょう。白飛びや黒つぶれに注意しましょう。

彩度の調整

さらに新規シリアルノードを作成して、次は彩度を調整してみましょう。
濃淡の具合は仕上がりの雰囲気を左右しますので、お好みの映像や画像などを参照して近づけてもいいかもしれませんね。

ホワイトバランスの調整

もし撮影素材のホワイトバランスがおかしい場合は、カラーホイールや色温度／ティントを変えて調整してみましょう。
映像の中にある白い素材、あるいはスキントーンなどを参考に調整してみると自然な感じに調整できると思います。

カラーグレーディング作業 色の演出

ここからの作業は完全にフリー作業になります。ホイールやカーブを駆使して、好きな雰囲気・世界観を演出できるようにトライしてみましょう。画像では少し中間色を緑方向に転換してみました。

肌色部分の調整

上の作業でスキントーンにも緑が乗り、やや血色が悪そうになり、夕陽のあたり具合が弱まったので、パラレルノード（レイヤーノードでもOK）を作成し、［クオリファイアー］でスキンとスキン以外に分離しました。スキンのノードで肌色に夕日感が出るように少し強めに加工しました。

グローの追加

最後に、Lesson 10で行ったグローエフェクトを使ってクリップのコントラストや光の具合を演出して完成です。新規シリアルノードを作り、「adjustment」と名前をつけて、最終的な明るさなどの調整をしてもよいかもしれません。

CHAPTER 8

Fairlightページで音を編集する

DaVinci ResolveにはFairlightというオーディオに特化した強力なツールも備わっています。音声を整えたり、会話に入り込んだノイズを除去するなど、さまざまな作業をすることができます。
ここでは基礎的なことについて解説をしていきます。

CHAPTER 8
LESSON 1

#画面構成

Fairlightページの画面構成

動画でもチェック!
https://dekiru.net/ydv_801

Fairlightページでは、カット編集を行ったクリップの音声や効果音・BGM等を調整することができます。ここでは各部の名称と機能を解説します。

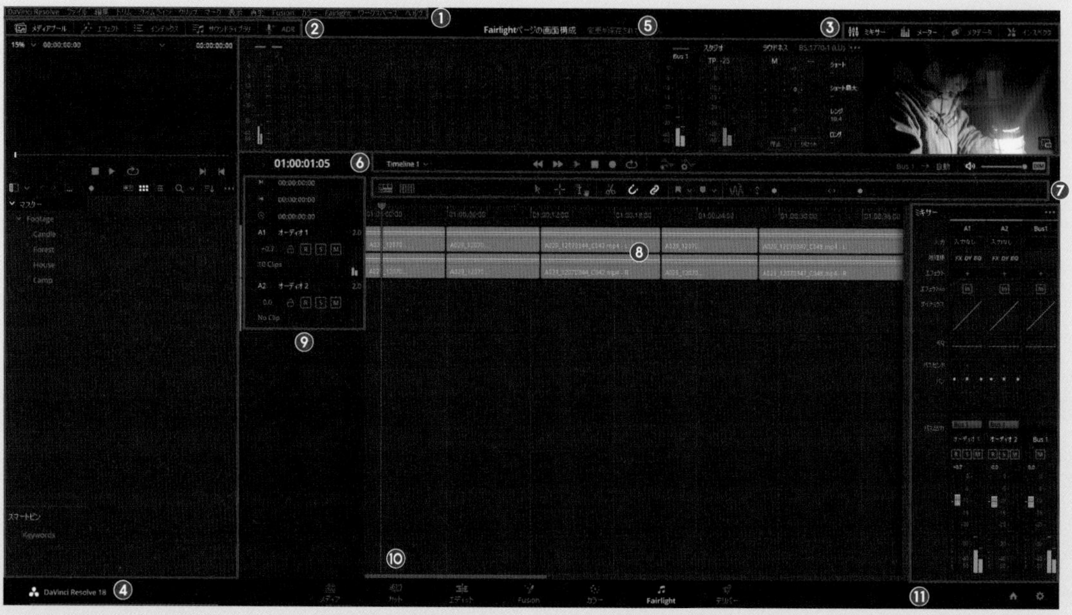

❶メニューバー
ページ共通のDaVinci Resolveの操作コマンドが表示されています。

❷インターフェイスツールバー(左)
メディアプール、エフェクト、インデックス、サウンドライブラリなどの表示を切り替えます。

❸インターフェイスツールバー(右)
ミキサー、メーター、メタデータ、インスペクタを表示することができます。

❹パネル表示領域
メディアページやエディットページで取り込んだ素材を確認できます。

❺モニタリングパネル
左側には各トラックのオーディオメーターやラウドネスメーター、右側にはビデオビューアを表示して確認ができます。

❻トランスポートコントロール
ビューアの再生・停止、前・後ろの編集点に移動、ループなどを選択できます。

❼ツールバー
ツールバーには選択モードを変更する各ボタンや、マーカー、フラグを追加するボタンがあります。

❽タイムライン
エディットページのタイムラインが簡易的に表示されます。

❾トラックヘッダー
トラックの選択や操作を行うことができます。

❿再生ヘッド
タイムラインの再生位置を表示しています。

⓫ミキサー
各トラックの音量を調整できます。全体の音量はフェーダーで調整できます。

作業をするときには使わない機能は非表示にすると画面が大きくなり、作業がしやすいでしょう。

CHAPTER 8 LESSON 2

#ツール

ツールの基本的な使い方

動画でもチェック!
https://dekiru.net/ydv_802

ツールバーにはいろいろな機能があります。ここでは主だった機能の基本的な使い方を見ていきましょう。

ツールバー

❶タイムライン表示オプション
タイムラインの表示形式を切り替えることができます。

❷Grid View Options
タイムライン上にグリッドを表示させることで、BGMやクリップの配置タイミングを調整しやすくすることができます。

❸Pointer Mode
標準的な選択モード。クリップを選択したり移動したりできます。

❹Range Mode
1つまたは複数のクリップの範囲を選択して、部分的な編集を行うモードです。

❺Focus Mode
多機能な編集モードです。カーソルをクリップの異なる位置に置くことで機能が変わります。

❻ペンシル
オートメーションという、直感的にクリップのオーディオレベルを調整する作業をする際に使用するツールです。ペンシルを使ってオートメーションをクリップ上に書き込みます。

❼レイザー
再生ヘッドのある位置でクリップを分割できます。

❽スナップ
離れているクリップ同士をぴったりくっつけることができます。

❾リンク選択
クリップ同士をグループ化することができます。

❿オートメーションを編集と併せて移動
オンにすると、書き込んだオートメーションをクリップに埋め込んで、クリップを移動させた際や複製した際にオートメーションを保持することができます。オフの場合、オートメーションはクリップではなく、トラック上に残っている状態になります。

⓫フラグ／マーカー
クリップに対してメモを残すことができます。

⓬トランジェント検出
一時的に音が増大している箇所を検出します。

⓭サイズ変更
トラックの高さやタイムラインの拡大縮小ができます。

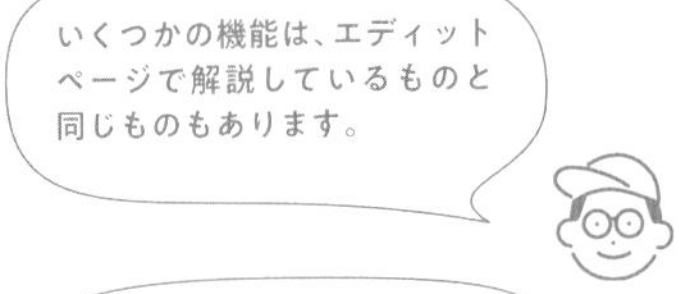

いくつかの機能は、エディットページで解説しているものと同じものもあります。

トランスポートコントロール

[再生]や[停止]などはこれまで解説してきたとおりです。ここでは[録音][ループ][オートメーションの切り替え]について解説します。

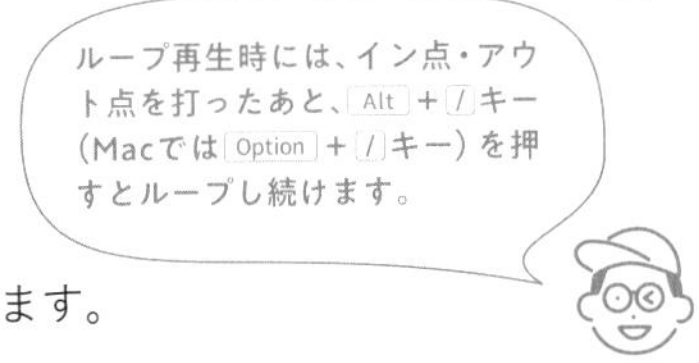

ループ再生時には、イン点・アウト点を打ったあと、Alt + / キー（Macでは Option + / キー）を押すとループし続けます。

❶録音
マイクを接続しているときに、ナレーションなどを録音することができます。

❷ループ
指定の箇所にイン点・アウト点を打つとループ再生することができます。

❸オートメーションの切り替え
フェーダーを用いて音量の増減を感覚的に調整することができます。

CHAPTER 8
LESSON 3

#音量調整

音量を調整しよう

動画でもチェック!
https://dekiru.net/ydv_803

音量の調整にはいくつかの方法があります。インスペクタ、ラバーバンド、ミキサーを使った方法について解説します。

練習用ファイル
8-3

クリップの音量を調整する①

ここではインスペクタから調整を行います。

1 音量を調整したいクリップを❶クリックして選択します。

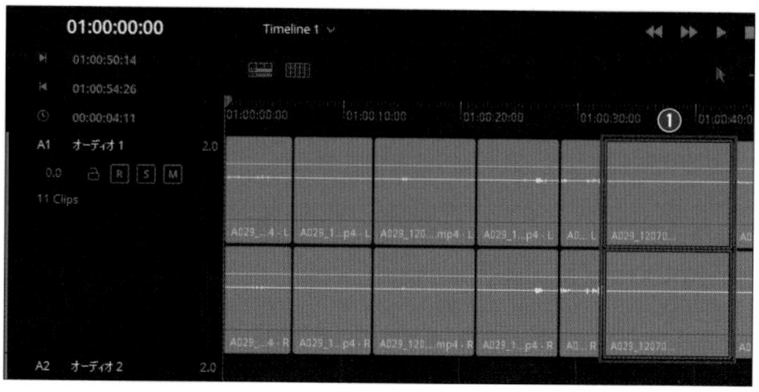

2 ❷[インスペクタ]をクリックして表示し、[オーディオ]の❸[ボリューム]の値を変更します。

できた! クリップの音量が調整され、波形の表示が変化します。

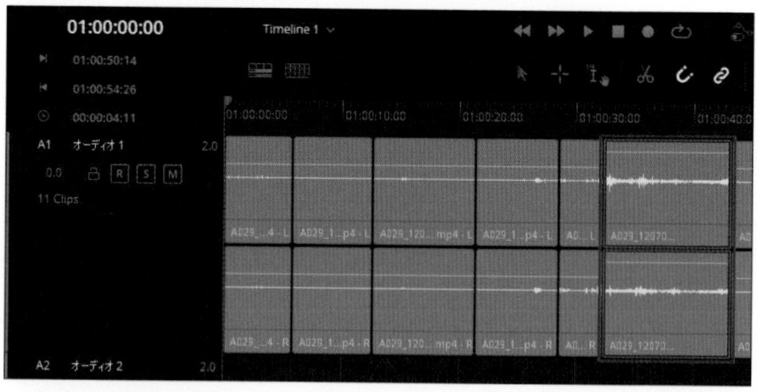

クリップの音量を調整する②

オーディオの波形には「ラバーバンド」と呼ばれる白い線が表示されています。ここではラバーバンドを使って調整を行います。

1 音量を調整したいクリップのラバーバンドを上下に❶ドラッグします。

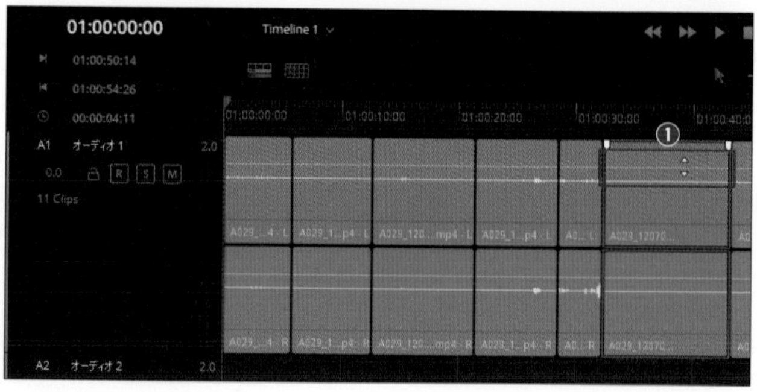

＼できた！／ 音量が調整されました。

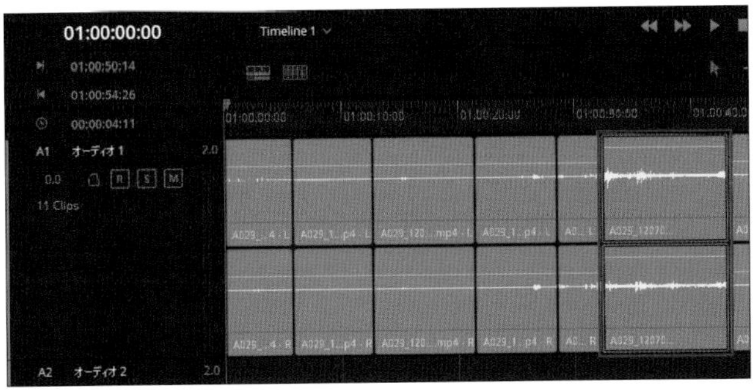

トラックの音量を調整する

トラック全体の音量を調整することもできます。ここでは［ミキサー］を使って行います。

1 ［ミキサー］で音量を調整したいトラックのフェーダーを上下に❶ドラッグします。

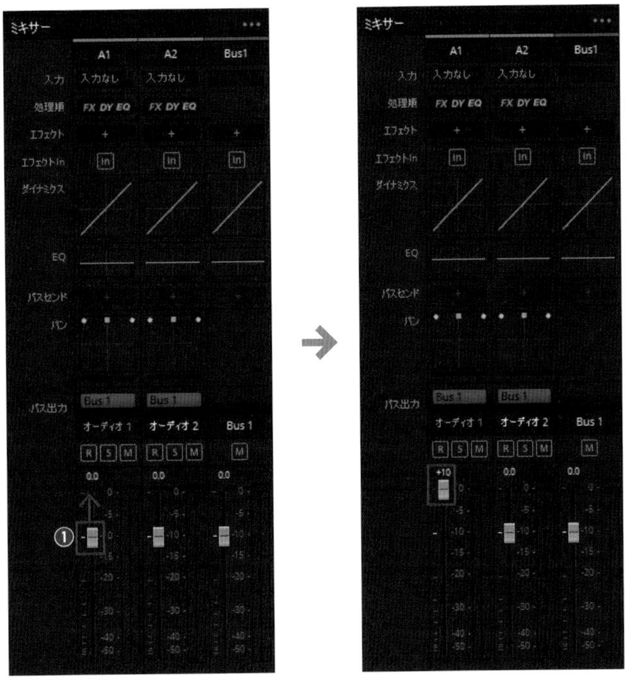

＼できた！／ 再生すると、トラックの音量が調整されていることがわかります。

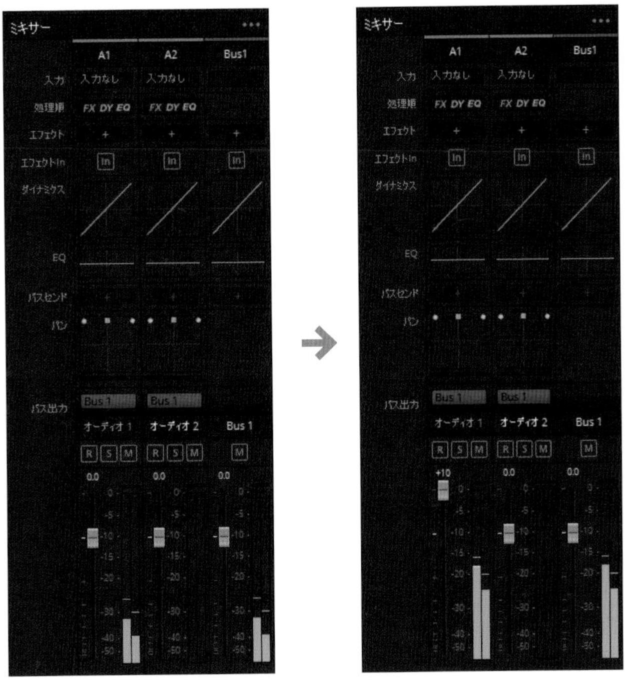

CHAPTER 8
LESSON 4

#音量調整

特定の箇所の音量を調整しよう

動画でもチェック！
https://dekiru.net/ydv_804

練習用ファイル 8-4

急に音が大きく音割れしてしまったり、逆に目立たせたい箇所がある場合は、その箇所だけの音量を調整してみましょう。

キーフレームを打って音量を調整する

ここではキーフレームを打つことで調整します。

1 音量を調整したい範囲の始まりの位置でラバーバンド上を❶Altキー（MacではOptionキー）を押しながらクリックします。

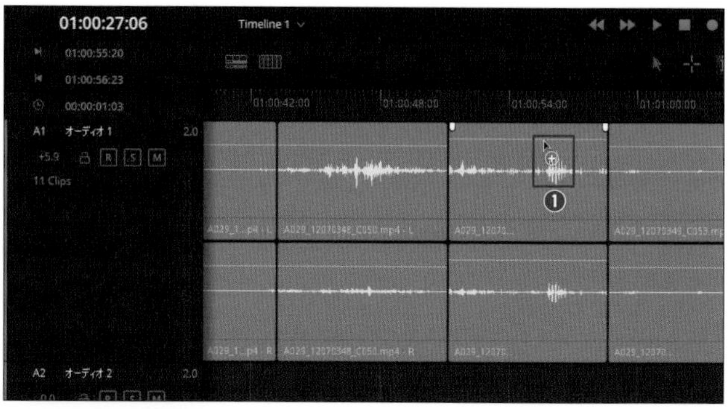

2 キーフレームが打たれます。

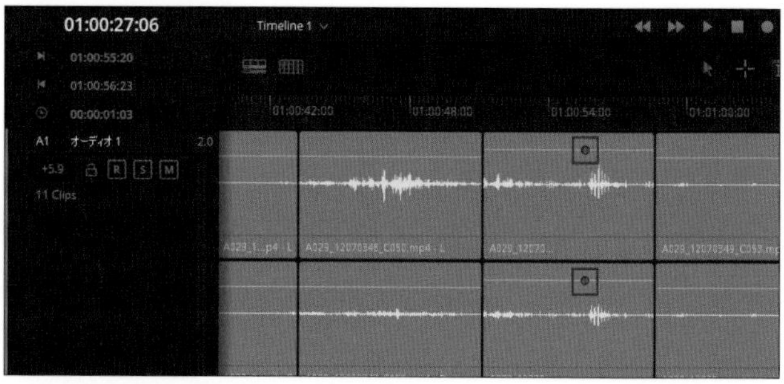

ここがPOINT

インスペクタでもできる

［インスペクタ］の［ボリューム］からでも同様にキーフレームを打つことができます。

3 同様にして終わりの位置と真ん中にもキーフレームを打ちます。

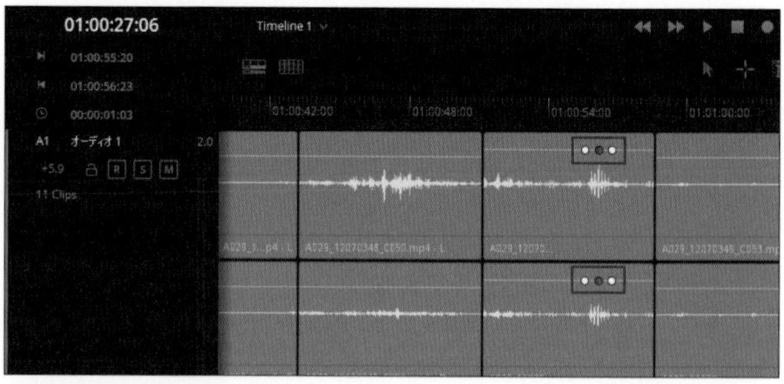

4 真ん中のキーフレームを上下に❷ドラッグします。

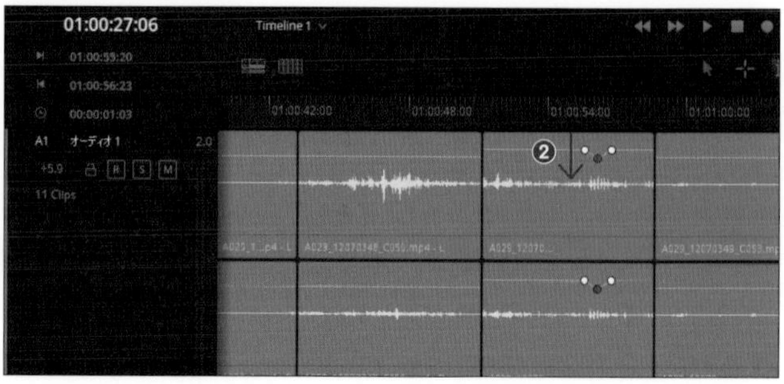

できた！ 音量が調整されて、波形の表示が変化しました。

範囲選択を使って音量を調整する

ここでは［Range Mode］を使って調整します。

1 ［Range Mode］を❶クリックしてオンにします。音量を調整したい範囲を❷ドラッグします。

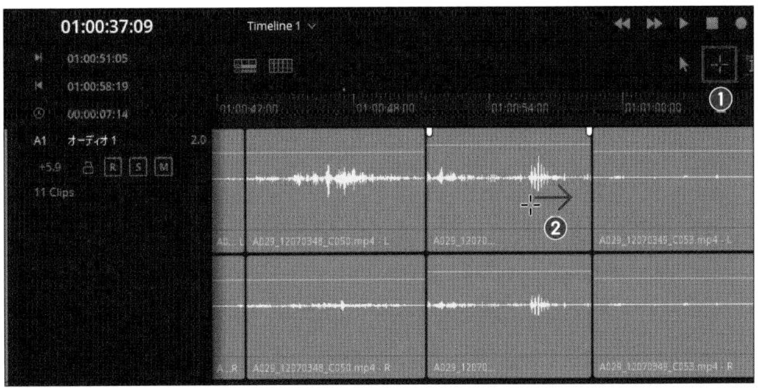

2 ドラッグした部分が選択されます。選択された範囲のラバーバンドを上下にドラッグします。

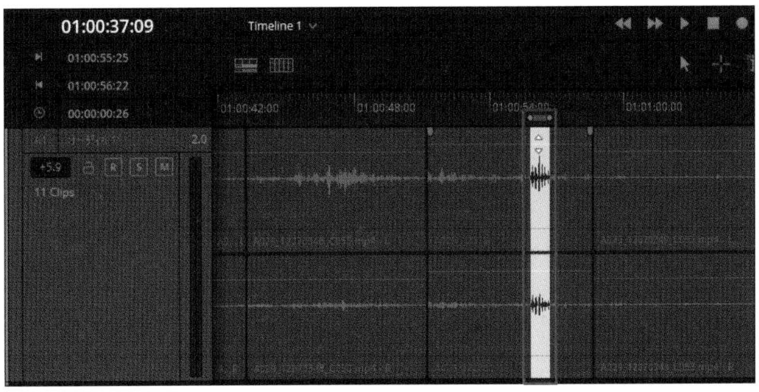

できた！ 自動的にキーフレームが打たれ、選択された部分だけ音量が調整されます。

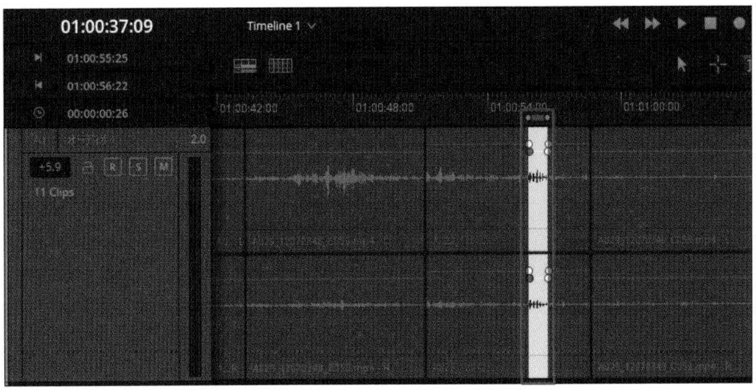

ここがPOINT

調整をなめらかにするには

音量の変化が急な場合は、キーフレームの位置を個別に調整することができます。

ここがPOINT

複数のクリップも調整できる

［Range Mode］では、複数のクリップにまたがって調整することもできます。

CHAPTER 8
LESSON 5

#フェード

フェードイン(アウト)を作ろう

動画でもチェック!
https://dekiru.net/ydv_805

映像と同様に、BGMや音声などにもフェードを適用してみましょう。ブツ切りで違和感がある箇所を自然につないだり、映像の開始・終了時などにも効果的です。

練習用ファイル
8-5

フェードを作る

オーディオが急に開始されるのではなく、徐々に音量が上がる(下がる)のがフェードです。さまざまな箇所で使えますので、ぜひ活用しましょう。

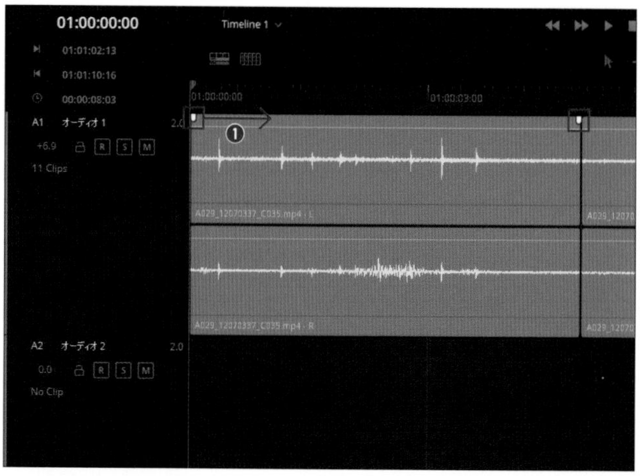

1 フェードを作るクリップの上にマウスポインターを乗せると、クリップの先頭と末尾にマーカーが表示されます。先頭のマーカーを右に❶ドラッグします。

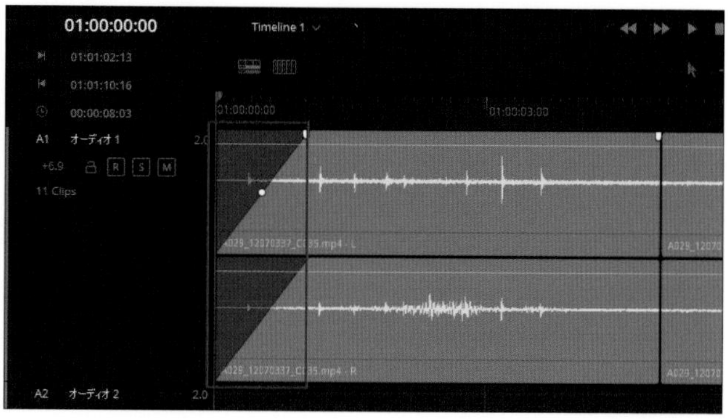

できた! クリップの始まりにフェードがかかり、音量の波形の表示が変化します。再生すると、音量が徐々に大きくなるように調整されていることがわかります。

ここがPOINT

フェードアウトは

末尾のマーカーを左にドラッグすると、フェードインと同様にフェードアウトできます。

ここがPOINT

変化に緩急をつける

中央のマーカーを上下にドラッグすることで、変化の緩急をなめらかにすることができます。

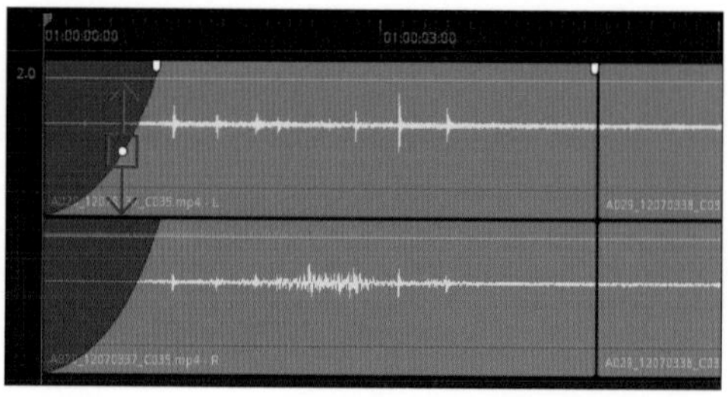

クロスフェードを適用する

クリップとクリップをつなぐ際に、音がブツ切りになることがあります。クロスフェードを使用することで、お互いのクリップの前後が混じり合って自然なつながりを演出することができます。

1 ❶[エフェクト]をクリックして表示し、[ツールボックス]の❷[オーディオトランジション]をクリックしてクロスフェードのエフェクトを表示します。

2 [クロスフェード0 dB]をクリップとクリップの間に❸ドラッグ&ドロップします。

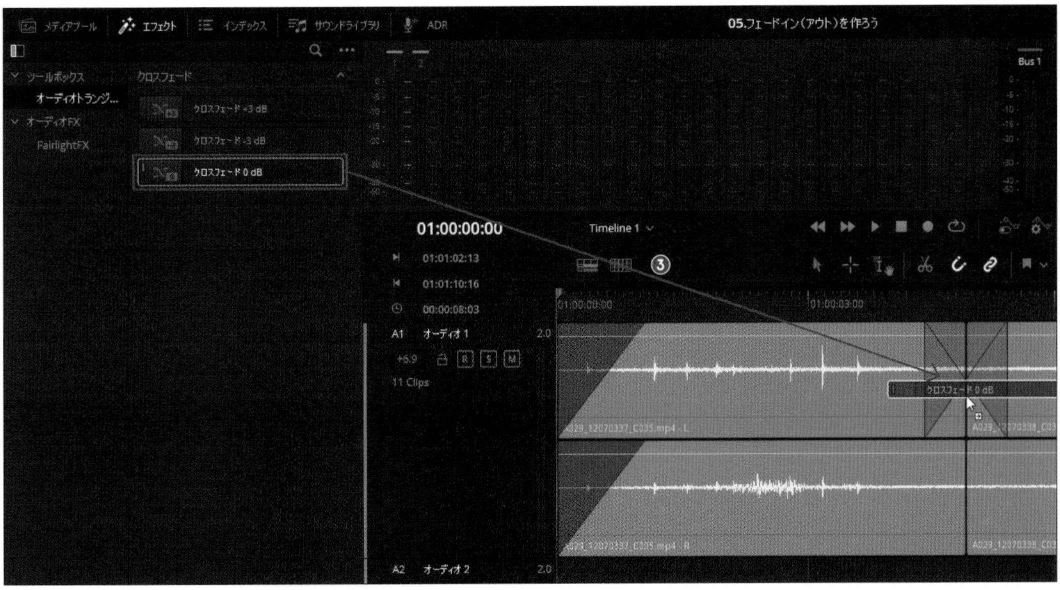

できた! クリップのつなぎめにクロスフェードが適用されます。再生すると、なめらかに音がつなげられていることがわかります。

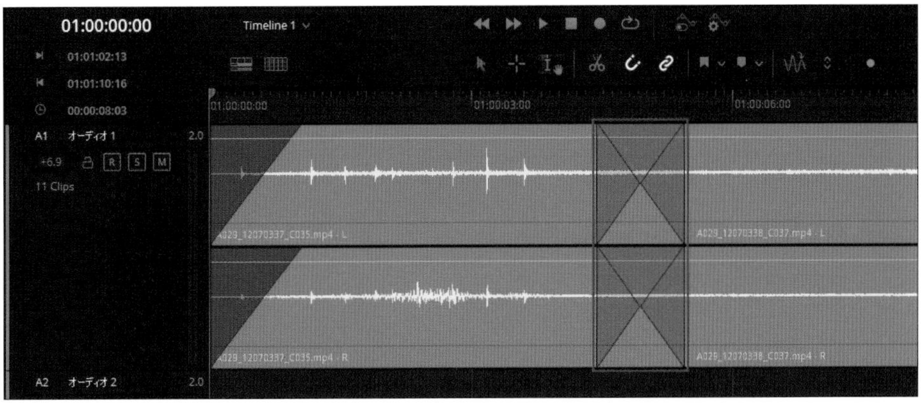

CHAPTER 8 LESSON 6

#オートメーション

音量を調整しよう オートメーション機能

動画でもチェック!

https://dekiru.net/ydv_806

練習用ファイル 8-6

Lesson 3で音量を調整する方法を紹介しましたが、ここではオートメーション機能を使って、音を聴きながら直感的に調整していきます。

トグルオートメーションをオンにする

「トグル」とはスイッチやボタンを意味する単語で、スイッチのオン・オフや切り替えを行う機能のことをいいます。まずはここを選択します。

1 ❶[オートメーションの切り替え]をクリックしてオンにします。トラックヘッダーの❷[V]をクリックして表示されたメニューから❸[Fader Level]を選択します。

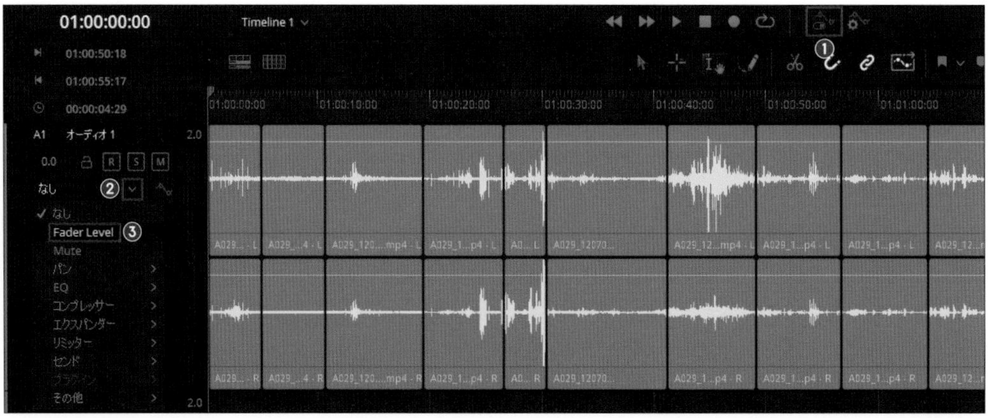

2 タイムラインにフェーダーレベルが表示されます。

3 ❹[オートメーションコントロール]をクリックします。

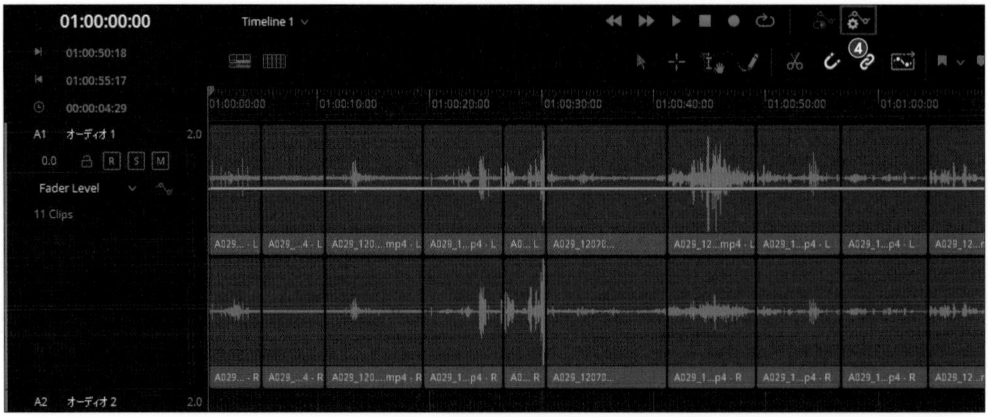

4 オートメーション機能のメニューが表示されるので、[記録]を選択し、[タッチ]は❺[ラッチ]、[停止時]は❻[ホールド]を設定し、❼[フェーダ]をクリックして有効にします。

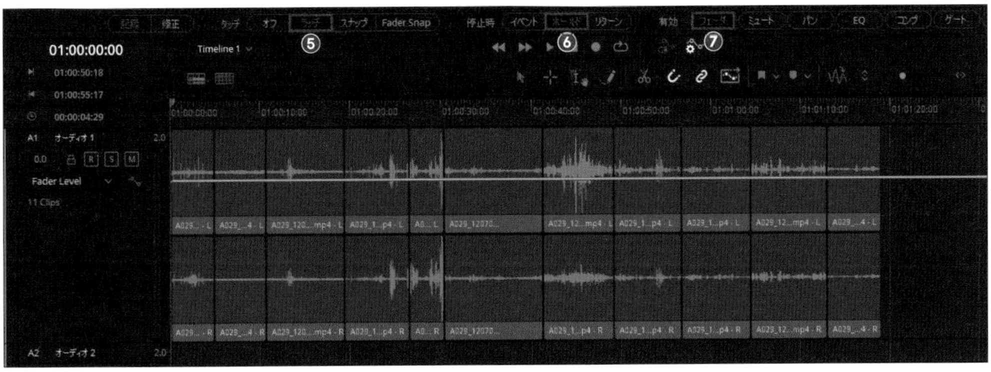

音量を調整する

映像を再生しながら音量を調整します。

1 音量を調整したい位置に再生ヘッドを移動して、再生ボタンをクリックして映像を再生します。

2 音量を調整したい部分で[ミキサー]のフェーダーを上下に❶ドラッグします。

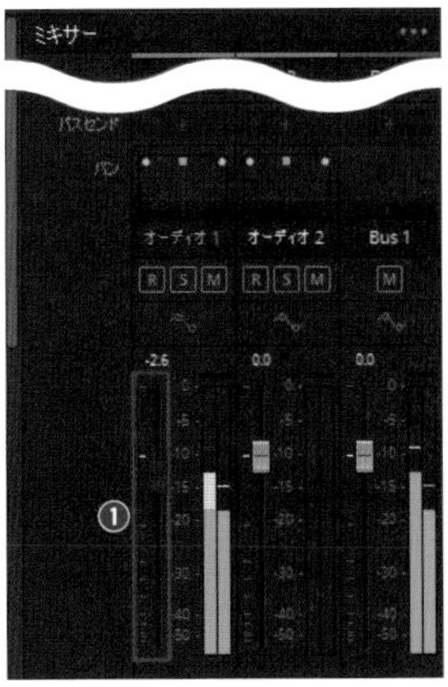

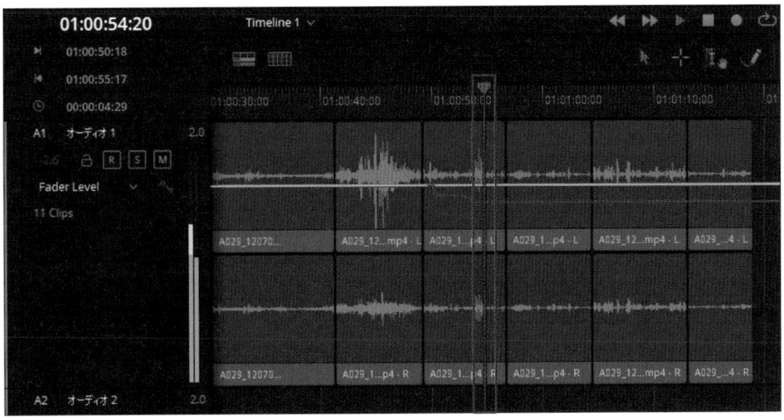

できた！ 停止ボタンをクリックして動画の再生を停止します。動画を再生しながら音量を調整することができました。

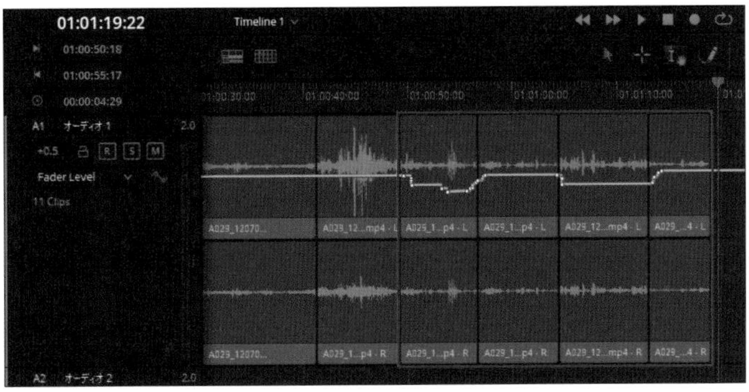

選択して修正する

書き込まれたオートメーションを修正する方法はいくつかありますが、ここではその修正したい範囲を選択して修正をします。

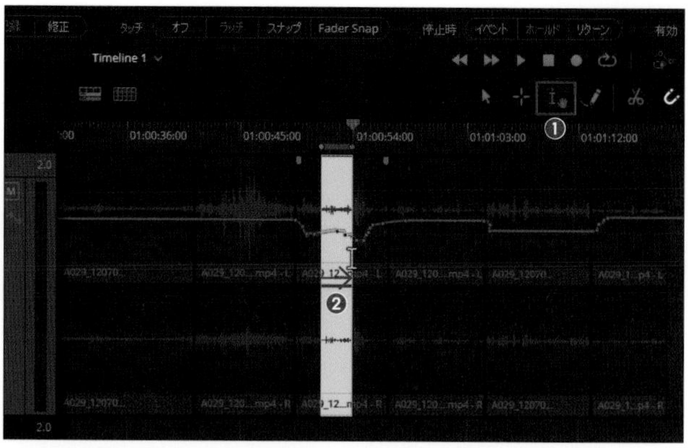

1 ❶[Focus Mode]をクリックしてオンにします。修正したい部分を❷ドラッグして選択します。

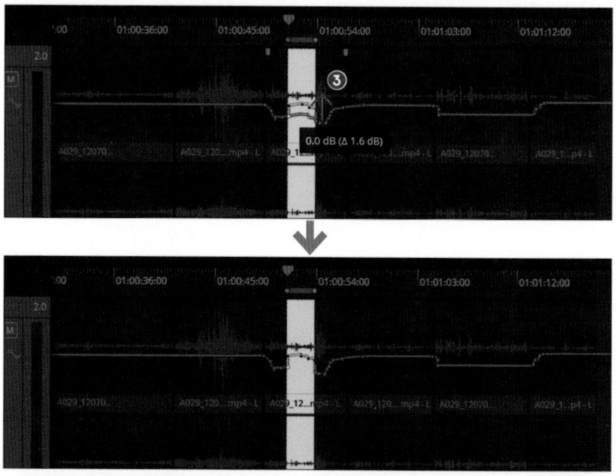

2 選択された部分を❸上下にドラッグすると移動できます。

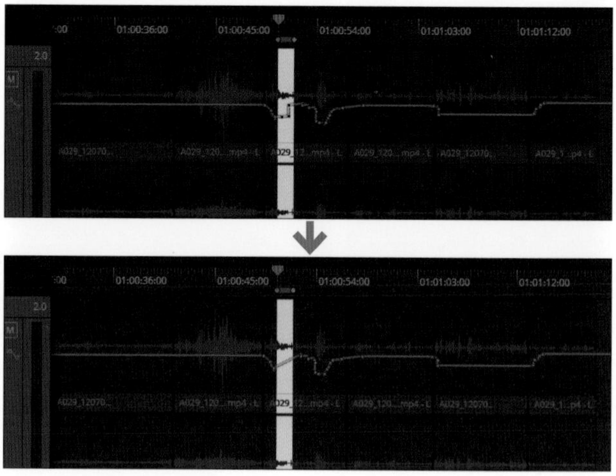

3 選択した状態で Back space キー（Macでは ⌫ キー）を押すとキーフレームを削除できます。

線を書いて修正する

次はオートメーションにフェーダーの上下ではなく、直接ペンシルを使ってオートメーションを書き込み修正をする方法を解説します。

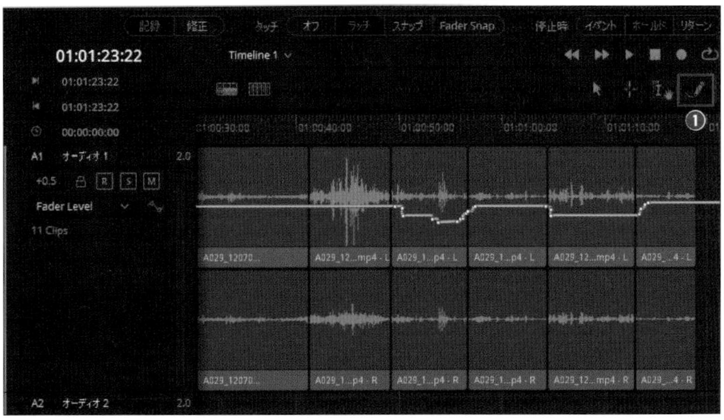

1 ❶[ペンシル]をクリックしてオンにします。

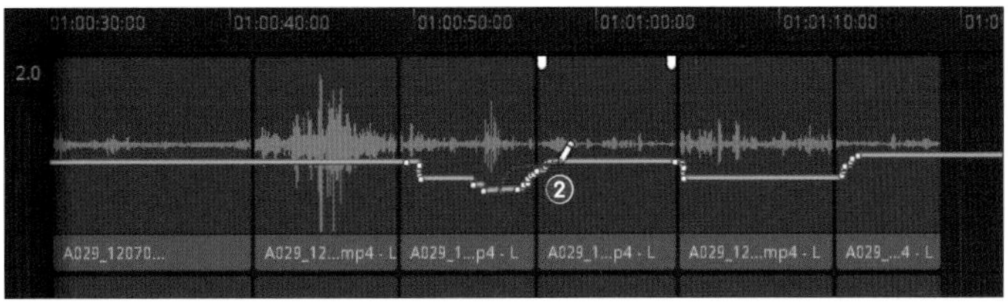

2 修正したい部分のフェーダーレベルのラインを書き直すように❷ドラッグします。

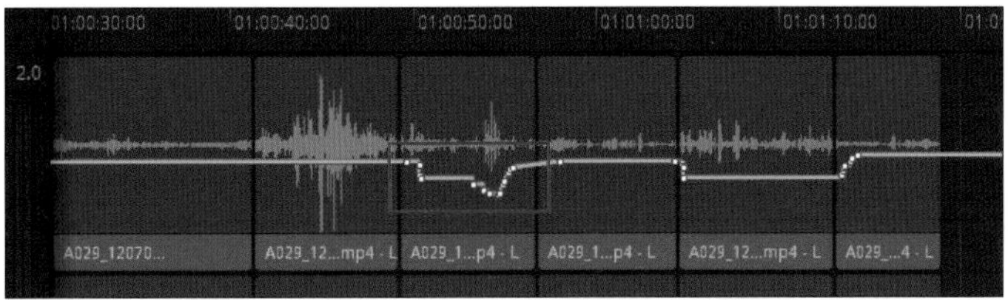

できた！ ドラッグした線でフェーダーレベルが修正されます。

ここがPOINT

音量の調整を引き継ぐには

書き込んだオートメーションはクリップ上ではなく、タイムライン上に書き込まれます。そのためクリップを動かすと、オートメーションはそのままのタイムラインの位置で残ってしまいます。クリップと連動させたい場合は[オートメーションを編集と併せて移動]をオンにしておきます。

CHAPTER 8

LESSON 7

#ノイズリダクション

ノイズを除去しよう

動画でもチェック!

https://dekiru.net/ydv_807

練習用ファイル

8-7

ノイズには環境音などの「ホワイトノイズ」、ブーンといった音を代表する「ハムノイズ」などがあります。ノイズを除去することで聞きたい音声をはっきりさせましょう。

[Noise Reduction]を適用する

ここではDaVinci Resolveの既定の機能を使用します。

1 ❶[エフェクト]をクリックして表示し、[オーディオFX]の❷[FairlightFX]をクリックします。

2 表示された[Noise Reduction]をノイズを除去したいクリップに❸ドラッグ&ドロップします。

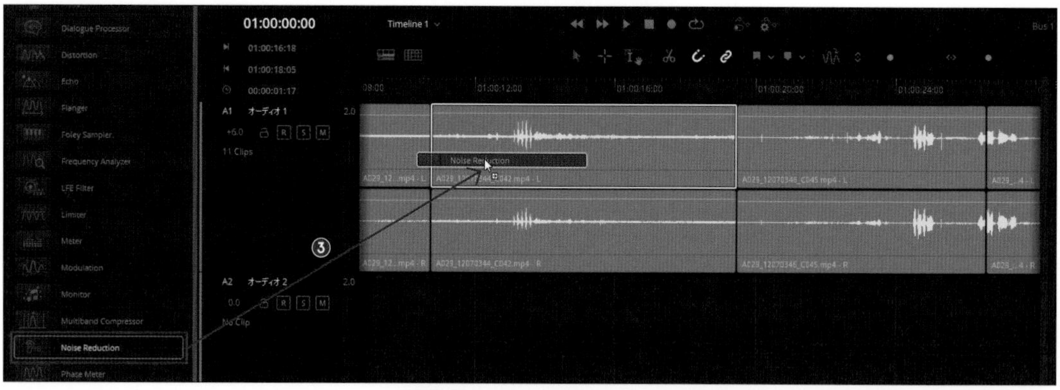

3 [Noise Reduction]ダイアログボックスが表示されます。

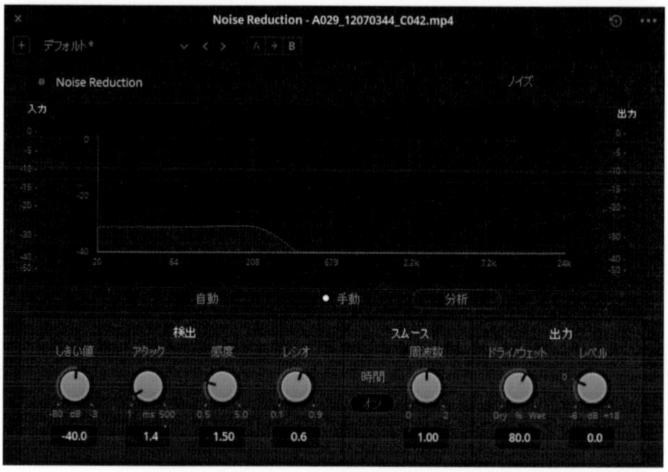

[Noise Reduction]はクリップだけではなく、トラック全体に適用することも可能です。

ノイズを分析する

ノイズを分析し、調整を行います。

1 ❶[Range Mode]をクリックしてオンにした状態で、音声にノイズしか含まれていない部分を❷ドラッグして選択します。

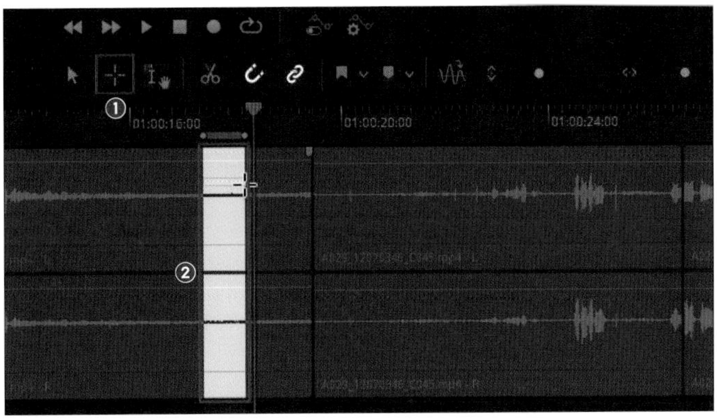

2 [Noise Reduction]ダイアログボックスで❸[手動]を選択し、❹[分析]ボタンをクリックします。

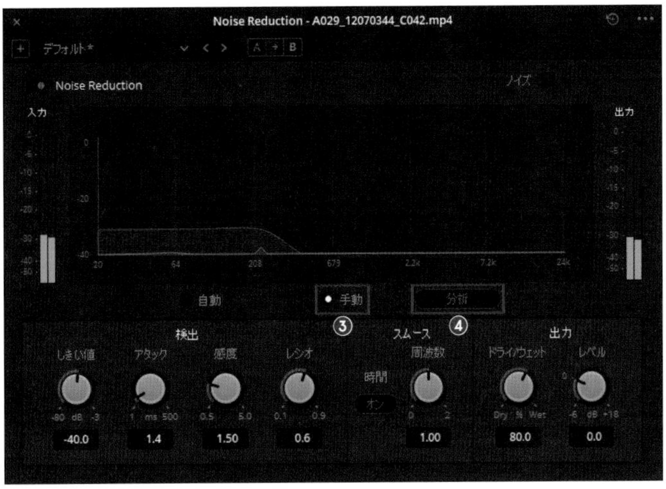

[自動]にするとDaVinci Resolveが自動でノイズを選択して除去してくれます。ノイズ除去結果を確認しつつ、[自動][手動]を選んでもよいと思います。

3 ❺[ループ]をクリックしてオンにして、Alt+/キー(MacではOption+/キー)を押して選択範囲を再生します。選択範囲が一度再生されたら分析が完了するので、❻[停止]ボタンをクリックして再生を停止します。クリップを最初から再生すると、ノイズが除去されていることがわかります。

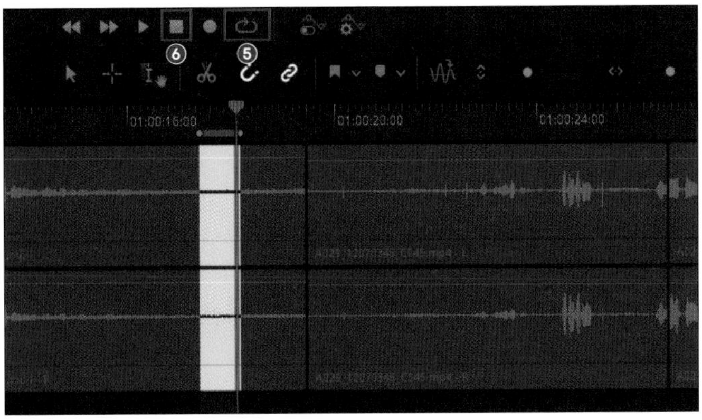

ループ再生をせず、イン点・アウト点を打つだけで再生を停止させる方法もありますが、削除したいノイズ箇所を注意深く確認するにはループ再生したほうがわかりやすいと思います。

ノイズ除去の設定

ノイズ除去の具合はパネル下部の各機能をいじることで調整することができます。

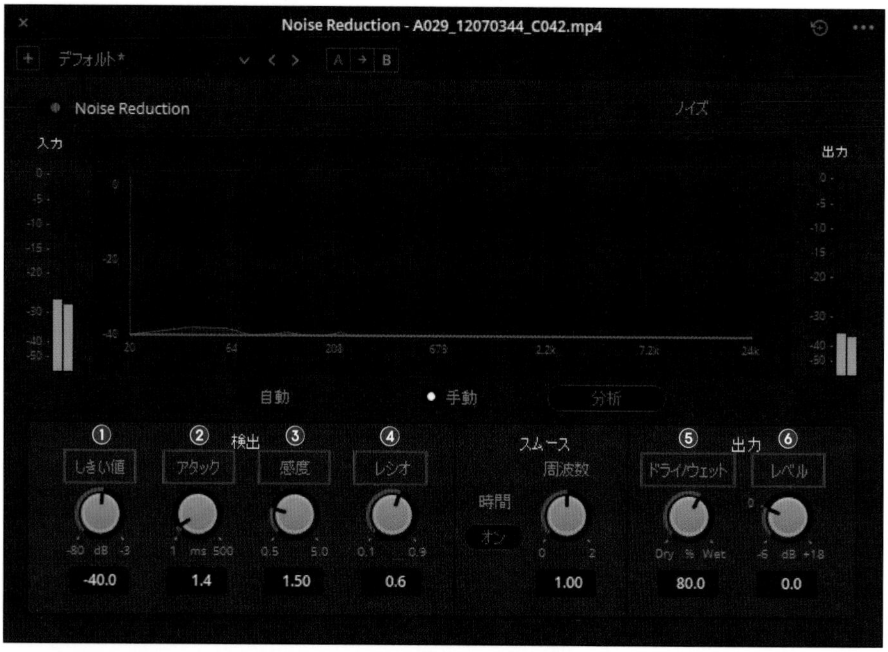

❶しきい値
ノイズリダクションの適用範囲を決める値。信号対雑音比が悪い場合は高いしきい値にすることで大きな適用量になります。

❷アタック
ノイズプロファイルを検出する期間を調整します。低い値はノイズプロファイルの更新速度が早くなり、変化の激しいノイズに有効です。

❸感度
感度を上げるとノイズプロファイルが誇張され、より多くのノイズを除去できます。

❹レシオ
ノイズプロファイルのアタック時間をコントロールします。

❺ドライ/ウェット
ドライはオリジナル信号、ウェットは処理済みの信号で、出力の割合を調整します。ウェット方向を強くすると処理済み信号の割合が増えるので、ノイズ除去のかかり具合が大きくなります。

❻レベル
ノイズリダクションで失われたレベルを調整します。

CHAPTER

9

デリバーページで
データを書き出す

いよいよ映像編集の最終工程です。最終的に出来上がった映像は、
このデリバーページを使って任意のフォーマットに書き出します。
書き出しが完了すると、そのデータをパソコン上で再生したり、
SNS上にアップできるようになります。

CHAPTER 9

LESSON 1

#画面構成

デリバーページの画面構成

編集作業が完了したら、プロジェクトを書き出し（レンダリング）して1本の映像が完成します。
ここでは書き出しを行うデリバーページについて解説します。

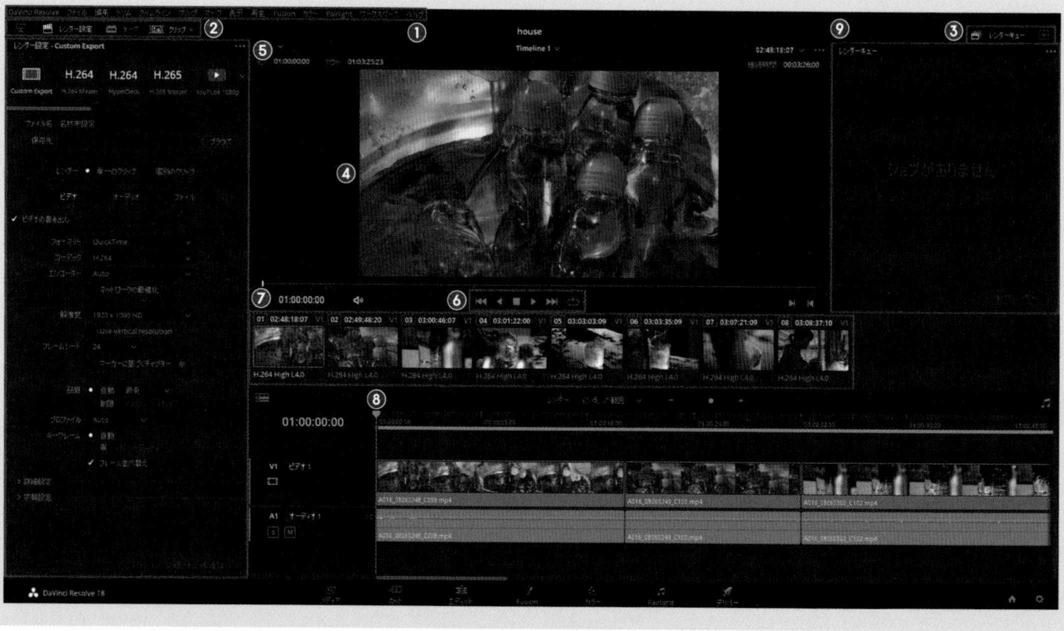

❶メニューバー
DaVinci Resolveで操作できる共通のコマンドが収納されています。

❷インターフェイスツールバー（左）
レンダー設定／テープ／クリップのUI表示の変更ができます。

❸インターフェイスツールバー（右）
レンダーキューのパネル表示／UI表示の変更ができます。

❹ビューア
出力するメディアを表示します。再生ヘッドをドラッグやトランスポートコントロールを使用してプレビューをすることが可能です。

❺レンダー設定
編集した映像を出力する際のさまざまな設定ができます。

❻トランスポートコントロール
ビューアの再生／停止などを行います。

❼サムネイルタイムライン
編集したクリップのサムネイルが順に並んで表示されます。

❽タイムライン
編集したタイムラインが表示されます。

❾レンダーキュー
レンダー設定で設定した項目のジョブリスト。リストに複数登録して、まとめて出力をすることも可能です。

CHAPTER 9 LESSON 2

#レンダーの範囲

書き出す範囲を指定しよう

デリバーページでは単一のクリップと個別のクリップの書き出しを選べます。出力する映像の種類に合わせて選択しましょう。

単一のクリップと個別のクリップ

レンダー設定では、はじめに［単一のクリップ］か［個別のクリップ］かいずれかの方法を選択する必要があります。

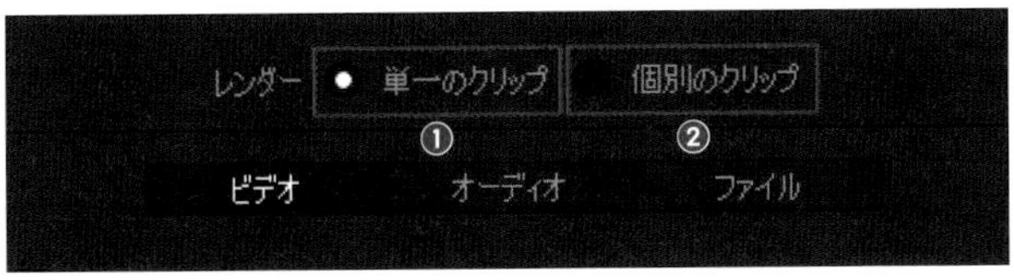

❶［単一のクリップ］で出力

基本的に1つの映像として書き出しをする場合は［単一のクリップ］を選択します。タイムラインに配置されたすべてを1本に出力、あるいはイン点・アウト点で区切った箇所を出力します。

❷［個別のクリップ］で出力

［個別のクリップ］は選択したクリップ単位で出力する形式です。

※1本の映像ではなく、1個（or複数個）のクリップとして出力されます。色補正したクリップ単体が必要、軽量化したクリップ単体が必要な場合など、さまざまな用途で活用します。

レンダリング範囲を指定する

出力する範囲を指定しましょう。タイムライン全体かイン点・アウト点の範囲を選択できます。

単一のクリップで範囲を選択する

1 ［レンダー］の項目で、❶［単一のクリップ］を選択します。

2 タイムライン上の［レンダー］項目で、❷［イン点～アウト点の範囲］を選択します。

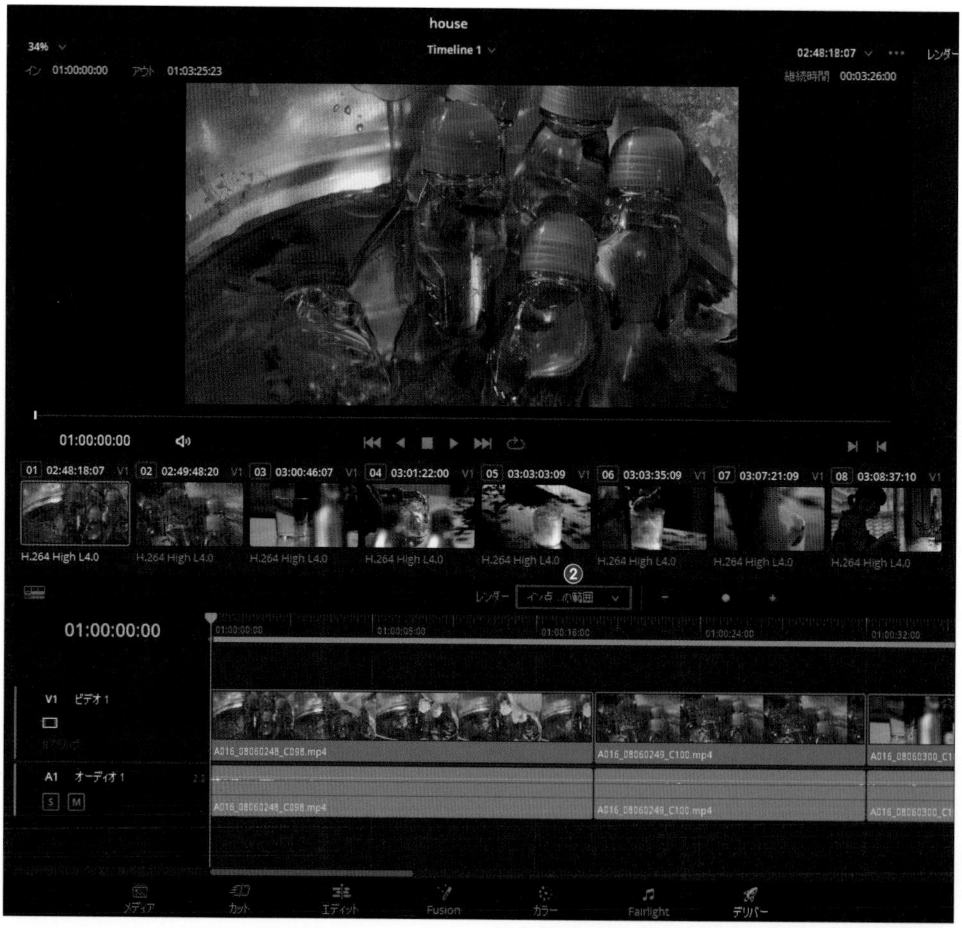

［タイムライン全体］を選択すると、最終クリップがある位置まで出力されます。

イン点・アウト点で範囲を設定する

1 再生を開始する位置まで再生ヘッドを動かして、❶Iキーでイン点を打ちます。

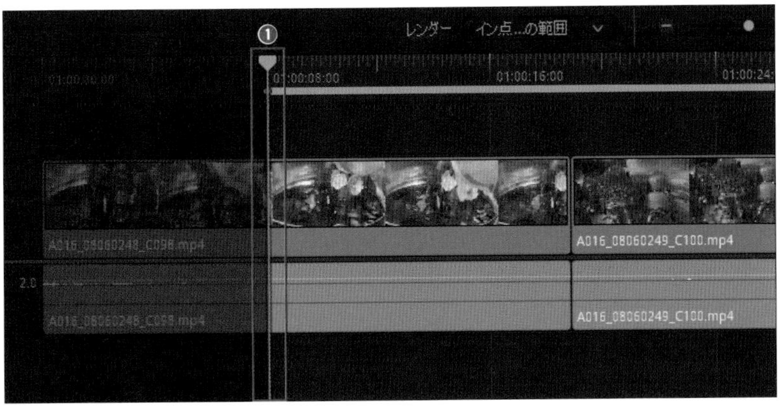

2 再生を終了する位置まで再生ヘッドを動かして、❷Oキーでアウト点を打ちます。

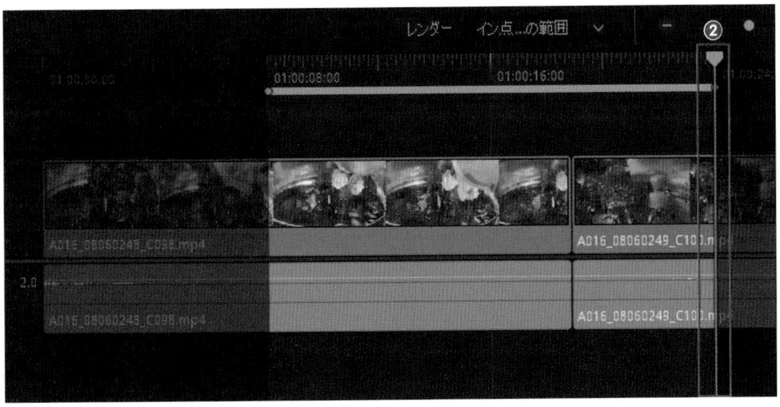

できた！ 選択範囲がグレーで表示されます。

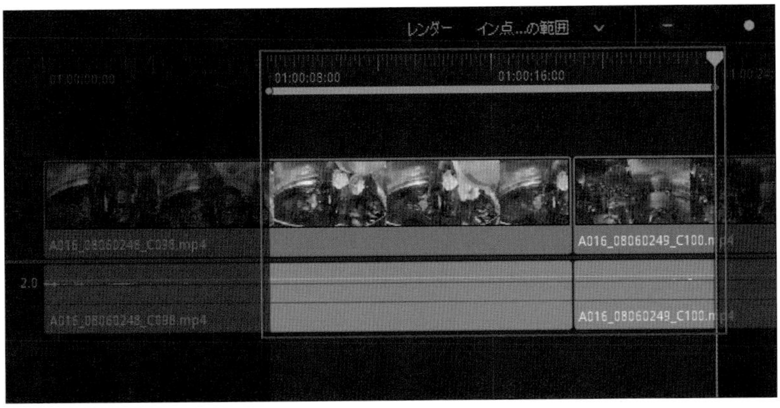

CHAPTER 9 LESSON 3

#レンダリング

レンダー設定して出力しよう

レンダー設定ではファイル名や保存場所、フォーマットやコーデックなどを設定していきます。

ビデオの設定

出力にはさまざまな設定がありますが、ここではよく使う形式の1つを解説します。

1 [レンダー設定]の上部にある❶プリセットを選択します。ここでは、[H.264]を選択します。

2 ❷ファイル名を入力し、出力する保存先を設定します。

3 レンダリングを選択し、[ビデオの書き出し]にチェックを入れ、❸各パラメータを選択します。ここでは[フォーマット]を[MP4]、[コーデック]を[H.264]にします。

4 解像度を確認します。基本的にプロジェクト設定の解像度が適用されますが、ここで変更することも可能です。フレームレートの変更は基本的にはできないので、変更する場合は、再度新たに希望のフレームレートでタイムラインを作成して、クリップなどをコピー＆ペーストしましょう。

5 ❹[レンダーキューに追加]をクリックします。

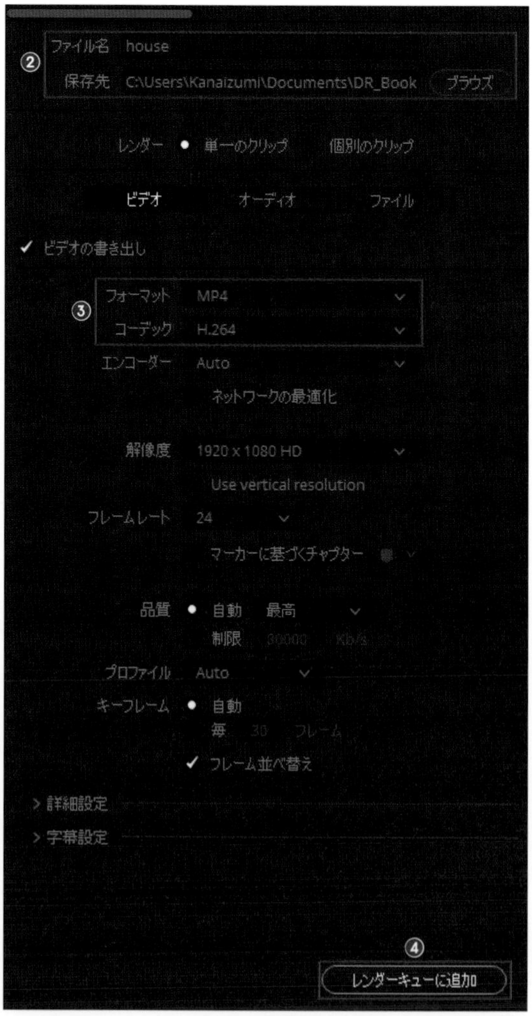

レンダー設定を自由に行いたい場合は、[Custom Export]を選択しましょう。

6 ［レンダーキュー］にレンダー設定が登録されます。

7 ジョブを選択して、❺［すべてレンダー］をクリックします。

＼できた！／ 動画ファイルが出力されました。

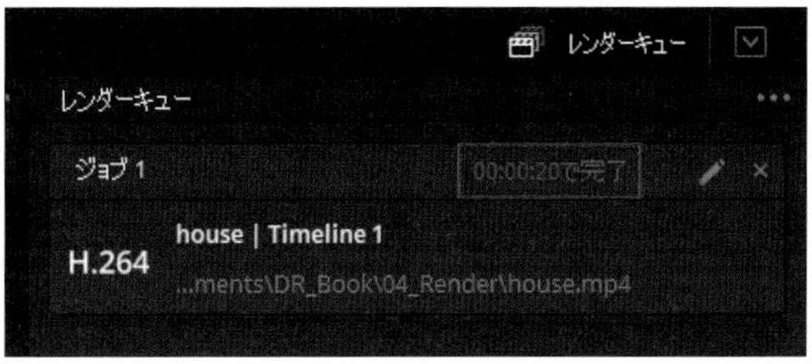

レンダーキューに複数登録して、まとめてレンダーをすることもできます。

COLUMN

DaVinci Resolve for iPad

私はDaVinci Resolveと、その提供元のBlackmagic Design社（以下、BMD社）のカメラを長いこと愛用しているのですが、毎度この会社の開発スピードや進化に驚かされます。カメラに関してもBlackmagic Raw（Braw）という自社独自のRawを開発し、Raw撮影＝ヘビーデータ・素人には扱えないというこれまでの概念を大きく覆し、DaVinci Resolveと合わせることで、プロじゃなくてもRaw撮影・編集を楽しめる環境を市場にいち早く投じたように思います。
DaVinci Resolveの驚異的な進化はここでは語り尽くせないほどのものがあるのはもちろんですが、ここ最近の驚くべきアップデートの内容の1つとしては、DaVinci Resolve for iPad（以下、iDR）をリリースしたことが挙げられるのではないでしょうか。まさにその名のとおり、DaVinci ResolveをiPadでやっちゃおうというものです。

●アプリの画面

iPad Pro M2 12.9インチ 1TB／DaVinci Resolve for iPad（無料／Studio版は15,000円）

実をいうと、先日私もiPad Proを購入したばかりで、まだiDRを使いこなせているわけではないのですが、機能としては現段階ではカットページとカラーページの2つになるようです。個人的には狭いモニターサイズ環境でできる作業の物理的な限界もあるでしょうから、限定的な機能展開でもよいとは感じています。ページ自体のUI構造としてはパソコン版とほぼ変わらない形となっています。
最新のM2チップを搭載したiPad Proを使うことで、タブレット版とは思えないほどの処理スピードを実現しており、クリップなどの必要データをSSDに入れて受け渡しをすれば、本当に場所に縛られずに、寝ながらでも作業できるかもしれません……（現実問題としてはそうもいかないことが多いでしょうけど）。
キーボードを付けて作業がしたい、モニターが狭いから拡張ディスプレイを用いたいなど、よくばってはパソコンと変わらなくなります。そういった観点でいえば、iDRが役立つユーザーは現時点では限定的かもしれません。しかし、パソコンとiPadのすみ分けや活用方法が今後どんどん知見として蓄積されてくれば、これまでのBMD社が行ってきた新たな「革新」がタブレット編集にも定着するのかもしれません。そういった意味ではiDRのさらなるアップデートに期待が止まりません。

Appendix

イメージリファレンス

過去にプライベートで撮影した素材のいくつかを
カラーグレーディングしたものをご紹介します。
ほとんどがこれまでの教材で出てきた作業で作ったルックなので、
ぜひリファレンスとして活用いただければと思います。

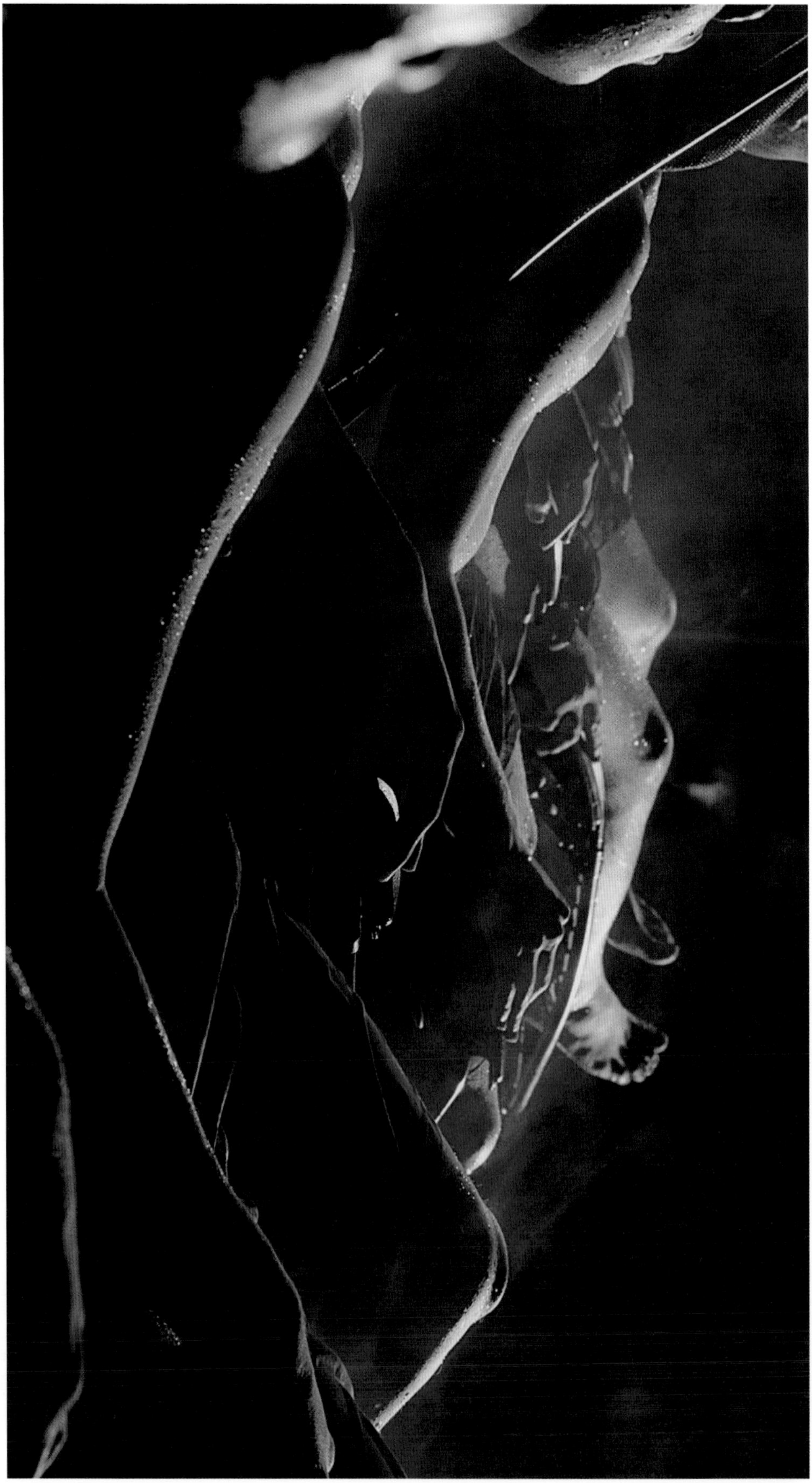

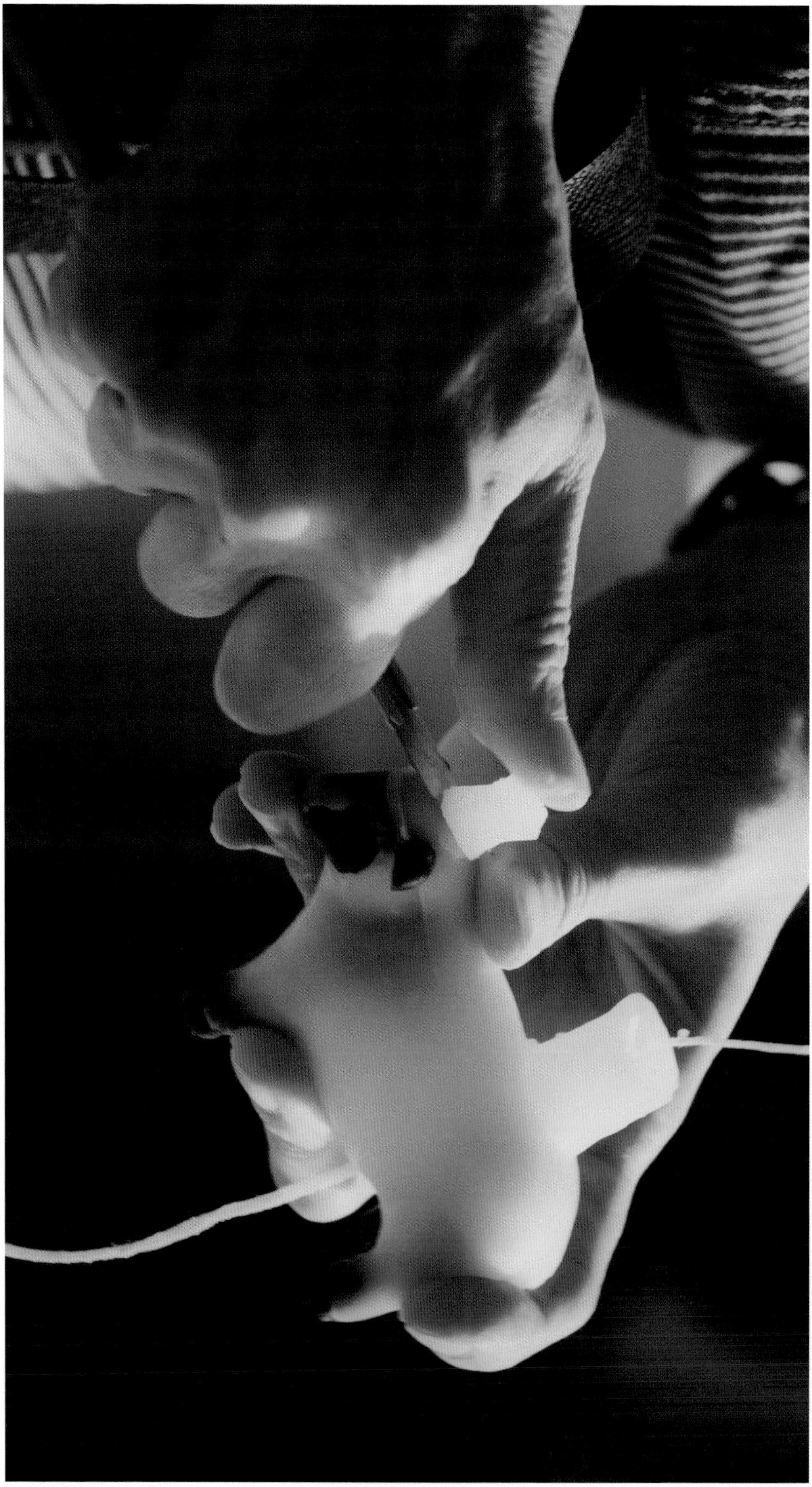

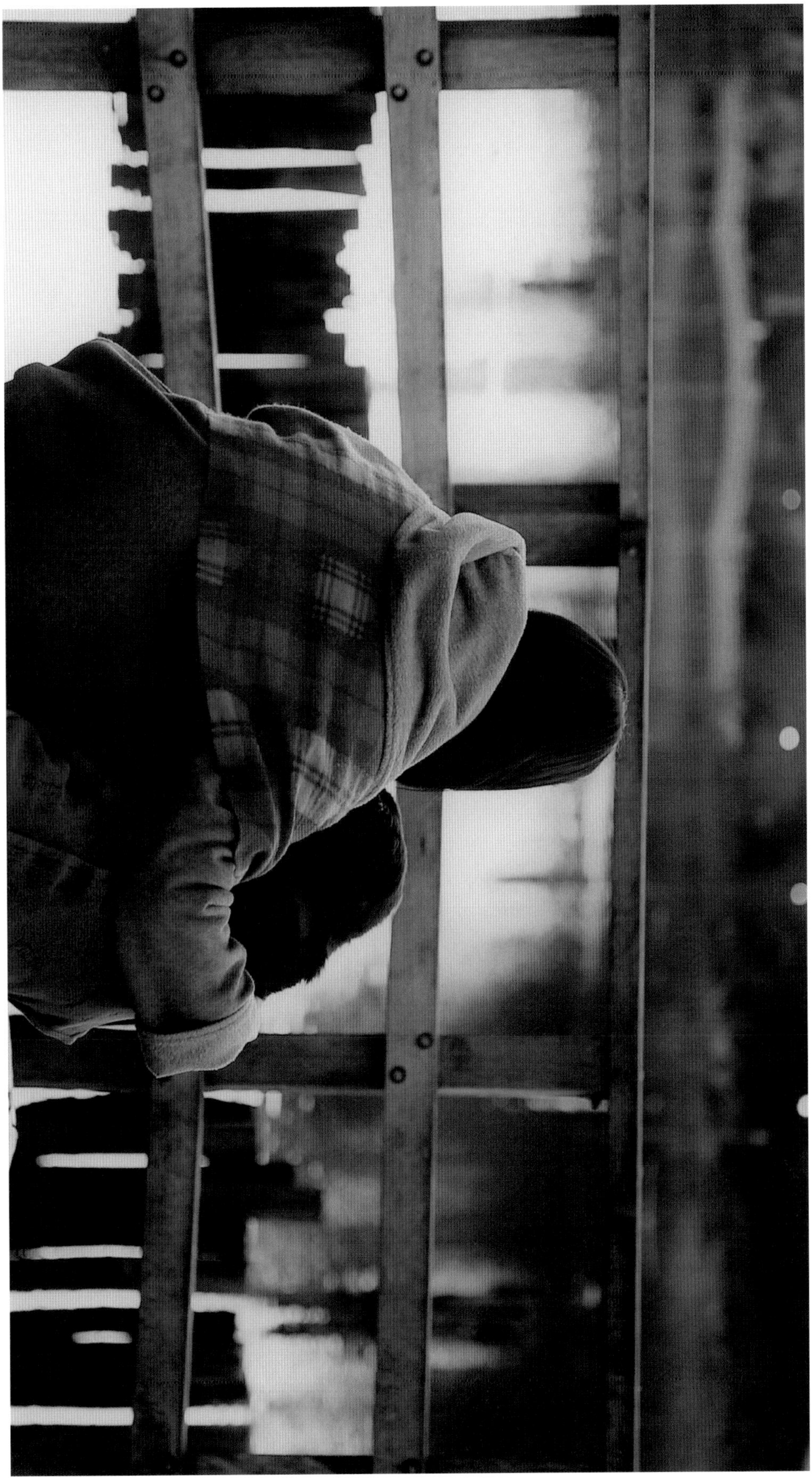

索引

■著者

金泉 太 （かないずみ たいち）

ビデオグラファー。
デジタルハリウッドSTUDIO渋谷の動画講師。DaVinci Resolve オフィシャル認定トレーナー。
企業VPやMVなど多岐分野で撮影編集をワンストップで制作するCross Effectsを主宰。
大学卒業後、カナダのトロントでダンサーとして活動し、MVやイベントに出演。帰国後は某広告代理店にて海外事業及び飲食・アミューズメント系のセールスプロモーションを担当。故郷の東日本大震災被災後、ビデオグラファーとして独立。出演する側・依頼する側・制作をする側の三側面を経験したことから、ワンストップでの制作を得意とするビデオグラファーとして活動している。大企業から中小企業、個人まで幅広いクライアントを抱え、2017年には年間140本の映像を制作する。

■STAFF

カバー・本文デザイン	木村由紀（MdN Design）
カバーイラスト	fancomi
編集・DTP・校正	株式会社トップスタジオ
デザイン制作室	今津幸弘
編集	渡辺彩子
編集長	柳沼俊宏

本書のご感想をぜひお寄せください　https://book.impress.co.jp/books/1121101013

「アンケートに答える」をクリックしてアンケートにご協力ください。アンケート回答者の中から、抽選で**図書カード（1,000円分）**などを毎月プレゼント。当選者の発表は賞品の発送をもって代えさせていただきます。はじめての方は、「CLUB Impress」へご登録（無料）いただく必要があります。　※プレゼントの賞品は変更になる場合があります。

読者登録サービス　CLUB Impress　登録カンタン 費用も無料！

アンケートやレビューでプレゼントが当たる！

■商品に関する問い合わせ先
このたびは弊社商品をご購入いただきありがとうございます。本書の内容などに関するお問い合わせは、下記のURLまたは二次元バーコードにある問い合わせフォームからお送りください。

https://book.impress.co.jp/info/

上記フォームがご利用いただけない場合のメールでの問い合わせ先
info@impress.co.jp
※お問い合わせの際は、書名、ISBN、お名前、お電話番号、メールアドレス に加えて、「該当するページ」と「具体的なご質問内容」「お使いの動作環境」を必ずご明記ください。なお、本書の範囲を超えるご質問にはお答えできないのでご了承ください。

●電話や FAX でのご質問には対応しておりません。また、封書でのお問い合わせは回答までに日数をいただく場合があります。あらかじめご了承ください。
●インプレスブックスの本書情報ページ https://book.impress.co.jp/books/1121101013 では、本書のサポート情報や正誤表・訂正情報などを提供しています。あわせてご確認ください。
●本書の奥付に記載されている初版発行日から３年が経過した場合、もしくは本書で紹介している製品やサービスについて提供会社によるサポートが終了した場合はご質問にお答えできない場合があります。

■落丁・乱丁本などの問い合わせ先
FAX 03-6837-5023
service@impress.co.jp
※古書店で購入された商品はお取り替えできません。

DaVinci Resolve よくばり入門 18対応（できるよくばり入門）

2023年2月21日 初版発行

著 者 金泉太一

発行人 小川 亨

編集人 高橋隆志

発行所 株式会社インプレス
〒101-0051 東京都千代田区神田神保町一丁目105番地
ホームページ https://book.impress.co.jp/

本書は著作権法上の保護を受けています。本書の一部あるいは全部について（ソフトウェア及びプログラムを含む）、株式会社インプレスから文書による許諾を得ずに、いかなる方法においても無断で複写、複製することは禁じられています。

Copyright © 2023 Taichi Kanaizumi. All rights reserved.

印刷所 シナノ書籍印刷株式会社
ISBN978-4-295-01530-7 C3055

Printed in Japan